알기쉬운 통계학

민재형 · 이균희

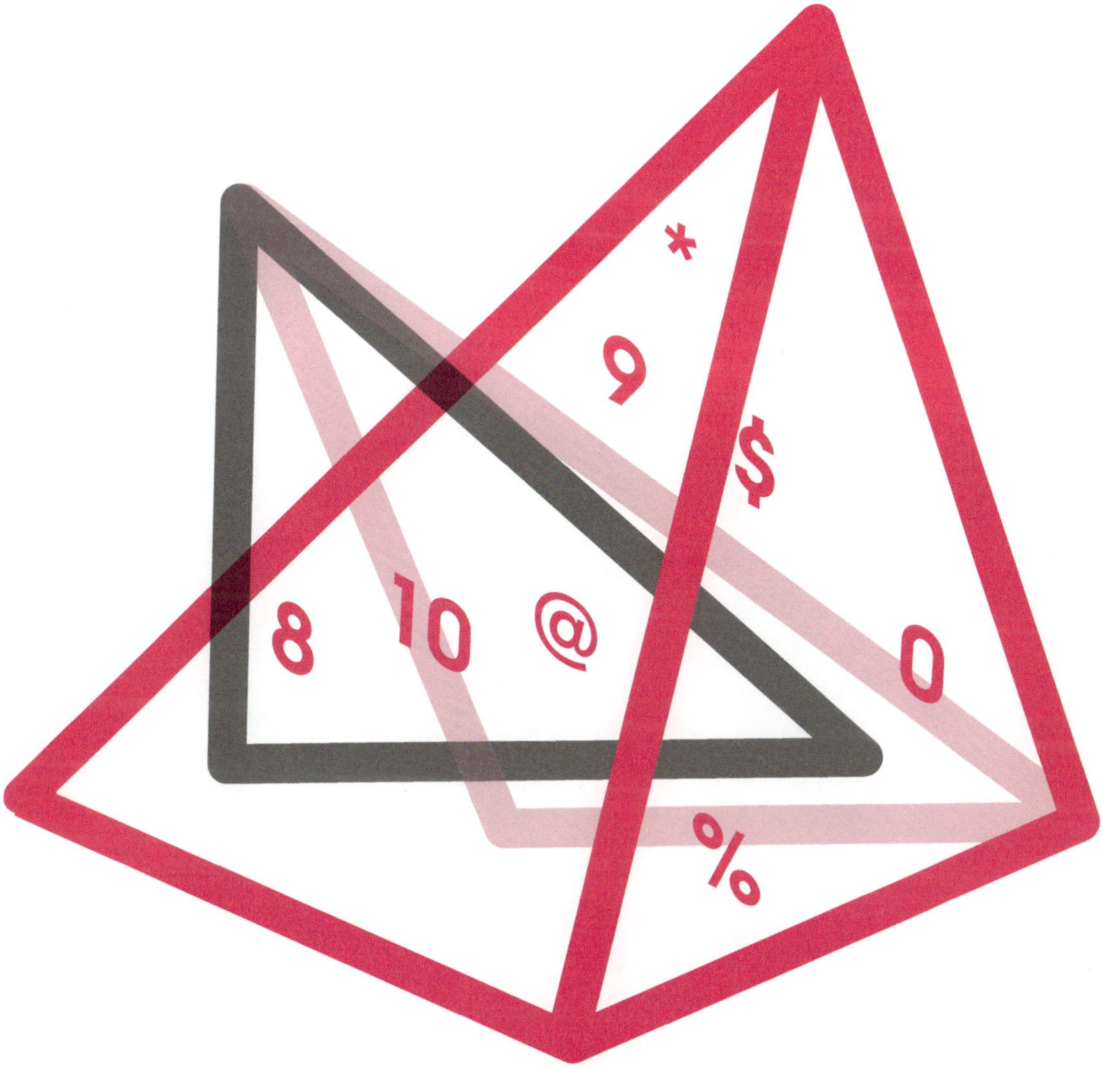

북넷

머리말

우리는 하루하루 불확실한 환경 속에서 살아가고 있다. 통계학은 불확실성 하에서 사실에 기반한 객관적 의사결정을 도와주는 중요한 역할을 한다. 하지만 통계학의 역할과 중요성에도 불구하고 많은 학생들은 통계학이 수(數)와 수식으로 이루어진 매우 골치 아프고 까다로운 과목이라는 선입견을 갖고 있다. 이런 선입견은 아마도 학생들이 대학에 들어오기 전 수험준비를 위해 겪었던 수에 대한 공포에서 아직 벗어나지 못했기 때문이며, 논리를 이해하기 전에 공식을 암기하여 문제를 풀고자 하는 잘못된 습관 때문일 것이다.

사실 수는 우리 주변의 현상을 간결하고 명확히 정리, 요약, 분석할 수 있도록 하고, 이를 통해 불확실한 미래 상황을 객관적으로 유추할 수 있게 도와주는 유용한 도구이다. 대부분의 사회현상이나 자연현상은 수를 이용하여 체계적으로 표현할 수 있으며, 수에 의한 현상의 간결한 표현은 인간으로 하여금 현실을 객관적으로 파악하여 논리를 전개시킬 수 있도록 한 원동력이라고 평가할 수 있다. 대학에서 공부하는 여러 학문분야의 많은 이론들도 수의 도움이 없었다면 개발이 불가능했고, 우리가 오늘날 향유하는 디지털문명 또한 수에 의해 진화되고 있다. 이처럼 수는 사회를 발전시킨 주요 동력 중의 하나이다.

우리가 사는 세상은 경험과 직관에만 의존하여 문제를 해결하기에는 너무도 복잡해졌다. 환경의 변화 속도 또한 무척 빨라 앞을 올바로 예측하는 일도 점점 더 힘들어지고 있다. 이러한 현대사회에서 개인이나 조직이 당면한 문제를 사실에 근거하여 객관적으로 해결할 수 있는 방법의 필요성은 더욱 더 강조되고 있다. 요즈음 빅데이터(big data), 비즈니스 애널

리틱스(business analytics), 데이터 사이언스(data science) 등에 대한 사회의 관심이 급증하는 이유도 이 때문이다. 통계학은 자료에 기반하여 문제를 객관적으로 해결하는 방법과 과정을 습득하기 위해 배워야 할 가장 기본이 되는 과목이기 때문에 거의 모든 대학의 교과과정에서 통계학은 학문분야에 상관없이 필수과목으로 개설되고 있다. 이는 전공분야의 내용을 이해하기 위해서는 학생들의 머리속에 통계학의 기본개념과 사고능력이 자리 잡고 있어야 하기 때문이다. 필자들이 공부하는 경영학 분야의 경우에도 통계학은 매우 중요한 과목으로 인식되고 있는데, 그 이유는 통계학의 기본개념이 없이는 경영학의 여러 기능분야, 예를 들어 재무관리, 리스크관리, 마케팅, 생산관리, 인사관리, 회계학 등을 이해하는데 많은 어려움이 따르기 때문이다.

이 책은 학생들로 하여금 통계학의 여러 가지 개념과 분석기법을 정확하고 알기 쉽게 습득하여 통계적 분석능력과 사고력을 배양할 수 있도록 하자는 의도에서 쓰여 졌다. 지금까지 통계학에 대한 많은 책들이 나와 있으나, 어떤 책들은 너무 전문적인 용어와 난해한 수학적 표현을 사용하여 학생들이 통계학을 이해하는 데 오히려 장애가 되고 있는 반면, 어떤 책들은 너무 기초적인 내용만을 담고 있어 현실 문제를 분석하는 데 별 도움이 되지 않는 경우를 필자들은 발견할 수 있었다. 이 책은 통계학의 기본적인 내용을 모두 포함하면서도 가능한 한 난해한 수학적 표현을 자제함으로써 학생들이 통계학의 내용을 풍부하고 알기 쉽게 이해할 수 있도록 노력하였다. 통계학의 배경이 없는 대학원생의 경우에도 이 책을 학습함으로써 연구활동에 필요한 기본적인 통계학 지식을 체계적으로 습득할 수 있을 것으로 기대한다.

이 책은 한 학기 교재로 사용할 수 있도록 의도하였으나, 통계학에서 학생들이 배워야 할 필수적인 내용을 모두 다루고 있기 때문에 수업진행 방식에 따라 시간의 제한이 따를 수도 있을 것이다. 필자들의 경험에 의하면 한 학기에 이 책의 모든 내용을 자세하게 학생들에게 강의하는 데는 시간적 제약이 따랐다. 따라서 각 대학의 교과목표에 맞추어 주제를 선정한 후 강의를 진행하는 것이 바람직할 것이다. 필자들이 강의하는 경영통계학 과목의 경우 제1부 기술통계학 부분은 2주 정도로 마치고, 제2부 확률의 개념은 3주 정도, 그리고 현대통계학에서 중요시되는 제3부 추측통계학은 7주 정도를 할애하고, 제4부 통계분석모형은 4주 정도를 할애하고 있다. 그리고 강의시간에는 각 장의 핵심 주제를 중심으로 설명하고, 학생들로 하여금 스스로 책을 읽고 과제를 수행하도록 함으로써 강의시간에 배운 내용을 자기 것으로 만들도록 유도하고 있다.

이 책을 만드는 동안 저자들은 통계학에 대한 독자들의 바른 이해를 돕기 위해 표준용어와 내용의 정확성 제고에 나름대로의 최선의 노력을 기울였으나, 작업을 마무리 할 때면 항상 아쉬움이 남고 소기의 목적을 달성하였는지에 대한 두려움이 앞선다. 더 나은 책을 만들 수 있도록 독자 여러분의 많은 비판이 있기를 기대하며 부족한 마음으로 이 책을 펴낸다. 이 책을 만드는 과정에서 원고정리와 교정작업을 성실하게 도와준 서강대학교 경영전문대학원 비즈니스 애널리틱스 연구실의 김범석 조교와 배은성 조교의 노고에 고마움을 표한다. 또한 이 책이 독자들에게 전달될 수 있도록 필자들을 독려해 주신 북넷의 류재식 사장님을 비롯한 편집부 여러분께 감사의 마음을 전한다. 마지막으로 이 한 권의 책으로 독자들이 통계학에 좀 더 친숙해 질 수 있는 계기가 될 수 있다면, 필자들로서는 더 없는 보람이자 영광이라 하겠다.

2014년 6월

바오로관 연구실에서 저자들 씀

차 례

제3장 자료의 요약

제 2 부 확률의 개념

제4장 확률이론

제5장 확률분포의 이해

제6장 주요확률분포

제 3 부 추측통계학

제7장 표본분포

제8장 추 정

제9장 가설검정

제10장 두 모집단에 대한 통계적 추측

제11장 카이제곱 검정

제 4 부 통계분석모형

제12장 분산분석

제13장 단순회귀분석

제14장 다중회귀분석

부 록

색 인

제1장

통계학의 내용

통계학(statistics)이란 사회현상이나 자연현상에 내재한 불확실성을 수치로 요약하여 표현하는 학문으로 불확실성하에서 인간의 판단을 객관화시킬 수 있도록 "불확실성을 파악하는 가이드"로서의 역할을 수행한다. 통계학은 크게 기술통계학(descriptive statistics)과 추측통계학(inferential statistics)으로 나뉘어지는데, 방대한 자료를 일목요연하게 표현하고 자료의 특성을 수치로 요약하는 것을 기술통계학이라하고 표본의 결과로부터 모집단의 특성을 추측하고 일반화하는 과정을 추측통계학이라고 한다. 기술통계학은 추측통계학의 사전단계로 추측통계학의 과정을 거쳐 우리는 불확실한 미래에 대한 예측과 의사결정을 합리적으로 수행할 수 있다. 본 장에서는 ① 통계학의 기본개념과 용어, ② 표본을 추출하는 여러 가지 방법, ③ 통계학과 의사결정의 관계를 설명하고, ④ 이 책의 전체적인 구성에 관하여 기술한다.

01 통계학의 소개

통계학이란 무엇인가? 통계학이 무엇인가를 개념적으로 설명하기 전에 최근 신문지상에 실린 통계학의 적용 실례를 인용해 보자.

① 전국의 성인 1천 49명을 대상으로 15일 실시한 전화 여론조사 결과, 우리 국민은 가장 바람직한 통일체제로 '남한식 자유민주주의체제'(40%)를 '남북한 체제를 섞은 혼합 연방체제'(37%)보다 조금 선호하고 있는 것으로 나타났으며, '통일을 할 수 있다면 사회체제는 상관없다'라는 반응은 9%에 그쳤다. 또 응답자의 62%가 통일은 '서두를 필요가 없다'며 신중한 태도를 보이고 있었으며, '빨리 통일될수록 좋다'는 응답은 32%, '통일은 혼란과 불편을 야기함으로 원하지 않는다'라는 응답은 4%이었다.

② 통계청이 발표한 4월 실업률은 3.9%다. 경제활동인구 2671만 4000명 중 실업자 103만명의 비율을 계산한 수치다. 그러나 취업준비자와 구직단념자, 59세 이하의 '쉬었음' 인구 등 사실상 실업상태인 비경제활동인구를 경제활동인구에 포함해 계산하면, 경제활동인구 2846만 8511명 중 실업자는 316만명으로 실업률은 11.1%에 이른다. 4월 기준 실업자는 사실상 늘어나는 추세다. 2012년 297만 8000명, 2013

년 298만 4000명에서 올해는 300만명을 훌쩍 넘었다. 사실상 실업자를 포함해 계산한 실업률도 2012년 10.9%, 2013년 10.8%에서 올해 11%대로 올라왔다.

③ 2012년 국내 보건당국에 의해 후천성면역결핍증(AIDS) 새 감염자로 확인된 사람이 953명에 달한 것으로 조사됐다. 이로써 지난해 말 현재 AIDS 감염자는 내국인만 7788명에 이르는 것으로 집계됐다. 5일 질병관리본부에 따르면 지난해 신고된 AIDS 감염인은 내국인 868명, 외국인 85명이며 성별로는 남성 864명, 여성 89명으로 9.7 대 1의 성비를 보였다. 연령별로는 20대가 30.0%(286명)으로 가장 많았으며, 30대 25.3%(241명), 40대 18.4%(175명) 순으로 20~40대가 전체의 73.7%를 차지했다. 신고기관은 병 · 의원 71.8%(684명), 보건소 17.1%(163명)였다.

④ '1%대 저물가 기조가 이어지고 있다'는 표현은 서민을 화나게 한다. 17개월째 소비자물가 상승률이 전년 동기 대비 1%대를 잇고 있어 나오는 표현이지만 서민이 체감하는 물가와는 너무 다르기 때문이다. 소비자물가를 구성하는 품목별 물가에서 이유를 찾을 수 있다. 글로벌 금융위기가 시작된 2008년 이후 식료품, 집세(주택임차료), 전기 · 가스 요금은 전체 소비자물가보다 훨씬 가파르게 올랐다. 2008년과 2013년 물가를 비교해보면 그새 전체 소비자물가는 13.9% 올랐다. 이에 비해 집세는 15.1%, 전기 · 가스비는 20.6%, 식료품은 29.9% 뛰었다.

⑤ 19일 코스피가 외국인의 매수세에 힘입어 연중 최고 기록을 또다시 갈아치웠다. 코스피는 전 거래일보다 1.70포인트(0.08%) 오른 2,015.14로 거래를 마쳤다. 유가증권시장에서 외국인은 1천 824억원 어치를 순매수해 5거래일 연속으로 '사자'를 지속했다. 다만, 지난 16일(4천 799억원)에 비해 순매수 규모는 축소됐다. 개인은 900억원, 기관은 897억원 어치를 순매도했다. 코스닥지수는 전 거래일보다 10.78포인트(1.93%) 내린 546.81에 거래를 마쳤다.

⑥ 9일 국토교통부에 따르면 국토부와 교통안전공단은 현대차의 YF쏘나타 5천여대에서 브레이크 오일이 새는 현상이 발견돼 결함 여부를 조사하고 있다. 브레이크 오일 결함 가능성이 있는 차는 지난 2009년 9월~2010년 5월 생산된 8만여대로 차량 소유자들이 자동차검사소에서 정기검사를 받는 과정에서 문제점이 발견됐다. 교통안전공단이 지난 10월 한 달간 정기검사를 받은 차량 6천 600여대를 표본조사한 결과 약 700대에서 브레이크 오일이 새는 현상이 나타났다. 국토부와 교통안전공단은 이번 문제가 차량 제동성능에 영향을 미치는 것으로 확인되면 리콜조치를 할 방침이다.

⑦ 시중에 유통되는 철분제제(철단백 추출물)가 대부분 기준에 부적합한 불량품인 것으로 확인되었다. 식품의약품안정청 의약품관리과는 지난해 11월부터 철분제제 80품목을 샘플로 수거해 검사한 결과 93%인 74개 품목이 기준에 부적합했다고 9일 밝혔다. 또 철분제제 제조업소 93곳에 대한 「특별약사감시」를 한 결과 24개 업소가 원료나 완제품에 대한 검사를 하지 않았거나, 필수검사장비(전기영동장치)를 갖추지 못한 것으로 드러났다.

⑧ 담배를 하루 한갑 이상 피우는 사람은 치매에 걸릴 확률이 비흡연자보다 2.6배나 높은 것으로 조사되었다. 60~64세 노인 9백 55명(남 4백 21명, 여 5백 34명)을 대상으로 조사한 결과, 담배를 하루 반갑 이상 피우는 남자는 비흡연자의 1.4배, 한갑 이상은 2.6배의 인지기능장애를 보였다. 여자의 경우도 하루 반갑 이상 피울 때 치매에 걸릴 확률이 비흡연자보다 2.2배 높게 조사됐다.

⑨ 엔-달러 환율이 종합주가지수의 움직임에 상당한 영향을 미치는 것으로 나타났다. 13일 증권거래소가 올 들어 엔-달러 환율과 종합주가지수의 상관관계를 조사한 결과 엔화가 약세를 보일 때 종합주가지수도 하락세를 면치 못하는 등 엔-달러 환율과 종합주가지수가 밀접한 상관관계를 보였다. 실제로 올 초에서부터 3월 4일까지와 4월 19일부터 5월 21일까지 각각 엔-달러 환율이 10.2%와 5.4%가 올라가는 동안 주가지수는 각각 9.4%와 7.3%가 하락했다. 이에 비해 3월 5일부터 4월 18일, 5월 22일부터 7월 2일까지 엔-달러 환율이 각각 4.6%와 2.4%가 하락하는 동안 주가지수는 4.4%와 3.1%가 상승했다.

⑩ 미국 민주당의 유력한 대권 예비주자인 힐러리 클린턴 전 국무장관의 당내 지지율이 하락했다고 26일 CNN이 보도했다. CNN이 지난 2~4일 ORC인터내셔널과 함께 실시한 여론조사(성인 1천8명, 오차범위 95% 신뢰수준에서 ±4.5%포인트) 결과를 보면 클린턴이 대선에 출마하면 지지하겠다는 응답이 64%로 지난 1월(70%)보다 6%포인트 줄었다. 클린턴보다 더 보수적인 후보를 지지하겠다는 응답은 4%포인트 오른 19%, 클린턴보다 더 진보적인 후보를 지지하겠다는 응답은 13%로 3%포인트 각각 상승했다. 키팅 홀런드 CNN 여론조사 디렉터는 "일부 민주당 지지자들이 클린턴의 대안을 찾고 있음을 시사하는 결과이지만 아직 잠재적 후보 명단에선 그런 사람이 없다"고 말했다.

⑪ 국제통화기금(IMF)는 올해 세계경기 성장률이 전년대비 0.6%포인트 높은 3.6%에 이를 것으로 내다봤다. 세부적으로는 선진국의 성장률이 전년대비 0.9%포인트 높

은 2.2%로 예상돼 신흥시장 4.9%(전년대비 0.2%포인트 상승)에 비해 경기 회복세가 두드러질 것으로 나타났다. 보고서는 "경기회복에 따라 선진국의 수입수요가 늘어날 것"이라며 "선진국을 상대로 한 신흥시장과 개발도상국의 수출증가로 이어질 것"이라고 내다봤다. 세계무역기구(WTO) 역시 선진국 수입이 지난해 0.2% 감소에서 올해 3.4% 증가로 돌아설 것이라고 전망했다. 이에 따른 신흥시장 수출은 지난해 3.4% 증가에서 올해 6.4%로 크게 늘어날 것이라고 덧붙였다.

⑫ 와이파이와 블루투스 등과 같은 통신망을 이용해 차량 스스로 운행하는 스마트카와 대형 재난 발생 시 사람 대신 방재·구호작업을 벌이는 재난대응로봇, 민간무인항공기 등이 미래의 대표산업으로 예측되었다. 스마트카는 현재 상용화 단계다. 2025년 형성될 시장규모는 최대 300조원으로 전망된다. 후쿠시마 원전사태 이후 원전관련 로봇시장 규모는 연평균 55%씩 성장해 2019년 11억달러에 이를 것으로 전망되고 있다. 민간무인항공기 산업은 치안, 소방, 농업 등 다방면에 활용되며 2017년 75억달러, 2023년 120억달러까지 성장할 것으로 예측됐다.

⑬ 인도네시아와 유전공동개발에 합의한 후 실무협의를 진행해온 남방개발은 올해안에 자바의 마두라 해역에서 탄성파 탐사를 실시키로 했으며, 이에 따라 이 해역에 대한 과거의 탐사자료를 재분석하는 한편, 시추위치를 확정하여 내년부터 본격적인 시추에 들어가기로 했다. 석유시추는 실패할 확률도 매우 높으며 그것이 성공하기까지에는 많은 복잡한 절차가 필요하다. 우선 탐사에 들어가야 하고 그 결과를 놓고 개발여부와 가채매장량을 종합평가해야 한다. 탐사작업을 통해 얻어진 지질정보를 검토하여 지질정보가 유망하지 않다고 판단될 때는 즉각 석유개발을 포기해야 한다.

⑭ 서울의 한 대학 연구팀은 지난 수년간 50여종의 버섯을 분석, 그 중에서 표고버섯, 구름버섯 등 15종에서 항암성분인 렌티누스 등 5종의 단당류를 검출했으며, 동물실험결과 이들 항암성분이 체내에서 암세포의 발육을 62~100%까지 저지할 수 있음을 확인했다고 발표했다.

이상에서 인용한 바와 같이 통계학은 우리 생활과 밀접하게 연결되어 있음을 알 수 있다. 실례 1과 같은 여론조사나 실례 2 및 3과 같은 과거자료의 조사분석에서와 같이 단순히 자료를 수집·분석하여 그 내용을 요약하여 제시하는 것이 있는가 하면, 지수를 통해서 두 시점의 자료를 비교하는 예(실례 4, 5), 표본을 추출하여 품질을 검사하는 문제(실례 6, 7), 표본조사를 통하여 변수간의 관계를 규명하는 문제(실례 8, 9), 일부 유권자를 조사하여 전체 유권자의 투표성향을 추측하는 문제(실례 10), 실례 11, 12와 같이 미래를 예측하는 문제, 실례 13과 같이 불확실성하에서 의사결정을 하는 문제, 실례 14와 같이 버섯의 단당류가 어느 정도 항암효과가 있는지를 규명하는 문제 등 여러 가지가 있을 수 있다.

(1) 기술통계학과 추측통계학

통계학에서는 자료를 분석, 제시하는 것이라든지 지수를 통해서 두 시점의 자료를 비교하는 것은 자료를 단순히 수집 · 정리 · 요약 · 분석하는 것이므로 기술통계학(descriptive statistics)이라 하고 품질검사, 미래의 예측, 대륙붕시추에 대한 의사결정, 단당류와 항암작용의 관계같은 문제는 완전한 정보가 아니고 단지 부분적인 정보에 근거하여 판단을 내리는 것으로 기술통계학과 구분하여 추측통계학(inferential statistics)의 영역에 포함시키고 있다. 즉, 추측통계학은 부분적인 정보를 가지고 전체에 대한 특성을 추측하는 것을 말하는데 통계적으로 말하면 표본정보를 통해서 모집단의 특성을 일반화하거나 추론하는 것을 의미한다.

여기서 모집단은 고려하고 있는 집단 전체를 말하고 표본은 모집단의 일부를 말한다. 예를 들어서 국회의원 선거의 여론조사에서는 지역구의 일부 유권자에게 어느 후보를 지지할 것인가를 물어서 특정후보의 당선가능성을 판단하게 되는데 이런 경우 모집단은 그 지역구의 전체 유권자이고 표본은 의견을 피력한 일부 유권자가 될 것이다. 과거에는 기술통계학이 통계학의 중심이 되었기 때문에 통계학을 정의하여 자료를 수집, 정리, 요약 및 분석이라고 하였는데, 오늘날에는 추측통계학의 영역이 훨씬 중요시됨에 따라 통계학을 불확실한 상황하에서의 의사결정을 용이하게 해주는 학문이라고 정의하고 있다. 따라서 기술통계학은 추측통계학의 사전단계라고 말할 수 있다.

(2) 통계와 통계학

통계란 우리가 신문지상 등에서 볼 수 있는 현상을 관찰한 수치들이나 이러한 수치들을 보다 이해하기 쉽도록 표나 그림으로 요약한 것을 말하는데, 보다 공식적으로 표현하면 통계란 관심의 대상이 되는 집단의 관찰로부터 얻은 수치적 자료(numerical data) 또는 이의 요약된 형태의 표현이라고 정의된다. 통계학이란 이러한 통계자료를 분석하여 불확실한 상황하에서 우리의 판단을 보다 객관화시키고 합리화 시킬 수 있도록 도움을 주는 학문분야로 기술통계학과 추측통계학의 영역을 모두 포함하여 다음과 같이 정의된다. 통계학이란 관심의 대상이 되는 자료를 수집, 정리, 요약, 분석하여 이를 토대로 불확실한 상황하에서의 의사결정을 용이하게 해주는 학문이다.

(3) 모집단과 표본

모집단(population)이란 관심의 대상이 되는 모든 잠재적 관찰대상의 집합을 말하며, 모집단을 구성하는 개체들이 한정되어 있는지의 여부에 따라 유한모집단과 무한모집단으로 분류한다. 유한모집단(finite population)이란 모집단을 구성하는 개체들이 한정되어 있는 집단으로서 예를 들어, 연구자가 관심을 갖고 있는 관찰 대상이 2014학년도에 입학한 우리 나라 4년제 대학 신입생들이라면, 이것은 그 수가 한정되어 있으므로 유한 모집단이 될 것이다.

반면에 연구자가 관심을 갖고 있는 관찰대상이 예를 들어, 제품의 수명이라면 이는 0보다 큰 실수값을 가지므로 이 경우는 무한모집단(infinite population)이 될 것이다.

표본(sample)이란 통계적 처리를 위해 모집단에서 추출된 모집단의 일부로서 좋은 표본이 되기 위해서는 추출된 표본이 모집단의 특성을 잘 반영하는 것이 되어야 한다. 좋은 표본을 추출하는 방법에 대해서는 02절에서 자세히 설명하기로 한다.

(4) 모수와 통계량

모수(population parameter)란 모집단의 특성을 나타내는 값으로서 모집단의 평균이나 분산, 그리고 모집단 비율 등을 들 수 있다. 예를 들어, 연구자가 관심을 갖고 있는 관찰대상이 선거권을 갖고 있는 우리나라 전체 대학생이라면 이는 모집단에 해당하고, 이중

표 1-1 모집단과 모수의 구별

모 집 단	모 수
선거권을 갖고 있는 대학생	선거명부에 등록된 대학생의 비율
대한민국 국민	남녀의 성비율
지하철 이용객	지하철 이용객의 평균 만족도
모 은행의 통장보유자	10월까지 실명확인을 마친 고객의 수
한달동안 복권을 구입한 사람	한달동안의 1인당 평균 복권 구입량

선거명부에 등록된 학생의 비율은 모수가 되는 것이다. 모수는 보통 μ, σ^2 등과 같이 그리스 문자(greek letters)로 나타낸다. 〈표 1-1〉은 모집단과 모수를 구별한 예이다.

통계량(sample statistic)은 표본의 특성을 말하는 것으로 예를 들어, 선거권을 갖고 있는 우리 나라 대학생이 모집단이라면, 이 중 특정 지역에 거주하는 대학생들은 표본이 될 것이며, 이 표본에서 선거명부에 등록된 대학생의 비율은 통계량이 되는 것이다. 통계량은 보통 알파벳으로 나타내는데, 예를 들어, $\bar{x}$는 표본의 평균을, s^2은 표본의 분산을 나타낸다.

(5) 확률과 통계적 추측

모집단과 표본은 통계학에서 중요한 개념인데, 이 두 개념은 확률과 통계적 추측에 의해서 서로 연결되어 있다. [그림 1-1]에서 보는 바와 같이 확률(probability)은 모집단의 특성을 알고 표본의 결과에 대한 가능성을 계산할 때 적용이 되는 수학적 언어이며, 통계적 추측(statistical inference)은 표본의 결과를 근거로 모집단의 특성을 파악하는 행위를 말한다.

예를 들어서 빨간공이 3개, 초록색 공이 2개 들어 있는 항아리로부터 2개의 공을 무작위로 추출하여 두 개 다 빨간공일 가능성을 계산하는 것은 확률계산이다(그림 1-2(가) 참조). 여기서는 모집단이 빨간공 3개와 초록색 공 2개로 구성되어 있음을 알고 있으므로 표본으로 두 개의 공을 추출하여 둘다 빨간공이 될 가능성은 $\frac{{}_3C_2}{{}_5C_2}=\frac{3}{10}$ 이다. 그런데 만일 항아리 속에 공이 다섯 개 들어있는 것은 알지만 어떤 색깔로 구성되어 있는지를 모

그림 1-1 모집단과 표본의 관계

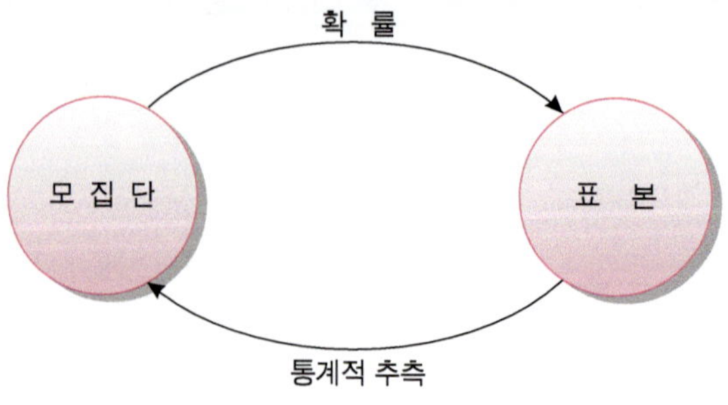

그림 1-2 확률과 통계적 추측

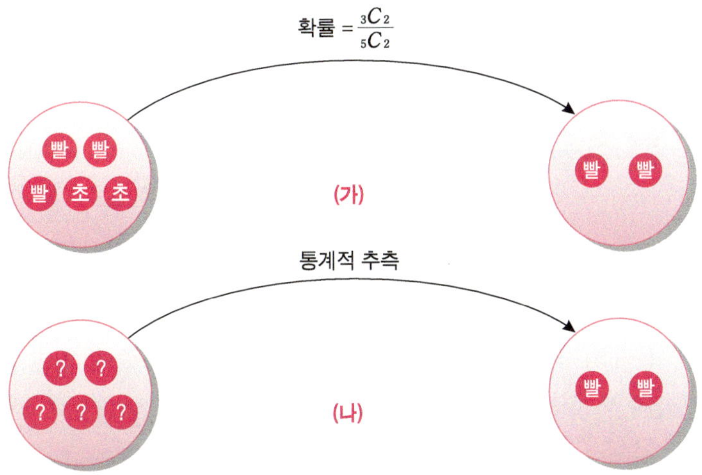

르는 상황하에서 두 개의 표본이 모두 빨간공일 때 모집단, 즉, 항아리 속의 다섯 개 공의 색깔이 어떨 것이라고 추측하는 것은 통계적 추측이다(그림 1-2 (나) 참조). 이 경우는 5개의 공이 모두 빨간공일 가능성도 있고 두 개만 빨간공이고 나머지는 다른 색깔일 수도 있으며, 그외 몇가지 가능성이 있을 수 있다.

(6) 표본오차와 비표본오차

모집단 전체에 관한 완전한 조사를 전수조사(census)라고 한다. 그러나 모집단의 크기가 매우 클 경우 현실적으로 시간, 비용, 물리적 제약성 등으로 인하여 전수조사를 하는 경우는 극히 드물고, 모집단을 잘 대표할 수 있는 표본을 추출하여 통계적 처리를 행하고, 이를 통해 모집단의 특성을 파악하게 된다. 이렇게 모집단의 특성을 파악하기 위해 모집단의 일부인 표본을 추출하여 관측하는 과정을 표본조사(sampling survey)라고 한다.

표본오차(sampling error)란 모집단의 일부인 표본의 결과를 근거로 모집단 전체의 특성을 추론하는 과정에서 발생하는 오차를 말한다. 따라서 전수조사의 경우 표본오차는 발생하지 않는다. 표본오차는 일반적으로 표본의 크기가 증가함에 따라 감소한다. 반면에 비표본오차(nonsampling error)란 표본조사 전과정에서 발생할 수 있는 오차로서 조사목적의 불분명함, 모집단의 비합리적 설정, 부정확한 측정, 관찰의 오류, 누락, 오기, 부정직 등으로 인해 발생한다. 이와 같은 이유로 비표본오차는 표본의 크기가 커짐에 따라 오히려 증가할 수 있으며, 전수조사에서도 발생한다.

02 표본추출의 방법

표본을 추출하는 방법에는 여러 가지가 있는데 어느 것이 적절한 방법인가 하는 것은 모집단의 특성과 문제의 성격에 따라 결정된다. 그러면 표본추출에 일반적으로 사용되는 방법에는 어떤 것이 있는지 알아보자. 표본추출의 방법은 크게 판단표본추출과 확률표본추출의 두 가지로 나누어지고 확률표본추출은 다시 단순무작위표본추출(simple random sampling), 층화표본추출(stratified sampling), 군집표본추출(cluster sampling)로 나누어진다.

2.1 판단표본추출

모집단의 특성을 잘 반영하는 표본을 분간해 낼 수 있다고 생각되는 전문가의 의견에 따라서 표본을 추출하는 것을 판단표본추출(judgement sampling)이라고 한다.

예를 들어서 경험이 많은 선거관리요원은 직관적으로 어떤 투표지역을 선거구의 여론을 대표하는 지역으로 선정할 수 있는데, 이러한 능력은 어떤 통계적 계산에서 나온 것이 아니라 개인의 전문적 지식과 경험에 따른 것이다. 판단표본추출은 편리하지만 어떤 객관적 기준에 의해서 표본을 선정하는 것이 아니기 때문에 객관적인 분석이 곤란하고 표본의 결과를 이용하여 모집단의 특성을 추정하는 것이 불확실한 결점이 있다. 판단표본추출의 평가는 모집단에 대한 전문지식의 정도에 달려있다.

2.2 확률표본추출

확률표본추출(probability sampling)은 표본을 추출하기전에 모집단을 구성하는 기본단위가 표본으로 추출될 확률을 일정하게 할당하는 방법이다. 판단표본추출과는 달리 확률표본추출에 의한 표본은 객관적인 분석이 가능하다.

(1) 단순무작위표본추출

단순무작위표본추출(simple random sampling)은 일정크기의 모든 표본조합(sample combination)이 표본으로 추출될 확률을 같게 놓으며, 모집단의 기본단위가 표본에 포함될 확률을 같게 하여 표본을 추출하는 방법을 말한다. 예를 들어서 10명의 선수를 가진 농구팀에서 각 선수가 경기당 올리는 평균득점을 편의상 3명의 평균득점으로 추정하고자 하면 표본의 크기는 3이 되므로 가능한 표본의 수는 다음과 같다.

$$_{10}C_3=\frac{10!}{3!7!}=120\text{ 개}$$

따라서 각 표본조합이 표본으로 추출될 확률은 $\frac{1}{120}$ 이고, 각 선수가 표본에 포함될 확률은 $\frac{1}{10}$ 이다.

단순무작위표본추출의 무작위성(randomness)을 확실히 하기 위해서는 난수 또는 컴퓨터를 이용한 난수발생기(random number generator)를 사용해야 한다. 일반적으로 난수표 또는 난수발생기를 이용하여 발생된 난수(randomnumber)는 균등분포(uniform distribution)로부터 발생되는 숫자로 각 숫자가 발생할 확률은 동일하다.

(2) 층화표본추출

층(strata)이란 몇 개의 동질적인 집단으로 모집단을 구분해 놓은 것을 의미하며, 모집단이 몇 개의 층으로 나누어 질 때 각 층으로부터 표본을 추출하여 전체표본을 구성하는 방법을 층화표본추출(stratified sampling)이라 한다. 층화표본추출은 모집단을 구성하는 기본단위의 특성이 매우 다양하고 사전에 모집단의 구조를 잘 알고 있을 때 사용된다. 각 층으로부터 추출된 표본의 결과에 가중치를 적용하여 모집단 특성에 대한 추정치를 계산한다.

예를 들어서 어느 대학교 학생의 한달 평균 잡비를 추정하기로 하자. 그런데 학년에 따라 생활양식이 다르기 때문에 고학년일수록 잡비를 많이 쓰고 학생수는 군입대, 휴학, 중퇴 등과 같은 자연감소현상으로 고학년으로 올라 갈수록 적다고 한다. 이러한 생활양식 및 학생수의 변화를 감안하기 위해서는 학생 모집단을 1, 2, 3, 4학년으로 나누어 각 층으로부터 표본을 추출하고 각 표본결과에 층별 학생수에 따른 가중치를 적용하여 평균잡

비를 추정할 수 있는 것이다.

이와 같은 층화표본추출이 효과적인 경우는 ① 각 층내에는 기본단위의 특성이 균일하고 ② 층별로는 차이가 클 경우이다.

(3) 군집표본추출

모집단을 군(cluster)으로 불리는 여러 개의 집단으로 나누어 모집단을 대표하는 군을 표본으로 추출하는 방법을 군집표본추출(cluster sampling)이라 한다. 군을 추출한 후 추출된 군의 모든 기본단위를 표본에 포함시킬 수도 있고 또는 추출된 군에서 한번 더 표본을 추출할 수도 있다. 추출된 군의 기본단위를 전부 표본에 포함시키는 경우를 1단계추출(single-stage sampling)이라 하고 추출된 군에서 다시 한번 표본을 추출하는 경우를 2단계추출(two-stage sampling)이라고 한다. 그리고 두 단계 이상의 추출이 있는 경우를 다단계추출(multi-stage sampling)이라고 한다.

예를 들어서 대학생에 관한 여론조사를 하고자 할 경우 1단계로 대학교 몇개를 추출하고 그 다음 단계로 학과를 몇개 추출한 후 3단계로 학생을 표본으로 추출한다면 3단계추출을 하는 군집표본추출이라 할 수 있다.

군집표본추출이 효과적인 경우는 층별표본추출과 반대로 ① 군내에는 기본단위의 특성 차이가 크고 ② 군간에는 차이가 작을 때이다. 군집표본추출을 하면 비용 및 시간을 절약할 수 있는데, 특히 대도시의 소비자 여론조사에서 군집표본추출을 이용하면 몇 개의 좁은 지역만 조사함으로써 표본조사에 소요되는 시간과 노력을 많이 줄일 수 있다.

(4) 체계적 표본추출

모집단의 크기를 N이라 하고 여기서 크기 n인 표본을 추출하고자 할 경우 체계적 표본추출(systematic sampling)을 이용하는 방법은 다음과 같다. 우선 모집단의 기본단위를 순서대로 1에서 N까지 번호를 할당하고 표본추출간격(sampling interval) $k=N/n$으로 정한다. 그리고 첫째 구간에서 무작위로 기본단위 하나를 추출하여 그 번호가 a라면 표본은 번호가 a, $a+k$, $a+2k$, $a+3k$, …인 기본단위들을 추출하여 구성된다.

예를 들어 100,000명의 이름이 적혀 있는 전화번호부에서 200명의 표본을 추출하고자 할 때 표본추출구간은 $k=\dfrac{100,000}{200}=500$이다. 즉, 500명마다 1명씩 추출하게 되는 것이다. 즉, 처음 500명 중에서 무작위로 한명을 추출하여 그것이 150번이라면 150번부터 시작해서 매 500번째 되는 이름을 추출하면 될 것이다. 즉, 표본은 150번째, 650번째,

1,150번째 등으로 구성되는 것이다.

이와 같이 체계적 추출은 표본추출이 손쉬운 이점이 있다. 하지만 모집단의 순서에 따른 주기성이 표본추출간격과 일치하는 경우에는 동일한 유형의 기본단위들로만 표본이 구성되어 모집단의 실제 특성을 반영하지 못하는 문제가 발생할 수 있다.

03 통계학과 의사결정

사실 우리는 매일 매일 불확실한 상황하에서 살고 있기 때문에 우리가 처한 불확실성을 객관적으로 분석하고 보다 나은 의사결정을 하기 위해서는 통계학이 필수적이다. 특히 불완전한 정보를 가지고 합리적으로 의사결정을 내리는 것을 연구하는 학문분야의 경우 통계학은 기본이 되는 학문이다.

통계학이 의사결정(decision making)에 적용되는 예를 들어보면 다음과 같다.

① 마케팅 조사에서 제품에 대한 수요와 소비자의 소득수준, 나이, 학력 등과 같은 특성과의 관계를 파악함으로써 가장 수익성 있는 소비자층을 판별하고 광고노력을 이곳에 집중시킬 수 있다.

② 생산제품의 품질검사에서 제품전체를 검사하지 않고 몇 개의 제품만을 검사해 봄으로써 생산제품 전체의 품질수준에 대해서 어떤 결론을 내릴 수 있다.

③ 수퍼마켓에서 생선과 같이 변질되기 쉬운 상품을 주문할 때 수요가 불확실하므로 얼마만큼 주문해야 할지 모른다. 너무 많이 주문하면 남아서 버리게 되고, 너무 적게 주문하면 소비자의 수요를 충족시키지 못할뿐만 아니라 얻을 수 있는 이익도 얻지 못하게 되는데 통계학을 이용하면 적정주문량을 결정할 수 있다.

④ 변압기를 생산하는 회사에서 앞으로 5년간 수요예측을 한다고 할 때 변압기의 수요가 국민총생산(GNP)과 밀접한 관계에 있으므로, 즉, 국민총생산이 증가하면 변압기의 수요도 증가한다. 그런데 국민총생산은 비교적 예측하기 쉬운 변수이므로 국민총생산을 먼저 예측한 후 변압기와 국민총생산과의 관계로부터 변압기의 수요를 예측할 수 있는 것이다.

⑤ 인사관리에서도 적성검사와 사내 승진과의 관계 또는 이직률과 직무만족도와의 관

계 등을 통계적으로 분석해 보면 기업경영에 도움이 되는 유용한 정보를 얻을 수 있다.

⑥ 공장을 짓는다든지 기계를 들여 온다든지 하는 자본투자의 수익성은 수요성장률, 시장점유율, 운전비 등 여러 가지 불확실한 요인에 달려있는데 이러한 여러 가지 불확실한 요인을 통계적으로 평가하여 자본투자의 기대수익률이 얼마이고 위험부담률은 어느 정도 되는지를 객관적으로 파악할 수 있다.

이와 같이 통계학은 합리적인 의사결정이 필요한 각 분야에 광범위하게 활용되고 있다.

(1) 통계적 의사결정

앞에서 언급한 바와 같이 통계학의 목적은 표본정보를 기초로 모집단의 특성을 추측하는 것인데, 이러한 추측은 필연적으로 예측이나 의사결정을 수반하게 된다. 이렇게 부분적인 정보를 근거로 예측이나 의사결정을 내리는 것을 통계적 의사결정(statistical decision making)이라고 한다.

예를 들어서, 어떤 회사에서 생산하는 식용유의 산가(酸價)가 높다 낮다 하는 것은 회사제품 전체를 검사해서 내리는 결론이 아니고 극히 일부분의 제품만을 검사해서 내리는 결론이다. 이와 같은 결론에 도달하기 위해서는 먼저 우리가 당면하고 있는 문제를 정확하게 파악하고 있어야 하고 또 그렇게 해야만 어떤 정보가 유용한 것인지 알 수 있다.

일단 문제의 본질을 파악하여 목표가 설정되면 관련자료를 수집하게 된다. 관련자료는 신문, 보고서 또는 정부나 은행에서 발표하는 정기간행물로부터 구하든지 만일 필요한 자료를 위와 같은 발표된 문헌에서 찾을 수 없으면 개인면담이나 설문지를 이용하여 직접 새로운 자료를 구할 수도 있을 것이다. 만일 여기서 수집한 자료가 모집단 전체에 관한 것일 경우(즉, 우리가 관심을 갖고 있는 모집단의 크기가 비교적 작아 전수조사를 할 수 있을 경우)에는 수집한 자료를 정리 · 요약하여 모집단 특성에 대한 결론을 내릴 수도 있다. 그러나 보통 우리가 관심을 갖고 있는 모집단은 그 크기가 매우 크므로 우리가 수집하는 자료는 모집단의 일부인 표본을 관찰한 자료인 경우가 대부분이며, 이 경우에는 표본 자료를 분석한 결과를 토대로 모집단의 특성을 추측하는 과정이 필요하다.

즉, 다음 단계로는 구해진 자료를 정리 · 요약하고 분석하여 표본의 특성을 파악하는 것이 필요한데, 평균이나 표준편차와 같이 표본의 특성을 하나의 수치로써 요약하는 것을 예로 들 수 있다. 표본의 특성이 파악되면 이것을 근거로 모집단 특성에 대한 추측을

그림 1-3 통계학의 문제해결절차

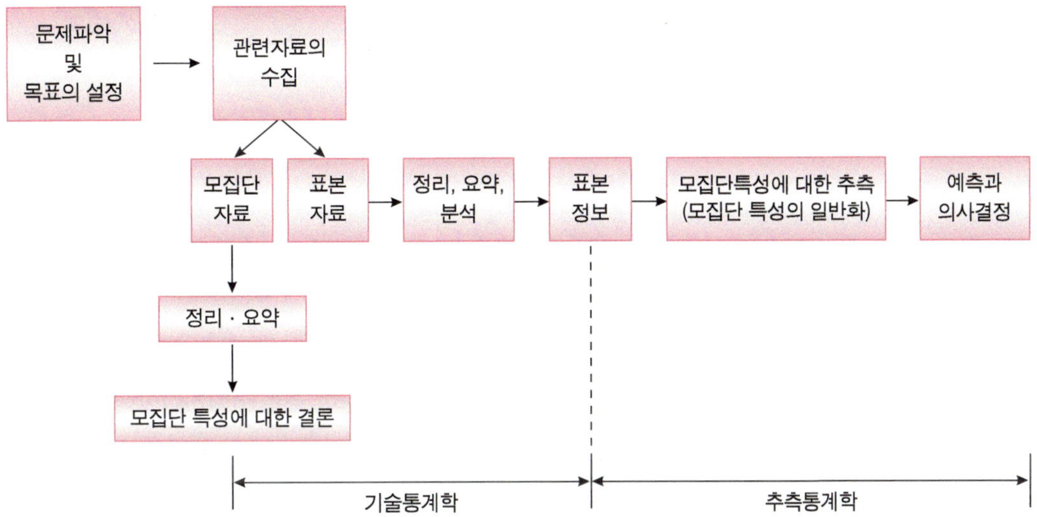

하여 어떤 예측이나 결론을 내리게 된다.

이상에서 기술한 통계적 의사결정의 절차를 요약하면 다음과 같다.

① 당면 문제를 정확하게 파악하여 목표를 설정하고
② 필요한 자료를 수집 · 정리 · 요약 · 분석하여 표본의 특성을 파악하고
③ 표본정보를 기초로 모집단 특성에 대한 추측을 함으로써
④ 미래에 대한 예측과 의사결정을 수행한다.

이러한 통계학의 문제해결절차를 도시하면 [그림 1-3]과 같다.

이상에서 우리는 통계학의 소개, 표본추출방법, 통계학과 의사결정의 관계를 설명함으로써 통계학의 전체적인 윤곽이 어떻게 되는지를 알아보았다.

04 이 책의 구성

이 책에서 다룰 내용은 4부 14장으로 구성되어 있다. 제1부는 자료를 수집, 정리, 요약하여 제시하는 기술통계학에 관해 다룬다. 기술통계학의 지식은 보고서나 신문, 방송 등에 제시된 정보를 이해하는데 도움이 될 것이다. 예를 들어서 제2장에서는 자료를 어떻게 정리하고 제시하는가를 설명하고, 제3장에서는 자료의 특성을 평균 또는 표준편차와 같은 요약수치로써 표현하는 방법과 이는 무엇을 의미하는 지를 설명하고 있다.

제2부는 추측통계학을 공부하는데 필수적인 기본적인 확률이론(제4장)과 확률변수 및 확률분포의 개념(제5장), 그리고 주요확률분포(제6장)에 대해 설명한다. 여기서 설명하는 확률 및 확률분포의 개념은 제3부에서 설명할 추측통계학의 기본이 된다.

제3부는 현대에 와서 중요시 되는 추측통계학을 다룬다. 제7장에서는 통계량의 분포인 표본분포에 대해서 설명하고, 제8장과 제9장에서는 통계적 추측의 두 주류인 미지의 모집단 특성에 대한 추정과 가설검정에 대해서 각각 설명한다. 그리고 제10장에서는 두 모집단 특성의 차이에 대한 통계적 추측을 다루고 제11장에서는 범주형 자료에 대한 카이제곱(χ^2) 검정을 설명한다.

제4부는 통계학에서 중요한 두 가지 통계분석모형인 분산분석모형과 회귀분석모형을 다루고 있다. 제12장에서는 사회과학분야에서 많이 활용되는 분산분석에 대하여 설명하고, 제13장에서는 두 변수 사이의 함수관계를 파악하고 예측하는 단순회귀분석을 다룬다. 그리고 제14장에서는 설명변수가 둘 이상이 되는 상황에서의 회귀분석인 다중회귀분석을 다룬다.

연습문제

1. 모집단, 표본, 확률, 통계적 추측이 서로 어떻게 연결되어 있는지 설명하라.

2. 여러분이 관심을 갖고 있는 모집단으로부터 표본을 추출할 때 사용하고자 하는 표본추출방법을 기술하고, 그 방법을 사용하는 이유에 대하여 설명하라.

3. 통계학이 여러분이 공부하고 있는 학문분야에 어떻게 활용되고 있는지 설명하라.

4. 통계적 의사결정이란 무엇이고, 어떤 절차를 밟아 수행되는지 설명하라.

5. 다음은 2014년 5월 26일자 모 일간지의 기사 내용이다.

> **〈부산시장 여론조사 오거돈 지지율, 서병수와 엎치락뒷치락 '피 말리는 접전'〉**
>
> 중앙일보가 한국갤럽에 의뢰해 지난 20일 부산시민 800명을 대상으로 유·무선 전화면접방식으로 벌인 여론조사(95% 신뢰수준에 표본오차 ±3.5%포인트) 결과 서병수 후보와 오거돈 후보의 지지율은 38.0%로 똑같이 나왔다. 서병수 후보측은 당황한 기색이 역력했고, 오거돈 후보측은 고무된 분위기를 보였다. 서병수 후보의 지지율은 약간 상승하다가 주춤해진 반면 오거돈 후보의 지지율은 소폭 떨어졌다가 다시 상승 곡선을 그렸기 때문이다. 이에 앞서 지상파 방송 3사가 TNS에 의뢰해 지난 17~19일 한 여론조사(표본 800명, 신뢰수준 95% 표본오차 ±3.4%포인트)에서는 서병수 후보가 39.6%로 오거돈 후보(34.2%)를 약간 앞섰다.

① 위의 기사에서 사용한 모든 통계수치를 기술하여라.
② 이 경우 모집단과 표본은 무엇인지 논의하여라.
③ 위의 기사와 관련된 모수와 통계량은 무엇인가?
④ 위의 여론조사에서는 어떠한 표본추출방법이 사용되는가?
⑤ 위와 같은 여론조사에서 발생할 수 있는 오차를 표본오차와 비표본오차로 구분하여 논의하여라.
⑥ 위의 기사에서 얻은 자료를 통한 통계적 의사결정은 어떠한 것인가?

제1부

기술통계학

제1부의 내용

기술통계학은 수집한 자료를 표나 그림으로 일목요연하게 표현하는 방법과 자료의 특성을 수치로 요약하는 방법을 설명하는 분야이다. 자료를 표현하기 위해서는 다양한 그래프를 이용할 수 있으며, 평균 및 분산과 같은 통계수치를 이용하여 자료의 특성을 요약할 수 있다. 제1부는 제2장 자료의 정리와 제3장 자료의 요약으로 구성되어 있는데 각 장의 개요는 다음과 같다.

제2장에서는 우선우리가 수집한 자료의 종류에 대하여 알아보고, 우리가 관측이나 측정할 때 사용하는 척도의 종류에 대하여 설명한다. 또한 방대하고 복잡하게 구성된 자료를 한 눈에 파악할 수 있도록 도수분포표나 여러 가지 그래프로 자료를 정리하는 방법에 대하여 공부한다.

제3장은 자료의 특성을 수치로 요약하는 방법에 대하여 설명한다. 통계학에서는 자료의 특성이나 현상을 설명하기 위하여 한 두개 정도의 요약된 수치를 사용한다. 예를 들어, 남학생의 키와 여학생의 키를 비교하고자 한다면, 제2장에서 소개한 자료의 표현방법을 이용하여 분포를 파악하고 분석할 수 있지만, 남학생의 키를 대표하는 평균값과 여학생의 키를 대표하는 평균값의 크기를 비교한다면 매우 구체적인 형태의 주장이나 문장으로의 표현이 가능해진다. 제3장에서는 ① 자료의 집중경향치를 나타내는 평균 · 중앙값 · 최빈값과, ② 자료의 산포도(분포의 퍼져있는 정도)를 나타내는 범위 · 사분위수범위 · 절대평균편차 · 분산 · 표준편차 · 변동계수, ③ 분포의 모양을 나타내는 비대칭도와 첨도, ④ 그룹별 분포의 특성을 비교하기 위한 상자-수염 그림, 그리고 ⑤ 평균과 표준편차와의 관계를 이용하여 분포의 특성을 나타내는 체비세프 법칙과 경험에 의한 법칙을 주요 내용으로 다룬다.

제2장

자료의 정리

기술통계학이란 통계자료를 정리 · 요약하고 분석하는 것이라고 제1장에서 언급하였다. 자료의 정리란 기술통계학의 출발이 되는 것으로 수집된 자료의 분포와 특성을 쉽게 이해할 수 있도록 표나 그림으로 일목요연하게 나타내는 것을 말한다.

01 자료의 종류

자료(data)란 관심의 대상이 되는 개체의 성격이나 속성을 관측한 결과(outcomes of observation)로서 학생들의 시험점수, 키와 같은 것을 예로 들 수 있다. 자료는 관측결과에 따라 크게 수량자료(quantitative data)와 범주형 자료(qualitative data 또는 categorical data) 두 가지 종류로 나눌 수 있다. 무게, 거리, 시간 등과 같이 관측의 결과가 수치로 나타나는 자료를 수량자료라 하고 교수, 공무원, 회사원 등과 같은 직업이나 기체, 액체, 고체 등과 같이 물리적 상태를 몇가지 범주로 나누어서 나타내는 자료를 범주형 자료라 한다.

수량자료는 수치를 구하는 방법에 따라 다시 두 가지로 나누어진다. 자녀의 수, 나이와 같이 하나 둘 세어서(counting) 얻는 자료를 이산형 자료(discrete data)라 하고 길이, 무

그림 2-1 자료의 종류

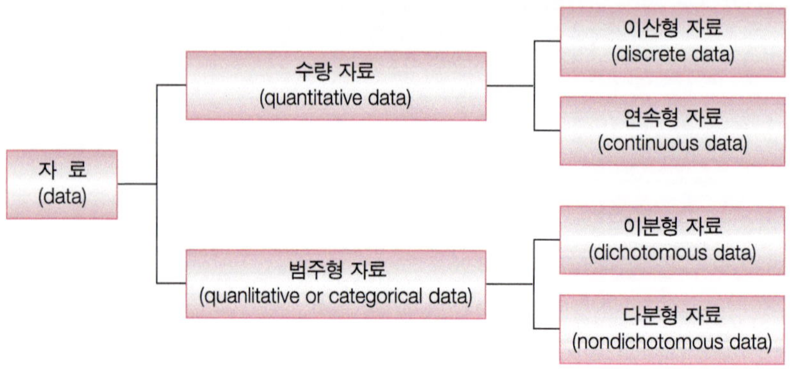

게, 온도와 같이 특정한 단위를 이용하여 측정(measurement)한 자료를 연속형 자료(continuous data)라고 한다. 연속형 자료는 소수점 이하 몇 자리까지도 분해하여 표시할 수 있는데, 이것을 연속형 자료의 가분성(divisibility)이라고 한다. 예를 들어서 사람의 키는 원한다면 172.8972cm 등으로 얼마든지 정밀하게 측정할 수 있는 것이다. 범주형 자료는 범주의 수에 따라 이분형 자료(dichotomous data)와 다분형 자료(nondichotomous data)로 나누어 진다. 성별과 같이 범주의 수가 둘인 자료를 이분형 자료라 하며, 직업이나 종교와 같이 범주가 셋 이상인 자료를 다분형 자료라고 한다. [그림 2-1]은 관측결과에 따라 분류되는 자료의 종류를 나타내고 있다.

02 척도의 종류

자료는 또한 자료를 나타내는 수치에 사용된 척도에 따라서 네 가지로 나누어지는데, 이 네 가지 척도는 명목척도(nominal scale), 서열척도(ordinal scale), 구간척도(interval scale), 비율척도(ratio scale)이다. 수치가 어떤 척도인가 하는 것은 수의 순서(order)가 있느냐, 수 사이의 거리(distance) 개념이 있느냐, 그리고 수에 의미있는 원점(natural zero point)이 있느냐에 따라 결정된다.

(1) 명목척도

명목척도는 단지 관측결과의 특성을 분류하고자 할 때 쓰인다. 예를 들어서 백인에 1번을 부여하고 황인에 2번, 흑인에 3번을 부여할 때 사용하는 숫자 1, 2, 3은 명목척도이다. 여기에서 숫자는 임의로 선택되었고 다른 숫자를 써도 무방하다. 여기에 사용된 수에는 순서의 개념이 있는 것이 아니다.

(2) 서열척도

서열척도는 수의 순서만 있으며 거리나 의미있는 원점은 없다. 예를 들어서 품질수준에 따라서 고급에 1번, 중급에 2번, 저급에 3번을 붙이는 경우 사용된 숫자 1, 2, 3은 서열척도이다. 서열척도는 수의 순서는 있지만 거리의 개념은 존재하지 않는다. 예를 들어서 고급과 중급의 품질차이가 수적으로는 1이지만 이것은 중급과 저급의 품질차이가 수적으로 1과 같다는 것을 의미하지는 않는다.

(3) 구간척도

구간척도는 순서와 거리의 개념은 있으나 의미있는 원점이 없는 경우이다. 즉, 구간척도에도 원점은 존재하나 그것은 의미있는 것이 아니고 임의로 정해 놓은 것이다. 예를 들어서 섭씨 0°는 물의 어는 점을 임의로 정해 놓은 것이고, 시간의 영시도 임의로 정해진 것에 지나지 않는다. 의미있는 원점이란 측정하고자 하는 특성 자체가 존재하지 않는 원점을 말한다. 의미있는 원점이 없는 척도의 경우 비율의 개념은 존재하지 않는다. 예를 들어, 서울의 3월중 평균 온도가 섭씨 10°이고 제주의 3월중 평균 온도가 섭씨 20°라고 할 때 제주가 서울보다 3월중 평균 온도가 2배 높다고 하지는 않는다(일상 생활에서 이러한 표현을 쓴다고 해도 그것은 잘못된 표현으로, 올바른 표현은 제주가 서울보다 3월중 평균 온도가 10° 높다고 하는 것이다). 왜냐하면 섭씨 10°와 섭씨 20°를 화씨로 각각 변환하면 화씨 50°와 화씨 68°가 되는데 이때는 섭씨의 경우처럼 2배가 되지 않기 때문이다. 즉, 구간척도에는 비율의 개념이 존재하지 않는다.

(4) 비율척도

비율척도는 순서, 거리뿐만 아니라 의미있는 원점도 있는 경우이다. 비율척도의 예로는 무게, 길이, 자녀수 등과 같이 비율의 개념이 존재하는 숫자를 들 수 있는데, 이들의 경우 원점(0)은 측정하고자 하는 특성 자체가 존재하지 않음을 나타낸다. 예를 들어, 자

표 2-1 척도의 종류

척도 \ 개념	관측결과의 특성	순서	거리	의미있는 원점 (비율)
명목척도	○	×	×	×
서열척도	○	○	×	×
구간척도	○	○	○	×
비율척도	○	○	○	○

주) ○, ×는 해당 개념의 유, 무를 나타냄.

녀수가 0이라는 것은 자녀가 없음을 나타내고, 자녀수가 넷인 가구는 자녀수가 둘인 가구보다 자녀수가 2배 많다고 말할 수 있는 것이다. 우리가 실생활에서 접하는 대부분의 수량자료는 비율척도로 측정된 것이다.

이상에서 네 가지 종류의 척도를 설명하였는데, 명목척도와 서열척도는 범주형 자료에 사용되고, 구간척도와 비율척도는 수량자료에 사용된다. 우리가 본서에서 다루고자 하는 대부분의 통계적 분석은 구간척도와 비율척도를 이용한다. 〈표 2-1〉은 척도의 종류와 그 특성을 요약해 놓고 있다.

03 도수분포

어느 대도시의 시내버스 노선별 운행구간의 거리를 조사하여 〈표 2-2〉와 같은 자료를 구하였다. 이와 같이 체계없이 나열한 자료를 기초자료(raw data)라고 하는데, 이 기초자료를 운행거리에 따라 몇 개의 계급(class)으로 나누어 각 계급에 속하는 도수(frequency), 즉, 노선의 수를 기입하여 〈표 2-3〉과 같이 체계적으로 요약 · 정리한 것을 도수분포(frequency distribution)라 한다.

표 2-2 어느 도시의 시내버스 노선별 운행구간거리

(단위 : km)

22.4	15.8	12.6	19.9	10.8	9.0	15.4	7.2	23.2	17.3	19.7	15.9	11.9
16.0	21.8	21.8	15.0	23.7	8.4	13.1	6.2	13.1	12.9	15.4	15.5	17.5
11.0	30.1	19.2	18.4	15.5	20.0	17.0	12.5	18.6	22.1	24.4	31.4	20.5
23.7	18.0	19.0	21.0	20.0	26.2	22.8	27.7	22.4	14.5	20.5	7.4	15.0
27.5	15.2	18.9	17.9	19.5	18.0	16.0	18.0	7.4	16.4	18.0	14.0	23.8
14.5	21.6	12.5	24.0	17.9	23.6	22.5	3.0	17.7	13.5	20.9	24.4	25.0
21.8	24.8	25.0	22.5	24.0	22.7	17.3	37.3	15.0	30.5	44.4	35.5	24.7
24.7	30.4	31.4	33.7	26.8	32.5	24.5	26.8	23.5	21.5	29.0	27.6	21.0
28.0	21.8	26.5	20.0	30.9	32.0							

표 2-3 운행거리의 도수분포

계급구간	계 급 값	도 수	상대도수	누적상대도수
이상 미만				
00~05	2.5	1	0.009	0.009
05~10	7.5	6	0.055	0.064
10~15	12.5	12	0.109	0.173
15~20	17.5	33	0.300	0.473
20~25	22.5	35	0.318	0.791
25~30	27.5	11	0.100	0.891
30~35	32.5	9	0.082	0.973
35~40	37.5	2	0.018	0.991
40~45	42.5	1	0.009	1.000
합 계		110	1.000	

〈표 2-3〉은 9개의 계급으로 나누어져 있는데 이를보면 총 노선의 약 62%가 15km에서 25km 사이의 운행거리를 가지고 있음을 알 수 있다. 다시 말해서 도수분포는 노선운행거리의 전체적인 윤곽을 잘 나타내주고 있다.

그러나 이렇게 자료를 요약함으로써 구체적인 정보를 상실하기도 한다. 예를 들어서 각 노선별 운행거리를 알 수 없다든지 운행거리가 가장 짧은 또는 가장 긴 노선이 어떤 것인지 알 수 없을 것이다. 그렇지만 도수분포를 통한 통계적 분석의 이점은 이러한 구체적인 정보의 상실을 보완하고도 남는다.

도수분포를 작성하기 위해서는 ① 계급의 수(number of classes), ② 계급의 폭(width of class) 또는 계급구간(class interval), ③ 각 계급에 속하는관측값의 수인 도수(frequency)를 결정해야 하는데 이를 위해 고려해야 할 사항은 다음과 같다.

① 계급의 수는 5개에서 15개 사이로 하는 것이 바람직하다.[1)] 실제로 결정되는 계급의 수는 기초자료의 수와 범위, 도수분포를 작성하는 목적, 작성자의 기호에 달려있다고 하겠다. 자료의 범위는 자료의 가장 큰 값과 가장 작은 값의 차이인데 본 예제에서는 44.4−3.0=41.4km이다.

1) 일반적으로 기초자료의 수(n)가 100이상일 경우에는 $\sqrt{n}$ 에서 $\frac{n}{5}$ 사이로 하는 것이 바람직하다.

② 계급은 가장 큰 수와 가장 작은 수를 비롯한 모든 자료를 다 포함하고 있어야 하며, 하나의 자료가 하나의 계급에만 포함되도록 선택해야 한다. 즉, 계급이 중간에 빠진것이 있다든지 중복되지 않도록 해야 한다.

③ 가능하면 계급구간의 크기, 즉 계급의 폭은 같게 하고 계급구간은 5, 10, 100 등의 배수로 하는 것이 후속적인 분석(예를 들어, 계급값 계산 및 정리된 자료의 평균과 표준편차 계산)을 위해 바람직하다. 본 예제에서는 계급구간을 5km로 하였다. 그러면 어떻게 계급구간을 5km로 결정하였는지 알아보자. 계급구간을 개략적으로 결정하는 방법은 다음과 같다.

$$i=\frac{L-S}{C}$$

여기서, i : 계급구간의 크기
L : 자료의 최대값
S : 자료의 최소값
C : 계급의 수

이미 알고 있는 바와 같이 최대값은 44.4km이고 최소값은 3.0km이다.

따라서 $i=\frac{44.4-3.0}{9}=4.6$이므로 4.6에 가까운 5의 배수로 5를 선택한 것이다.

④ 가능하면 ~미만 또는 ~이상과 같이 끝이 열린 계급(open-ended class)은 피해야 한다. 끝이 열린 계급은 몇몇 자료의 값이 나머지 자료에 비해 극단적으로 클때나

표 2-4 끝이 열린 도수분포

계 급	도 수
10미만	7
10~15	12
15~20	33
20~25	35
25~30	11
30~35	9
35이상	3

작을 때라든지 또는 최대값이나 최소값을 비밀로 하고 싶을때 필요하게 되지만 끝이 열린 계급이 있으면 평균이나 표준편차와 같은 통계수치를 계산할 수 없으므로 될 수 있는 대로 이를 피하는 것이 바람직하다. 〈표 2-4〉는 본 예제의 도수분포를 계급의 수를 7개로 하여 끝이 열린 분포로 나타낸 것이다.

이상에서 도수분포를 작성할 때 고려할 사항을 설명하였는데 기초자료로부터 작성될 수 있는 도수분포는 작성자에 따라서 다르게 나올 수 있으므로 도수분포의 작성은 어느 정도 경험과 기교가 필요하다. 계급의 수 및 폭을 얼마로 하느냐 또는 각 계급의 시작하는 값과 끝나는 값, 즉, 계급 하한값(lower class limit)과 상한값(upper class limit)[2)]을 얼마로 할 것인가 하는 것은 작성자에 달려있는 것이다.

도수분포의 작성과 관련하여 다음과 같은 사항을 추가적으로 알아 둘 필요가 있다.

① 계급값(class mark)은 각 계급의 중간값을 말하는데, 각 계급의 하한값과 상한값의 평균으로 정의한다.
〈표 2-3〉에 나타난 바와 같이 둘째 계급의 계급값은 (5+10)/2=7.5이다.

② 각 계급의 상대도수(relative frequency)는 각 계급의 도수를 총도수로 나누어서 구하고 누적상대도수(cumulative relative frequency)는 그 계급의 상대도수와 그전 계급들의 상대도수를 모두 합하여(또는 그 계급의 상대도수와 바로 전 계급의 누적상대도수를 합하여) 구한다. 예를 들어 〈표 2-3〉에서 셋째 계급의 누적상대도수는 0.009+0.055+0.109=0.173이다.

04 자료의 도시

도수분포는 시각적인 효과를 노리기 위하여 그림으로 나타낼 수 있는데, 수량자료는 보통 히스토그램(histogram)과 도수다각형(frequency polygon) 그리고 도수다각형에서 파생된 누적도수다각형(ogive)으로 도시하며, 범주형 자료는 막대그래프(bar chart)와 원그래프(pie chart)로 나타낸다. 이와 함께 줄기-잎 그림(stem-and-leaf display)과 상자-수

2) 하한값과 상한값을 통털어 계급한계값(class limits)이라고 한다.

그림 2-2 운행거리에 대한 히스토그램

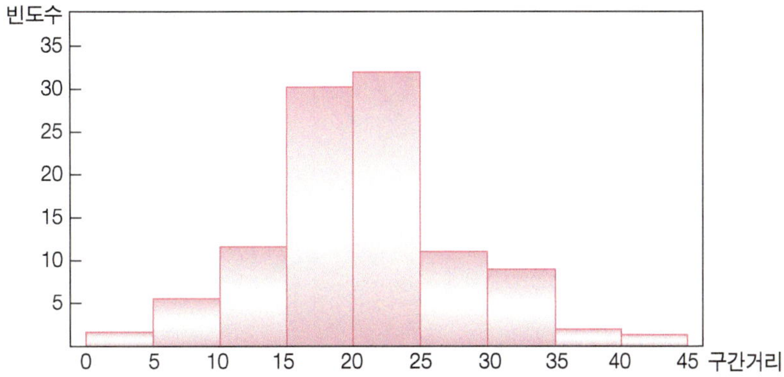

염 그림(box-and-whiskers display)[3]도 수량자료의 분포를 도시하는데 효과적이다.

4.1 히스토그램

히스토그램은 도수분포를 직사각형의 막대로 표시한 것인데 버스노선의 운행거리에 대한 히스토그램이 [그림 2-2]에 주어져 있다. 운행거리의 각 계급이 수평축에 적혀 있고 수직축에는 도수(도수대신 상대도수를 이용하기도 한다)가 적혀 있다. [그림 2-2]의 각 막대는 같은 폭으로 되어 있는데, 이 폭은 계급구간을 나타내고 막대의 높이는 각 계급의 도수를 나타낸다. 따라서 각 막대의 면적은 각 계급의 도수와 비례하고 있다.

4.2 도수다각형

도수다각형은(frequency polygon) [그림 2-3]과 같이 계급구간의 가운데 점인 계급값과 그 계급의 도수가 만나는 점을 모든 계급에 대해서 차례로 직선으로 연결한 것으로, 두 개 이상의 자료분포를 비교하고자 할 때 유용하다. 도수다각형은 첫째 계급에서 왼쪽으로, 마지막 계급에서 오른쪽으로 계급구간의 절반이 되는 수평축위의 점과 연결하여 보

3) 상자-수염 그림에 대해서는 제3장에서 언급하도록 한다.

그림 2-3 운행거리의 도수다각형

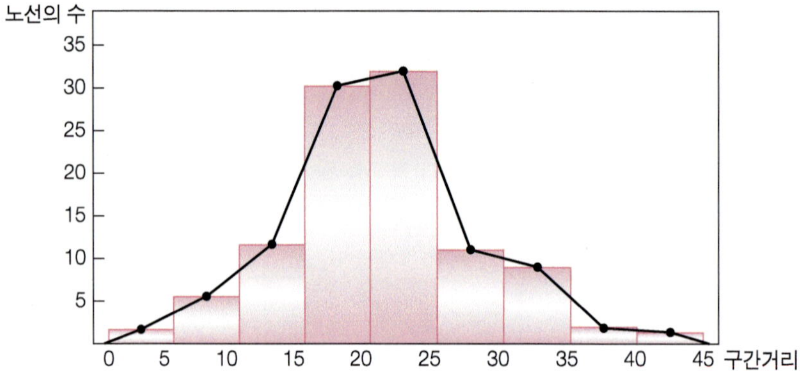

기 좋게 하는 것이 관습이다.

히스토그램과 도수다각형을 비교하면 히스토그램은 막대로 각 계급을 표시하여 각 계급이 뚜렷하게 나타난다는 장점이 있으며, 도수다각형은 두 개 이상의 도수분포를 비교하는데 적절히 사용될 수 있다.

또한 도수다각형은 계급구간의 크기를 계속해서 작게 줄여나가고 관측값의 수를 증가시키면[4] [그림 2-4]와 같은 원활한 곡선이 될 것이다. [그림 2-4]는 대략적으로 좌우대

그림 2-4 종모양의 정규곡선

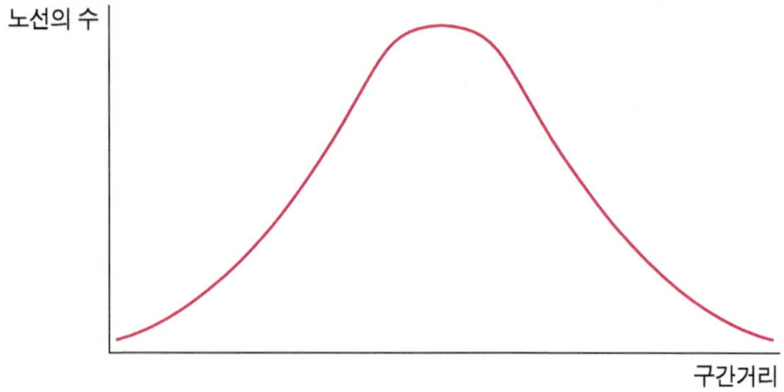

4) 우리가 취급하는 예제의 경우에 관측값의 수를 증가시킨다는 것은 다른 도시의 버스노선의 운행거리를 측정하여 추가하는 것이 될 것이다.

표 2-5 운행거리의 누적도수표

계 급	누적도수
5미만	1
10미만	7
15미만	19
20미만	52
25미만	87
30미만	98
35미만	107
40미만	109
45미만	110

칭인 종모양의(bell-shaped) 곡선형태를 보여주고 있는데, 이러한 종모양의 곡선을 정규곡선이라하여 통계학에서는 중요하게 취급하고 있다.

4.3 누적도수다각형

누적도수다각형(ogive)[5]은 〈표 2-5〉의 누적도수를 [그림 2-5]와 같이 도표로 나타낸 것인데 각 점은 운행거리가 수평축의 거리(km)보다 작은 노선의 수를 나타내고 있다. 즉, 누적도수다각형은 각 계급의 상한값과 그 계급의 누적도수가 만나는 점을 직선으로 연결한 것인데 수평축위의 시작점은 첫째 계급의 하한값이다.

누적도수다각형의 오른쪽에 누적상대도수를 그려 넣으면 뒷장에서 언급할 정리된 자료의 중앙값(median)(제3장 참조)을 구할 수 있다. 즉, 누적상대도수가 0.5인 점에서 수평으로 선을 긋고 누적도수다각형과 만나는 점에서 다시 수직으로 선을 그어 수평축과 만나는 점을 읽으면 개략적인 중앙값, 여기서는 20km를 구할 수 있다.

이상에서 수량자료 그 중에서도 연속형 자료에 대한 도수분포, 히스토그램, 도수다각형을 작성하여 보았는데, 이는 연속형 자료가 가장 일반적인 경우로 설명하는데 좋은 예가 될 수 있기 때문이다. 이산형 자료의 경우에도 연속형 자료와 마찬가지 방법으로 자

5) 오지브라고 읽는다.

그림 2-5 운행거리의 누적도수다각형

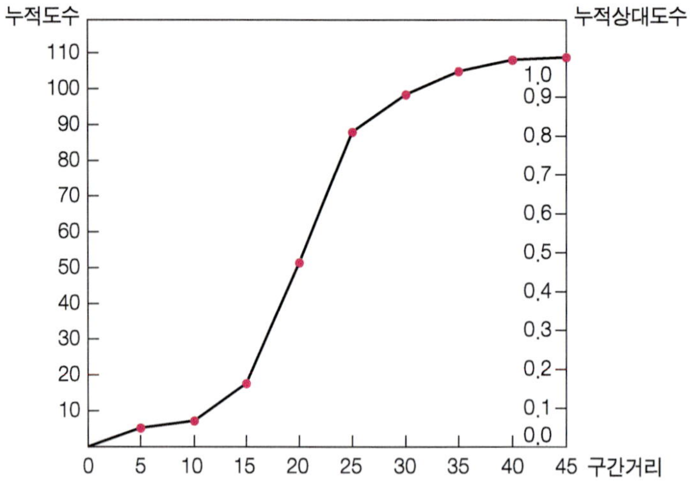

료를 표로 정리하고 도시할 수 있다.[6)]

다음에는 범주형 자료의 도시방법에 대해 공부해 보자.

4.4 범주형 자료의 정리와 도시

범주형 자료를 도수분포로 정리하고 도시하는 방법을 설명하기 위해 어느 백화점의 남자 기성복(상의)의 한달간 판매실적을 예로 들어보자. 기성복 판매는 체형 및 호수(체격의 크기에 따라 정해짐)에 따라 분류되는데 체형은 마른 사람(Y), 보통(A), 근육형(AB) ,비만형(B)의 4종류로 구별되고 호수는 2에서 9까지 있다.

예를 들어 A형 6호이면 키 175cm, 가슴둘레 95cm, 허리 82cm인 사람의 치수이다. 〈표 2-6〉은 위에서 설명한 어느 백화점의 특정 기성복의 체형과 호수에 따른 한달간 판매실적을 나타낸 도수분포이다. 범주형 자료의 도수분포는 보통 막대그래프(bar chart)나 원그래프(pie chart)와 같은 그림으로 나타낼 수 있는데, [그림 2-6]과 [그림 2-7]은 체형별, 호수별로 막대그래프를 그린 것이다. 범주형 자료의 경우 도수다각형을 그린다는 것

6) 과거에는 연속형 자료와 이산형 자료의 도수분포 및 도시 방법에 약간의 차이를 두었으나, 오늘날에는 이를 구별하지 않는 것이 일반적이다.

표 2-6 기성복판매실적 도수분포

호수 \ 체형	Y	A	AB	B	계	구성비(%)
2	0	−	−	−	0	−
3	0	4	3	2	9	1.94
4	12	13	14	15	54	11.64
5	21	40	44	20	125	26.94
6	49	64	44	12	169	36.42
7	23	36	29	7	95	20.47
8	5	6	1	0	12	2.59
9	−	−	−	0	0	−
계	110	163	135	56	464	100.00
구성비(%)	23.71	35.13	29.09	12.07	100	

그림 2-6 체형별 판매실적 막대그래프

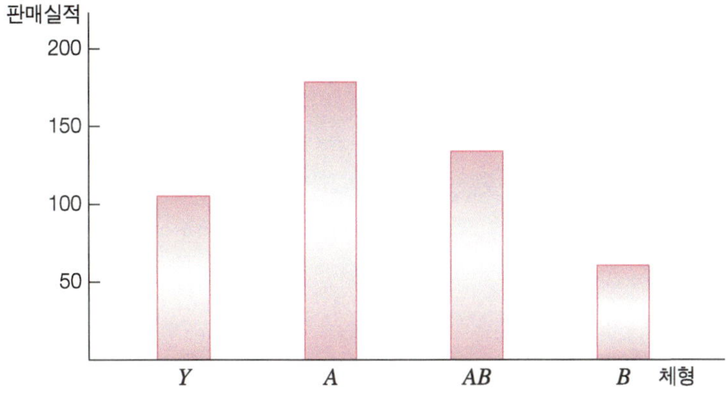

은 별로 의미가 없으며, 따라서 누적도수다각형도 존재하지 않는다.

또한 범주형 자료는 각 범주의 상대도수를 구하여 원그래프(pie chart)로도 나타내는데 [그림 2-8]은 체형별 판매실적 구성비를 나타낸다. 원그래프는 신문지상에서 여론조사결과를 나타내는데 많이 사용되고 있다.

그림 2-7 호수별 판매실적 막대그래프

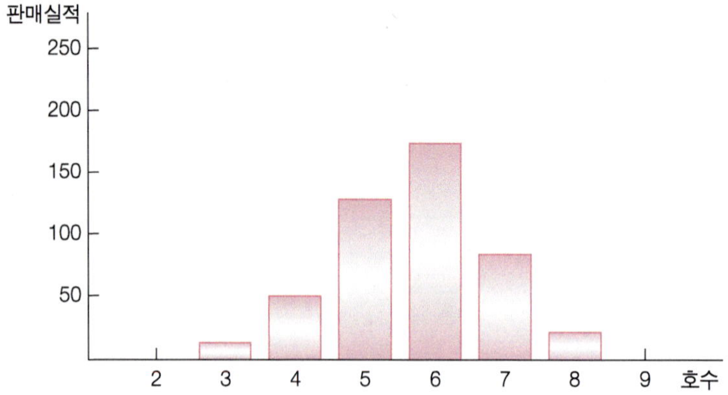

그림 2-8 체형별 판매실적 구성비

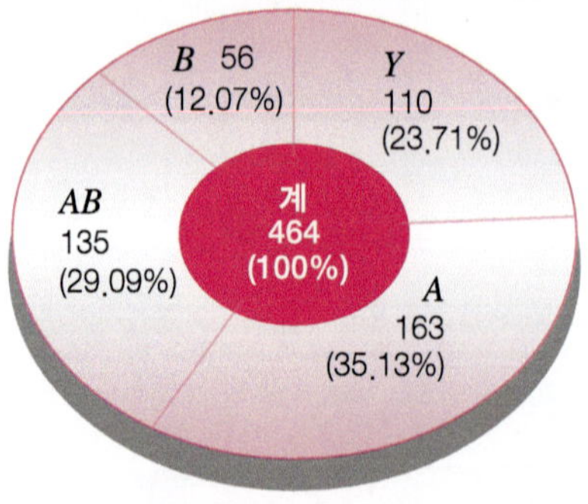

4.5 줄기–잎 그림

줄기–잎 그림(stem-and-leaf display)은 히스토그램과 비슷한 역할을 하지만, 구체적인 관측치를 그림에 포함시킴으로써 히스토그램보다 더 많은 정보를 제공하여 준다. 줄기–잎 그림의 예를 들기 위해 다음의 자료를 이용해 보자.

85 80 76 75 71 58 56 51 46 40

그림 2-9 줄기-잎 그림 (줄기 10단위)

줄기	잎	도수
8	05	2
7	156	3
6		0
5	168	3
4	06	2

이 자료는 통계학 수강생 10명의 기말시험 점수를 크기 순으로 나열한 것으로 [그림 2-9]는 이를 줄기-잎 그림으로 나타낸 것이다.

[그림 2-9]를 보면 줄기(stem)와 잎(leaf) 사이로 수직선이 그어져 줄기와 잎을 분리하고 있음을 알 수 있다. 수직선 좌측에 있는 숫자는 줄기에 해당되는 것으로 여기서는 10단위의 숫자이다. 그리고 수직선 우측에 있는 숫자 각각은 줄기에서 뻗어 나온 잎에 해당되는 숫자로 여기서는 1단위의 숫자이다. 잎에 해당되는 숫자들을 살펴보면 작은 숫자에서 큰 숫자의 순으로 나열되어 있음을 확인할 수 있다. 따라서 줄기와 잎의 숫자를 결합하면 원자료의 개별 관측값이 됨을 알 수 있다. 또한 줄기-잎 그림의 우측에는 도수가 표시되어 있는데, 이는 해당 줄기에 포함되어 있는 관측값의 수를 나타낸다. 예를 들어, 80점대의 점수는 80과 85로 2개임을 알 수 있다. 또한 [그림 2-9]를 보면 최고 점수는 85점이라는 것도 확인할 수 있는데 이 값은 줄기에 해당하는 8과 잎에 해당하는 5를 결합하여 $8 \times 10 + 5$로 계산된다. 마찬가지 방법으로 위 자료에서 가장 낮은 점수는 $4 \times 10 + 0$으로 계산되어 40점임을 확인할 수 있다. 이 경우도 줄기에 해당하는 값 4와 잎에 해당되는 값 0을 결합한 숫자이다. 줄기-잎 그림의 형태는 원자료의 크기나 사용자의 기호에 따라 달리 표현될 수 있지만, 위 자료의 경우에는 줄기가 10단위의 숫자로 나누어져 있기 때문에 잎이 취할 수 있는 값의 범위는 0에서 9까지의 숫자이다.

위의 자료는 [그림 2-10]과 같은 형태의 줄기-잎 그림으로도 나타낼 수 있다. [그림 2-10]을 보면 줄기에 해당하는 값이 동일하게 두 번 연속으로 나타남을 알 수 있다. 만일 줄기에 해당하는 값이 두 번 연속으로 나타나면 먼저 나타난 줄기(위의 줄기)는 잎의 값을 5에서 9까지 취하고 두번째의 줄기(아래 줄기)는 잎의 값을 0에서 4까지 취하게 된다. 즉, 도수분포표나 히스토그램과 연관지어 생각하면 [그림 2-9]는 계급구간의 폭이

그림 2-10 줄기-잎 그림 (줄기 5단위)

줄기	잎	도수
8	5	1
8	0	1
7	56	2
7	1	1
6		0
6		0
5	68	2
5	1	1
4	6	1
4	0	1

10인 줄기-잎 그림이고, [그림 2-10]은 계급구간의 폭이 5인 줄기-잎 그림으로 계급구간의 폭을 10단위에서 5단위로 줄인 것으로 이해할 수 있다. [그림 2-10]의 경우, 시험점수가 55이상 60미만인 학생 수는 2명임을 알 수 있다.

마찬가지 방법으로 줄기-잎 그림에서 계급구간의 폭은 작성자의 기호에 따라 또는 한 줄기에 포함되는 관측값의 수가 많을 경우 계속 세분화할 수 있다. 예를 들어, 줄기에 해당하는 숫자가 동일하게 5번 연속으로 나타날 경우, 첫번째 줄기에서 잎이 취하는 숫자는 8과 9가 되며, 두번째 줄기에 해당하는 잎의 값은 6과 7, 세번째 줄기에 대한 잎의 값은 4와 5 등으로 할당된다. 또한 자료에 음의 관측값이 있는 경우에도 동일한 규칙이 적용되며 큰 수(음의 관측값일 경우는 절대값이 작은 수치)의 줄기가 먼저 나타난다.

예제 1 베어링 생산 자동화 공정은 10mm의 직경을 갖는 특수베어링을 생산하도록 되어 있다. 다음의 자료는 이 생산 공정에서 만들어진 특수베어링 26개를 추출하여 원래 의도된 직경 10mm와의 차이를 기록하여 크기 순으로 나열한 것이다.

1.6	1.3	1.0	0.8	0.6	0.6	0.5	0.4	0.4	0.3	0.3	0.2	0.0
0.0	−0.1	−0.1	−0.3	−0.3	−0.4	−0.5	−0.6	−0.7	−0.8	−1.1	−1.4	−1.7

위의 자료를 계급구간의 폭이 0.5인 줄기-잎 그림으로 표현해 보자.

an answer

위의 자료의 경우 줄기에 해당되는 숫자는 1단위이고 잎에 해당되는 숫자는 소수점 1자리이다. 그리고 계급구간의 폭을 0.5로 하고자 하므로 줄기에 해당하는 1단위 숫자는 동일하게 두 번 연속적으로 나오며, 이 경우 위의 줄기에 해당하는 잎의 값은 5에서 9, 아래 줄기에 해당하는 잎의 값은 0에서 4이다. 따라서 위의 자료에 대한 줄기-잎 그림은 다음과 같이 그릴 수 있다.

줄기	잎	도수
1	6	1
1	03	2
0	5668	4
0	0023344	7
−0	43311	5
−0	8765	4
−1	41	2
−1	7	1

이 줄기-잎 그림으로부터 우리는 의도된 직경을 만족시킨 베어링의 개수는 2개, 베어링 직경 편차의 최대값은 1.7mm, 편차가 1mm 이상인 베어링의 개수는 6개임을 알 수 있다.

줄기-잎 그림은 이와 같이 히스토그램에 구체적인 관측값을 포함시킨 그림으로 도수분포표나 히스토그램보다 풍부한 정보를 제공해 준다.

연습문제

1. 자료를 측정하는 수치에 사용된 척도에 따라 자료를 분류하고 각각의 특징을 기술하시오.

2. 동전을 던져 앞면이 나오면 1, 뒷면이 나오면 2를 기록할 경우, 관찰된 자료는 수량자료인가 범주형 자료인가? 또한 동전을 여러번 던져서 동전의 앞면이 나오는 수를 세었을 경우 어떤 종류의 척도가 사용되고 있는가?

3. 다음 특성에 대한 자료를 수집할 때 어떤 척도를 사용해야 할 것인가?
   ① 신생아의 키
   ② 출생년도
   ③ 나이
   ④ 주식시장의 주가
   ⑤ 사람들의 주거지가 단독주택인가 아파트인가 하고 물을 때
   ⑥ 어떤 제품에 대한 소비자의 만족도

4. 다음 자료는 이산형 자료인가 연속형 자료인가?
   ① 우리 나라의 자동차 대수
   ② 우리 나라의 전력생산량
   ③ 축구선수의 득점수
   ④ 종합주가지수

5. 범주형 자료를 도수분포로 정리할 때 누적도수를 계산하는 것은 의미가 없다. 그 이유를 기술하라.

6. 다음 도수분포표는 시간대별로 은행을 방문하는 고객의 수를 나타낸 것이다.

시 간	고객수
9~10	65
10~11	107
11~12	74
12~1	82
1~2	34
2~3	69
3~4	95
	526

① 여기서 구한 자료는 무슨 자료인가?

② 이 도수분포표를 이용하여 평균을 구한다면 그것은 무슨 의미가 있다고 생각하는가?

③ 은행관리자의 입장에서 이 도수분포표는 어떤 의미를 주고 있다고 생각하는가?

7. 다음 자료는 1000g으로 포장된 과자의 중량을 측정하여 얻은 자료이다.

1021	1030	1033	1002	1013	1036	1027	1039	1001	1034
1026	1022	1028	1025	1022	1047	1030	1050	990	1049
1042	1027	1035	1055	1050	1019	1021	1016	993	1030
1039	1044	1039	1030	1057	1059	1036	970	1025	1032
1032	1021	1024	1022	1049	1029	1035	1030	1020	1035
1038	1033	1047	1022	1053	1000	1037	1034	996	1010
1024	1004	985	1010	1012	1002	1034	1015	1039	1003
989	1034	1034	1013	1030	1015	1047	1004	1011	1056
1041	1049	1069	1048	1043	1039	1026	1014	1043	1027
1013	1037	1029	1047	1021	1028	1043	1017	1034	1029

① 위의 자료에 대해 계급폭을 10, 첫째 계급의 하한값을 970으로 하여 도수분포표를 작성하라.

② 도수다각형(frequency polygon)을 그려라.

③ ①에서 작성한 것과 다른 도수분포표를 작성한다면 어떤 가능성이 있는가?

④ 줄기-잎 그림(stem-and-leaf display)을 작성하고 이의 유용성을 도수분포표 및 히스토그램과 비교하여 기술하라.

8. 다음 자료는 한강유역의 연강우량 측정값이다.

(단위 : mm)

1,376.2	1,339.9	836.5	1,173.2	1,113.7
1,185.1	404.4	574.5	994.0	1,224.1
1,059.0	1,828.2	993.2	1,299.2	1,473.0
1,330.3	1,245.2	1,593.0	1,293.9	1,167.3
1,491.6	1,523.0	1,435.7	1,505.5	1,502.3
1,664.3	1,501.7	1,484.9	1,456.8	1,497.3
1,670.9	1,173.6	1,334.4	1,309.4	1,351.2
1,268.7	688.5	1,512.2	1,328.6	1,025.0
1,189.6	1,293.4	1,183.3	1,233.4	1,212.1
1,245.4	1,193.0	1,040.0	1,249.5	1,434.5
1,212.3	1,063.2	1,416.3	1,414.0	1,070.1
1,112.5	1,335.6	1,224.4	1,401.2	1,112.6
923.1	1,131.8	1,140.5	1,091.5	982.0
998.5	1,203.0	708.4	1,460.2	1,052.2
1,145.2	1,246.0	879.2	2,041.7	1,187.8
1,200.7	995.1	1,276.4	882.6	1,301.3

① 다음의 자료에 대해 계급폭을 200, 첫째 계급의 하한값을 400으로 하여 도수분포표를 작성하라.

② 히스토그램(histogram)을 그려라.

③ 누적도수다각형(ogive)을 그려라.

④ 셋째 계급의 상대도수는 몇 %인가?

⑤ 강우량이 1,400mm 미만되는 도수는 전체의 몇 %인가?

9. 자료의 도수분포를 히스토그램이나 도수다각형 같은 그림으로 제시할 때 사람들로 하여금 시각적인 착오를 일으키게 할 수 있다. 즉, 수평축과 수직축 단위의 간격을 크게 하거나 작게 함으로써 계급간의 도수 차이를 실제보다 크게 보이게 하거나 작게 보이게 할 수도 있다. 이러한 시각적 착오현상을 구체적인 예를 들어 제시하라.

제3장

자료의 요약

앞에서 우리는 기초자료를 도수분포(frequency distribution)나 히스토그램(histogram)과 같은 그림을 통해서 나타냄으로써 자료의 전체적인 윤곽과 특성을 이해하였다. 특히 히스토그램은 관측값들이 흩어져 있는 정도와 관측값들이 어떤 값 주위에 집중되어 있는지를 한눈에 파악할 수 있게 해주는데, 이러한 정보를 하나의 요약수치(summary measure)로써 나타내면 자료에 대한 보다 정확한 수학적 분석이 가능하다.

일반적으로 자료의 특성을 요약하는 척도로는 집중경향치(measures of central tendency)와 산포도(measures of variability), 그리고 분포의 모양을 파악하게 해 주는 척도(measures of shape)인 비대칭도(skewness)와 첨도(kurtosis)가 있다.

(1) 집중경향치

자료의 중심을 측정하는 척도로서 평균, 중앙값, 최빈값이 있다. [그림 3-1]의 (가)에서 A의 집중경향치가 B의 집중경향치보다 작음을 알 수 있다.

그림 3-1 분포의 특성비교

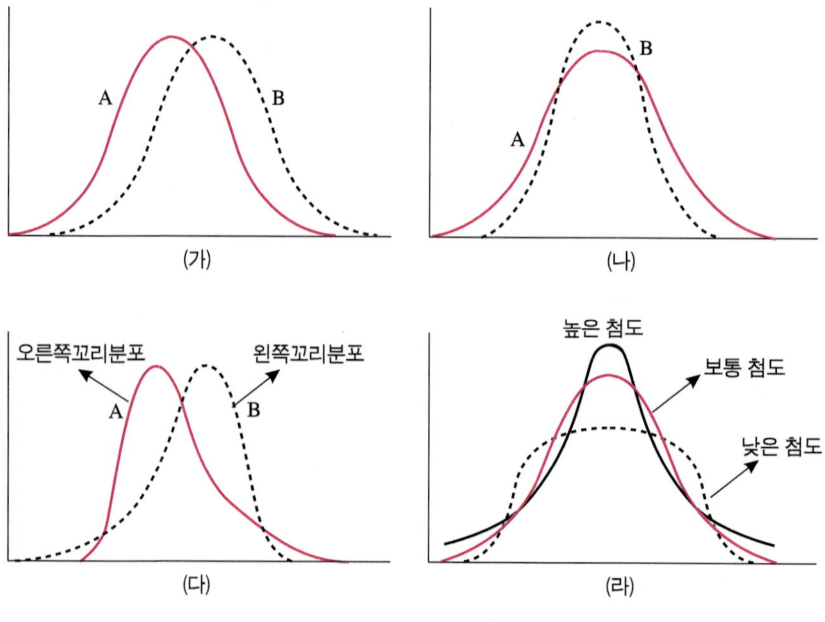

(2) 산포도

관측값들이 얼마나 좁게 또는 넓게 분포되어 있는지(자료의 흩어진 정도)를 나타내는 척도로서, 이에는 범위, 분산, 표준편차, 변동계수 등이 있다. [그림 3-1]의 (나)를 보면 A가 B보다 넓게 분포되어 있는 것을 알 수 있다.

(3) 비대칭도

분포의 정점에서 수직선을 그어 좌우가 같으면 대칭(symmetric)인데 그렇지 않고 분포가 왼쪽이나 오른쪽으로 치우쳐 있을 때 그 정도를 나타내는 것이다. [그림 3-1]의 (다)에서 A는 오른쪽에 긴 꼬리를 가지고 있고(오른쪽 꼬리분포) B는 왼쪽으로 긴 꼬리를 가지고 있다(왼쪽 꼬리분포).

(4) 첨 도

분포의 모양이 얼마나 뾰족한가를 나타내는 수치인데 [그림 3-1]의 (라)에서 보는 바와 같이 높은 첨도(leptokurtic), 보통 첨도(mesokurtic), 낮은 첨도(platykurtic)로 나누어진다. 이 중 보통 첨도는 우리가 제6장에서 공부할 정규분포(normal distribution)의 첨도이다.

본 장에서는 자료의 특성을 요약하는 위의 네 가지 척도에 대하여 구체적으로 설명하고자 한다.

01 집중경향치

집중경향치는 자료전체를 대표하는 값으로 분포의 중심(center of the distribution)이 어디에 있는가를 말해준다. 자료의 값은 크고 작은 것이 다양하게 분포되어 있지만 대개의 경우 어떤 값 주위에 집중되어 있는 경향을 볼 수 있기 때문에 분포의 중심이 되어 자료 전체를 대표하는 값을 보통 집중경향치라고 부른다.

집중경향치로 많이 사용되는 수치로는 우리가 이미 잘 알고 있는 산술평균(우리는 이것

표 3-1 모집단 평균과 표본평균

모집단 평균	표본평균
$\mu=\dfrac{\sum_{i=1}^{N} x_i}{N}$ N : 모집단 크기	$\bar{x}=\dfrac{\sum_{i=1}^{N} x_i}{n}$ n : 표본 크기

을 보통 평균이라 부르기도 한다), 중앙값, 최빈값이 있다. 먼저 도수분포로 정리되지 않은 자료에 대한 집중경향치에 대하여 설명하고 다음에 도수분포로 정리된 자료에 대한 집중경향치를 계산해보자.

1.1 정리되지 않은 자료

(1) 산술평균

산술평균(arithmetic mean)은 분포의 중심(重心)을 나타내는 수치로 수량자료에만 적용된다. 산술평균은 모든 자료의 값을 더해서 자료의 수로 나눈 값을 말하는데, 만일 n개의 자료의 값을 $x_1, x_2, \cdots, x_n$이라 하면 평균은 $\bar{x}$로 나타내고 $\bar{x}=\dfrac{1}{n}\sum_{i=1}^{n} x_i$이다.[7)]

모집단 평균과 표본평균은 〈표 3-1〉과 같이 표기상의 차이가 있다.

(2) 중앙값

중앙값(median)은 분포의 중심(中心)을 나타내는 수치로 수량자료에만 적용된다.

중앙값은 자료를 크기순으로 나열하였을 때 가운데에 위치하는 관측값으로 자료의 수가 홀수이면 한가운데 위치한 수이고, 자료의 수가 짝수이면 가운데 있는 두 수의 평균을 말한다.

강우량의 예에서 자료를 크기의 순으로 나열하면 139.3, 106.3, 101.6, 92.0, 86.3,

7) 본서의 기술통계학 부분에서는 앞으로 별도의 언급이 없는 한 자료는 표본자료로 가정한다. 따라서 자료의 요약수치와 관련된 표기는 표본에 관한 것으로 한다. 즉, 통계량 기호로 나타낸다.

예제 1 우리 나라 주요도시의 5월 중 강우량이 〈표 3-2〉와 같다.
5월 중의 평균 강우량은 얼마인가?

표 3-2 주요도시의 5월 중 강우량

지 명	강우량(mm)
서 울	86.3
인 천	72.5
부 산	139.3
광 주	92.0
울 산	106.3
전 주	84.7
대 구	67.4
포 항	74.5
목 포	101.6
계	824.6

an answer

$$\bar{x}=\frac{86.3+72.5+139.3+92.0+106.3+84.7+67.4+74.5+101.6}{9}=91.6$$

따라서 평균 강우량은 91.6mm이다.

선형변환에 대한 평균

n개의 관측값 $x_1, x_2, \cdots, x_n$의 평균을 $\bar{x}$라고 하자. 이 n개의 관측값을 다음과 같이 선형변환(linear transformation)시켜보자.

$$y_i=a+bx_i,$$

여기서 y_i는 관측값 x_i의 선형변환이며, a, b는 임의의 상수이다.
그러면 n개의 새로운 관측값 y_i들의 평균은 다음과 같이 계산된다.

$$\bar{y}=a+b\bar{x}$$

통합표본평균

크기가 $n_1, n_2, \cdots, n_k$인 k개의 집단의 표본평균이 각각 $x_1, x_2, \cdots, x_k$라면 이 k개의 집단을 한데 통합할 경우의 평균 $\bar{x}$는 다음과 같이 계산된다.

$$\bar{x}=\frac{\sum_{i=1}^{k} n_i \bar{x}_i}{\sum_{i=1}^{k} n_i}$$

이를 통합표본평균(mean of merged samples)이라고 하며, 이는 각 집단의 평균을 각 집단의 상대적인 크기로 가중평균한 수치이다.

84.7, 74.5, 72.5, 67.4이므로 중앙값은 서울의 86.3이다.

(3) 최빈값

최빈값(mode)은 자료 중에서 발생빈도가 가장 높은 관측값, 즉, 도수가 가장 많은 관측값을 말하며, 평균이나 중앙값과는 달리 수량자료뿐만 아니라 범주형 자료에도 적용된

표 3-3 체형별 호수별 판매

(단위 : 수량)

호수 \ 체형	*Y*	*A*	*AB*	*B*	계
2	0	—	—	—	0
3	0	4	3	2	9
4	12	13	14	15	54
5	21	40	44	20	125
6	49	64	44	12	169
7	23	36	29	7	95
8	5	6	1	0	12
9	—	—	—	0	0
계	110	163	135	56	464

다. 강우량의 예에서는 모든 관측값들이 한번씩 밖에 일어나지 않으므로 최빈값은 존재하지 않는다. 최빈값은 기성복이나 책의 경우와 같이 어떤 크기 또는 종류의 기성복이 가장 많이 팔리는가, 어떤 종류의 책이 가장 많이 팔리는가를 알 수 있도록 함으로써 소비자가 무엇을 요구하는지를 파악하는데 이용될 수 있다. 〈표 3-3〉은 제2장에서 예로 든 어느 기성복 판매점의 판매상황을 나타내고 있는데 이 경우의 최빈값은 64의 도수를 보인 $A6$이다.

(4) 자료의 분포모양

이상에서 세 가지 집중경향치인 평균, 중앙값, 최빈값에 대해서 설명하였는데, 이 중에서 어떤 것을 자료의 대표값으로 써야 할 것인가 하는 의문이 생기게 될 것이다. 만일 이 세 가지 대표값이 서로 다르다면 이것으로 분포의 모양이 어떤가를 알 수 있다.

즉, 평균과 중앙값이 다르다는 것은 분포의 모양이 비대칭이라는 것을 의미하는데 만일 비대칭분포가 [그림 3-2]의 (나)와 같이 오른쪽에 꼬리를 가지고 있으면 평균이 중앙값보다 크게 될 것이며, [그림 3-2]의 (다)와 같이 왼쪽에 꼬리를 가지고 있으면 평균이

그림 3-2 집중경향치의 상대적 위치

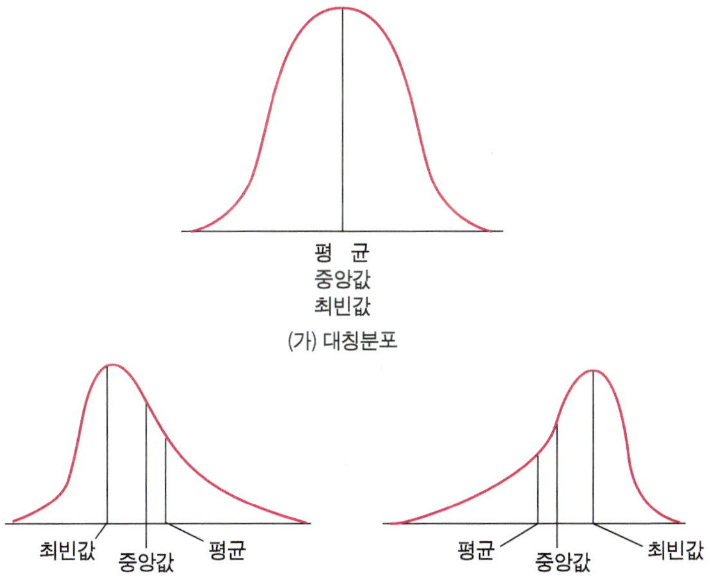

(가) 대칭분포

(나) 오른쪽꼬리분포

(다) 왼쪽꼬리분포

표 3-4 배구선수들의 키(cm)

164	168	195	163	167	169	192	161	162

중앙값보다 작게 될 것이다. 왜냐하면 평균은 분포의 무게중심(重心)이고 중앙값은 분포의 가운데 중심(中心)이기 때문에 오른쪽 꼬리 분포의 경우 오른쪽 꼬리에 있는 큰 수가 분포의 重心, 즉 평균을 오른쪽으로 옮겨가는 역할을 하기 때문이다. 만일 분포가 [그림 3-2]의 (가)와 같이 좌우대칭이면 평균, 중앙값, 최빈값은 같은 값을 가지게 된다.

예를 들어서 9명의 선수로 구성된 어느 여자 배구팀 선수들의 키가 〈표 3-4〉와 같이 주어졌다고 하자. 두 선수만이 190cm이상이고 다른 선수들은 모두 170cm이하이다. 이 팀의 평균은 171.22cm이고 중앙값은 167cm이다. 이 경우에는 평균보다 중앙값이 더 좋은 대표값이 될 수가 있다. 즉, 평균은 극단값의 영향에 민감한 반면 중앙값은 자료를 크기 순으로 나열했을 때 가운데에 위치한 수이므로 극단값의 영향을 받지 않는다.

그러나 이 세 가지 대표값은 장 · 단점이 있어 적절하게 응용되는 경우가 다르다. 최빈값은 이미 설명한 기성복 판매점의 예에서와 같이 소비자들이 자주 요구하는 것이 무엇인지를 파악하는데 사용되고, 중앙값은 사회과학에서 비대칭분포의 대표값으로 많이 사용되고 있는데, 중위소득(median income)이 이에 대한 좋은 예이다. 평균은 뒤에 다루게 될 통계적 추측(statistical inference)에서 표본의 대표값으로 사용되므로 통계적 분석을 위한 중요한 대표값의 역할을 한다.

1.2 정리된 자료

자료가 도수분포로 정리되어 있으면 평균, 중앙값, 표준편차와 같은 수치는 도수분포로부터 개략적으로 계산될 수 있다. 제2장에서 예로 든 버스 운행거리에 대한 자료를 가지고 집중경향치를 계산하여 보기로 한다.

(1) 산술평균

정리된 자료로부터 산술평균을 계산할 때는 각 계급의 모든 자료는 그 계급의 계급값과 같은 값을 가진다고 가정하여 다음과 같이 계산한다.

$$\bar{x} = \frac{\sum_{i=1}^{k} m_i f_i}{\sum_{i=1}^{k} f_i}$$

여기서, m_i : 계급 i의 계급값

f_i : 계급 i의 도수

k : 계급의 수

운행거리의 도수분포(표 2-3참조)를 이용하여 산술평균을 구하면

$$\bar{x} = \frac{\sum_{i=1}^{9} m_i f_i}{\sum_{i=1}^{9} f_i} = \frac{2,275}{110} = 20.68\,(\text{km})$$이다.

(2) 중앙값

중앙값은 자료를 크기순으로 나열했을때 가운데에 위치한 값인데, 정리된 자료에서는 각 계급속에 개별 관측값들이 한데 합쳐져 있기 때문에 자료의 실제값을 알 수 없고, 따라서 개략적인 중앙값을 구할 수 있을 뿐이다. 정리된 자료에서 중앙값을 구하는 순서는 먼저 중앙값이 있는 계급, 즉, 중위계급(median class)을 찾는 것이다. 운행거리의 예에서는 (표 3-5 참조) 자료의 수가 110개이기 때문에 중위계급은 55번째의 관측값(정확히는 55번째와 56번째 관측값의 평균)이 있는 계급이므로 5번째 계급이 될 것이다.

다음에는 이 계급의 자료 35개 중에서 어느 것이 중앙값이 될 것인가를 결정해야 한다. 중위계급 이전계급까지의 누적도수가 52이므로 중앙값은 이 계급의 3번째(55-52=3) 관측값이다. 마지막으로 중앙값은 중위계급 내에서 보간법(interpolation)[8]에 의해서 계산된다. 즉, 중위계급내의 자료가 균등하게 분포되어 있다고 가정하여 계급의 폭을 비율적으로 나누어 중위계급의 하한값에 더하는 것이다. 이를 수식으로 표시하면 다음과 같다.

---

8) 보간법은 어떤 구간을 비율적으로 내분하는 것을 말한다.

$$M_d = L_{md} + \left(\frac{n/2 - F_c}{f_{md}}\right) \cdot C$$

여기서, M_d : 중앙값

L_{md} : 중위계급의 하한치

n : 분포의 총도수, 즉 $\sum f_i$

F_c : 중위계급 이전 계급까지의 누적도수

f_{md} : 중위계급의 도수

C : 중위계급의 계급폭

위의 방법을 이용하여 중앙값을 계산하는 과정이 〈표 3-5〉에 주어져 있는데 중앙값은 대략 20.43으로 계산된다.

$$\begin{aligned} M_d &= L_{md} + \frac{n/2 - F_c}{f_{md}} \cdot C \\ &\approx 20 + \left(\frac{110/2 - 52}{35}\right) \times 5 \\ &\approx 20 + 0.4285 \\ &\approx 20.43 \end{aligned}$$

표 3-5 중앙값의 계산

계급구간	도수(f)	누적도수
이상 미만		
0~ 5	1	1
5~10	6	7
10~15	12	19
15~20	33	52
20~25	35	87
25~30	11	98
30~35	9	107
35~40	2	109
40~45	1	110
	110	

(3) 최빈값

정리된 자료에서 최빈값은 도수가 가장 많은 계급의 계급값으로 정한다. 운행거리의 예에서 도수가 가장 많은 계급, 즉, 최빈계급은 다섯번째 계급(20이상 25미만)이므로 최빈값은 이 계급의 계급값인 22.5km가 된다. 정리된 자료에서는 최빈값보다는 최빈계급(modal class 또는 modal category)을 더 많이 사용하기도 한다.

(4) 기타 대표값

이상에서 설명한 평균, 중앙값, 최빈값 이외에 대표값으로 사용되는 수치는 다른 것도 있다. 예를 들어 가중평균(weighted arithmetic mean)은 평균을 취하고자 하는 관측값들의 상대적 중요도를 나타내는 가중치를 고려하여 계산된 평균이다. 만일 여러분이 수강하는 통계학 과목에서 중간시험을 80점, 학기말 시험을 90점, 과제물 점수는 80점 받았는데, 중간시험의 비중이 40%, 학기말 시험의 비중이 50%, 그리고 숙제의 비중이 10%라고 하면 가중평균은 다음과 같이 계산된다.

$$\text{가중평균} = \frac{80(40)+90(50)+80(10)}{100} = 85\text{점}$$

또한 기하평균(geometric mean : GM)은 변화율이나 비율의 평균을 구할 때 주로 쓰이는 수치인데 이것은 모든 관측값을 곱하여 관측값의 수만큼 근을 구한 것이다. 기하평균은 산술평균에 비해 극단값의 영향을 줄일 수 있다.

예를 들어서 2, 4, 12 세 수의 산술평균은 6이나 기하평균을 구하면 다음과 같이 된다.

$$\text{기하평균} = \sqrt[3]{2 \cdot 4 \cdot 12} = \sqrt[3]{96} = 4.58$$

이외에도 사분위수(quartile)와 십분위수(decile)가 있다. 사분위수에는 1사분위수, 2사분위수, 3사분위수가 있는데, 1사분위수(Q_1)는 자료를 크기 순으로 나열하여 작은 것부터 세어 자료의 25%되는 위치에 있는 수이고, 2사분위수(Q_2)는 자료의 50% 되는 위치에 있는 수이며, 3사분위수는 자료의 75%되는 위치에 있는 수이다. 그리고 십분위수에는 1십분위수, 2십분위수, ……, 9십분위수가 있는데 1십분위수(D_1)는 자료를 크기순으로 나열하여 자료의 10%되는 위치에 있는 수이며, 2십분위수는 자료의 20%되는 위치에 있는 수이다. 따라서 2사분위수와 5십분위수는 중앙값과 같은 것임을 알 수 있다.

02 산포도

앞에서 설명한 몇가지의 집중경향치는 분포의 중심이 어디에 있는지만을 나타내는 것이므로 자료의 특성을 적절하게 설명하는데 한계가 있다. 따라서 집중경향치와 함께 자료의 흩어진 정도(자료를 구성하는 관측값들이 얼마나 넓게 또는 좁게 분포되어 있는가)를 측정하는 것이 필요하다.

예를 들어, 어느 강의 평균 수심이 1m라는 정보만을 가지고 물놀이를 하기 위해 강에 들어가는 경우를 생각해 보자. 이 경우 강의 실제 수심은 어떤 곳은 20cm일 수도 있고 어떤 곳은 3m가 넘을 수도 있으므로 평균 수심이 1m라는 정보만을 믿고 아무 준비없이 강에 들어가는 것은 위험천만한 일일 것이다. 안전한 물놀이를 위해서는 수심의 평균뿐만 아니라 그 기복도 알 필요가 있는 것이다. 산포도란 자료의 흩어진 정도를 측정하는 수치이다.

자료의 산포도를 측정하는 이유는 첫째, 위의 예에서와 같이 평균과 같은 대표값의 신뢰도를 평가하기 위함이다. 만일 자료가 넓게 분포되어 있으면 평균으로 전체를 대표하는 데는 많은 무리가 따를 것이며, 그만큼 평균의 신뢰도도 낮아지는 것이다. 둘째, 산포도를 파악함으로써 제품의 품질에 대한 관리 및 통제가 가능하다. 예를 들어서 베어링을 생산하는 공장에서는 일정한 직경의 베어링을 생산해야 하는데 만일 직경의 크기에 변화가 심하면 생산공정에 이상이 생겼음을 감지할 수 있을 것이다. 이와 같이 산포도를 측정하면 공정관리 및 품질관리를 통해서 제품의 변화를 통제할 수 있는 것이다.

산포도를 측정하는 대표적인 수치로는 범위(range), 절대평균편차(mean absolute deviation : MAD), 분산(variance), 표준편차(standard deviation), 변동계수(coefficient of variation : CV) 등이 있다.

2.1 정리되지 않은 자료

(1) 범 위

범위는 가장 단순한 산포도 측정 도구인데 자료의 가장 큰 값과 가장 작은 값의 차이이다. 기상통보에서 최고기온과 최저기온을 예보하는데, 이는 범위를 사용하는 좋은 예라 할 수 있다. 범위는 쉽게 계산할 수 있고 이해할 수 있는 이점이 있으나 극단값에 매우 민감하게 반응하며, 범위내에 놓여 있는 값들이 실제로 어떻게 흩어져 있는지 모르는 단점이 있다. 이 중 극단값에 민감하게 반응하는 단점을 극복하기 위해서 범위의 변형된 형태인 사분위수 범위(interquartile range)나 십분위수 범위(interdecile range)를 사용하기도 한다. 사분위수 범위란 자료들을 크기 순으로 나열했을 때 위에서 25% 아래에서 25%를 버리고 계산한 범위를 말하며, 십분위수 범위란 위에서 10% 아래에서 10%의 관측값들을 제외하고 계산한 범위이다. 그러나 이러한 범위의 변형된 형태들도 범위내에 실제 관측값들이 어떻게 흩어져 있는지는 나타내주지 못한다.

(2) 절대평균편차

절대평균편차는 각 관측값이 자료의 평균으로부터 떨어진 편차의 절대값을 모든 관측값에 대하여 더한 후 평균한 것으로 다음의 식으로 나타낼 수 있다.

$$MAD=\frac{\sum_{i=1}^{n}|x_i-\bar{x}|}{n}$$

여기서, MAD : 절대평균편차

x_i : 개별 관측값

$\bar{x}$: 자료의 평균

n : 관측치의 총수

앞에서 예를 든 강우량의 문제에서 절대평균편차를 구하는 과정이 〈표 3-6〉에 나타나 있는데 MAD=16.16(mm)이다.

표 3-6 절대평균편차의 계산

	강우량(x_i)	평균($\bar{x}$)	$\lvert x_i - \bar{x} \rvert$
	86.3	91.6	5.3
	72.5	91.6	19.1
	139.3	91.6	47.7
	92.0	91.6	0.4
	106.3	91.6	14.7
	84.7	91.6	6.9
	67.4	91.6	24.2
	74.5	91.6	17.1
	101.6	91.6	10.0
합 계	824.6		145.4

$$\bar{x} = \frac{\sum_{i=1}^{9} x_i}{n} = \frac{824.6}{9} = 91.6$$

$$\text{절대평균편차}\,(MAD) = \frac{\sum_{i=1}^{9} |x_i - \bar{x}|}{n} = \frac{145.4}{9} = 16.16$$

절대평균편차는 개념적으로는 자료의 산포도를 측정하는 훌륭한 도구이나 절대값을 이용하게 되어 추가적인 수학적 분석이 용이하지 못하다. 따라서 실제로 통계학에서 자료의 흩어진 정도를 측정하는 도구로 가장 많이 사용하는 것은 다음에 설명할 분산(variance)과 표준편차(standard deviation)이다.

(3) 분 산

분산이란 각 관측값들이 자료의 重心, 즉, 평균으로부터 어느 정도 떨어져 있는가를 측정하는 수치로 각 관측값과 평균간의 차이를 제곱하여 모두 더한 후 관측값의 수로 나누어 준 수치를 말한다.

분산의 단위는 관측값 단위의 제곱이다. 그리고 모집단분산은 σ^2으로 표기하고 표본분산의 경우에는 s^2으로 나타낸다. 모집단분산과 표본분산을 식으로 나타내면 다음과 같다.

모집단분산 $\sigma^2 = \dfrac{\sum_{i=1}^{N}(x_i-\mu)^2}{N} = \dfrac{\sum_{i=1}^{N}x_i^2 - N\mu^2}{N}$

여기서, x_i : 개별 관측값

m : 모평균

N : 모집단 크기

표준분산 $s^2 = \dfrac{\sum_{i=1}^{n}(x_i-\bar{x})^2}{n=1} = \dfrac{\sum_{i=1}^{n}x_i^2 - n\bar{x}^2}{n-1}$

여기서, x_i : 개별 관측값

$\bar{x}$: 표본평균

n : 표본크기

표본분산 계산시 관측값의 수 n대신에 $(n-1)$로 나누어 준 것에 유의할 필요가 있다. 추측통계학에서 표본분산은 모집단분산을 추정하기 위한 도구의 역할을 하는데, 이때 표본관측값의 수 n으로 나누어 주게 되면 모집단분산을 과소 평가하게 된다. 만일 수집한 자료의 분산만 구하는 것이 목적이고, 이 분산에 근거하여 전체 집단의 특성을 추론할 필요가 없으면 관측값의 수 n으로 나누어서 분산을 구한다. 그러나 앞서 제1장에서 설명한 바와 같이 우리가 수집한 자료는 보통 표본자료이며, 표본의 결과를 근거로 모집단의 특성을 추론하는 것이 통계학의 중요한 목적 중 하나이므로 표본의 분산을 계산할때는 (관측값의 수 −1)로 나누어 주는 것이 일반적이다. 이는 자유도와 관련된 개념인데 이에 대한 자세한 논의는 제6장에서 언급하기로 한다.

(4) 표준편차

표준편차는 분산의 제곱근으로 모집단의 표준편차는 σ, 그리고 표본의 표준편차는 s로 나타낸다. 표준편차의 단위는 관측값의 단위와 동일하다.

강우량의 문제에 대해 분산과 표준편차를 구하는 과정(이 경우 표본분산과 표본표준편차를 가정)이 〈표 3-7〉에 주어져 있다.

표 3-7 분산과 표준편차의 계산

강우량(x_i)	평균($\bar{x}$)	$x_i-\bar{x}$	$(x_i-\bar{x})^2$
86.3	91.6	-5.3	28.09
72.5	91.6	-19.1	364.81
139.3	91.6	47.7	2,275.29
92.0	91.6	0.4	0.16
106.3	91.6	14.7	216.09
84.7	91.6	-6.9	47.61
67.4	91.6	-24.2	585.64
74.5	91.6	-17.1	292.41
101.6	91.6	10.0	100
합 계 824.6			3,910.10

$$\bar{x}=\frac{\sum_{i=1}^{9}x_i}{n}=91.6$$

$$s=\sqrt{\frac{\sum_{i=1}^{9}(x_i-\bar{x})^2}{n-1}}$$

$$=\sqrt{\frac{3,910.0}{8}}$$

$$=\sqrt{488.76}$$

$$=22.11$$

따라서 본 표본예제에서 표본분산 s^2=488.76이고, 표본표준편차 s=22.11이다.

선형변환에 대한 분산과 표준편차

n개의 관측값 $x_1, x_2, \cdots, x_n$의 분산을 s_x^2이라고 하자. 그리고 이 n개의 관측값들을 다음과 같이 선형변환(linear transformation)시켜 보자.

$$y_i = a + bx_i$$

여기서 a는 각 관측값을 일정한 크기만큼 위치 이동시키는 상수(shift parameter)이고, b는 관측값의 척도를 변화시키는 상수(rescale parameter)이다. 그러면 새로운 n개의 관측값 y_i들의 분산 s_y^2과 표준편차 s_y는 다음과 같이 표현된다.

$$s_y^2 = b^2 s_x^2,\ s_y = |b| s_x$$

2.2 정리된 자료

자료가 도수분포 형태로 정리되면 절대평균편차는 일반적으로 계산하지 않는다. 그러므로 여기서는 표준편차를 계산하는 방법만 설명하고자 한다.

(1) 표준편차

정리된 자료의 경우 모집단표준편차와 표본표준편차를 계산하는 공식은 다음과 같다. 표본표준편차인 경우는 분모에서 1을 빼준 것을 알 수 있다.

$$\sigma = \sqrt{\frac{\sum_{i=1}^{k}(m_i - \mu)^2 f_i}{\sum_{i=1}^{k} f_i}}$$

단, m_i : 계급 i의 계급값

μ : 모평균

f_i : 계급 i의 도수

k : 계급의 수

$$s = \sqrt{\frac{\sum_{i=1}^{k}(m_i - \bar{x})^2 f_i}{\sum_{i=1}^{k} f_i - 1}}$$

단, m_i : 계급 i의 계급값

$\bar{x}$: 표본평균

f_i : 계급 i의 도수

k : 계급의 수

버스운행거리의 문제에 대한 표본표준편차를 계산하는 절차가 〈표 3-8〉에 주어져 있는데 $s=7.06^2$이다.

표 3-8 정리된 자료의 표준편차 계산

계급구간	계급값(m)	도수(f)	$(m-\bar{x})$	$(m-\bar{x})^2$	$(m-\bar{x})^2f$
0~5	2.5	1	−18.18	330.5	330.5
5~10	7.5	6	−13.18	173.7	1,042.5
10~15	12.5	12	−8.18	66.9	802.8
15~20	17.5	33	−3.18	10.1	333.3
20~25	22.5	35	1.82	3.3	115.5
25~30	27.5	11	6.82	46.5	511.5
30~35	32.5	9	11.82	139.7	1,257.3
35~40	37.5	2	16.82	282.9	565.8
40~45	42.5	1	21.82	376.1	476.1
		110			5,434

$$\bar{x}=\frac{\sum_{i=1}^{9} m\cdot f_i}{\sum_{i=1}^{9} f_i}=\frac{2,275}{110}=20.68$$

$$s=\sqrt{\frac{\sum_{i=1}^{9}(m_i-\bar{x})^2 f_i}{\sum_{i=1}^{9} f_i-1}}=\sqrt{\frac{5,434}{109}}=\sqrt{49.85}=7.06$$

2.3 변동계수

앞에서 다룬 표준편차를 비롯한 산포도를 측정하는 수치는 절대수치이다. 그러나 자료의 산포도를 비교할 때 절대수치보다 상대수치가 필요할 때가 있다. 예를 들어서 남녀 대학 졸업생이 받는 초봉의 표준편차를 비교해 본 결과 남자의 경우 100,000원, 여자의 경우 90,000원이 나왔다고 할 때 남자가 받는 초봉의 분포가 여자의 경우보다 더 넓게 분포되어 있다고 말할 수 있는지를 생각해 보자. 결론적으로 말하면 표준편차만으로 두 분포의 산포도를 비교할 수는 없고 평균에 대한 표준편차의 비율로 나타낸 상대수치를 비교해야만 산포도의 상대적인 비교를 합리적으로 할 수 있다. 위의 예에서, 남자의 평균초봉이 2,000,000원이고 여자의 평균초봉이 1,500,000원이라면 상대수치는 남자의 경우 $\frac{1}{20}$이고 여자의 경우 $\frac{3}{50}$이므로 여자 초봉의 분포가 더 넓은 분포를 보이고 있다고 말할 수 있다. 이상에서 설명한 상대수치를 변동계수(coefficient of variation : CV)라고 하는데, 이는 다음과 같이 정의된다.

$$변동계수=\frac{표준편차}{평\ \ 균}$$

즉, 변동계수는 자료의 대표값 크기를 감안한 상대적인 산포도 척도로서 위의 식에서 알 수 있듯이 단위가 없는 수치(unitless quantity)로 나타난다. 변동계수는 관측값의 차이가 큰 자료들간의 산포도를 비교하거나 측정단위가 상이한 자료들간의 산포도를 비교할 때 유용하게 이용될 수 있다.

예제 2 어느날 모 산부인과에서 태어난 신생아 5명의 몸무게(kg)는 다음과 같으며, 평균과 표준편차 그리고 변동계수가 다음과 같이 계산되었다.

신생아	1	2	3	4	5
몸무게	4.0	3.0	3.5	3.4	3.6

$$\bar{x}=3.5(kg),\ s=0.36(kg)$$

$$CV=\frac{0.36}{3.5}=0.103$$

또한, 이 산부인과에서는 태어난 신생아의 아버지 5명의 몸무게(kg)도 측정하여 다음과 같이 제시하였고, 평균과 표준편차, 그리고 변동계수를 계산하였다.

아버지	1	2	3	4	5
몸무게	71.0	64.0	67.0	66.0	59.0

$$\bar{x}=65.4(\text{kg}),\ s=4.39(\text{kg})$$

$$CV=\frac{4.39}{65.4}=0.067$$

이 경우 두 자료의 관측값의 차이가 크므로 표준편차보다는 변동계수를 이용하여 산포도를 비교하는 것이 타당하다. 왜냐하면 성인 몸무게의 변동폭은 신생아보다 훨씬 크기 때문이다. 위 예의 경우 신생아 몸무게의 표준편차는 아버지 몸무게의 표준편차보다 훨씬 작으나 변동계수의 크기는 더 큼을 알 수 있다. 따라서, 이 경우 신생아 몸무게의 분포가 아버지 몸무게의 분포보다 상대적으로 더 넓게 퍼져있다고 말하는 것이 타당하다.

03 상자-수염 그림

자료분포의 특성을 파악하기 위하여 많이 사용되는 5개의 주요 통계량(five-number summary)은 자료의 최소값(minimum), 자료를 크기 순으로 나열했을때 하위 25%에 해당하는 1사분위수(Q_1), 자료의 중앙값(Q_2), 자료를 크기 순으로 나열했을 때 상위 25%에 해당하는 3사분위수(Q_3), 그리고 자료의 최대값(maximum)이다.[9] 이러한 5개의 주요 통계량을 효과적으로 표현하기 위하여 사용되는 것이 상자-수염 그림(box-and-whiskers display)인데, 이 그림은 박스플롯(boxplot)이라고도 불리운다. 상자-수염 그림은 특히 두 그룹의 분포를 비교하는 데 효과적이다. 상자-수염 그림을 그리는 방법을 설명하면 다음

9) 자료를 구성하는 관측값의 수가 n이고, 이러한 n개의 관측값들을 작은 것부터 크기 순으로 나열했을 때, 1사분위수는 일반적으로 (n+1)/4번째의 관측치이고, 3사분위수는 3(n+1)/4번째의 관측치이다. 예를 들어, 관측치의 개수가 20일 경우, 1사분위수는 5.25번째의 관측치이고, 3사분위수는 15.75번째의 관측치이다. 만일 이 자료에서 5번째 관측치가 10이고, 6번째 관측치가 12이면 1사분위수는 보간법에 의해 10+0.25(12−10)=10.5로 근사화한다. 3사분위수도 마찬가지 방법으로 근사화한다.

과 같다.

① 1사분위수(Q_1)와 3사분위수(Q_3)의 값을 양쪽 끝부분(이를 'hinge'라고 부름)으로 하여 박스를 그린다. 이 경우 박스의 폭은 $Q_3 - Q_1$으로 분포의 사분위수 범위(IQR : interquartile range)가 된다.

② 박스 안으로 중앙값에 해당하는 위치에 선을 긋는다.

③ 박스의 양쪽 끝(hinge)으로부터 시작하여 박스의 바깥쪽 방향으로 선(이 선은 그 모양이 메기의 수염과 같다고 하여 'whiskers'라고 부름)을 긋는다. 이 선의 길이는 일반적으로 사분위수 범위의 1.5배($1.5 \times IQR$)로 한다.[10)]

④ 만일 어떤 관측치가 박스의 양쪽 끝(hinge)으로부터 $3 \times IQR$ 밖의 범위에 존재하면 극단 이상치(extreme outliers)라고 부른다. 이 관측치는 자료에서 매우 특이한 값으

그림 3-3 두 그룹의 상자-수염 그림 비교

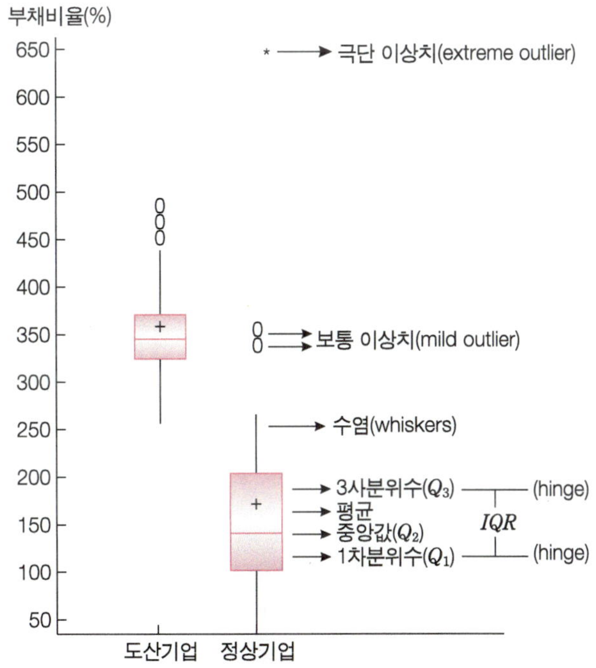

10) 상자-수염 그림에서 수염을 그리는 방법은 소프트웨어에 따라 다르다. 예를 들어, 미니탭(MINITAB)에서는 상자의 양쪽 끝(hinge)으로부터 최대값과 최소값에 이르는 점까지 수염을 긋는다.

로 취급되며 일반적으로 '*'로 표기한다. 만일 어떤 관측치가 박스의 양쪽 끝으로부터 $1.5 \times IQR$에서 $3 \times IQR$ 사이에 존재하면 보통 이상치(mild outliers)라고 부르며, 이는 '0'으로 표기한다.

[그림 3-3]은 도산기업과 정상기업의 부채비율 분포를 상자-수염 그림으로 비교한 예이다. [그림 3-3]에서 우리는 몇가지 사실을 발견할 수 있다. 첫째, 상자-수염 그림은 5개의 주요 통계량과 자료의 평균값(상자-수염 그림에서 '+'로 표시), 그리고 사분위수 범위를 쉽게 파악할 수 있게 해준다. 둘째, 자료에서 극단 이상치(extreme outliers, '*'로 표시)와 보통 이상치(mild outliers, '0'으로 표시)를 판별하도록 하여 이들 이상치에 대한 추가적인 조사를 할 수 있도록 한다. 셋째, 자료분포의 비대칭도를 파악할 수 있도록 한다. 자료의 평균과 중앙값을 그림으로 비교함으로써 분포가 좌우대칭인지 오른쪽 또는 왼쪽 꼬리분포인지 쉽게 판별할 수 있도록 한다. [그림 3-3]을 보면 도산기업과 정상기업 모두 평균이 중앙값보다 크므로 오른쪽 꼬리분포의 모양을 함을 알 수 있다. 또한 정상기업이 도산기업보다 평균과 중앙값의 차이가 크므로 정상기업의 분포가 오른쪽으로 보다 길게 꼬리를 늘어뜨리고 있음을 알 수 있다.

04 평균과 표준편차와의 관계

(1) Z값(Z-value)

Z값이란 특정 관측값(x_i)이 자료의 평균(μ 또는 $\bar{x}$)으로부터 몇 개의 표준편차(σ 또는 s) 만큼 떨어져 있는지를 나타내는 상대적 위치의 척도(measure of relative standing)이다.

모집단 자료 $$Z = \frac{x_i - \mu}{\sigma}$$

표본자료 $$Z = \frac{x_i - \bar{x}}{s}$$

예제 3 통계학 기말고사의 평균은 70점, 표준편차는 10점이라고 한다. 만일 나의 성적이 50점이라면 나의 성적의 Z값은 얼마인가?

an answer

$$Z=\frac{50-70}{10}=-2$$

즉, 나의 성적은 평균 성적에서 2개의 표준편차만큼 밑에 위치함을 알 수 있다.

(2) 체비셰프의 법칙(Chebyshev's Inequality)

자료의 분포모양에 상관없이 적어도 관측값들의 $(1-\frac{1}{k^2})\times 100(\%)$가 평균으로부터 $\pm k$개의 표준편차내에 위치한다는 정리이다. 여기서 k는 1보다 큰 상수를 의미하는데, k를 1보다 크다고 설정한 이유는 위 정리에서 알 수 있듯이 k가 1보다 작거나 같을 경우에는 너무도 당연한 결과를 보이기 때문이다.

예제 4 다음의 자료는 어느 회사 피고용인 7명의 임금수준(단위 : 만원)을 나타내는 표본 자료이다.

80 60 75 100 96 88 110

임금의 평균과 표준편차는 다음과 같이 계산된다.

an answer

$$\bar{x}=609/7=87$$

$$s=\sqrt{\frac{80^2+60^2+75^2+100^2+96^2+88^2+110^2-7(87)^2}{7-1}}=16.84$$

그러므로 이 자료에 대해 체비셰프의 법칙을 적용시키면 최소한 위 7명 임금의 75%는 평균으로부터 ±2개의 표준편차내에 존재하게 된다. 즉, (87-33.68)=53.32(만원)과 (87+33.68)=120.68(만원) 사이에 적어도 5.25(=7×0.75)개의 임금이 존재하게 될 것이며, 위의 자료를 보면 이 범위안에 7개의 임금 모두가 포함되므로 이 법칙이 성립함을 확인할 수 있다.

표 3-9 여러 가지 k값과 해당 비율

k	1.5	2	2.5	3
$(1-1/k^2)\times100\%$	55.6%	75%	84%	88.9%

〈표 3-9〉는 여러 가지 k값과 해당 비율을 나타내고 있다. 예를 들어, k=2.5일때 해당 비율은 84%인데 이는 자료를 구성하는 관측값들 중 적어도 84%가 자료의 평균으로부터 ±2.5(표준편차)내에 존재한다는 의미이다.

그림 3-4 경험에 의한 법칙

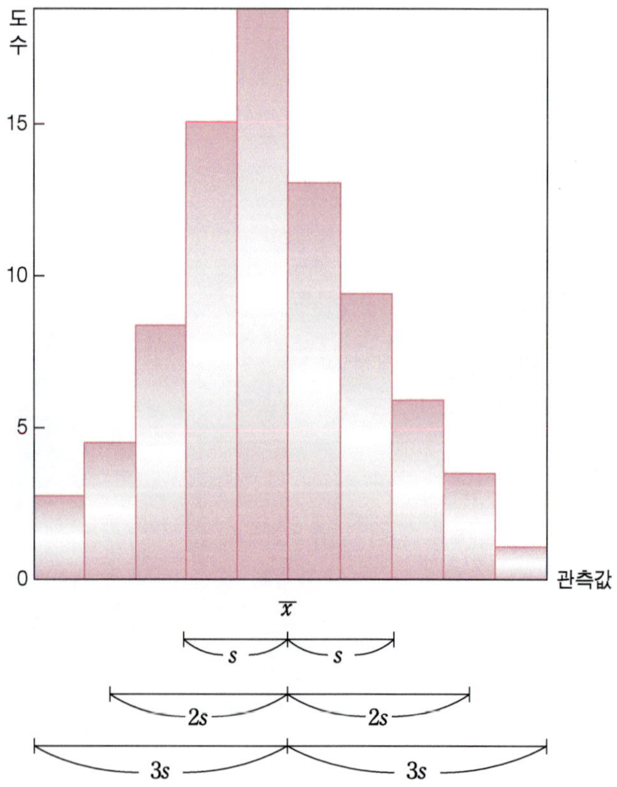

체비셰프의 법칙은 자료의 분포모양에 상관없이 성립하는 법칙인데, 만일 자료의 분포모양이 [그림 3-4]와 같이 대략적으로 평균을 중심으로 좌우대칭이며, 종모양(bell-shaped)의 모습을 보인다면 다음의 경험에 의한 법칙이 성립한다.

(3) 경험에 의한 법칙(Rule of Thumb 또는 Normal Approximation)

자료의 분포모양이 대략적으로 평균을 중심으로 좌우대칭이며, 종모양과 비슷하다면, 다음의 사항들이 성립한다.

① 관측값들의 약 68%가 평균으로부터 ±1개의 표준편차내에 위치한다.
② 관측값들의 약 95%가 평균으로부터 ±2개의 표준편차내에 위치한다.
③ 거의 모든 관측값들이(99% 이상) 평균으로부터 ±3개의 표준편차내에 위치한다.

[그림 3-4]는 경험의 법칙을 도시한 것이다. 따라서 〈예제 3〉에서 통계학 기말고사 성적의 분포가 평균을 중심으로 좌우대칭인 종모양과 비슷하다면 50점(70−2·10)에서 90점(70+2·10) 사이 성적의 학생들은 95% 정도가 될 것이며, 성적의 분포가 대략적으로 좌우대칭이므로 성적이 90점 이상이거나 50점 이하인 학생들은 각각 나머지 5%의 반인 2.5% 정도가 될 것이다. 그런데 나의 성적의 Z값은 −2로 평균으로부터 2개의 표준편차만큼 밑에 위치하고 있으므로 대략 하위 2.5%에 해당된다고 말할 수 있다.

05 비대칭도와 첨도

앞서 우리는 집중경향치와 산포도를 배운 바 있는데 집중경향치는 분포의 중심을 나타내고, 산포도는 자료의 흩어진 정도를 측정한다. 본 절에서는 분포의 모양을 측정하는 도구(measures of shape)로 비대칭도와 첨도에 대하여 공부한다. 비대칭도는 분포의 좌우대칭 정도를 나타내고, 첨도는 분포의 뾰족한 정도를 나타낸다.

5.1 비대칭도(skewness)

앞서 우리는 자료의 분포모양이 평균과 중앙값의 상대적 크기에 따라 좌우대칭(symmetric), 오른쪽 꼬리분포(skewed to the right 또는 positively skewed), 왼쪽 꼬리분포(skewed to the left 또는 negatively skewed) 등 세 가지로 나뉘어 질 수 있다는 것을 배운 바 있다. 즉, 분포의 정점에서 수직선을 그어 좌우의 분포모양이 같으면 좌우대칭으로 이 경우, [그림 3-2]의 (가)와 같이 자료의 평균, 중앙값, 최빈값은 모두 같은 값을 가지게 된다. 반면, 분포의 모양이 오른쪽이나 왼쪽으로 긴 꼬리를 가지고 있을 경우 자료의 분포는 비대칭 형태를 가지게 되는데, 오른쪽으로 긴 꼬리를 가진 경우 오른쪽 꼬리분포라하고, 왼쪽으로 긴 꼬리를 가질 경우 왼쪽 꼬리분포라고 한다. 오른쪽 꼬리분포의 경우, [그림 3-2]의 (나)와 같이 평균은 중앙값보다 크고, 왼쪽 꼬리분포의 경우, [그림 3-2]의 (다)와 같이 평균은 중앙값보다 작게 됨을 알 수 있다.

(1) 비대칭도의 측정

평균과 중앙값을 비교함으로써 우리는 분포의 모양이 어느 쪽으로 치우쳐 있는 지를 알 수 있으며, 그 치우쳐진 정도는 얼마나 되는지도 개략적으로 알 수 있다. 예를 들어, 평균과 중앙값의 크기 비교에 의해 평균이 중앙값보다 크면 분포의 모양이 왼쪽으로 치우쳐진 오른쪽 꼬리분포임을 알 수 있으며, 평균과 중앙값의 크기 차이가 크면 클수록 치우쳐진 정도도 더 큼을 짐작할 수 있다. 그러나 보다 공식적으로 분포의 치우쳐진 방향이나 크기를 측정할 수 있는 수치가 있는데, 여기서는 간단한 식으로 비대칭도를 측정하는 피어슨 비대칭계수(Pearson's coefficient of skewness, Pearson's CS)를 소개한다.

> **피어슨 비대칭계수**
>
> Pearson's CS=3(평균－중앙값)/표준편차

위의 식에서 알 수 있듯이, 만일 평균과 중앙값의 크기가 같으면 비대칭계수는 0이 되며, 평균이 중앙값보다 크면 비대칭계수는 양의 값, 평균이 중앙값보다 작으면 비대칭계수는 음의 값을 갖는다. 또한 평균과 중앙값의 차이가 크면 클수록 비대칭계수의 절대값 크기는 크게 됨을 알 수 있다. 예를 들어, 두 자료(자료 A, 자료 B)의 피어슨 비대칭계수를 구했더니 자료 A의 경우는 0.7이고 자료 B의 경우는 1.3이라고 하자. 이 경우, 두 자

예제 5 다음의 자료는 어느 자동차 보험회사 판매사원 30명의 지난해 월 평균 급여로 계약건수에 따른 상여금이 포함된 금액이다. 피어슨 비대칭계수를 이용하여 분포의 특성을 기술하라.

월 평균 급여

(단위: 만원)

221	305	440	275	190	330
200	317	318	371	350	255
318	280	277	330	230	260
175	285	175	300	416	240
320	390	150	250	210	490

an answer

피어슨 비대칭계수를 구하기 위해서는 우선 위 자료의 평균과 중앙값, 그리고 표준편차를 계산해야 한다. 위 자료의 경우, 평균은 288.93(만원), 중앙값은 282.50(만원), 표준편차는 81.13(만원)이다. 따라서 피어슨 비대칭계수는 다음과 같이 계산된다.

$$\begin{aligned} CS &= 3(\text{평균}-\text{중앙값})/\text{표준편차} \\ &= 3(288.93-282.50)/81.13 \\ &= 0.238 \end{aligned}$$

피어슨 비대칭계수가 양수이므로 자료의 분포모양은 오른쪽 꼬리분포이며, 계수의 크기가 그다지 크지 않으므로 오른쪽으로 약간 꼬리를 늘어뜨린 분포의 형태를 취함을 알 수 있다. 이 경우, 소수의 고소득자로 인하여 지난 해 판매사원 30명의 월 평균 급여의 평균은 중앙값보다 큰 값을 취하게 되었다. 독자들은 히스토그램과 같은 그림으로 위의 자료를 도시화하여 이를 확인해 보기 바란다.

료 모두 비대칭계수가 양의 값을 가지므로 두 분포의 모양은 모두 오른쪽 꼬리분포임을 알 수 있을 뿐만 아니라, 자료 B가 자료 A보다 오른쪽으로 꼬리를 보다 길게 늘어뜨리고 있음을 알 수 있다. 비대칭계수가 0에 가까울수록 분포의 모양은 좌우대칭에 가깝게 된다.

5.2 첨도(kurtosis)[11)]

비대칭도는 분포의 모양이 좌우대칭인지 또는 어느 방향으로 꼬리를 길게 늘어뜨리고 있는지를 알려준다. 비대칭도와 함께 분포의 모양을 알려주는 도구로는 첨도가 있다. 첨도란 분포의 뾰족한 정도를 측정해 주는 도구로, [그림 3-1]의 (라)와 같이 만일 첨도가 큰 값을 가지면 분포의 봉우리는 뾰족한 형태를 취하며, 첨도가 작은 값을 가지면 분포의 봉우리는 보다 편평한 형태를 취한다. 첨도는 높은 첨도(leptokurtic), 보통 첨도(mesokurtic), 낮은 첨도(platykurtic) 등 세 가지로 나눌 수 있는데, 보통 첨도는 첨도계수(coefficient of kurtosis : CK)가 3인 분포의 첨도이며, 높은 첨도는 첨도계수가 3보다 큰 분포의 첨도, 그리고 낮은 첨도는 첨도계수가 3보다 작은 분포의 첨도를 말한다. 보통 첨도는 우리가 제6장에서 공부할 정규분포(normal distribution)의 첨도이다. 따라서 첨도계수가 3보다 큰(작은) 분포는 정규분포의 봉우리보다 뾰족한(편평한) 형태의 봉우리를 갖는다고 말할 수 있다.[12)]

---

11) 첨도는 자료의 특성을 요약하는 다른 척도들보다는 사용 빈도가 낮고, 첨도계수를 계산하는 식은 이 책의 범위를 벗어나므로 여기서는 첨도의 개념에 대해서만 언급한다.

12) 엑셀(Excel) 프로그램의 기술통계법 기능을 이용하면 요약 통계량의 하나로 첨도계수를 계산해 준다. 그러나 이 첨도계수는 첨도계수를 계산하는 원래 식에서 3을 뺀 수치이다. 따라서 정규분포의 경우, 즉 보통 첨도의 경우, 엑셀에서 나타나는 첨도계수는 0이며, 높은 첨도의 경우는 양의 값, 낮은 첨도의 경우에는 음의 값을 갖게 된다.

연습문제

1. 다음 기술 중 옳지 않은 것을 찾아 바르게 고치시오(옳은 것은 “옳다”고 하시오).
   ① 자료의 분포모양이 오른쪽 꼬리분포일 경우, 평균은 중앙값보다 작다.
   ② 분산을 제곱근한 것을 표준편차라 하며, 이것의 단위는 평균의 단위와 같다.
   ③ 분산은 수량자료뿐만 아니라 범주형 자료에도 적용될 수 있다.
   ④ 최빈값은 수량자료뿐만 아니라 범주형 자료에도 적용될 수 있다.
   ⑤ 변동계수의 단위는 평균의 단위와 같으며, 자료의 대표값(평균)의 크기를 감안하여 산포도를 측정하는 상대적 척도이다.
   ⑥ 변동계수는 두 종류 자료의 측정단위가 상이할 경우에는 두 종류 자료의 산포도를 비교하는 측정도구로서 사용하기 곤란하다.
   ⑦ 자료의 분산이 ‘0’이라는 것은 모든 관측값이 동일하다는 것을 의미한다.
   ⑧ Z값은 특정 관측값이 자료의 평균으로부터 몇 개의 표준편차 만큼 떨어져 있는가를 측정하는 상대적 위치의 척도이다.

2. 자료의 분포모양을 좌우대칭, 왼쪽 꼬리분포, 오른쪽 꼬리분포로 나누었을 때 각각의 분포에 있어서 평균과 중앙값의 상대적 위치를 나타내어라.

3. 산술평균의 단점을 말하고, 집중경향치로서 중앙값이 산술평균보다 선호되는 경우를 예를 들어 설명하라.

4. 다음 자료는 어느 은행 신입 여행원 10명을 뽑아 1,000원짜리 지폐 한 묶음(100장)을 세는데 소요되는 시간(단위 : 초)을 측정한 것이다.

   23 28 27 30 32 29 37 32 34 48

   ① 평균 소요시간, 중앙값, 표준편차, 변동계수를 계산하라.
   ② 상자-수염 그림(box-and-whiskers display)을 그리고 이상치(outliers)를 조사하라.
   ③ 피어슨 비대칭계수를 구하고, 이에 근거하여 분포의 특성을 기술하라.

5. 다음 도수분포표는 어느 기숙사에 거주하는 대학생의 한달 용돈의 분포를 나타내고 있다.

용 돈	도 수
0이상~200,000미만	10
200,000~400,000	25
400,000~600,000	16
600,000~800,000	7
800,000~1,000,000	2

① 한달 평균용돈, 중앙값, 표준편차를 계산하라.

② 체비셰프의 법칙이 성립하는 지를 확인하라.

6. 어느 특정한 날에 대형백화점의 안내로 걸려온 100통의 전화통화시간(초)을 기록하였는데 그 도수분포는 다음과 같다.

계 급	계급구간	도 수
1	0이상 ~60미만	25
2	60~120	25
3	120~180	35
4	180~240	25
5	240~300	10

① 이 도수분포에 대한 히스토그램을 작성하라.

② 이 도수분포에 대한 도수다각형을 작성하라.

③ 이 100통의 전화에 대한 평균통화시간을 계산하라.

④ 이 100통의 전화에 대한 표준편차를 계산하라.

⑤ 경험에 의한 법칙이 성립하는지를 확인하라.

7. 어느 회사 신입사원이 첫해에 올리는 소득은 평균 2,800만원이라고 한다. A대학의 경영학과 졸업반인 김군은 이 회사 인사과에 전화를 걸어 신입영업사원들의 첫해 소득의 표준편차를 문의한 결과 400만원이라는 것을 알았다. 전체 자료의 68%, 95%를 포함하는 구간을 경험에 의한 법칙에 따라 각각 나타내어라.

8. 甲乙회사는 영업사원 모집광고에서 신입사원이 첫해에 올리는 소득은 평균 3,000만원이라고 한다. S대 경영학과 졸업반인 김군은 이 회사 인사과에 전화를 걸어 신입영업사원들의 첫해 소득의 표준편차를 문의한 결과 400만원이라는 것을 알았다.

① 이 회사 신입영업사원 중 몇 퍼센트가 첫해에 2,000만원에서 4,000만원 사이의 소득을 올린다고 말할 수 있는가?

② 신입영업사원들이 첫해에 올리는 소득의 도수분포가 평균을 중심으로 좌우대칭인 종모양과 비슷하다고 한다면, 이들 중 몇 퍼센트가 첫해에 3,800만원 이상의 소득을 올릴 것으로 예상되는가?

9. 모 업체에 근무하는 생산직 근로자의 월 임금을 조사한 결과 평균이 200만원, 표준편차가 20만원으로 나타났다.

① 이 업체의 생산직 근로자 중 몇 퍼센트가 월 170만원에서 230만원 사이의 임금을 받는다고 말할 수 있는가?

② 이 업체 생산직 근로자의 월 임금 자료를 히스토그램으로 나타내 본 결과 임금의 분포는 대략적으로 좌우대칭인 종모양의 모습을 보이는 것을 알았다. 그런데 이 업체의 여성 생산직 근로자인 이 양순씨의 월 임금은 140만원이라고 한다. 이 양순씨 임금의 Z값을 구하고, 이 임금은 동료들의 임금에 비해 어느 정도에 해당되는지 기술하라.

③ 만일 이 양순씨의 입사전 경력이나 모든 조건이 동료 근로자들과 비슷하고, 업무수행능력도 다른 동료에 비해 떨어지지 않는다면 ②번의 결과는 성차별 근거라고 볼 수 있겠는가?

10. 다음 자료는 과거 21년 동안의 GM사와 FORD사의 EPS(earnings per share)와 ROR (rates of return on stock) 자료이다.

	EPS		Rate of Return	
Year	GM(EPS)	Ford(EPS)	GM(ROR)	Ford(ROR)
1993	2.09	4.77	0.2137	0.4261
1994	6.72	6.18	0.0422	0.2933
1995	7.51	8.52	0.063	0.1715
1996	8.34	9.13	−0.3667	−0.4512
1997	3.27	3.86	−0.2596	−0.0969
1998	4.32	3.46	0.952	0.3963
1999	10.08	10.45	0.4586	0.4614
2000	11.62	14.61	−0.1124	−0.2067

EPS			Rate of Return	
Year	GM(EPS)	Ford(EPS)	GM(ROR)	Ford(ROR)
2001	12.24	13.35	−0.0497	−0.0027
2002	10.04	9.75	0.0288	−0.1478
2003	−2.65	−12.83	−0.041	−0.2938
2004	1.07	-8.81	−0.0911	−0.1025
2005	3.09	−5.46	0.6825	1.3209
2006	11.84	10.29	0.2373	0.1029
2007	14.22	15.79	0.1176	0.1239
2008	12.28	13.63	−0.0383	0.3238
2009	8.22	12.32	0.0088	0.0081
2010	10.06	18.1	0.0058	0.3961
2011	13.64	10.96	0.4418	−0.2995
2012	6.33	8.22	−0.4581	−0.0767
2013	−4.09	1.86	−0.1154	−0.3209

다음의 요약통계량(엑셀 output)을 보고 물음에 답하시오.

GM(EPS)		GM(ROR)		Ford(EPS)		Ford(ROR)	
평균	7.15	평균	0.08	평균	7.05	평균	0.1
표준 오차	1.13	표준 오차	0.07	표준 오차	1.74	표준 오차	0.09
중앙값	8.22	중앙값	0.0088	중앙값	9.13	중앙값	0.0081
최빈값	#N/A	최빈값	#N/A	최빈값	#N/A	최빈값	#N/A
표준 편차	5.19	표준 편차	0.33	표준 편차	7.99	표준 편차	0.39
분산	26.99	분산	0.11	분산	63.91	분산	0.15
첨도	−0.31	첨도	1.38	첨도	1.02	첨도	3.57
왜도	−0.67	왜도	1	왜도	−1.16	왜도	1.44
범위	18.31	범위	1.41	범위	30.93	범위	1.77
최소값	−4.09	최소값	−0.46	최소값	−12.83	최소값	−0.45
최대값	14.22	최대값	0.95	최대값	18.1	최대값	1.32
합	150.24	합	1.72	합	148.15	합	2.03
관측수	21	관측수	21	관측수	21	관측수	21

주) #N/A는 해당 사항이 없음을 나타낸다.

① GM사의 EPS와 ROR의 산포도를 변동계수를 이용하여 비교하라.

② GM사의 EPS와 ROR자료의 상관계수는 0.057로 나타난다. 이는 어떠한 의미인지 기술하라.

③ FORD사의 EPS자료와 ROR자료의 분포는 각각 어떠한 모양(어떠한 꼬리분포)을 하는지 기술하고 그 근거를 제시하라.

제2부

확률의 개념

제2부의 내용

통계학에서는 미래의 불확실성을 표현하고, 추측에 대한 강한 신념을 나타내기 위하여 확률이라는 수학적 언어를 사용한다. 이러한 확률은 확률분포에 의하여 표현되며, 확률분포는 우리가 다루는 확률변수의 종류에 따라 이산형 확률분포와 연속형 확률분포로 구분된다. 제2부는 제4장 확률이론, 제5장 확률분포의 이해, 제6장 주요확률분포 등 3개의 장으로 구성된다. 각 장의 개요는 다음과 같다.

제4장에서는 불확실성을 확률로 표현하기 위한 기본적인 환경과 다양한 확률의 법칙에 대하여 공부한다. 불확실성을 확률을 나타내기 위해서는 우리가 수행한 실험으로부터 발생하는 모든 결과들을 정리할 수 있는 표본공간이 필요하며, 표본공간의 부분집합으로 정의되는 사건에 대하여 해당 확률이 할당된다. 확률의 도출방법과 그 의미는 그 동안 많은 학자들에 의하여 논란의 대상이 되어 왔지만 확률의 기본법칙(확률의 공리)이 만들어짐에 따라 확률이론은 체계적으로 발전하게 되었다. 본 장에서 추측통계학을 공부하기 위하여 우리가 기본적으로 알아야 할 확률의 개념 및 여러 가지 법칙을 공부하고, 조건부확률과 결합확률, 그리고 이를 이용한 베이즈 정리 등에 대하여 설명한다.

제5장에서는 확률의 대상이 되는 사건을 실수공간으로 연결시켜 주는 확률변수에 대하여 공부한다. 모든 확률변수는 확률을 표현할 수 있는 확률분포를 갖는다. 또한 확률변수는 그것이 취하는 값의 형태에 따라 이산형 확률변수와 연속형 확률변수로 구분되며, 이러한 구분에 따라 확률분포의 표현방법도 이산형 확률변수일 경우에는 확률질량함수로, 연속형 확률변수일 경우에는 확률밀도함수로 구분된다. 본 장에서는 확률변수 및 확률분포의 개념과 종류에 대하여 공부한 후 누적분포함수와 두 개의 확률분포를 표현하는 결합확률분포에 대하여 설명한다. 그리고 확률분포를 요약하는 수치로서 기대값, 분산, 공분산 및 상관계수에 대하여 논의한다.

제6장에서는 통계적 추측과정에서 사용되는 주요 확률분포에 대하여 구체적으로 공부한다. 이산형 확률분포로는 베르누이 분포와 이를 확장시킨 이항분포가 대표적인 분포이다. 연속형 확률분포로는 정규분포 χ^2분포, t분포, F분포가 주요분포이다. 이러한 분포들은 제7장부터 소개되는 추측통계학에서 중요한 역할을 한다. 각 분포에 대한 기대값 및 분산에 대하여 알아보고, 분포의 특성을 소개한다. 또한 초기하분포, 포아송분포, 지수분포에 대하여도 설명하며, 중심극한정리를 이용하여 여러 가지 분포를 정규분포로 근사시키는 방법에 대해서도 설명한다.

제4장 확률이론

확률(probability)이란 불확실성을 측정하는 수학적 언어로서 어떠한 미래상황이 발생할 가능성을 0과 1사이의 수치로서 평가한 것을 말한다. 여기서 확률이 “0”이라는 것은 불가능(impossibility)을 의미하며, 확률이 “1”이라는 것은 확실성(certainty)을 나타낸다. 확률과 동일한 개념으로 우리가 일상생활에서 자주 사용하는 것으로는 확률에 100을 곱한 퍼센트(percent), 운동경기에서 A팀이 B팀을 이길 가능성이 몇 대 몇이라는 승산(odds), 그리고 “십중팔구”와 같은 기회(chance)가 있다.

확률은 모집단과 표본 사이를 연결함으로써 추측통계학에서 중요한 역할을 하고 있다. [그림 4-1]에 나타난 바와 같이 확률은 모집단의 특성을 알고 표본에 대한 판단을 내리는데 사용되며, 뒤에서 공부할 통계적 추측(statistical inference)은 표본으로부터 모집단의 특성을 추측하고 일반화시키는 과정이다.

확률이 어떻게 사용되는 것인가의 예를 들면 만일 A,B 두 후보가 어떤 지역구의 국회의원에 출마했는데 유권자의 60%가 A를 지지하고 40%가 B를 지지한다고 하자. 만일 무작위로(randomly) 이 지역구 유권자 한 사람을 뽑았을 때 이 사람이 A를 지지할 확률은 얼마인가? 물론 확률은 0.6이다.

이와 같이 확률은 모집단의 특성을 알고 표본에 대한 판단을 내리는데 사용된다. 그러면 확률의 기본법칙을 설명하기 전에 확률문제에 사용되는 용어부터 우선 정의하기로 하자.

그림 4-1 확률과 통계적 추측

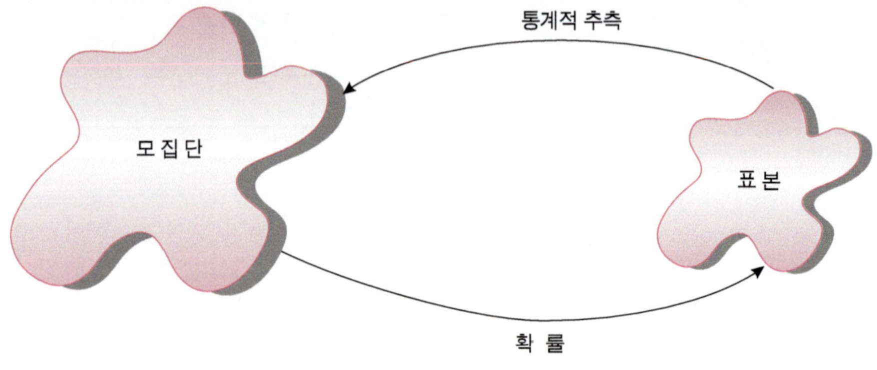

01 표본공간 및 사건

관측(observation)하는 과정을 통계학에서는 실험(experiment)이라고 하는데 타이피스트가 잘못된 오타의 수를 세는 것도, 좀더 복잡하게는 국민총생산(GNP)을 예측하기 위하여 자료를 수집 · 평가하는 것도 실험이다.

(1) 표본공간

실험의 모든 가능한 결과의 집합을 표본공간(sample space)이라고 부르며 S로 표시한다. 즉, 실험의 결과(outcomes)는 표본공간의 원소(elements)를 구성하는데 이것은 점의 집합(set of points)으로 생각할 수 있다. 예를 들어, 주사위를 한번 던지는 실험에서의 표본공간은 원소를 주사위 눈의 수로 표시할 때 $S=\{1, 2, 3, 4, 5, 6\}$이고, 동전을 던지는 실험에서는 앞면이 나올 경우와 뒷면이 나올 경우의 두 가지가 있는데, 앞면을 0으로 표시하고 뒷면을 1로 표시하면 표본공간 $S=\{0, 1\}$이 될 것이다. 따라서 주사위와 동전을 동시에 던지는 실험의 표본공간 $S=\{(1, 0), (1, 1), (2, 0), (2, 1), (3, 0), (3, 1), (4, 0), (4, 1), (5, 0), (5, 1), (6, 0), (6, 1)\}$로 될 것이다.

만일 실험이 어떤 주식의 가격이 하락 · 보합 · 상승하는가를 결정하는 것이라면 표본공간은 [그림 4-2]와 같이 수직선상의 세 개의 점으로 되어 있다고 생각할 수 있다. 만일 두 개의 주식의 변화에 관심이 있다면 표본공간은 [그림 4-3]과 같이 나타낼 수 있다. 예를 들어 점(2, 3)은 주식 1의 가격은 변화없고 주식 2의 가격은 올라가는 것을 나타낸다.

그림 4-2 주식가격 하나의 표본공간

그림 4-3 주식가격 두 개의 표본공간

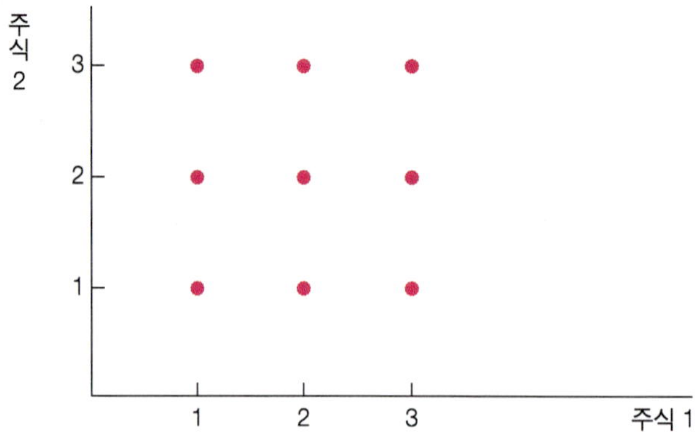

(2) 사 건

사건(event)은 표본공간의 부분집합으로 정의되며, 보통 알파벳 대문자로 표시한다. 부분집합이란 집합의 일부분을 가리키는 것으로 모든 원소를 포함하는 표본공간과 원소가 하나도 없는 공사건(empty event)도 포함된다.

[그림 4-3]의 두 개의 주가의 움직임을 나타내는 표본공간에서 주식 2의 가격은 어떻게 되든지 주식 1의 가격이 하락하는 사건을 A라 하면 A는 원소 (1, 1), (1, 2), (1, 3)을 포함하게 될 것이다. 즉 $A=\{(1, 1), (1, 2), (1, 3)\}$이 된다. 만일 주식 1의 가격은 어떻게 되든지 주식 2의 가격이 보합을 이루는 사건을 B라하면 B는 원소 (1, 2), (2, 2), (3, 2)를 포함하여 $B=\{(1, 2), (2, 2), (3, 2)\}$가 되고, C가 두 주식의 가격이 모두 상승하는 사건이라 하면 $C=\{(3, 3)\}$이 될 것이다. 위에 기술한 사건 A, B, C를 그림으로 표본공간에 나타내면 [그림 4-4]와 같다.

(3) 상호배반사건

[그림 4-4]에서 보는 바와 같이 사건 A와 C는 공통되는 원소를 가지고 있지 않은데, 이러한 두 사건을 상호배반사건(mutually exclusive events)이라고 한다. 즉, 두 사건이 동시에 일어날 수 없음을 뜻한다. 사건 A와 B는 주식 1의 가격이 하락하고 주식 2의 가격이 보합을 이룰 땐 동시에 발생하므로 상호배반사건이 아니고 중복사건(overlapping events)이라고 한다.

그림 4-4 표본공간내의 사건

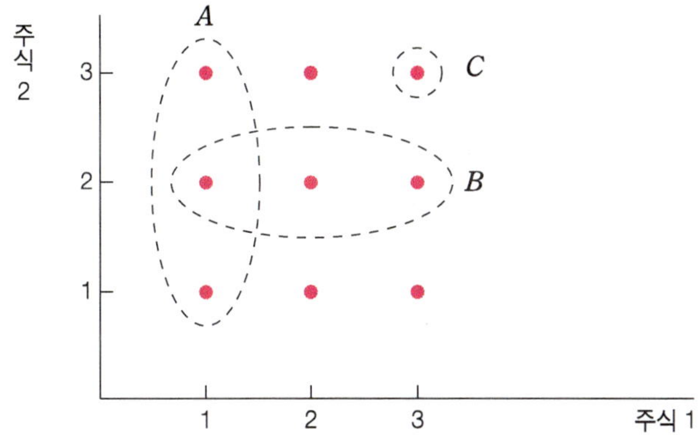

(4) 합사건과 곱사건

우리는 두 개 또는 그 이상의 사건을 하나로 표현해서 풀어야 하는 많은 확률문제에 봉착하게 된다. 예를 들어서 두 사건 중에서 어느 하나만 일어나도 좋은 사건이 있는가 하면 두 사건이 다 일어나야 하는 사건도 있다.

일반적으로 A와 B를 어떤 두 사건이라고 할 때 A와 B 중 어느 하나만 일어나도 좋은 사건을 합사건(union)이라 하는데, 이는 $A \cup B$로 표시하고 "A 유니온(union) B", 또는 간단히 "A 또는 B"로 읽는다. A와 B의 합사건은 A와 B의 원소를 다 포함하게 된다. [그림 4-4]에서 $A \cup B=\{(1,\ 1),\ (1,\ 2),\ (1,\ 3),\ (2,\ 2),\ (3,\ 2)\}$이고 $A \cup C=\{(1,\ 1),\ (1,\ 2),\ (1,\ 3),\ (3,\ 3)\}$이다.

반면 A와 B 두 사건이 모두 일어나야 하는 사건을 곱사건(intersection)이라 하며 $A \cap B$로 표시하고 "A 인터섹션(intersection) B" 또는 간단히 "A와 B"로 읽는다. A와 B의 곱사건은 A와 B의 공통되는 원소를 포함하는데 [그림 4-4]의 예에서 $A \cap B=\{(1,\ 2)\}$이고 $A \cap C=\phi$ 이다. 여기서 A와 C는 공통되는 원소가 없기 때문에 $A \cap C$는 원소가 하나도 없는 사건으로 공사건(empty event)이라 하고 ϕ 로 표시한다.

(5) 여사건

표본공간 S의 원소 중에서 어떤 사건 A에 포함되지 않은 원소로 구성된 사건을 A의 여사건(complement)이라 하고 $\bar{A}$ 또는 A^c로 나타낸다. [그림 4-4]의 예에서 $A^c=\{(2,1),$

그림 4-5 A와 A^c

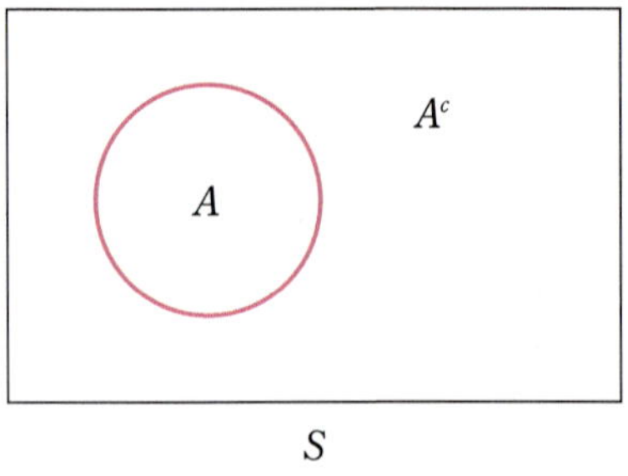

그림 4-6 $A \cup B$와 $A \cap B$

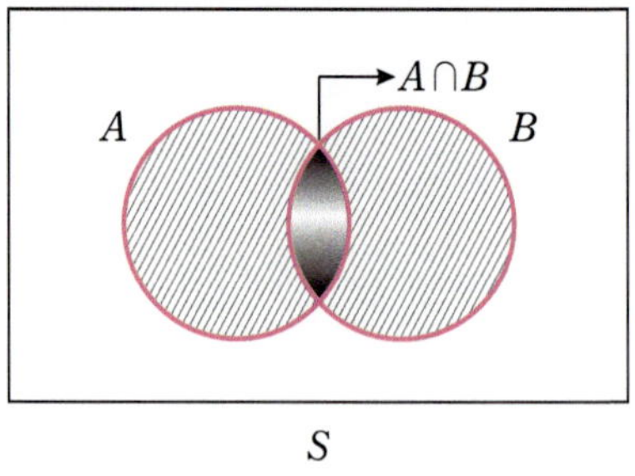

그림 4-7 $A \cap (B \cup C)$

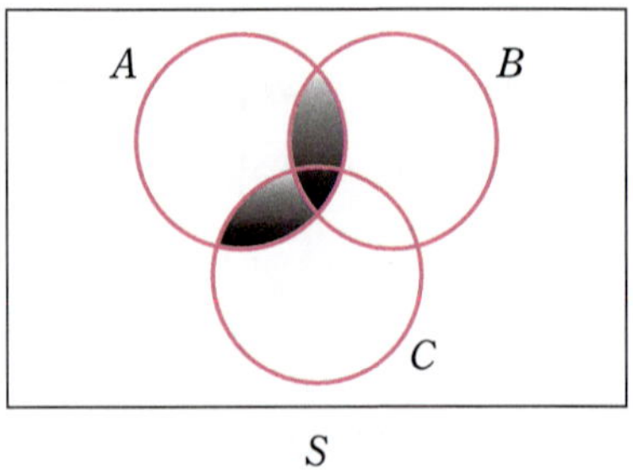

그림 4-8 $(A \cap B)^c = A^c \cup B^c$의 증명

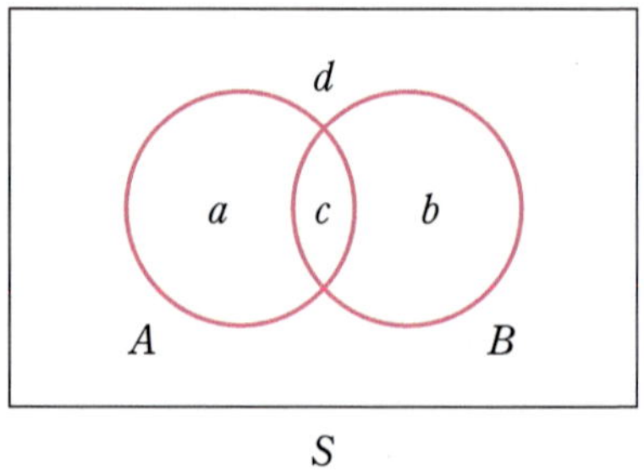

(2,2), (2,3), (3,1), (3,2), (3,3)}이고 $(A \cup B)^c = \{(2,1), (2,3), (3,1), (3,3)\}$이다.

표본공간 및 사건을 다룰 땐 벤 도표(Venn diagram)를 사용하는 것이 편리하다. 벤 도표는 [그림 4-5]와 같이 표본공간을 사각형으로 표시하고 사건을 사각형안에 원으로 표시하는 것이다. 여기서 A를 원으로 표시하면 그 여사건 A^c은 표본공간, 즉 사각형의 나머지 부분이 될 것이다.

[그림 4-6]의 두 원은 A와 B의 두 사건을 나타내는데 두 원이 겹치는 색깔부분은 사건 $A \cap B$를 나타내고 겹치는 부분을 포함한 빗금친 부분은 사건 $A \cup B$를 나타낸다.

[그림 4-7]은 세 사건 A, B, C를 나타내는데 빗금친 부분은 사건 $A \cap (B \cup C)$를 나타내고 있음을 알 수 있다. 이와 같이 벤 도표를 이용하면 사건과 사건간의 관계를 쉽게 증명할 수 있다.

예를 들어서 $(A \cap B)^c = A^c \cup B^c$를 증명하여 보자. [그림 4-8]의 두 원은 A와 B 두 사건을 나타내고 있고 분할된 네 지역을 a, b, c, d로 표시하였다. 먼저 $A \cap B = c$이므로 $(A \cap B)^c = S - c = a + b + d$이다. 그런데 $A^c = b + d$이고 $B^c = a + d$이므로 $A^c \cup B^c = a + b + d$이다. 따라서 $(A \cap B)^c = A^c \cup B^c$이다.

02 확률의 평가방법

신제품의 성공여부, 야구경기의 결과, 광고활동의 효과, 투자 수익률과 같이 사건(event)과 관련된 불확실성을 우리는 확률 또는 승산(odds)으로 측정하고 있다.

한국석유공사가 아랍에미리트(UAE) 미개발광구에서 시추에 성공할 확률이 40%라든지 일본과의 축구경기에서 한국팀의 승산이 5 : 2라고 하는 것은 불확실성을 측정하는 예가 되는 것이다. 승산이란 확률과 같은 개념으로 이 경우 한국팀이 이길 확률은 5/7가 된다.

어떤 사건의 확률이란 그 사건이 일어날 가능성을 나타내는 것이고 승산이란 어떤 사건이 일어날 가능성과 그 사건이 일어나지 않을 가능성을 대비시킨 것이다. 그러면 확률은 어떻게 평가되는 것인가?

여기에는 세 가지 이론, 즉 고전적 이론, 상대도수이론, 주관적 이론이 있다.

2.1 고전적 이론

동전 · 주사위 · 카드 등과 관련된 놀이의 결과에 대한 불확실성을 측정하기 위한 노력에서 고전적 이론(classical theory)은 생겨났다.

고전적 이론은 베르누이(Jacques Bernoulli, 1654~1705)가 불충분한 이유의 원리(principle of insufficient reason)라고 부른 원리에 근거를 두고 있다. 이 원리는 특별한 이유가 없다면 표본공간을 이루는 각 실험결과(outcome)의 발생 가능성은 동일하다고 보는 것이다. 따라서 공정한 주사위를 한번 던지는 실험에서 6개의 주사위 눈이 나타날 가능성은 같고 따라서 어떤 한 주사위 눈이 나타날 확률은 1/6이라고 평가한다. 이와 같이 고전적 이론에 의해 평가된 확률은 실험을 통해 검증된 확률이 아니므로 선험적 확률(a priori probability)이라고 한다.

그러나 동전 · 주사위 · 카드 등이 완전무결하다면 일어날 결과의 가능성이 같아 고전적 이론을 적용하여 확률을 계산해 낼 수 있지만 현실세계에서 완전무결한 것을 기대한다는 것은 거의 불가능하다. 만일 동전이 휘어있다면 어떻게 될 것인가? 만일 동전을 모래사장위에 던져서 동전이 수직으로 세워진다면 어떻게 될 것인가? 고전적 이론의 선험적 확률이 들어맞지 않는 이 경우에는 상대도수이론에 의하여 그 해답을 구할 수 있다.

2.2 상대도수 이론

확률을 결정하는 타당성 있는 절차는 반복적 실험(repetitive experiments)밖에 없다는 이론이다. 상대도수이론(relative frequency theory)에 의하면 동전을 똑같은 조건하에서 100번 던져 앞면이 55번 나오면 앞면이 나올 확률을 $\frac{55}{100}$로 추정(estimate)하는 것이다.

그러나 이와 같은 실험에서 비록 동전이 완전무결하더라도 100번 던져 정확히 50번 앞면이 나오리라고 기대하기는 힘들다. 즉, 반복적 실험에 의해서 실제확률(true probability)을 구해 낼 수는 없는 것이고, 단지 실험의 횟수를 증가시키면 실제확률에 가까운 값을 얻을 수 있을 것이다.

일반적으로 상대도수이론에서는 n번 실험을 하여 어떤 사건이 x번 발생했다면 그 사건이 발생할 확률은 $\frac{x}{n}$로 추정하고, n이 무한대로 증가하면 $\frac{x}{n}$는 실제확률인 p로 접근한다고 정의한다. 즉, 이 정의를 식으로 표현하면 다음과 같이 된다.

$$p = \lim_{x \to \infty} \frac{x}{n}$$

따라서 확률의 개념이 장기적인 관점에서의 상대도수임을 알 수 있다. 즉, 상대도수이론에서의 확률은 어떤 사건이 장기적으로 일어나는 비율로 정의된다. 예를 들어 주사위를 계속해서 던지면 장기적으로는 각 숫자가 $\frac{1}{6}$의 비율로 나올 것이라고 기대할 수 있는 것이다. 이와 같이 상대도수이론에 의한 확률은 반복적 실험에 의해 평가된 확률이므로 경험적 확률(empirical probability)이라고 부른다.

2.3 주관적 이론

앞에서 설명한 고전적 이론과 상대도수이론에 의해 평가된 확률은 우리 모두 동의할 수 있는 확률이므로 객관적 확률(objective probability)이라고 부른다. 동전을 던진다든지 대량생산되는 제품의 불량률과 관련된 확률을 말할 때는 객관적인 확률평가이론으로 족할 것이지만 한번밖에 일어나지 않고 반복적 실험을 할 수 없는 사건(event)에 대해서는 이러한 객관적 이론이 적용될 수 없고 개인의 주관적 믿음(subjective belief)을 이용하게 된다.

예를 들어서 우리 나라와 일본이 축구경기를 할 때 우리 나라가 이길 확률을 추정한다든지 어떤 사업에 손을 대어 성공할 확률을 계산할 때는 불충분한 이유의 원리를 적용할 수도 없고(만일 이 원리를 적용시키면 각 사건이 일어날 확률은 반드시 $\frac{1}{2}$이 되어야 한다) 똑같은 조건하에서 반복적인 실험을 할 수도 없는 것이다.

주관적 이론(subjective theory)이란 개인이 갖고 있는 믿음의 정도(degree of belief)를 이용하여 불확실한 사건의 확률을 평가하는 것을 말한다. 예를 들어서 나달과 페더러의 테니스경기에 대해 전문가들이 3 : 5의 승산을 걸었다면 나달이 승리할 확률이 $\frac{3}{8}$이고 페더러가 승리할 확률은 $\frac{5}{8}$로 평가되는 것이다.

주관적 확률(subjective probability)은 개인적인 확신의 정도를 나타내기 때문에 생각하는 관점에 따라서 차이가 존재하는 문제점을 갖고 있다.

이상에서 설명한 세 가지 확률평가이론은 상호보완적이며 문제상황에 따라서 어느 하나를 선택해야 할 것이다.

본서에서는 주로 객관적 확률을 이용하여 불확실성을 분석한다.

03 확률의 기본법칙

우리는 앞으로 사건은 알파벳 대문자로 표시하여 사건 A, 사건 B 등으로 쓰고 사건 A가 발생할 확률은 $P(A)$, 사건 B가 발생할 확률은 $P(B)$로 나타낸다. 또한 실험으로부터

확률의 공리(probability axioms)

공리 1 어떤 사건 A가 일어날 확률은 0과 1을 포함하고 그 사이에 있어야 한다. 즉, $0 \le P(A) \le 1$이다.

공리 2 표본공간의 확률은 1이다. 즉, $P(S)=1$이다.

공리 3 만일 A,B 두 사건이 상호배반적이면 A 또는 B가 일어날 확률은 각각이 일어날 확률을 합한 것과 같다.
즉, $P(A \cup B)=P(A)+P(B)$이다.

발생 가능한 모든 결과의 집합인 표본공간은 S로 표시한다.

이상의 세 가지 공리로부터 다음과 같은 법칙들을 유도해 낼 수 있다.

$$P(\phi)=0$$
$$P(A)+P(A^c)=1$$

첫번째 법칙은 일어날 수 없는 사건의 확률은 0이라는 뜻이고, 두번째 법칙은 어떤 사건이 일어날 확률과 그 여사건이 일어날 확률(이것은 그 사건이 일어나지 않을 확률과 같다)은 1이라는 것이다.

또한 공리 3을 일반화하여 만일 k개의 사건 A_1, A_2, …, A_k가 상호배반적이면 그 중 어느 한 사건이라도 일어날 확률은 각각의 확률을 더한 것과 같다. 즉, 다음과 같이 된다.

$$P(A_1 \cup A_2 \cup \cdots \cup A_k)=P(A_1)+P(A_2)+\cdots+P(A_k)$$

예제 1 어느 마을 주민의 57%는 남성이며, 18%는 흡연자라고 한다. 그리고 주민의 12%는 담배를 피우는 남성이다. 이 마을 주민 중 무작위로 한명을 선택했을 때 이 사람이 담배를 피우는 여성일 확률은? 그리고 담배를 피우지 않는 남성일 확률은?

an answer 사건 T를 흡연자일 사건이라 하고 사건 M을 남성일 사건이라고 하자. 그러면 이 마을 주민의 성별과 흡연여부의 분포는 다음과 같은 통계분할표로 작성될 수 있다.

	흡연자(T)	비흡연자(T^c)	
남 성(M)	0.12	0.45	0.57
여 성(M^c)	0.06	0.37	0.43
	0.18	0.82	

왜냐하면 문제에서 $P(T)=0.18$, $P(M)=0.57$이므로 $P(T^c)=0.82$, $P(M^c)=0.43$이고, $T\cap M$, $T\cap M^c$, $T^c\cap M$, $T^c\cap M^c$는 모두 상호배반사건이기 때문이다. 따라서 이 마을 주민 중 한명을 선택했을때 이 사람이 담배를 피우는 여성일 확률 $P(T\cap M^c)=0.06$이고, 담배를 피우지 않는 남성일 확률 $P(T^c\cap M)=0.45$이다.

(1) 가산법칙

공리 3에서 만일 A, B 두 사건이 상호배반적이 아니고 중복적(overlapping)이라면 다음과 같은 가산법칙(addition rule)을 유도해 낼 수 있다.

$$P(A\cup B)=P(A)+P(B)-P(A\cap B)$$

여기서 만일 A,B 두 사건이 상호배반적이면 상호배반사건의 정의에 의해서 두 사건이 동시에 일어날 수 없으며 $P(A\cap B)=0$으로 되어 위의 법칙은 공리 3과 일치한다.

예를 들어서, 52장의 트럼프 묶음에서 다이아몬드 또는 왕(king)을 뽑을 확률을 구해보자. 52장의 트럼프 묶음에는 다이아몬드가 13장 있고 왕이 4장 있는데 4장의 왕 중에는 1장이 다이아몬드이므로 확률은 다음과 같이 계산될 것이다. 즉, 다이아몬드를 뽑는 사건을 A, 왕을 뽑는 사건을 B라 하면 다이아몬드 또는 왕을 뽑을 확률은 $P(A\cup B)$로 정의되고 가산법칙으로부터 다음과 같이 된다.

$$P(A\cup B)=P(A)+P(B)-P(A\cap B)$$

여기에서 $P(A)=\frac{13}{52}$, $P(B)=\frac{4}{52}$, $P(A\cap B)=\frac{1}{52}$ 이므로
$P(A\cup B)=\frac{13}{52}+\frac{4}{52}-\frac{1}{52}=\frac{16}{52}$ 이 된다.

위에서 기술한 가산법칙은 k개의 사건 A_1, A_2, $\cdots$, A_k에 적용되어 다음과 같은 식을

유도할 수 있다.

$$P(A_1 \cup A_2 \cup \cdots \cup A_k) \leq P(A_1)+P(A_2)+\cdots+P(A_k)$$

위의 식은 "k개의 사건의 합사건(union)이 일어날 확률은 개별 사건이 일어날 확률의 합보다 작거나 같다"라는 것으로 불의 부등식(Boole's inequality)이라고 불리운다. 이 식은 k개의 사건의 합사건이 일어날 확률의 상한값을 제시하며, 만일 k개의 사건이 상호배반적인 경우에는 등호가 성립한다.

04 조건부확률

조건부확률(conditional probability)이란 어떤 한 사건이 발생한 것을 알고난 후 다른 한 사건이 발생할 확률을 말한다. 어떤 사건이 발생한 것을 알게 되면(새로운 정보를 얻게 되면) 원래의 표본공간이 축소되므로 확률의 평가를 다르게 하지 않으면 안된다.

예를 들어서 어떤 회사의 종업원을 관리직 또는 기술직 그리고 대졸 이상 또는 고졸 이하로 교차분류(cross classify)하여 〈표 4-1〉과 같이 나타냈다고 하자.

이 경우 종업원을 한 사람 뽑아서 그 사람이 관리직일 확률을 $P(A)$라고 하면 이는 다음과 같이 계산된다.

표 4-1 종업원의 교차분류

	대졸이상	고졸이하	합 계
관리직	25	5	30
기술직	75	195	270
합 계	100	200	300

$$P(A)=\frac{30}{300}=0.10$$

그런데 만일 한 사람을 뽑았을 때 이 사람이 대졸 이상의 종업원이라는 사실을 알았다고 하자. 이 경우 그 종업원이 관리직일 확률은 얼마인가? 이 확률은 위에서 구한 $P(A)$와는 다른 확률로 대졸 이상의 종업원이라는 정보는 원래의 표본공간을 대졸 이상의 종업원이라는 부분집합으로 축소시키게 된다. 따라서 대졸 이상의 종업원을 뽑는 사건을 B라고 표시하면 구하는 확률은 대졸 이상의 종업원으로 구성된 축소된 표본공간에서 관리직 종업원(사건 A)일 확률을 구하는 것으로 $P(A|B)$로 표시하게 되며, 이 확률은 대졸 이상인 동시에 관리직인 종업원의 수를 대졸 이상의 종업원의 수로 나눈 값이 될 것이다. 즉, 구하고자 하는 확률은 다음과 같이 계산된다.

$$P(A|B)=\frac{25}{100}=0.25$$

즉, 새로운 정보는 표본공간을 대졸 이상의 종업원으로 축소시키고 이 축소된 표본공간에서 관리직 종업원일 확률을 구하게 된 것이다.

조건부확률의 일반적인 정의는 다음과 같다.

조건부확률의 정의

표본공간 S내에 어떤 두 사건 A, B가 있을 때, B가 일어났다는 조건 하에서 A가 일어날 확률은 $P(A|B)$로 표시하고 조건부확률이라 부른다. 그리고 $P(B)$가 0이 아니면 이 조건부확률은 다음과 같이 정의된다.

$$P(A|B)=\frac{P(A\cap B)}{P(B)}$$

위의 예제에 조건부확률의 정의를 적용하면 다음과 같이 계산되는데, 표본공간을 축소시켜 구한 조건부확률과 동일한 확률임을 알 수 있다.

$$P(A|B)=\frac{P(A\cap B)}{P(B)}=\frac{25/300}{100/300}=0.25$$

05 결합확률과 확률의 곱셈법칙

조건부확률의 개념을 이용하면 결합확률(joint probability)의 개념을 유도할 수 있다.

결합확률이란 두 사건이 동시에 일어나는 확률을 말한다. 앞의 예에서 관리직인 사건(A)과 대졸 이상인 사건(B)이 동시에 일어날 결합확률은 $P(A\cap B)$로 표시되고 조건부확률의 정의인 $P(A|B)=P(A\cap B)/P(B)$의 양변을 $P(B)$로 곱하면 다음과 같은 결합확률 식이 성립한다.

$$P(A\cap B)=P(A|B)\cdot P(B)$$

결합확률을 나타내는 위의 식을 확률의 곱셈법칙(multiplication rule)이라고 부른다. 이 법칙을 말로 설명하면 두 사건 A, B가 동시에 일어날 확률은 한 사건 B가 일어날 확률과 그 사건 B가 일어났다고 했을 때 다른 사건 A가 일어날 조건부확률을 곱한 것과 같다는 것이다.

또한 집합의 원리로부터 $A\cap B=B\cap A$이므로 $P(A\cap B)=P(B\cap A)$이다. 따라서 $P(A|B)$

조건부확률과 결합확률의 구별

여기서 우리는 조건부확률과 결합확률의 개념을 확실히 구분할 필요가 있다. 조건부확률 $P(A|B)$에서는 사건 A는 불확실한 사건이나 사건 B는 더 이상 불확실한 사건이 아니며(사건 B는 이미 일어난 사건이다), 이 확률을 구하기 위한 표본공간은 사건 B로 축소된다. 반면 결합확률 $P(A\cap B)$에서는 사건 A와 사건 B 모두 불확실한 사건이며, 이 경우의 표본공간은 원래의 표본공간 S이다.

· $P(B)=P(B|A)\cdot P(A)$임도 알 수 있다. 이 법칙은 뒤에 베이즈정리(Bayes' Theorem)를 설명할 때 이용된다.

06 주변확률과 전확률정리

주변확률(marginal probability)은 〈표 4-1〉의 행과 열의 가장자리에 있는 사건의 확률을 말한다. 즉, 종업원 한 사람을 무작위로 뽑아서 그 사람이 대졸 이상일 확률, 고졸 이하일 확률, 관리직일 확률, 기술직일 확률을 주변확률이라고 한다. 따라서 주변확률은 결합확률의 합임을 알 수 있다.

예를 들어 A를 관리직일 사건, A^c을 기술직일 사건, B를 대졸 이상일 사건, B^c를 고졸 이하일 사건이라고 하면 관리직이 될 주변확률 $P(A)$와 대졸 이상일 주변확률 $P(B)$는 다음과 같이 계산된다.

$$P(A)=P(A\cap B)+P(A\cap B^C)$$
$$=\frac{25}{300}+\frac{5}{300}=0.10$$

그림 4-9 전확률정리를 설명하는 벤 도표

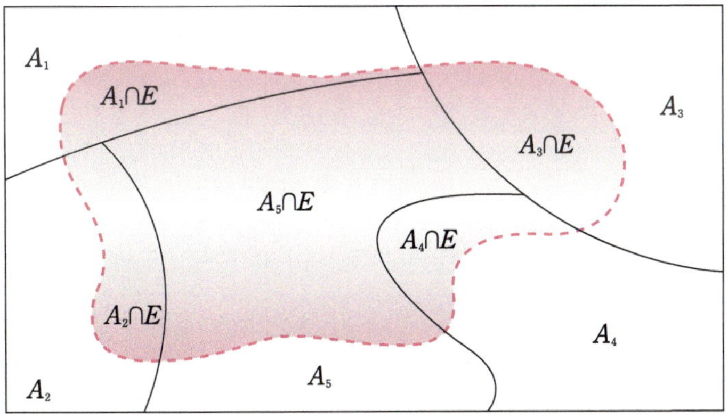

$$P(B)=P(B\cap A)+P(B\cap A^c)$$
$$=\frac{25}{300}+\frac{75}{300}=0.33$$

이와 같이 결합확률의 합으로 주변확률을 구하는 방법을 전확률정리(theorem of total probability)라고 하는데, 전확률정리는 다음과 같이 [그림 4-9]를 이용하여 체계적으로 나타낼 수 있다.

A_1, A_2, A_3, A_4, A_5를 5개의 상호배반적이고 합쳐서 표본공간을 구성하는 공사건이 아닌 사건(이러한 사건들을 표본공간의 분할이라고 한다)이라 하고, 빗금친 부분 E를 같은 표본공간내에 정의된 임의의 사건이라고 하면 사건 E의 확률은 다음과 같이 표시할 수 있다.

$$P(E)=P[(E\cap A_1)\cup(E\cap A_2)\cup\cdots\cup(E\cap A_5)]$$

여기서 $E\cap A_1$, $E\cap A_2$, $\cdots$, $E\cap A_5$는 상호배반사건이므로,

$P(E)=P(E\cap A_1)+P(E\cap A_2)+P(E\cap A_3)+P(E\cap A_4)+P(E\cap A_5)$이다.

그런데 결합확률을 구하는 식으로부터 $P(E\cap A_1)=P(E|A_1)\cdot P(A_1)$이므로 $P(E)$는 다음과 같이 나타난다.

$$\begin{aligned}P(E)=&P(E|A_1)P(A_1)+P(E|A_2)P(A_2)+P(E|A_3)P(A_3)+\\&P(E|A_4)P(A_4)+P(E|A_5)P(A_5)\\=&\sum_{i=1}^{5}P(E|A_i)P(A_i)\end{aligned}$$

표본공간의 분할(partitions)

일반적으로 공사건이 아닌 k개의 사건 A_1, A_2, $\cdots$, A_k에 대하여(즉, 모든 $P(A_i)>0$) $A_i\cap A_j=\phi\ (i\neq j)$이고 $A_1\cup A_2\cup\cdots\cup A_k=S$이면, 사건 A_1, A_2, $\cdots$, A_k를 표본공간의 분할이라고 한다.

전확률정리

공사건이 아닌 사건 A_1, A_2, …, A_k를 표본공간 S의 분할이라 하면, 임의의 사건 B에 대한 확률은 다음과 같다.

$$\begin{aligned} P(B) &= P(B\cap A_1)+P(B\cap A_2)+\cdots+P(B\cap A_k) \\ &= P(B|A_1)P(A_1)+P(B|A_2)P(A_2)+\cdots+P(B|A_k)P(A_k) \\ &= \sum_{I=1}^{k} P(B|A_i)P(A_i) \end{aligned}$$

예제 2 동일한 제품이 세 공장에서 생산되는데 특정 생산기간 동안 공장 1의 생산량은 공장 2의 생산량의 2배이고 공장 2와 공장 3의 생산량은 같다고 한다. 또한 공장 1과 공장 2는 각각 2%의 불량품을 생산하고 공장 3은 4%의 불량품을 생산한다. 만일 세 공장에서 생산된 모든 제품을 한데 모은 후 이중에서 하나를 무작위로 추출하였을 때 그것이 불량품일 확률은 얼마인가?

an answer

A를 제품이 불량일 사건, B_1을 공장 1의 제품일 사건, B_2를 공장 2의 제품일 사건, B_3를 공장 3의 제품일 사건이라 하면 불량품은 세 공장에서 다 발생할 가능성이 있으므로 B_1, B_2, B_3는 표본공간의 분할이 된다. 따라서 전확률정리를 이용하면 추출된 제품이 불량품일 확률은 다음과 같다.

$$P(A)=P(A|B_1)P(B_1)+P(A|B_2)P(B_2)+P(A|B_3)P(B_3)$$

그런데, $P(B_1)=\frac{2}{4}$, $P(B_2)=\frac{1}{4}$, $P(B_3)=\frac{1}{4}$이고,

$P(A|B_1)=0.02$, $P(A|B_2)=0.02$, $P(A|B_3)=0.04$이므로

$P(A)=0.02(\frac{2}{4})+0.02(\frac{1}{4})+0.04(\frac{1}{4})=0.025$ 이다.

07 독립사건

같은 표본공간내에 정의된 두 사건 A, B가 있을때 조건부확률 $P(A|B)=P(A)$가 성립하면[1)] 사건 A와 B는 독립적인 사건으로 정의된다. 즉, 위의 정의는 사건 B가 일어났다는 정보가 사건 A가 일어날 확률에 아무런 영향을 미치지 않는다는 의미이며, 이 정의를 이용하면 다음과 같은 식을 유도할 수 있다.

조건부확률의 정의로부터

$$P(A|B)=\frac{P(A\cap B)}{P(B)} \text{ 이며,}$$

이때 사건 A와 B가 독립이라면 $P(A|B)=P(A)$이다.

따라서, 사건 A와 B가 독립이라면

$$P(A|B)=\frac{P(A\cap B)}{P(B)}=P(A) \text{ 이며,}$$

$$P(A\cap B)=P(A)\cdot P(B) \text{가 성립한다.}$$

이 식은 두 사건의 독립여부를 판단할 수 있게 해주는 유용한 식으로 A와 B가 독립사건이라면 $P(A)=P(A|B)$이고 $P(B)=P(B|A)$임을 의미한다. 즉, 한 사건의 발생이 다른 사건이 일어날 확률에 아무런 영향을 미치지 않는 경우 두 사건을 독립사건(independent events)이라 한다. 두 사건이 독립사건이 아니면 종속사건(dependent events)이 된다.

일반적으로 k개의 사건 A_1, A_2, $\cdots$, A_k가 독립적이라는 말은 이들 중 어느 한 사건에 대한 정보가 다른 사건들이 일어날 확률에 아무런 영향을 미치지 않는다는 것을 말하며, 다음의 식이 성립한다.

$$P(A_1\cap A_2\cap\cdots\cap A_k)=P(A_1)\cdot P(A_2)\cdot\cdots\cdot P(A_k)$$

---

1) 물론 P(B|A)=P(B)가 성립해도 마찬가지로 사건 A와 B는 독립이다.

독립사건과 상호배반사건의 구별

학생들이 가장 많이 혼동하는 것이 독립사건과 상호배반사건의 개념이다. 독립사건과 상호배반사건의 차이점은 무엇일까? 일반적으로, 독립사건의 개념은 곱사건(intersection)을 고려할 때, 즉, 두 사건이 동시에 일어날 확률을 구할 때 유용하게 사용되고, 상호배반사건의 개념은 합사건(union)을 고려할 때, 즉, 두 사건 중 적어도 하나의 사건이 일어날 확률을 구할 때 유용하게 사용된다.

만일 두 사건이 상호배반적이고 공사건이 아니라면 두 사건은 극단적인 종속사건이다. 왜냐하면, 상호배반사건의 정의에 따라 두 사건 중 어느 한 사건이 발생하면 다른 사건은 발생할 수 없으므로 한 사건의 발생은 다른 사건이 일어날 확률에 절대적인 영향을 주는 것이다.

예를 들어서 52장의 트럼프묶음에서 클로버를 뽑을 사건(A)와 하트를 뽑을 사건(B)는 상호배반적이다. 따라서 상호배반사건의 정의로부터 $P(A\cap B)=0$이다. 그런데 $P(A)=\frac{1}{4}$, $P(B)=\frac{1}{4}$이므로 $P(A\cap B)\neq P(A)\cdot P(B)$이다. 따라서 상호배반사건인 두 사건 A, B는 독립사건이 아니고 종속사건인 것이다.

그러나 종속사건이라고 해서 두 사건이 반드시 상호배반적인 것은 아니다. 예를 들어서 48장의 화투묶음에서 띠를 뽑을 사건을 A, 오동이나 비를 뽑을 사건을 B라 하면 $P(A)=\frac{10}{48}=\frac{5}{24}$, $P(A|B)=\frac{1}{8}$로 되어 $P(A)\neq P(A|B)$이므로 종속사건이지만 이 경우 A, B 두 사건은 상호배반사건이 아니고 중복사건인 것이다.

만일 A, B 두 사건이 독립사건이고 공사건이 아니라면 A, B 두 사건은 상호배반사건이 될 수가 없다. 왜냐하면 두 사건이 독립사건일 경우 두 사건이 동시에 일어날 확률은 두 사건이 각각 일어날 확률을 곱한 것과 같기 때문이다. 즉, 독립사건의 정의로부터 $P(A\cap B)=P(A)\cdot P(B)>0$이므로 두 사건 A와 B는 상호배반사건이 아닌 것이다. A와 B가 상호배반사건이라면 $P(A\cap B)=0$이기 때문이다.

독립사건과 상호배반사건의 차이를 조건부확률의 개념을 이용하여 다시 설명하면 다음과 같다. 사건 A와 사건 B가 독립이라면 $P(A|B)=P(A)$이며, 사건 A와 사건 B가 상호 배반적이라면 $P(A|B)=0$이다.

예제 3 50명의 학생 중에 30명이 충치를 가지고 있고 10명이 안경을 끼고 있으며 6명은 충치도 가지고 있고 안경도 끼고 있다면 충치를 가진 사건과 안경을 낀 사건은 서로 독립인가 종속인가?

an answer 충치를 가진 사건을 A, 안경을 낀 사건을 B라 하면

$$P(A)=\frac{30}{50},\ P(B)=\frac{10}{50},\ P(A\cap B)=\frac{6}{50}\text{인데}$$

$$P(A)\cdot P(B)=\frac{30}{50}\cdot\frac{10}{50}\cdot\frac{6}{50}\text{이므로}$$

$$P(A\cap B)=P(A)\cdot P(B)\text{이다.}$$

따라서 사건 A와 B는 독립이다.

08 베이즈 정리

$P(A|B)$와 $P(B|A)$는 서로 다른 개념이다. 만일 A를 어떤 사람이 죄를 지을 사건이라 하고 B를 유죄판결을 받을 사건이라고 하면 $P(B|A)$는 어떤 사람이 죄를 지은 조건하에서 유죄판결을 받을 확률이고, $P(A|B)$는 유죄판결을 받은 조건하에서 죄를 지었을 확률이다.

다른 예로 〈표 4-1〉에서 본 바와 같이 A를 대졸 이상일 사건이라 하고, B를 관리직일 사건이라 하면 $P(A|B)$는 관리직인 조건하에서 대졸 이상이 될 조건부확률이고, $P(B|A)$는 대졸 이상인 조건하에서 관리직이 될 조건부확률이다. 그러면 $P(B|A)$를 $P(A|B)$를 이용하여 나타내 보자.

우선 조건부확률의 정의로부터 $P(B|A)=\dfrac{P(B\cap A)}{P(A)}$ 이다. 그런데 분자의 $P(B\cap A)$는 $P(A\cap B)$와 같으며, $P(A\cap B)$는 확률의 곱셈법칙에 의해 $P(A|B)\cdot P(B)$이므로

$$P(B|A)=\frac{P(A|B)\cdot P(B)}{P(A)}\text{이다.}$$

이 식이 베이즈 정리(Bayes' theorem)인데 이 정리를 적용하기 위한 예를 들어보자. 공장 1, 2, 3의 생산량과 불량률이 〈예제 1〉과 같이 주어질 때 제품 하나를 추출하여 불량품일 경우 그 제품이 공장 1에서 생산된 확률은 얼마인가를 계산하여 보자.

B_1을 공장 1, B_2를 공장 2, B_3를 공장 3의 제품일 사건이라 하고 A를 불량품이 될 사건이라 하면 구하는 확률은 $P(B_1|A)$이므로 베이즈 정리를 이용하면 다음과 같이 계산된다.

$$P(B_1|A)=\frac{P(A|B_1)\cdot P(B_1)}{P(A)}=\frac{(0.02)\left(\frac{1}{2}\right)}{0.025}=0.4$$

이와 같이 베이즈 정리는 결과를 놓고 원인에 대한 확률을 구하는 것이라 할 수 있다. 즉, 불량품이라는 사실을 놓고 그것이 공장 1, 공장 2 또는 공장 3 중 어느 공장에서 생산된 것인가 하는 확률을 구할 때 사용되는 것이다.

두 가지 이상의 원인이 있을 때는 [그림 4-10]과 같은 나무도표(tree diagram)를 이용하여 베이즈 정리를 설명하는 것이 편리하다. A라는 결과가 일어날 수 있는 k개의 원인을 $B_1, B_2, \cdots, B_k$라고 하자. 그러면 $P(B_i|A)$는 A라는 결과를 조건으로 하여 B_i가 발생하는 확률 즉, 이 확률은 i번째 가지를 통해서 일어날 확률을 말한다. 따라서, 이 확률은 i번째 나무가지를 통하여 A가 일어날 확률 $P(B_i)P(A|B_i)$를 모든 나무가지에 대한 확률의 합으로 나눈 값과 같다. 즉, 베이즈 정리는 다음과 같은 식으로 일반화될 수 있다.

그림 4-10 나무도표로 표시한 베이즈정리

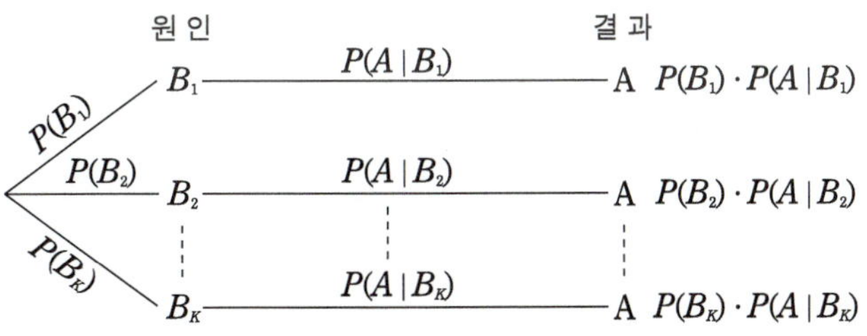

$$
\begin{aligned}
P(B_i|A) &= \frac{P(B_i \cap A)}{P(A)} = \frac{P(A \cap B_i)}{P(A)} \\
&= \frac{P(A|B_i)P(B_i)}{P(A|B_i)P(B_i)+P(A|B_2)P(B_2)+\cdots+P(A|B_k)P(B_k)} \\
&= \frac{P(A|B_i)P(B_i)}{\sum_{i=1}^{k} P(A|B_j)P(B_j)}
\end{aligned}
$$

위의 식에서 첫번째 등식은 조건부확률의 정의에 의한 것이고, 세번째 등호 다음에 나오는 식의 분자는 확률의 곱셈법칙 그리고 분모는 전확률정리에 의해 유도된 것이다.

베이즈 정리

사건 $B_1, \cdots, B_k$를 표본공간의 분할이라 하면, 임의의 사건 A에 대하여

$$
P(B_i|A) = \frac{P(A|B_i)P(B_i)}{\sum_{i=1}^{k} P(A|B_j)P(B_j)}
$$

그림 4-11 동기조사의 나무도표

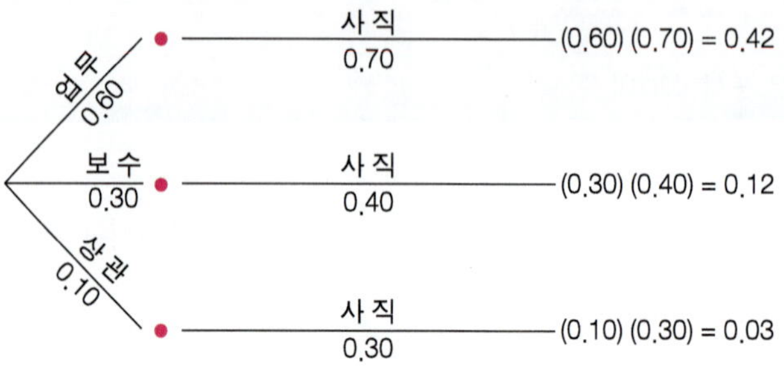

예제 4 어떤 동기조사(motivation study) 결과에 의하면 자기 직업에 불만을 품고 있는 종업원 중에서 60%는 업무자체가 마음에 들지 않아서이고, 30%는 보수가 적어서이고 10%는 상관을 싫어하기 때문이라고 한다. 더욱이 각각의 경우 사직할 확률은 0.70, 0.40, 0.30이라고 한다. 불만을 품고 사직한 종업원이 업무자체가 마음에 들지 않아서 사직한 확률은 얼마인가?

[그림 4-11]의 나무도표에 주어진 바와 같이 구하는 확률은 $\frac{0.42}{0.57}$이다. 베이즈 정리를 이용하여 문제를 풀기 위하여 A를 불만을 품은 종업원이 사직할 사건이라고 하고 B_1, B_2, B_3를 각각 업무 때문에 불만을 품게되는 사건, 보수 때문에 불만을 품게되는 사건, 상관 때문에 불만을 품게되는 사건이라고 하면 다음과 같이 각각의 확률을 표현할 수 있다.

$$P(B_1)=0.60,\quad P(B_2)=0.30,\quad P(B_3)=0.10,$$
$$P(A|B_1)=0.70,\quad P(A|B_2)=0.40,\quad P(A|B_3)=0.30$$

따라서

$$P(B_1|A)=\frac{(0.70)(0.60)}{(0.70)(0.60)+(0.40)(0.30)+(0.30)(0.10)}=\frac{42}{57}$$

이다. 나무도표를 이용한 경우와 동일한 확률임을 알 수 있다.

09 사전확률과 사후확률

새로운 정보를 입수함에 따라서 확률을 수정해야 할 경우가 많이 있다. 예를 들면 항아리속에 바둑돌을 많이 넣어 두었는데, 이 바둑돌은 모두 검은돌이든지, 검은돌과 흰돌이 반반이든지, 아니면 모두 흰돌이든지의 세 가지의 가능성이 있다고 하자. 항아리 속의 바둑돌 색깔에 대해서 아는 바가 없으므로 세 가지 가능성에 대해 같은 확률을 할당하면 모두 검은돌이 될 사건 B_1의 확률 $P(B_1)=1/3$이고, 검은돌과 흰돌이 반반이 될 사건 B_2의 확률 $P(B_2)=1/3$이며, 모두 흰돌이 될 사건 B_3의 확률 $P(B_3)=1/3$이 될 것이다. 이 세 가지 확률은 경험적 증거(empirical evidence)를 얻기 전에, 즉, 항아리 속에 든 바둑돌에 대한 직접적인 정보를 얻기 전에 정해진 것이므로 사전확률(prior probability)이라고 한다.

그런데 무작위로 항아리 속의 바둑돌을 하나 추출하여 보았더니 이 돌이 검은돌이었다면 이 정보에 의하여 세 가지 사건의 가능성은 어떻게 달라질 것인가?

A를 검은돌일 사건이라 하면 이 문제는 다음과 같은 조건부확률을 구하는 것이 될 것이다.

$$P(B_1|A)=\frac{P(A|B_1)P(B_1)}{P(A)}$$
$$P(B_2|A)=\frac{P(A|B_2)P(B_2)}{P(A)}$$
$$P(B_3|A)=\frac{P(A|B_3)P(B_3)}{P(A)}$$

위의 조건부확률은 베이즈 정리에 의한 것이며 다음과 같이 계산된다. 즉,

$$P(A|B_1)P(B_1)=(1)\left(\frac{1}{3}\right)=\frac{1}{3}$$

$$P(A|B_2)P(B_2)=\left(\frac{1}{2}\right)\left(\frac{1}{3}\right)=\frac{1}{6}$$

$$P(A|B_3)P(B_3)=(0)\left(\frac{1}{3}\right)=0 \text{ 이고,}$$

전확률정리에 의해

$$\begin{aligned}P(A)&=P(A|B_1)P(B_1)+P(A|B_2)P(B_2)+P(A|B_3)P(B_3)\\&=\frac{1}{3}+\frac{1}{6}+0=\frac{1}{2}\text{ 이다.}\end{aligned}$$

따라서

$$P(B_1|A)=\frac{1/3}{1/2}=\frac{2}{3}$$
$$P(B_2|A)=\frac{1/6}{1/2}=\frac{1}{3}$$
$$P(B_3|A)=\frac{0}{1/2}=0$$

이 될 것이다.

즉, 검은돌을 추출한 경우에는 항아리 속의 바둑돌이 모두 검은돌일 가능성은 2/3, 검은돌과 흰돌이 반반일 가능성은 1/3, 모두 흰돌일 가능성은 0으로 변하게 된 것이다.

이 결과는 표본의 결과가 알려진 후에 결정된 것이므로 사후확률(posterior probability)이라고 부른다. 검은돌이 추출된 표본의 결과에 의해서 B_1의 사후확률이 2/3로 높아지고 B_3의 사후확률이 0이 되었음에 주목할 필요가 있다.

연습문제

1. 다음의 각 실험에 대해서 집합의 형태로 표본공간을 표시하라.
   ① 양면이 평평한 한 개의 동전을 세번 던졌을 때
   ② 한 개의 동전과 한 개의 주사위를 함께 던졌을 때
   ③ 두 개의 주사위를 던져 나타나는 점의 합을 기록했을 때
   ④ 어느 대학생이 학기말 성적을 받을 때

2. 맞으면 T에 틀리면 F에 동그라미하고, F일 경우 바르게 고쳐라.
   T F ① $A \cup (B \cap C) = (A \cup B) \cap (A \cup C)$이다.
   T F ② $(A \cap B) \cup (A \cap B^C) = A^C$이다.
   T F ③ 상호배반사건은 주로 종속사건이지만 독립사건이 될 수도 있다.
   T F ④ 종속사건은 상호배반사건일 수 있으며 아닐 수도 있다.

3. 동전을 던져 앞면이 나올 확률이 $\frac{1}{2}$이라는 것은 어떤 원리에 기초를 두고 있는가?

4. 오른쪽의 번호를 관련되는 왼쪽의 ( )속에 써 넣어라.

① $A\cup(B\cap C)$	( )	1. $A^C\cup B^C$
② $(A\cup B)^C$	( )	2. $(A\cup B)\cap(A\cup C)$
③ $(A\cap B)\cup(A\cap B^C)$	( )	3. $A\cap(B\cup A)\cap B^C$
		4. A
		5. $(A\cup B)\cap C$
		6. $A^C\cap B^C$

5. 만약 $P(B)=0$이라면 $P(A|B)$는 어떤 의미가 있는지 설명하라.

6. $P(A\cap B)=0$인 경우와 $P(A\cap B)>0$인 두 경우 중에서 어느 경우에 $P(A\cup B)$가 더 큰가를 설명하라.

7. $P(A\cup B)=0$이면 A, B는 어떤 사건인가?

8. A, B가 상호배반사건이고 $P(A)=0.5$, $P(B)=0.3$일 때 $P(A|B)$의 값은 얼마인가?

9. A, B가 독립사건이고 $P(A)=0.2$, $P(B)=0.5$이면 $P(A\cup B)$의 값은 얼마인가?

10. 만일 A와 B가 독립사건이고 $P(A)=0.45$, $P(B)=0.50$일 때 다음을 계산하라.
   ① $P(A|B)$
   ② $P(A\cap B)$
   ③ $P(A\cup B)$

11. 6장의 카드가 있는데 그 중 2장은 "다이아몬드"이고 나머지는 "스페이드"라고 한다. 이 6장의 카드에서 한장씩 카드를 뽑을 때
   ① 두번째 다이아몬드를 4번째 뽑을 확률은 얼마인가?
   ② 두 장의 다이아몬드를 찾기 위하여 카드를 4장이상 뽑을 필요가 없을 확률은 얼마인가?

12. 어느 야구 선수의 타율이 1/3이다.

① 두 번째 안타를 4번째 타수[2]에서 칠 확률은 얼마인가?

② 2개의 안타를 치기 위하여 4번 이상 타수에 들어설 필요가 없을 확률은 얼마인가?

③ 이 문제와 11번 문제와의 차이점은 무엇인가?

13. 두 프로야구팀 A, B팀이 코리안 시리즈에서 대결을 한다. 코리안 시리즈의 우승팀은 4번을 먼저 이겨야 한다. A팀이 B팀을 이길 확률이 1/4이라고 할 때, 다음 물음에 답하여라.

① B팀이 코리안 시리즈에서 우승할 확률은 얼마인가?

② 코리안 시리즈의 우승팀을 결정하기 위하여 7번까지 경기를 할 확률은 얼마인가?

14. 어떤 특정한 생산공정에서 만들어내는 제품의 불량률은 0.10이다. 이 공정에서 3개의 품목을 무작위로 추출하였을 때 다음 물음에 답하여라.

① 3개 모두가 불량품일 확률은 얼마인가?

② 적어도 하나가 불량품일 확률은 얼마인가?

15. 지난달에 어느 가전제품 대리점이 올린 판매실적은 지급수단과 제품종류에 따라 다음 표와 같이 분류되었다.

제품의 종류	지급수단	
	일시불	분할불
TV	10	90
냉장고	20	30

지난달에 이 대리점에서 제품을 구입한 고객 한 사람을 무작위 추출하였을 경우 다음 물음에 답하여라.

① 그 사람이 냉장고를 샀을 확률은 얼마인가?

② 그 사람이 TV를 샀다고 할 때 그것이 분할불로 지급되었을 확률은 얼마인가?

③ TV를 사는 사건과 분할불로 지급하는 사건이 서로 독립적인가? 가부간에 그 이유를 밝혀라.

2) 야구에서 타자의 기록을 나타내는 타율은 안타수/타수로 계산된다. 여기서 타수와 타석은 서로 다른 의미를 갖는다. 예를 들면, 볼넷, 희생타, 데드볼, 상대 수비수의 실책 등은 타석으로 기록되지만, 타수로는 기록되지 않는다.

16. 어느 대학에서 한 학생을 무작위 추출했을 때 그 학생이 남학생일 확률이 0.75이고, 그 학생이 복학생일 확률은 0.30이다. 한편 남학생이고 복학생일 확률은 0.25라 한다. 한 학생을 무작위 추출하였을 경우 다음 물음에 답하여라.
   ① 그 학생이 여학생일 확률은 얼마인가?
   ② 그 학생이 복학생이 아닐 확률은 얼마인가?
   ③ 그 학생이 여학생이면서 복학생이 아닐 확률은 얼마인가?
   ④ 그 학생이 여학생이거나 복학생일 확률은 얼마인가?

17. 새로 출간된 잡지「서강」의 구독자 특징은 다음과 같다.

   ◦구독자의 55%가 남성
   ◦구독자의 25%가 25세 이하
   ◦구독자의 25%가 46세 이상
   ◦구독자의 12%가 25세 이하의 남성
   ◦구독자의 23%가 26세에서 45세 이하의 여성

   「서강」을 발행한 출판사는 구독자 중 무작위로 1명을 뽑아서 창간기념 선물을 주려고 한다. 다음 물음에 답하시오
   ① 당첨된 구독자가 25세 이하의 여성일 확률은?
   ② 당첨된 구독자가 남성이거나 또는 적어도 26세 이상일 확률은?
   ③ 당첨자가 여성일 경우, 이 구독자의 나이가 46세 이상일 확률은?
   ④ 구독자의 성별과 나이는 확률적으로 독립인가? 판단 이유를 기술하시오.

18. 어느 병원에서 흡연과 폐암의 관계를 연구하기 위하여 100명의 환자를 대상으로 조사한 결과 담배를 피우는 환자는 40명이고 폐암을 앓고 있는 환자는 20명인데 폐암을 앓고 있는 사람 중에 75%는 담배를 피운다고 한다. 이 100명의 환자에서 한명을 무작위 추출했을 때 그 환자가
   ① 담배도 피우지 않고 폐암도 앓고 있지 않을 확률을 구하여라.
   ② 폐암을 앓지 않거나 담배를 피울 확률을 구하라.
   ③ 담배를 피우지 않는 환자라고 할 때 그 환자가 폐암을 앓고 있을 확률을 구하라.

19. S자동차의 종업원들은 모두 100(천명)으로 이들을 성별과 노조가입여부에 따라 분류한 부분적 결과는 다음 표와 같다.

종업원 유형	숫자(단위 : 천명)
여 성	37
여성이면서 비노조원	25
남성이면서 노조원	21

① S자동차의 종업원 중 한명을 임의로 추출했을 때, 이 사람이 남성이면서 비노조원일 확률은?

② S자동차의 종업원 중 한명을 임의로 추출한 결과 이 사람은 여성이었다. 이 여성이 노조원일 확률은?

③ 종업원들의 성별과 노조가입 여부는 독립적인 사건인가? 이유를 제시하시오.

20. 두 개의 동전을 던져 A를 첫째 동전과 둘째 동전이 다른 면이 나올 사건이라 하고 B를 첫째 동전은 앞면이 나오고 둘째 동전은 뒷면이 나올 사건이라 하면 A와 B는 독립 사건인지 아닌지를 밝혀라.

21. 어느 조사기관에서 운전자의 운전행태를 분석하고자 한다. 조사한 결과, 전체 운전자의 10%가 속도위반으로 교통경찰에 걸린 경험이 있는 것으로 알려져 있다. 또한 속도를 위반한 사람 중에서 20%가 교통경찰에 걸리지 않은 것으로 조사되었다. 속도를 위반한 운전자는 전체 운전자의 몇 %를 차지하고 있는가?

22. 우리 나라는 연중 15%는 비가 오고 85%는 비가 오지 않는다고 한다. 과거의 일기예보 기록을 조사해 보면 비가 오는 날의 20%는 비가 오지 않을 것이라고 예측하고, 비가 오지 않는 날에도 10%는 비가 올 것이라고 예측하였다. 만일 일기예보에서 비가 온다고 예측했을 때 실제로 비가 오지 않을 확률은 얼마인가?

23. 어느 의료연구기관에서 암의 조기진단 검사를 고안해 냈다. 만일 암을 가진 환자이면 검사는 98%가 양성(즉, 암을 가지고 있음)을 나타내고 암을 가지고 있지 않으면 96%가 음성을 나타낸다고 한다. 과거의 자료로부터 사람이 암에 걸릴 확률은 0.007이라고 한다. 만일 무작위 추출한 사람에게 검사를 시행하여 양성이 나왔다면 그 사람이 암에 걸려 있을 확률은 얼마인가?

24. 「대학개론」이라는 신입생 공통과목을 수강하는 모대학 신입생의 40%는 재수경험이 없고 60%는 재수경험이 있다고 한다. 중간고사 결과 재수경험이 없는 신입생 중 20%, 그리고 재수경험이 있는 신입생 중 30%가 "A"학점을 받았다. 「대학개론」을 듣는 신입생 중 1명을 무작위로 뽑아서 그 학생의 중간고사 성적을 알아 보았더니 학점이 "A"이었다. 이 학생이 재수경험자일 확률은?

25. 어느 석유개발회사는 그 회사가 차용한 어떤 특정한 부지에서 시추를 시도할 것인지의 여부를 결정하고자 한다. 지질 조사에 의하면 제1형의 지층이 탐사지역 아래에 있을 확률은 0.40이고, 제2형의 지층이 있을 확률은 0.35, 제3형의 지층이 있을 확률은 0.25이다. 또한 과거 기록에 따르면 제1형의 지층에서 원유가 발견될 확률은 0.20이고, 제2형에서는 0.40 그리고 제3형에서는 0.50이라고 한다. 원유가 나오면 15억의 순이익이 발생하고 원유가 나오지 않으면 7억원의 순손실이 발생한다고 가정하고 다음 물음에 답하여라.

① 만일 이 지역에서 원유가 나왔다면 그것이 제1형 지층이나 제2형 지층에서 나왔을 확률은 얼마인가?

② 만일 이 지역에서 원유가 나오지 않았다면 그것이 제3형일 확률은 얼마인가?

③ 만일 지질조사 후 무조건 시추를 한다고 하면 이 개발사업의 기대이익은 얼마인가?(기대이익에 관해서는 제5장을 참조)

26. 재판과정에서 피의자는 유죄로 입증될 만한 충분한 증거가 없으면 무죄로 판결받는 것이 사법제도의 원칙이다. 그러나 때로는 무죄이면서도 유죄판결을 받고, 유죄이면서도 무죄판결을 받는 경우도 있으며, 이는 재판관도 신(神)이 아니기 때문에 일어날 수 있는 현상이다. 과거 재판기록을 토대로 하였을 때, 피의자가 죄가 있을 경우, 유죄로 판결이 난 비율은 80%이고, 죄가 없는 경우에도 유죄로 판결이 난 경우도 5%에 달하는 것으로 나타났다. 전체 피의자 중 10%가 죄가 없이 재판에 계류된 사람이라고 할 때, 유죄라고 판결이 난 피의자가 실제로는 죄가 없을 가능성은 얼마인가?

제5장 확률분포의 이해

앞에서 우리는 확률의 기본적인 개념에 대해 공부하였는데 이 개념은 본 장에서 공부하고자 하는 확률분포를 이해하는데 기초가 되고 확률분포는 나아가서 표본의 결과로부터 모집단의 특성을 추측하는 추측통계학의 기초가 되므로 확률은 모름지기 추측통계학의 기본이 된다고 볼 수 있다. 본 장에서는 확률변수와 확률분포가 무엇인지를 정의하고, 두 확률변수의 관계를 나타내는 결합확률분포와 관련 개념, 그리고 확률분포의 특성을 요약하는 방법에 대하여 공부한다.

01 확률변수와 확률분포

1.1 확률변수

확률변수(random variable)란 개념적으로 실험의 결과에 수치를 부여하는 규칙으로 정의된다. 예를 들어, 주사위를 한번 던지는 실험에서 나타날 수 있는 실험 결과의 집합은 다음과 같이 표본공간으로 표시될 수 있다.

여기서 X를 주사위를 한번 던져 나타나는 주사위 눈의 수라고 하면 실험결과 에는

그림 5-1 확률변수의 개념

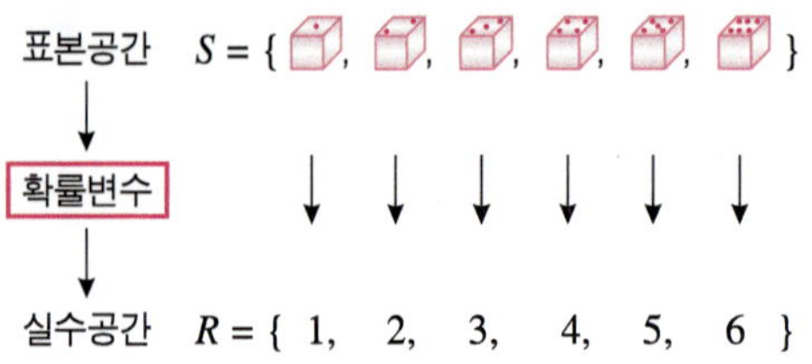

1이라는 수치가, 실험결과 에는 2라는 수치, 실험결과 에는 3이라는 수치 등이 부여되며, 이러한 수치부여 규칙을 확률변수라고 한다. 쉽게 이야기하면 주사위를 던져 나타나는 주사위 눈의 수와 같이 수치로 표시한 실험의 결과를 확률변수라 한다. 위의 예에서 주사위를 던져 나타나는 주사위 눈의 수를 변수 X로 표시하면 X는 확률변수가 되고 이 확률변수는 1,2,3,4,5,6의 값을 취한다. 즉, 주사위를 던지기 전에는 X가 어떠한 값을 가질지 모르나 X가 취할 수 있는 값은 6개의 숫자 중 하나가 될 것이다.

수학적으로 확률변수는 $X : S \to R$이라고 표현되며, 여기서 X는 확률변수를, S는 표본공간을 그리고 R은 실수공간을 나타낸다. [그림 5-1]은 이러한 확률변수의 개념을 도시화 한 것이다.

(1) 확률변수의 종류

확률변수에는 이산형 확률변수(discrete random variable)와 연속형 확률변수(continuous random variable)가 있다. 이산형 확률변수란 주사위를 던지는 실험에서와 같이 확률변수가 취할 수 있는 값이 한정되어 있거나, 한정되어 있지 않더라도 셀 수 있는 확률변수를 말하고, 연속형 확률변수는 취할 수 있는 값이 무한한(따라서 셀 수 없는) 연속적인 값을 취하는 확률변수를 말한다. 예를 들어, 어느 은행에 10시부터 11시 사이에 들어오는 고객의 수를 확률변수 X로 표시하면 X가 취할 수 있는 값은 셀 수 있으므로 X는 이산형 확률변수가 된다. 반면에, 은행에 도착하는 고객들의 도착시간 간격은 정밀히 측정할 경우 얼마든지 소수점 이하로도 표시할 수 있으므로 고객들의 도착시간 간격을 확률변수 Y라 하면 Y는 연속형 확률변수인 것이다. 이산형 확률변수의 값은 보통 센다고(count) 말하고, 연속형 확률변수의 값은 측정한다고(measure) 말한다. 또한 확률변수 자체는 보통 알파벳 대문자로 표기하고 확률변수의 값(value of random variable)은 소문자로 표기한다. 예를 들어, $P(X=x)$라는 표현(이를 간단히 $p(x)$라고도 표기한다)은 확률변수 X가 특정값 x를 취할 확률을 나타낸다.

1.2 확률분포

확률분포(probability distribution)란 확률변수가 취할 수 있는 값(수치)들과 그러한 값들을 취할 가능성(확률)을 표나 그래프, 그리고 함수 등의 형태로 일목요연하게 나타낸 것을 말한다. 예를 들어, 주사위를 한번 던지는 실험(experiment)에서 나타나는 주사위 눈

표 5-1 주사위 실험의 확률분포

주사위 눈의 수	확 률
1	1/6
2	1/6
3	1/6
4	1/6
5	1/6
6	1/6

의 수와 그에 대응하는 확률을 표로써 나타내면 〈표 5-1〉과 같다.

〈표 5-1〉에서와 같이 실험의 가능한 모든 결과를 수치로 표시하고 그에 대응되는 확률을 일목요연하게 나타낸 것이 확률분포이다. 이러한 표현은 상대도수분포와 유사한데, 확률분포는 실험으로부터 발생할 수 있는 결과 모두에 관한 것이므로 모집단(population)에 대한 상대도수분포(relative frequency distribution)라고 말할 수 있다. 확률분포는 표뿐만 아니라 그래프나 함수로도 표현할 수 있다. 위의 예에 대한 확률분포를 그래프로 표시하면 다음과 같다.

여기서 각 선의 높이는 확률변수 X가 특정값을 취할 확률을 나타낸다. 또한 확률분포는 다음과 같이 함수의 형태로도 표시할 수 있으며, 이를 확률함수(probability function)라고 한다. 즉, 다음 식은 주사위를 한번 던지는 실험에 대한 확률함수이다.

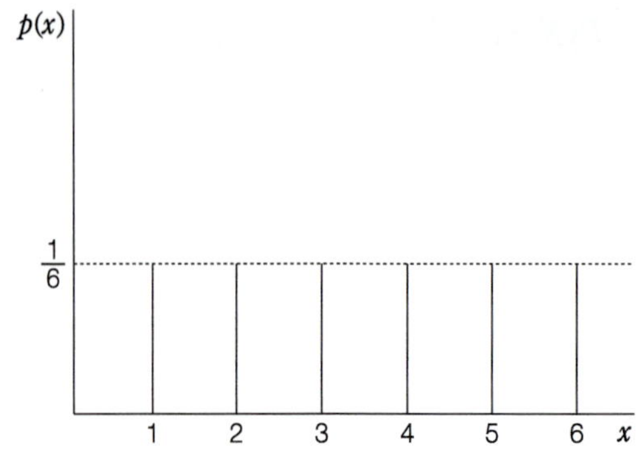

$$p(x)=\begin{cases}\frac{1}{6}, & x=1,\ 2,\ \cdots,\ 6\\ 0, & \text{그 밖의 경우}\end{cases}$$

(1) 확률분포의 종류

확률분포도 취급하는 확률변수가 이산형이냐 연속형이냐에 따라 이산형 확률분포(discrete probability distribution)와 연속형 확률분포(continuous probability distribution)로 나누어진다. 즉, 이산형 확률변수의 분포를 이산형 확률분포라 하고, 연속형 확률변수의 분포를 연속형 확률분포라고 한다. 또한 이산형 확률분포에 대한 확률함수는 확률질량함수(probability mass function, 또는 간단히 *pmf*)라고 부르며 $p(x)$로 표시한다. 그리고 연속형 확률분포에 대한 확률함수는 확률밀도함수(probability density function, 또는 간단히 *pdf*)라고 부르며 $f(x)$로 표시한다.

우리가 확률분포를 배우는 이유는 확률변수가 어떠한 값이나 어떠한 범위내의 값을 취할 확률을 미리 파악하기 위함이며, 이는 불확실한 상황이 발생할 가능성에 대한 평가라고 말할 수 있다. 예를 들어, 복권을 한 장 구입했을 때 이 복권이 10만원에 당첨될 가능성은 어떻게 될까라든지 어떤 교량공사가 앞으로 10주에서 12주 사이에 완성될 가능성은 어떻게 될지 등을 확률분포를 이용하여 평가할 수 있는 것이다. 이제 이산형 확률분포와 연속형 확률분포에 대해 보다 구체적으로 설명하기로 하자.

1.3 이산형 확률분포

이산형 확률변수는 보통 유한개[3]의 값을 가지므로 확률변수 X가 $x_1,\ x_2,\ \cdots,\ x_r$이라는 r개의 값을 가지는 이산형 확률변수이고, 확률변수 X가 x_i라는 특정값을 가질 확률을 $p(x_i)$라 하면 확률질량함수 $p(x_i)$는 다음 두 조건을 만족한다.

① $0 \le p(x_i) \le 1,\ i=1,\ 2,\cdots,\ r$

② $\sum_{i=1}^{r} p(x_i)=1$

3) 이산형 확률변수는 앞서 언급한 바와 같이 셀 수 있는 무한개의 값도 가질 수 있다. 예를 들어, 포아송분포가 이에 해당된다(제6장의 포아송분포 참조).

즉, X가 어떤 값 x_i를 가질 확률은 0을 포함한 1보다 크지 않은 양수이고 X가 취할 수 있는 모든 값에 대한 확률을 더하면 1이라는 것이다.

주사위를 던지는 실험의 예에서도 X가 취할 수 있는 값은 1, 2, …, 6으로 6개이고, X가 이 6개 중 어떤 값을 취할 수 있는 확률은 $\frac{1}{6}$로서 이는 1보다 크지 않은 양수일 뿐만 아니라 X의 모든 값에 대한 확률을 더한 것은 1이 됨을 알 수 있다.

1.4 연속형 확률분포

연속형 확률분포는 연속형 수량자료의 도수다각형에서 관측값의 수를 늘리고 계급구간과 폭을 제한없이 줄여나감으로써 앞서 제2장의 [그림 2-4]와 같이 원활한 곡선으로 나타낸 것을 말한다.[4] 연속형 확률변수는 [그림 5-2]에서 보는 바와 같이 실수 $-\infty$에서 $+\infty$까지의 모든 값을 취할 수 있고, 연속형 확률변수의 분포는 확률밀도함수 $f(x)$로 나타낸다. $f(x)$가 확률밀도함수가 되기 위해서는 다음의 세 가지 조건을 만족해야 한다.

① $f(x) \geq 0, \ -\infty < x < \infty$

② $\int_{-\infty}^{\infty} f(x)dx=1$

③ 임의의 수 c, d에 대하여 $P(c \leq X \leq d)=\int_{c}^{d} f(x)dx$

그림 5-2 연속확률함수

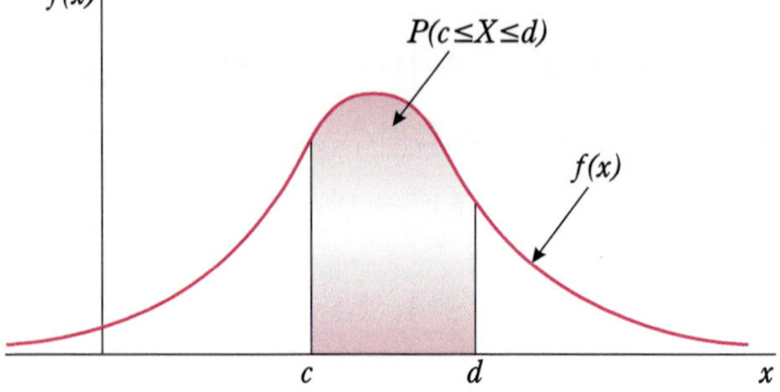

4) p.30의 [그림 2-4] 참조.

위의 세 조건은 이산형 확률함수인 확률질량함수의 조건과 매우 유사하게 보이지만 다음과 같이 세 가지의 다른 특성을 가지고 있다.

첫째, 이산형 확률분포에서 $p(x)$, 즉, 확률질량함수의 값은 확률을 의미하며 따라서 반드시 0과 1사이의 값을 가져야 하나, 연속형 확률분포에서의 $f(x)$, 즉, 확률밀도함수의 값은 0이상의 모든 실수값을 취할 수 있다. 따라서 확률밀도함수의 값은 확률이 아니며, 1을 초과할 수도 있다.

예를 들어, 균등분포(uniform distribution)는 연속형 확률분포의 하나로서 주어진 구간내의 모든 실수값을 취할 확률이 동일한 분포이다. 만일 확률변수 X가 0과 0.1사이의 모든 실수값을 취할 수 있는 균등분포를 한다면 X의 확률분포는 [그림 5-3]과 같은 그래프로 표현될 수 있다. [그림 5-3]에서 보는 바와 같이 $f(x)$의 값은 0과 0.1구간내에서 10으로 동일한 것을 알 수 있으며, 이 값은 1을 초과하는 것임을 분명히 알 수 있다.

[그림 5-3]에서 $f(x)$의 값이 10인 이유는 확률밀도함수의 두번째 조건을 만족시키기 위함이다. 즉, 0과 0.1 구간내에서 확률밀도함수 $f(x)$(여기서는 균등분포이므로 직선으로 표시되었음) 아래의 면적은 1이 되어야 하기 때문이다. 그렇다면 $f(x)$의 값은 무엇을 나타내는가? 이를 이해하기 위해 다음과 같은 확률밀도함수 그림을 보기로 하자.

그림 5-3 균등분포(0, 0.1)

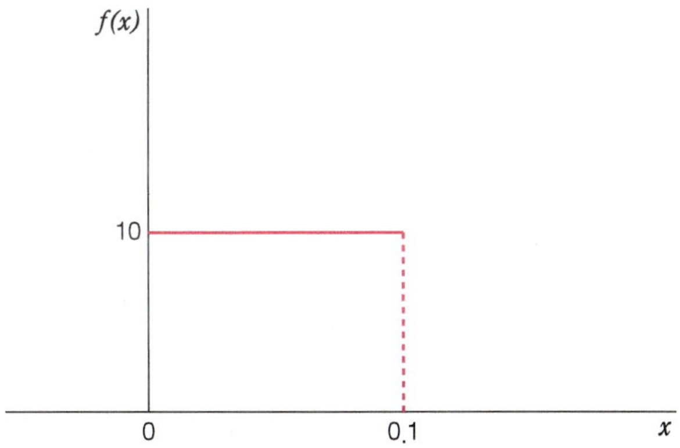

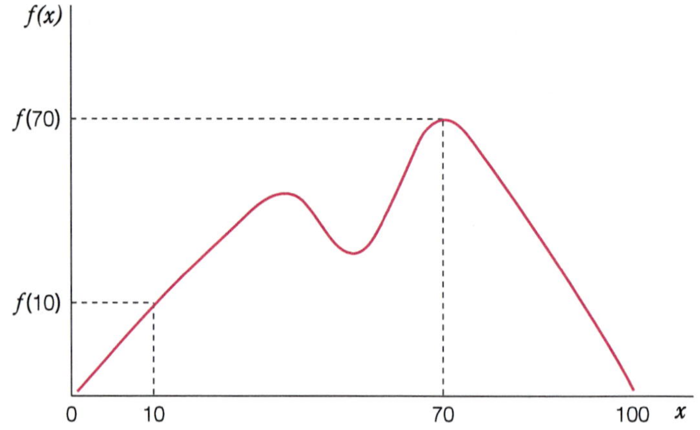

위 그림에서 $f(70)=3f(10)$이라면 이는 다음과 같은 의미이다.

$$P(70-\Delta \leq X \leq 70+\Delta) \approx 3P(10-\Delta \leq X \leq 10+\Delta)$$

여기서 Δ는 매우 작은 양수를 나타낸다. 즉, 연속형 확률변수 X가 70 주위의 값을 취할 확률은 10 주위의 값을 취할 확률의 3배 정도가 된다는 의미이며, Δ가 0에 가까울수록 위의 식은 등호로 성립한다. 즉, $f(x)$의 값은 연속형 확률변수 X가 특정값 x주위의 값을 취할 상대적 가능성(relative likelihood)을 나타낸다.

둘째, 이산형 확률변수 X에 대해서 $c \leq X \leq d$일 확률 $P(c \leq X \leq d)$는 X가 c와 d 사이에서 취할 수 있는 값들의 확률을 더하여 다음과 같이 나타낼 수 있다.

$$P(c \leq X \leq d) = \sum_{x=c}^{d} p(x)$$

그러나 연속형 확률변수에 대해서는 확률밀도함수 $f(x)$에 대한 적분을 계산하는데 이는 다음과 같이 표현된다.

$$P(c \leq X \leq d) = \int_{c}^{d} f(x)dx$$

따라서 [그림 5-2]에서 보는 바와 같이 위 확률은 c와 d 사이에 있는 확률밀도함수 $f(x)$ 아래의 면적이 되는 것이다.

셋째, 이산형 확률변수 X가 어떤 값 a를 가진다면 $X=a$일 확률 $P(X=a)=p(a)$로 존재한다. 그러나 연속형 확률변수에 대해서는 $P(X=a)=0$으로 정의된다. 따라서 연속형 확률변수의 경우 $P(X=a)$는 $X=a$에서의 곡선의 높이인 $f(a)$와 같지 않다. 그 이유는 연속형 확률변수의 확률계산에 있어서 확률 $P(c \le x \le d)$는 c와 d 사이에 있는 함수 $f(x)$ 아래의 면적이라고 하였는데 $P(X=a)$는 함수 $f(x)$ 아래에 직선만 있고 면적이 없으므로 확률은 0이 되는 것이다.

그러나 연속형 확률변수의 경우 $P(X=a)=0$이라고 해서 연속형 확률변수 X가 a라는 값을 취할 수 없다는 것은 아니다. 다만 연속형 확률변수 X는 무한히 많은 수의 값을 취할 수 있으므로 X가 어떤 특정한 값을 취할 확률은 수학적으로 0으로 정의하는 것이다. 따라서 연속형 확률변수의 경우 다음의 확률들은 모두 동일하다.

$$P(a \le X \le b)=P(a<X<b)=P(a \le X<b)=P(a<X \le b)$$

그러나 이산형 확률변수의 경우, 위 확률들은 다를 수 있다는 것을 유의해야 한다.

1.5 누적분포함수

확률변수 X의 누적분포함수(cumulative distribution function 또는 간단히 *cdf*)는 $F(x)$로 표기하며, 어떠한 실수 $x(-\infty<x<\infty)$에 대하여 다음과 같이 정의된다.

$$F(x)=P(X \le x)$$

위 정의는 이산형과 연속형 확률변수 모두에 동일하게 적용된다. 예로써 앞에서 언급한 주사위 실험의 누적분포함수를 구해보고, 이를 그래프로 표시해 보자. 주사위를 한번 던져 나타나는 주사위 눈의 수를 확률변수 X라 하면 X의 확률질량함수는 다음과 같다.

$$p(x)=\begin{cases} \frac{1}{6}, & x=1,\ 2,\ 3,\ 4,\ 5,\ 6 \\ 0, & \text{그 밖의 경우} \end{cases}$$

누적분포함수의 정의를 이용하여 계산하면 $F(x)=P(X \leq x)$이므로,

$$F(x)=\begin{cases} 0, & x<1 \\ \frac{1}{6} & 1 \leq x<2 \\ \frac{1}{6}+\frac{1}{6}=\frac{2}{6}, & 2 \leq x<3 \\ \frac{1}{6}+\frac{1}{6}+\frac{1}{6}=\frac{3}{6}, & 3 \leq x<4 \\ \frac{1}{6}+\frac{1}{6}+\frac{1}{6}+\frac{1}{6}=\frac{4}{6}, & 4 \leq x<5 \\ \frac{1}{6}+\frac{1}{6}+\frac{1}{6}+\frac{1}{6}+\frac{1}{6}=\frac{5}{6}, & 5 \leq x<6 \\ 1, & \mathrm{x} \geq 6 \end{cases}$$

이다. 위 함수를 그래프로 표시하면 다음과 같다.

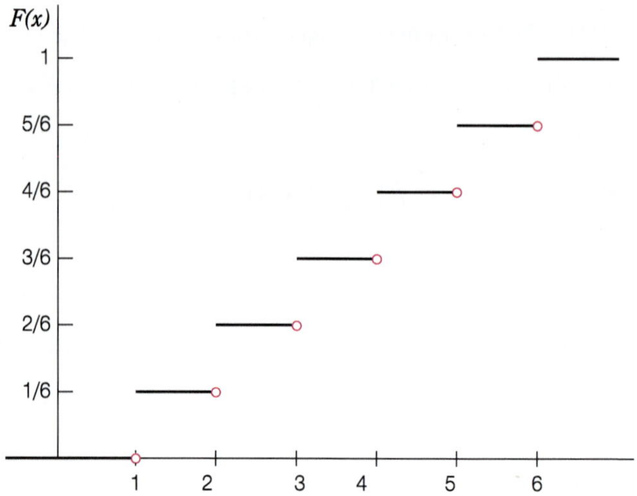

위 그래프를 보면 $F(x)$의 특징을 다음과 같이 알 수 있다.

① $F(x)$는 x에 대한 비감소함수(nondecreasing function)이다.
② $\lim_{x \to \infty} F(x) = F(\infty) = 1$
③ $\lim_{x \to \infty} F(x) = F(-\infty) = 0$

첫번째 특징은 x가 증가하면 $F(x)$의 값은 그 이전보다 작아질 수 없다는 것이고, 두번째와 세번째 특징은 그래프와 $F(x)$의 정의를 보면 쉽게 이해할 수 있다. 또한 $F(x)$를 이용하면 확률변수 x가 어떤 범위내의 값을 취할 확률도 다음과 같이 구할 수 있다.

$$P(a < X \leq b) = F(b) - F(a)$$

02 결합확률분포

지금까지 우리는 한 확률변수의 분포에 대해서 공부하였다. 그러나 때때로 우리는 두 개 이상의 확률변수가 확률적으로 어떠한 관계에 있는가를 파악할 필요가 있다. 예를 들어, 두 개의 확률변수 X와 Y가 있을 때 우리는 X가 어떤 값을 취하고, 동시에 Y가 어떤 값을 취할 확률을 알고 싶을 경우가 있다. 이러한 경우, 두 확률변수의 결합확률분포(joint probability distribution)를 이용하면 문제를 해결할 수 있다. 여기서는 두 확률변수 X, Y가 모두 이산형일 경우를 가정하고 결합확률분포를 소개한다.

확률변수 X가 취할 수 있는 값이 $x_1, x_2, \cdots, x_m$이고 확률변수 Y가 취할 수 있는 값이 $y_1, y_2, \cdots, y_n$이라면, 모든 (x, y)에 대하여 결합확률(joint probability)은 다음과 같이 표시한다.

$$P(X = x, Y = y) = p(x, y)$$

여기서 콤마(,)는 "and"를 의미한다. 위의 경우 결합확률들은 모두 $m \times n$개가 존재하며, 이러한 결합확률들을 일목요연하게 정리한 것을 결합확률분포라 한다. 이해를 돕기 위해 다음과 같은 예제를 고려해 보자.

예제 1 신촌에 위치한 한 컴퓨터 판매상에서는 컴퓨터와 프린터를 취급하고 있다. 이 판매상에서는 과거의 판매실적을 기초로 다음 달 판매량을 예측해 보았는데, 컴퓨터의 경우 30대, 35대, 40대, 45대 팔릴 수 있다고 보고 있으며, 프린터의 경우 판매량은 25대, 30대, 35대로 추정되고 있다. 다음달 컴퓨터 판매량을 확률변수 X로, 프린터 판매량을 확률변수 Y로 표기하여 작성한 결합확률분포가 다음과 같다고 가정하자.

컴퓨터 판매 예측량

	Y \ X	30	35	40	45	
프린터 판매 예측량	25	0.03	0.05	0.08	0.09	0.25
	30	0.10	0.15	0.15	0.10	0.50
	35	0.08	0.09	0.05	0.03	0.25
		0.21	0.29	0.28	0.22	

위의 예제에서는 모두 12개의 결합확률이 존재하며, 예를 들어, $P(X=30,\ Y=25)=0.03$임을 알 수 있다. 또한 위의 결합확률분포 주변에 있는 수치들은 주변확률(marginal probability)을 나타내고 있는데 예를 들어,

$$P(X=30)=P(X=30,\ Y=25)+P(X=30,\ Y=30)+P(X=30,\ Y=35)$$
$$=0.03+0.10+0.08=0.21$$

임을 알 수 있다.

일반적으로 주변확률은 두 확률변수의 결합확률분포에서 한 변수에 대한 확률을 말하는 것으로 다음과 같이 표시된다.

$$P(X=x)=\sum_{\text{모든 } y} P(X=x,\ Y=y)$$

$$P(Y=y)=\sum_{\text{모든 } x} P(X=x,\ Y=y)$$

(1) 조건부확률분포

결합확률분포를 이용하면 우리는 조건부확률분포(conditional probability distribution)의 개념도 이해할 수 있는데, 이 개념은 제4장 확률이론에서 배웠던 조건부확률의 개념과 동일하다. 즉, 조건부확률분포란 한 확률변수의 값이 주어졌을 때 다른 확률변수의 확률분포를 말하는 것이다.

우선 두 확률변수 X와 Y에 대한 조건부확률(conditional probability)은 다음과 같이 정의된다.

$$P(X=x|Y=y)=\frac{P(X=x, Y=y)}{P(Y=y)}=\frac{p(x, y)}{p_Y(y)}$$

여기서 $p_Y(y)$에 첨자 Y를 붙인 이유는 특정값 y가 어떤 확률변수의 값인가를 명확히 하기 위함이며, 여기서는 Y에 대한 주변확률분포를 나타내기 위함이다.

앞의 컴퓨터 판매상의 예를 이용하여 조건부확률과 조건부확률분포를 구해보자.

① 프린터가 30대 팔릴 경우, 컴퓨터가 35대 팔릴 조건부확률은 다음과 같이 계산된다.

$$\begin{aligned} P(X=35\,|\,Y=30) &= \frac{P(X=35,\ Y=30)}{P(Y=30)} \\ &= \frac{0.15}{0.5} \\ &= 0.3 \end{aligned}$$

② 만일 프린터가 30대 팔릴 경우, 컴퓨터 판매량의 조건부확률분포를 구하면 다음과 같이 표현된다.

$$P(X=x|Y=30)=\begin{cases} \dfrac{0.1}{0.5}=0.2, & x=30 \\ \dfrac{0.15}{0.5}=0.3, & x=35 \\ \dfrac{0.15}{0.5}=0.3, & x=40 \\ \dfrac{0.1}{0.5}=0.2, & x=45 \\ 0, & \text{그 밖의 경우} \end{cases}$$

①과 ②의 차이점은 조건부확률(①)을 구한 것이냐 조건부확률분포(②)를 구한 것이냐 하는 것이다. ①에서는 특정 조건부확률을 구했으나 ②에서는 확률변수 X의 값에 따라 조건부확률이 달라지는 것을 볼 수 있으며, 이 조건부확률들의 합은 당연히 1이 된다.

(2) 독립적인 확률변수

두 확률변수 X와 Y가 통계적으로 독립이라는 것은 제4장 확률이론에서 공부한 독립사건의 개념과 동일하다. 즉, 두 확률변수 X와 Y가 취할 수 있는 모든 값 (x, y)에 대하여 $P(X=x \mid Y=y)=P(X=x)$가 성립하면 확률변수 X와 Y는 독립적인 확률변수라고 정의한다.[5] 즉, 두 확률변수가 독립이라는 것은 한 확률변수가 특정값을 취했다는 정보가 다른 확률변수의 확률 평가에 아무런 영향을 미치지 않음을 나타낸다.

결합확률분포를 보고 두 확률변수의 독립여부를 판단하는 방법은 다음과 같다.

만일 X와 Y가 독립적인 확률변수라면

$$P(X=x|Y=y)=\frac{P(X=x,\ Y=y)}{P(Y=y)}=P(X=x)$$

이 성립하므로

$$P(X=x,\ Y=y)=P(X=x)\cdot P(Y=y)$$

---

5) $P(Y=y \mid X=x)=P(Y=y)$일 경우에도 물론 X와 Y는 독립적인 확률변수이다.

따라서 위 식이 모든 (x, y)에 대해 성립하면 두 확률변수는 독립적인 확률변수라고 판단한다. 이 방법을 앞의 컴퓨터 판매상 예제에 적용하면 컴퓨터 판매량과 프린터 판매량은 독립적인 확률변수가 아니라는 것을 알 수 있다.

03 확률분포의 요약

앞서 제3장에서 자료의 특성을 수치로 요약하는 방법에 대하여 배운 바 있다. 확률분포의 특성도 평균이나 분산과 같은 수치로써 요약할 수 있는데, 자료요약의 경우 실제 관측값들이 우리에게 주어졌으나, 여기서는 실제 관측값들이 주어지는 것이 아니라 확률변수의 분포만이 주어진다.

3.1 평 균

확률변수의 평균은 보통 기대값(expected value)이라고 하는데, 어떤 확률변수 X의 기대값은 $E(X)$나 EX 또는 μ(mu : 뮤라고 읽는다)로 표시한다. $x_1, x_2, \cdots, x_r$로 표시되는 유한개의 값을 가지는 이산형 확률변수의 기대값은 다음과 같이 계산된다.

$$E(X)=\sum_{i=1}^{r} x_i p(x_i)$$ [6]

예를 들어서 주사위를 한번 던지는 실험에서 나타나는 주사위 눈의 수를 확률변수 X로 표시하면 확률변수 X의 기대값은 X가 취할 수 있는 값이 1, 2, ⋯, 6이고 각각의 값을 취할 확률이 $\frac{1}{6}$이므로 $E(X)=1(\frac{1}{6})+2(\frac{1}{6})+3(\frac{1}{6})+4(\frac{1}{6})+5(\frac{1}{6})+6(\frac{1}{6})=3\frac{1}{2}$이다. 이 예에서 알 수 있듯이 어떤 확률변수의 기대값은 이 확률변수가 취할 수 있는 값이 아닐 수도

6) 연속형 확률변수에 대해서는 합의 기호 $\sum$가 적분기호 $\int$로 바뀌어진다. 확률변수 X가 연속형 확률변수라면 그 기대값은 $E(X)=\int_{-\infty}^{\infty} xf(x)dx$ 이다.

표 5-2 동전던지기 내기의 확률분포

x	$p(x)$
1,000	$\frac{1}{2}$
−500	$\frac{1}{2}$

있다.

다른 예로 동전을 던져 앞면이 나오면 1,000원을 상대방으로부터 받고 뒷면이 나오면 500원을 상대방에게 주는 내기를 할 때 이 내기의 기대값은 얼마인가 계산해 보자. 이 내기에서는 1,000원을 받든지 또는 500원을 주든지 두 가지 경우가 있는데 각각에 대한 확률은 $\frac{1}{2}$이므로 〈표 5-2〉와 같은 확률분포로 나타나게 될 것이다. 따라서 구하는 기대값은 $E(X)=(1,000)(\frac{1}{2})+(-500)(\frac{1}{2})=250$원이다. 즉, 이 내기에서는 평균 250원을 벌 수 있으므로 유리한 내기가 될 것이다. 그러나 이 250원은 한번으로 벌 수 있는 것이 아니고 이러한 내기를 무수히 반복했을 때 평균적으로 벌 수 있는 돈이라는 점에 유의해야 한다.

이와 같이 기대값은 어떤 실험을 동일한 조건에서 무수히 반복했을 때 얻을 수 있는 평균값(long-run average of repeated observations)을 의미한다.

3.2 분 산

우리는 제3장 제02절에서 도수분포로 정리된 자료의 모분산 σ^2을 계산할 때 다음의 식을 이용하였다.

$$\sigma^2 = \frac{\sum_{\text{모든 } i} (x_i-\mu)^2 f_i}{N} \qquad \text{단, } N=\sum_{\text{모든 } i} f_i$$

표 5-3 이산형 확률변수의 분산계산

x	$p(x)$	x^2	$x^2p(x)$
1	1/6	1	1/6
2	1/6	4	4/6
3	1/6	9	9/6
4	1/6	16	16/6
5	1/6	25	25/6
6	1/6	36	36/6
			$E(X^2)=\sum_{i=1}^{6} x_i^2 p(x_i)=91/6$

이 식에서 알 수 있듯이 모분산은 평균으로부터의 편차를 제곱하여 상대도수 $\frac{f_i}{N}$을 곱하여 더한 것이다. 확률변수의 분산은 확률변수의 산포도를 측정하는 수치로 $Var(X)$ 또는 그리스 문자로 단,σ^2(sigma square : 시그마 제곱이라고 읽는다)으로 표시하는데 위의 식과 똑같은 원리를 적용할 수 있다. 즉, X의 평균이 $E(X)$이고 확률변수 X가 특정값 x를 취할 확률을 $p(x)$라고 하면 X의 분산 $Var(x)$는 다음과 같이 계산된다.7)

$$Var(X)=\sum_{\text{모든 } i}[x_i-E(X)]^2 p(x_i)$$

이것을 계산하기 좋은 형태로 풀어쓰면 다음과 같다.

$$\begin{aligned} Var(X) &= \sum_{\text{모든 } i} x_i^2 p(x_i) - 2E(X)\sum_{\text{모든 } i} x_i p(x_i) + [E(X)]^2 \sum_{\text{모든 } i} p(x_i) \\ &= \sum_{\text{모든 } i} x_i^2 p(x_i) - [E(X)]^2 \end{aligned}$$

$$\left(\text{왜냐하면 } \sum_{\text{모든 } i} x_i p(x_i)=E(X)\text{이고 } \sum_{\text{모든 } i} p(x_i)=1\text{이므로}\right)$$

---

7) 여기에서도 이산형 확률변수의 경우만을 취급하고 있는데 연속형 확률변수 X에 대해서는 $Var(X)=\int_{-\infty}^{\infty}[x-E(X)]^2 f(x)dx$가 될 것이다.

$$=E(X^2)-[E(X)]^2$$
$$(\text{왜냐하면 } \sum x_i^2 p(x_i)=E(X^2)^{8)} \text{이므로})$$

예를 들어서 주사위를 한번 던져서 나타나는 주사위 눈의 수에 대한 분산을 구하여 보자. 앞에서 $E(X)=3\frac{1}{2}$이므로 〈표 5-3〉의 계산과정을 이용하면 다음과 같다.

$$Var(X)=E(X^2)-[E(X)]^2=91/6-(7/2)^2=15.17-12.25$$
$$=2.92$$

따라서 표준편차는 $\sigma=\sqrt{2.92}=1.71$ 이다.

3.3 확률변수의 함수에 대한 기대값과 분산

이상에서 설명한 확률변수의 기대값과 분산을 계산하는 방법은 통계학에서 중요한 기초가 되므로 단순한 확률변수가 아닌 확률변수의 함수로 된 새로운 확률변수에 대한 기대값과 분산을 계산하는 방법에 대해서도 알아보자. 두 개 이상의 확률변수의 합이나 곱도 확률변수인데, 여기서는 어떤 확률변수 X의 일차함수로 표시된 $3X+5$와 같은 확률변수 또는 두 확률변수 X_1과 X_2의 합으로 나타난 확률변수 X_1+X_2의 기대값과 분산을 계산하는 법이라든지 X_1과 X_2의 곱인 $X_1 \cdot X_2$의 기대값을 계산하는 법을 알아보자.

(1) 확률변수 $aX+b$의 기대값

어떤 확률변수 X에 상수 a를 곱하고 b를 더한 $aX+b$의 기대치와 분산은 어떻게 될 것인지 생각해 보자. 확률변수에 상수 a를 곱하면 확률변수의 값이 a배 될 것이므로 기대값도 a배 될 것이고 상수 b를 더하면 확률변수의 값이 전체적으로 b만큼 더해지므로 기대값의 값도 b만큼 더해져야 할 것이다.

---

8) 일반적으로 확률변수 X의 함수 G(X)의 기대값은 다음과 같이 정의된다.
$E[G(X)]=\sum_{\text{모든 } i} G(x_i)p(x_i)$. 따라서 $G(X)=X^2$일 경우 $E(X^2)=\sum_{\text{모든 } i} x_i^2 p(x_i)$ 이다.

표 5-4 X의 확률분포

x	$p(x)$
−2	0.3
5	0.1
7	0.6

예를 들어서 확률변수 X가 〈표 5-4〉와 같은 확률분포를 하고 있을 때 $a=4$, $b=3$이라 하면 새로운 확률변수는 $4X+3$이 되는데 그 확률분포는 〈표 5-5〉와 같이 주어질 것이며, 기대값은 $E(4X+3)=(-5)(0.3)+(23)(0.1)+(31)(0.6)=19.4$가 된다.

그런데 $E(X)=(-2)(0.3)+(5)(0.1)+(7)(0.6)=4.1$이므로 $4E(X)+3=4(4.1)+3=19.4$가 되어 $E(4X+3)=4E(X)+3$임을 알 수 있다.

위의 예로부터 다음과 같은 식이 일반적으로 성립됨을 알 수 있다.

$$E(aX+b)=aE(X)+b$$
$$E(aX)=aE(X)$$
$$E(X+b)=E(X)+b$$

표 5-5 $4X+3$의 확률분포

$4x+3$	$p(x)$
−5	0.3
23	0.1
31	0.6

(2) 확률변수 $aX+b$의 분산

어떤 확률변수가 취할 수 있는 값이 항상 상수 c라면 그 기대값도 c가 될 것이고, 분산은 0이 될 것이다. 그리고 어떤 확률변수 X에 어떤 상수 b를 더하면 그 기대값은 똑같이 b만큼 증가할 것이지만, 확률변수 X가 취하는 값들도 모두 b만큼 증가하므로 새로운 확률변수 $X+b$와 그 기대값과의 차이는 변하지 않게 될 것이다. 즉, $X+b-E(X+b)=X-E(X)$이다. 그런데 분산의 정의식으로부터 $Var(X+b)=\sum[x_i+b-E(X+b)]^2p(x_i)=\sum[x_i-E(X)]^2p(x_i)=Var(X)$이므로 $Var(X+b)=Var(X)$이다. 따라서 분산은 상수를 더해도 변하지 않음을 알 수 있다. 즉, 확률변수가 취할 수 있는 값이 동일하게 b만큼 변화하였으므로 확률변수의 산포도는 변함이 없는 것이다.

만일 확률변수 X에 상수 a를 곱하면 확률변수와 기대값과의 차이는 $aX-E(aX)=a[X-E(X)]$로 되어 a배로 되는데 분산의 정의식으로부터 $Var(aX)=\sum[ax_i-E(aX)]^2p(x_i)=\sum a^2[x_i-E(X)]^2p(x_i)=a^2Var(X)$가 된다. 따라서 $Var(aX)=a^2Var(X)$가 된다. 즉, 확률변수 X에 상수 a를 곱하면 분산은 a^2배로 증가되는 것이다.

위의 결과를 종합하여 확률변수 X에 상수 a를 곱하고 상수 b를 더한 새로운 확률변수 $aX+b$의 분산은 분산의 정의식으로부터 다음과 같이 계산된다.

$$
\begin{aligned}
Var(aX+b) &= \sum_{\text{모든 } i}[ax_i+b-E(aX+b)]^2p(x_i) \\
&= \sum_{\text{모든 } i}[ax_i+b-aE(X)-b)]^2p(x_i) \\
&= \sum_{\text{모든 } i}[ax_i-aE(X)]^2p(x_i) \\
&= a^2Var(X)
\end{aligned}
$$

예를 들어서 〈표 5-4〉에 제시한 확률변수 X의 분산 $Var(X)$는 $E(X)$가 4.1이므로

$$
\begin{aligned}
Var(X) &= E(X^2)-[E(X)]^2 \\
&= (-2)^2(0.3)+5^2(0.1)+7^2(0.6)-(4.1)^2 \\
&= 16.29
\end{aligned}
$$

이다.

한편 〈표 5-5〉에 제시한 확률변수 $4X+3$의 분산 $Var(4X+3)$은 $E(4X+3)$가 19.4이므로

$$Var(4X+3)=E[(4X+3)^2]-[E(4X+3)]^2$$
$$=(-5)^2(0.3)+(23)^2(0.1)+(31)^2(0.6)-(19.4)^2$$
$$=260.64$$

이다.

따라서 $Var(4X+3)=4^2Var(X)$가 성립함을 알 수 있다.

(3) 확률변수 X_1+X_2의 기대값

두 확률변수 X_1과 X_2를 합한 X_1+X_2의 기대값은 확률변수 X_1과 X_2 각각의 기대값의 합과 같다. 즉,

$$E(X_1+X_2)=E(X_1)+E(X_2)$$

이다.

예를 들어서 X_1을 동전을 던져 나타나는 결과에 대한 확률변수라 하고 앞면이 나오면 1, 뒷면이 나오면 0의 값을 갖는다고 하자. 그리고 X_2를 주사위를 던져 나타나는 주사위 눈의 수라고 하면 X_1과 X_2는 〈표 5-6〉과 같은 확률분포를 하게 된다.

〈표 5-6〉으로부터 $E(X_1)=(0)(\frac{1}{2})+(1)(\frac{1}{2})=\frac{1}{2}$ 이 되고

표 5-6 동전과 주사위실험의 확률분포

x_1	$p(x_1)$	x_2	$p(x_2)$
0	1/2	1	1/6
1	1/2	2	1/6
(가)		3	1/6
		4	1/6
		5	1/6
		6	1/6
		(나)	

$$E(X_2)=1(\frac{1}{6})+2(\frac{1}{6})+3(\frac{1}{6})+4(\frac{1}{6})+5(\frac{1}{6})+6(\frac{1}{6})=3\frac{1}{2}$$ 이다.

한편 X_1+X_2의 확률분포는 〈표 5-7〉과 같이 될 것이다. 〈표 5-7〉로부터

$$E(X_1+X_2)=1(\frac{1}{12})+(2)(\frac{1}{6})+(3)(\frac{1}{6})+(4)(\frac{1}{6})+(5)\frac{1}{6}+(6)\frac{1}{6}+(7)\frac{1}{12}=4$$

이다. 따라서 $E(X_1+X_2)=E(X_1)+E(X_2)$임을 알 수 있다. 이 식은 두 확률변수 X_1과 X_2가 독립인지의 여부에 관계없이 성립한다.

표 5-7 X_1+X_2의 확률분포

x_1+x_2	$p(x_1+x_2)$
1	1/12
2	1/6
3	1/6
4	1/6
5	1/6
6	1/6
7	1/12

(4) 확률변수 X_1+X_2의 분산

그러면 X_1+X_2의 분산 $Var(X_1+X_2)$는 어떻게 될 것인가? 만일 X_1과 X_2가 독립적인 확률변수이면 다음의 식이 성립한다.[9)]

$$Var(X_1+X_2)=Var(X_1)+Var(X_2)$$

〈표 5-6〉으로부터

$Var(X_1)=0^2(\frac{1}{2})+1^2(\frac{1}{2})-(\frac{1}{2})^2=\frac{1}{4}$ 이고,

$Var(X_2)=1^2(\frac{1}{6})+2^2(\frac{1}{6})+3^3(\frac{1}{6})+4^2(\frac{1}{6})+5^2(\frac{1}{6})+6^2(\frac{1}{6})-(3\frac{1}{2})^2$

$=\frac{35}{12}$이다.

한편 〈표 5-7〉로부터 $Var(X_1+X_2)$를 계산하면 다음과 같다.

$$Var(X_1+X_2)=1^2(\frac{1}{12})+2^2(\frac{1}{6})+3^3(\frac{1}{6})+4^2(\frac{1}{6})+5^2(\frac{1}{6})+6^2(\frac{1}{6})+7^2(\frac{1}{12})-4^2=\frac{38}{12}$$

---

9) 여기서 독립적인 확률변수라고 하는 것은 한 확률변수의 값이 다른 확률변수의 값에 아무런 영향을 미치지 않는다는 것이다. 동전과 주사위의 예에서 동전의 앞면이 나왔다고 주사위의 특정한 면이 나와야 하는 법은 없다는 것이다. 만일 두 확률변수가 종속적이면 다음과 같이 된다.

분산의 정의식 $Var(X)=E(X^2)-[E(X)]^2$으로부터

$Var(X_1+X_2)=E[(X_1+X_2)^2]-[E(X_1+X_2)]^2$
$=E(X_1^2+2X_1X_2+X_2^2)-[E(X_1)]^2-2E(X_1)E(X_2)-[E(X_2)]^2$
$=E(X_1^2)+2E(X_1X_2)+E(X_2^2)-[E(X_1)]^2-2E(X_1)E(X_2)-[E(X_2)]^2$
$=E(X_1^2)-[E(X_1)]^2+E(X_2^2)-[E(X_2)]^2+2[E(X_1X_2)-E(X_1)E(X_2)]$

여기서 $E(X_1^2)-[E(X_1)]^2$은 $Var(X_1)$이고 $E(X_2^2)-[E(X_2)]^2$은 $Var(X_2)$이며 $[E(X_1X_2)-E(X_1)E(X_2)]$는 두 확률변수 X_1과 X_2의 공분산(covariance)이라고 부른다.

공분산은 $Cov(X_1, X_2)$로 표시하고 두 확률변수 X_1과 X_2의 연관도를 측정하는 도구이다(확률변수의 연관도 참조). 그런데 만일 두 확률변수 X_1, X_2가 독립이면 $E(X_1X_2)=E(X_1)E(X_2)$이며, $Cov(X_1, X_2)=0$이다.

즉, 일반적으로 $Var(X_1+X_2)=Var(X_1)+Var(X_2)+2Cov(X_1, X_2)$이고 X_1, X_2가 독립이면 $Var(X_1+X_2)=Var(X_1)+Var(X_2)$이다. 공분산에 대해서는 뒤에서 자세히 다루기로 한다.

따라서 X_1과 X_2가 독립일 경우 $Var(X_1+X_2)=Var(X_1)+Var(X_2)$임을 알 수 있다.

(5) 확률변수 $X_1 \cdot X_2$의 기대값

그러면 마지막으로 두 확률변수의 곱 $X_1 \cdot X_2$의 기대값 $E(X_1 \cdot X_2)$는 어떻게 되는지 알아보자. 만일 X_1과 X_2가 독립이고 그 기대값을 각각 $E(X_1)$, $E(X_2)$라 하면 $E(X_1 \cdot X_2)=E(X_1) \cdot E(X_2)$이 성립한다.

예를 들어서 X_1을 〈표 5-6〉(가)에 나타난 동전을 던지는 경우의 확률변수, X_2를 〈표 5-6〉(나)에 나타난 주사위를 던지는 경우의 확률변수라 하면 $X_1 \cdot X_2$의 확률분포는 〈표 5-8〉과 같이 될 것이다.

표 5-8 $X_1 \cdot X_2$의 확률분포

$x_1 \cdot x_2$	$p(x_1 \cdot x_2)$
0	1/2
1	1/12
2	1/12
3	1/12
4	1/12
5	1/12
6	1/12

따라서 〈표 5-8〉로부터

$$E(X_1 \cdot X_2)=(0)(\frac{1}{2})+1(\frac{1}{12})+2(\frac{1}{12})+3(\frac{1}{12})+4(\frac{1}{12})+5(\frac{1}{12})+6(\frac{1}{12})=\frac{7}{4}$$

이 되며, $E(X_1 \cdot X_2)=E(X_1) \cdot E(X_2)$임을 알 수 있다.

기대값의 성질

기대값의 성질을 요약하면 다음과 같다.

① 어떠한 상수 c에 대하여 $E(c)=c$이고, $Var(c)=0$이다.

② 어떠한 상수 a, b에 대하여

$$E(a+bX)=a+bE(X)$$
$$Var(a+bX)=b^2Var(X)$$

예 $Var(1+X)=Var(1-X)$

③ 어떠한 확률변수 $X_1, X_2, \cdots, X_n$과 임의의 상수 $a_1, a_2, \cdots, a_n$에 대하여

$$E(\sum_{i=1}^{n} a_iX_i)=\sum_{i=1}^{n} a_iE(X_i)$$

예 $E(X_1+X_2+\cdots+X_n)=E(X_1)+\mathrm{E}(X_2)+\cdots+\mathrm{E}(X_n)$

$\mathrm{E}(X_1-X_2)=\mathrm{E}(X_1)-\mathrm{E}(X_2)$

④ 어떠한 독립적인 확률변수 $X_1, X_2, \cdots, X_n$과 임의의 상수 $a_1, a_2, \cdots, a_n$에 대하여

$$Var(\sum_{i=1}^{n} a_iX_i)=\sum_{i=1}^{n} a_i^2E(X_i)$$

예 $Var(X_1+X_2+\cdots+X_n)=Var(X_1)+\cdots+Var(X_n)$

$Var(X_1-X_2)=Var(X_1)+Var(X_2)$

⑤ 확률변수 X_1과 X_2가 독립적이 아니라면

$$Var(X_1+X_2)=Var(X_1)+Var(X_2)+2Cov(X_1,\ X_2)$$

만일 X_1과 X_2가 독립적이라면 $Cov(X_1,\ X_2)=0$이 되어 ④가 성립한다.

일반적으로, 어떠한 확률변수 $X_1, X_2, \cdots, X_n$에 대하여

$$Var(X_1+X_2+\cdots+X_n)=Var(X_1)+\cdots+Var(X_n)+\sum_{i\neq j}Cov(X_i,\ X_j)$$
$$=Var(X_1)+\cdots+Var(X_n)+2\sum_{i>j}Cov(X_i,\ X_j)$$

가 성립한다.

예제 2 다음의 자료는 특정 기계가 1년동안 고장나는 횟수와 그 확률을 나타낸다.

고장횟수	1	2	3	4
확　률	0.25	0.38	0.21	0.16

기계가 고장이 나면 비용이 발생하는데 기계 고장에 따른 비용은 고정비용 1,500(만원)과 수리비 등과 같이 고장횟수에 따라 증가하는 변동비용 200(만원)으로 구성된다고 하자. 1년동안 발생하는 비용의 기대값과 분산을 구하라.

an answer

확률변수 X를 1년동안 발생하는 고장횟수라고 하면

$$E(X)=\sum_{\text{모든 }x} xp(x)$$
$$=(1)(0.25)+(2)(0.38)+(3)(0.21)+(4)(0.16)$$
$$=2.28\text{이고}$$

$$E(X^2)=\sum_{\text{모든 }x} x^2p(x)$$
$$=(1)^2(0.25)+(2)^2(0.38)+(3)^2(0.21)+(4)^2(0.16)$$
$$=6.22\text{이다.}$$

따라서 $Var(X)=\sigma x^2=E(X^2)-(EX)^2$
$=6.22-(2.28)^2=1.0216$이고

표준편차 $\sigma_x=\sqrt{1.0216}=1.0107$ 이다.

이제 1년동안 발생하는 비용을 확률변수 C로 놓으면 $C=200X+1{,}500$으로 표시된다.

따라서 비용의 기대값 $E(C)=E(200X+1{,}500)$
$=200E(X)+1{,}500$
$=200(2.28)+1{,}500=1{,}956$(만원)이고,

비용의 분산 $Var(C)=\sigma_c^2=Var(200X+1{,}500)$
$=200^2Var(X)$
$=40{,}000(1.0216)=40{,}864$(만원)이다.

그리고 비용의 표준편차 $\sigma_c=\sqrt{40{,}864}=202.148$ (만원)이다.

3.4 확률변수의 기대값과 표준편차와의 관계

기술통계학에서 자료의 평균과 표준편차와의 관계를 보았듯이 여기서도 확률변수의 기대값과 표준편차의 관계를 체비셰프의 법칙과 경험에 의한 법칙을 이용하여 기술해 보자.

(1) 체비셰프의 법칙(Chebyshev's Inequality)

만일 확률변수 X가 기대값(평균)이 μ이고 분산이 σ^2인 임의의 분포를 한다면, 1보다 큰 상수 k에 대하여 다음의 부등식이 성립한다.

$$P(|X-\mu| \le k\sigma) = P(\mu - k\sigma \le X \le \mu + k\sigma) \ge 1 - \frac{1}{k^2}$$

이 식을 체비셰프의 법칙이라고 하는데, 이 법칙은 확률변수 X가 어떠한 분포를 하든지 이 확률변수가 평균을 중심으로 $\pm k$개의 표준편차내에 값을 취할 확률은 적어도 $1-\frac{1}{k^2}$이 됨을 나타낸다.

(2) 경험에 의한 법칙(Rule of thumb 또는 Normal Approximation)

만일 기대값이 μ이고 분산이 σ^2인 확률변수 X가 기대값을 중심으로 좌우대칭인 종모양(bell-shaped)과 비슷한 분포모양을 보인다면 다음과 같은 근사확률이 개략적으로 성립한다.

① $P(|X-\mu| \le \sigma) \approx 0.68$
② $P(|X-\mu| \le 2\sigma) \approx 0.95$
③ $P(|X-\mu| \le 3\sigma) \approx 0.997$

즉, 확률변수 X가 기대값을 중심으로 ± 1개의 표준편차내에 값을 취할 확률은 68%정도이며, 기대값을 중심으로 ± 2개의 표준편차내에 값을 취할 확률은 약 95%, 그리고 확률변수 X가 기대값을 중심으로 ± 3개의 표준편차밖의 값을 취할 확률은 거의 희박함을 의미한다.

만일 확률변수 X의 분포가 기대값을 중심으로 완전한 좌우대칭의 종모양을 한다면 이 분포는 정규분포(normal distribution)라고 한다. 정규분포는 통계학에서 매우 중요한 이

예제 3

기대수익률의 개념[10)]

어떤 투자안의 수익률이 경기상황에 따라 다음과 같이 예상되고, 각 경기상황이 발생할 확률은 아래와 같다고 하자.

상 황	확 률(p_i)	수익률(R_i)
호 황	0.30	0.30
보 통	0.40	0.20
불 황	0.30	0.10

an answer

기대수익률은 수익률의 기대값으로 수익률과 그 수익률이 발생할 확률을 가중치로 한 가중평균이기 때문에 다음과 같이 20%가 된다.

$$\begin{aligned} E(R) &= \sum_{i=1}^{3} R_i p_i \\ &= 0.30(0.30) + 0.20(0.40) + 0.10(0.30) \\ &= 0.20(20\%) \end{aligned}$$

위험의 지수는 수익률의 분산으로 실제 발생할 수익률과 기대수익률의 편차제곱(차이제곱)의 기대값으로 구해진다.

$$\sigma_R^2 = E[R_i - E(R)]^2$$

기대값을 구하는 원리에 의하여 괄호 안을 풀어 정리하면 분산은 아래와 같이 표현될 수 있다.

$$\begin{aligned} \sigma^2 &= E[R_i - E(R)]^2 = E(R_i^2) - [E(R)]^2 \\ &= (0.3)^2(0.3) + (0.2)^2(0.4) + (0.1)^2(0.3) - (0.2)^2 = 0.006 \end{aligned}$$

표준편차는 분산의 제곱근이기 때문에 아래와 같다.

$$\sigma = \sqrt{\sigma^2} = \sqrt{0.006} = 0.0775(7.75\%)$$

만약에 수익률의 분포가 정규분포(normal distribution)와 유사한 모양을 한다면 투자수익률이 12.25%에서 27.75% 사이 ($E(R) \pm 1\sigma$)에 있을 확률이 68% 정도가 되며 4.5%에서 35.5% 이내 ($E(R) \pm 2\sigma$)에 들어갈 확률이 95% 정도 됨을 의미한다.

10) 최운열,「투자론」, 2005, 박영사, p.10에서 발췌. 이 예제를 발췌한 이유는 여러분이 배운 통계학 지식이 다른 분야의 교과내용에 실제로 어떻게 활용되는지를 보여주기 위함이다. 여러분이 만일 확률분포에 대한 기본적인 지식이 없다면 이 예제에서 언급되는 내용을 이해할 수 있겠는가!

3.5 두 확률변수의 연관도

연관도(measure of association)란 두 확률변수 X와 Y의 선형관계의 유무와 그 정도를 나타내는 것으로 이를 측정하는 수치로는 공분산(covariance)과 상관계수(correlation)가 있다.

(1) 공분산

우선 확률변수[11)] X와 Y의 공분산은 $Cov(X, Y)$ 또는 σ_{XY}로 표기하며, 다음과 같은 식으로 정의된다.

$$
\begin{aligned}
Cov(X, Y) &= E[(X-E(X)(Y-E(Y)] \\
&= E(XY)-E(X)E(Y) \\
&= \sum_{\text{모든}x} \sum_{\text{모든}y} xy\ p(x, y) - E(X)E(Y)
\end{aligned}
$$

여기서 $p(x, y)$는 결합확률을 나타낸다.

예를 들어 〈예제 1〉의 경우, X와 Y의 공분산은 다음과 같이 계산된다.

$Cov(X, Y)=E(XY)-E(X)E(Y)$에서

$$
\begin{aligned}
E(XY) =\ & 30(25)(0.03)+35(25)(0.05)+40(25)(0.08)+45(25)(0.09)+ \\
& 30(30)(0.10)+35(30)(0.15)+40(30)(0.15)+45(30)(0.10)+ \\
& 30(35)(0.08)+35(35)(0.09)+40(35)(0.05)+45(35)(0.03) \\
=\ & 1121.5
\end{aligned}
$$
이고,

$EX=30(0.21)+35(0.29)+40(0.28)+45(0.22)=37.55$,

$EY=25(0.25)+30(0.5)+35(0.25)=30$이다.

따라서 $Cov(X, Y)=1121.5-(37.55)(30)=-5$이다.

공분산은 세 가지 부호를 가질 수 있다. 만일 공분산이 양수라면 이는 확률변수 X와 Y가 정(正)의 선형관계에 있음을 나타내고, 음수라면 부(負)의 선형관계에 있음을 나타낸다. 그리고 공분산이 0이라면 두 확률변수는 선형관계가 없음을 나타낸다. 따라서 공분

---

11) 여기서는 이산형 확률변수의 공분산에 대해서만 언급한다. 연속형 확률변수일 경우에도 개념은 동일하다.

산의 부호를 보고 두 변수간의 선형관계의 방향과 유무를 파악할 수 있다.

여기서 유의할 점은 공분산은 두 변수간의 선형관계의 유무와 그 방향을 파악하는 도구이지 선형관계의 정도는 일반적으로 파악하지 못한다는 것이다. 그 이유는 공분산이 두 확률변수가 취하는 값의 단위를 달리함에 따라 변할 수 있기 때문이다. 예를 들어, X가 취할 수 있는 값의 단위가 kg이고 Y가 취할 수 있는 값의 단위가 cm일 경우 $Cov(X, Y)=5$라고 계산되었다고 가정하자. 동일한 경우 만일 우리가 X가 취할 수 있는 값의 단위를 g으로 변경하고, Y가 취할 수 있는 값의 단위를 m로 변경하면 동일한 두 변수 X와 Y의 공분산은 50이 될 것이다. 이 경우 공분산의 값은 변화하였지만 두 변수간의 선형관계의 정도가 변한 것은 아닌 것이다.

따라서 공분산은 측정단위를 달리함에 따라 그 값이 민감하게 변화하므로 일반적으로 두 변수간의 선형관계의 정도를 측정하는 도구로서는 미흡하며, 이 경우 우리는 다음에 설명할 상관계수를 이용하여 두 변수간의 선형관계의 정도를 측정할 수 있다.

(2) 상관계수

확률변수 X와 Y의 상관계수는 $Corr(X, Y)$ 또는 ρ_{XY}(rho : 로)로 표기하며, 이는 다음과 같이 정의된다.

$$Corr(X,Y)=\frac{Cov(X,Y)}{\sigma_X \cdot \sigma_Y}$$

즉, X와 Y의 상관계수는 X와 Y의 공분산을 X와 Y 각각의 표준편차로 나누어 준것으로 단위가 없는 수치(unitless quantity)이며 항상

$$-1 \le Corr(X, Y) \le 1$$

이다.

상관계수의 정의에서 볼 수 있듯이, 상관계수는 공분산과는 달리 X와 Y의 단위가 변하여도 그 값이 변하지 않고 단위에 상관없이 항상 -1에서 1사이의 값을 갖는 특성이 있다. 즉, 상관계수는 공분산을 표준화시켜 부호(sign)뿐만 아니라 그 크기(magnitude)도 의미를 갖게 하여 두 확률변수간의 선형관계의 강도(strength of linear relationship)를 측

정하는 도구로서 적절히 사용될 수 있다.

상관계수의 부호(+, 0, 또는 −)는 공분산의 부호와 동일한 의미를 가지며(즉, 선형관계의 방향을 알려준다), 이와 더불어 상관계수의 크기는 선형관계의 강도도 나타내준다. 만일 상관계수의 절대값이 1이라면, 즉 $|Corr(X, Y)|=1$이면, 확률변수 X와 Y는 완전한 선형의 관계에 있는 것이며, 이 말은 X와 Y의 관계가 정확하게 $Y=aX+b$(또는 $X=aY+b$)로 표현될 수 있다는 것이다.

따라서 $Corr(X, Y)=1$이라면, X와 Y는 완전한 정(正)의 선형관계를 보이게 되며, $Corr(X, Y)=-1$이라면 완전한 부(負)의 선형관계를 보이게 된다. 그리고 상관계수의 절대값이 크면 클수록 확률변수 X와 Y는 보다 밀접한 선형관계를 보인다고 말한다.

〈예제 1〉의 경우, X와 Y의 상관계수는 다음과 같이 계산된다.

$$Corr(X,Y)=\frac{Cov(X,Y)}{\sigma_X \cdot \sigma_Y}$$

여기서 $Cov(X, Y)=-5$이고,

$$\begin{aligned}\sigma_X &= \sqrt{E(X^2)-(EX)^2}\\ &= \sqrt{30^2(0.21)+35^2(0.29)+40^2(0.28)+45^2(0.22)-(37.55)^2}\\ &= 5.27,\end{aligned}$$

$$\begin{aligned}\sigma_Y &= \sqrt{E(Y^2)-(EY)^2}\\ &= \sqrt{25^2(0.25)+30^2(0.50)+35^2(0.25)-30^2}\\ &= 3.54\end{aligned}$$

이므로

$$\begin{aligned}Corr(X,Y) &= \frac{-5}{(5.27)(3.54)}\\ &= -0.268\end{aligned}$$

이다.

즉, 상관계수의 부호는 앞에서 계산된 공분산의 부호와 같이 음(−)으로 나타나 X와 Y는 부(負)의 선형관계에 있다고 말할 수 있으며, 상관계수의 크기는 0.268로 X와 Y의 선형관계의 강도는 그다지 크지 않음을 알 수 있다.

여기서 한 가지 강조하자면, 공분산과 상관계수는 두 변수간의 선형관계를 파악하는데 이용된다는 것이다. 예를 들어, 확률변수 X와 Y가 다음과 같은 함수관계에 있다고 하자.

$$Y = X^2$$

이 경우 X와 Y는 정확한 곡선의 관계에 있지만, $Cov(X, Y) = 0$이 될 수 있다. 즉, 공분산 그리고 상관계수는 두 변수간의 선형관계만을 파악하는데 이용된다.

한편, 앞서 기대값의 성질에서 잠깐 언급한 바와 같이 X와 Y가 독립적인 확률변수이면 $Cov(X, Y) = 0$이 항상 성립한다. 그러나 역은 반드시 성립하는 것은 아니다. 즉, $Cov(X, Y) = 0$이라고 해서 X와 Y가 독립적인 확률변수라고는 볼 수 없다. 왜냐하면 위에서 우리가 예로 보았듯이 $Y = X^2$의 관계에 있는 확률변수 X와 Y의 공분산은 선형관계가 없기 때문에 0으로 나타난다. 그러나 두 변수는 $Y = X^2$이라는 밀접한 종속관계에 있는 것을 우리는 알고 있다.

표본자료의 공분산과 상관계수

만일 우리가 두 변수 X와 Y의 선형관계에 관심을 갖고 있어 표본으로 n개의 관측값 (x, y)를 수집했다고 가정하자. 이 경우, 과연 두 변수 X와 Y간에 선형관계가 있는지를 파악하고, 그 강도가 어떠한 지를 알기 위해서는 표본의 공분산과 표본의 상관계수를 계산할 필요가 있다.

표본의 공분산(sample covariance)은 s_{XY}로 표기하며 다음과 같이 정의된다.

$$s_{XY} = \frac{\sum_{i=1}^{n}(x_i - \bar{x})(y_i - \bar{y})}{n-1} = \frac{\sum_{i=1}^{n} x_i y_i - n\bar{x}\,\bar{y}}{n-1}$$

위 식의 분자는 두 변수 X와 Y의 관측값 (x_i, y_i)가 각각의 평균으로부터 떨어진 거리(편차)의 곱으로써 만일 X와 Y가 정(正)의 선형관계를 보인다면, 분자는 양수가 되어(왜냐하면 큰 x_i와 큰 y_i가 쌍을 이루고 작은 x_i와 작은 y_i가 쌍을 이룰 것이기 때문에) 공분산의 부호는 양(+)이 될 것이고, 반대로 X와 Y가 부(負)의 선형관계를 보인다면, 분자는 음(−)이 될 것이다. 그리고 X와 Y가 선형관계를 보이고 있지 않으면 공분산은 0에 가까워 질 것이다.

표본의 상관계수(sample correlation coefficient)는 γ_{XY}로 표기하며 다음과 같이 정의된다.

$$\gamma_{XY} = \frac{s_{XY}}{s_X \cdot s_Y}$$

여기서 s_X는 X의 표본표준편차, s_Y는 Y의 표본표준편차를 나타낸다. 따라서

$$\gamma_{XY} = \frac{\sum_{i=1}^{n} x_i y_i - n\bar{x}\,\bar{y}}{\sqrt{\sum_{i=1}^{n} x_i^2 - n\bar{x}^2}\sqrt{\sum_{i=1}^{n} y_i^2 - n\bar{y}^2}}$$

으로 계산된다.

자료의 공분산과 상관계수의 의미는 본문에서 설명한 두 확률변수의 공분산 및 상관계수의 의미와 동일하다. [그림 5-4]는 두 변수 X와 Y에 대한 여러 가지 산점도와 그 때의 표본상관계수를 보여주고 있다. 자료의 연관도를 측정하는 공분산과 상관계수는 우리가 제13장에서 배울 회귀분석에서 중요한 역할을 한다.

그림 5-4 산점도와 표본상관계수

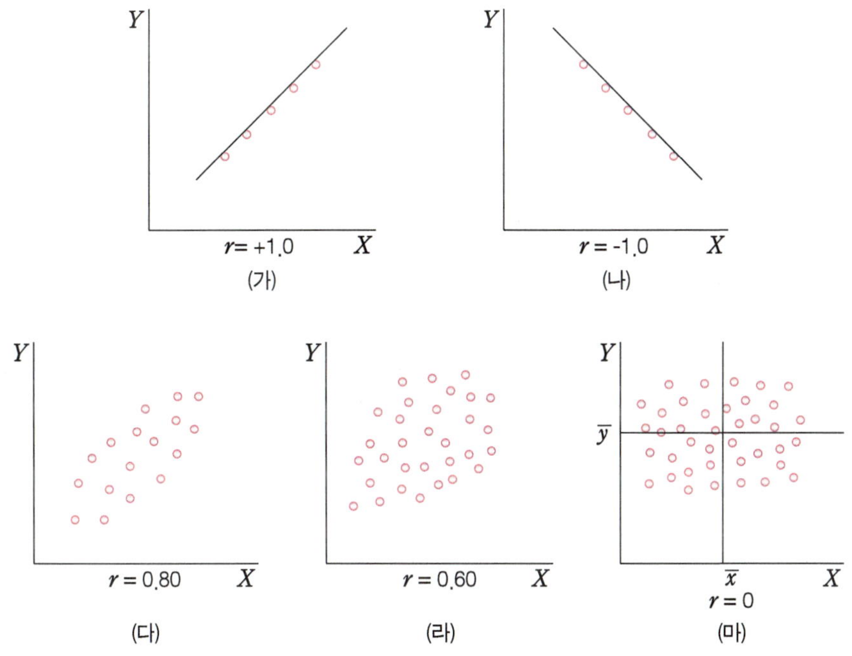

연습문제

1. 어느 지역구 유권자들의 모집단에서 60%는 정당 A를 지지하고 있고, 40%는 정당 B를 지지하고 있다. 이 중 유권자 3명을 추출하여 정당 A를 지지하는 유권자의 수를 X라 할 때 확률변수 X의 확률분포를 구하여라.

2. 여자 5명과 남자 10명으로 이루어진 위원회가 있다. 이 15명 중에서 무작위로 4명의 위원을 선출할 때의 여자위원수를 X라 하면 확률변수 X의 확률분포는 어떻게 될 것인가?

3. 확률변수 X의 확률분포는 다음과 같다.

x	$p(x)$
0	0.72
1	0.17
2	0.06
3	0.04
4	0.01

X의 기대값, 분산, 최빈값, 범위는 얼마인가?

4. 확률변수 X와 Y의 결합확률분포는 다음과 같다.

Y \ X	0	10	20	주변확률
0	0.1	ⓑ	ⓓ	0.5
10	ⓐ	ⓒ	0.2	0.5
주변확률	0.2	0.4	0.4	1.0

① ⓐ~ⓓ에 들어갈 결합확률은 무엇인가?

② $P(X \mid Y=10)$을 구하시오.

③ $E(X+3Y)$와 $Var(10-2Y)$를 각각 구하시오.

④ $Corr(X, Y)$를 구하고, 그 의미를 기술하시오.

5. 다음의 함수를 고려하시오.

$$f(x)=\begin{cases} cx, & 0 \le x \le 2 \\ 0, & \text{다른 구간에서} \end{cases}$$

① 위 함수가 확률변수 X의 확률밀도함수(pdf)가 되기 위한 c의 값은 무엇인가?

② 확률변수 X의 누적분포함수(cdf)는 어떻게 표현되는가?

6. 어떤 프로젝트의 완성시간(단위:주)은 아래의 그림과 같은 삼각형의 확률밀도함수를 갖는다고 한다. 즉 과거의 경험을 통해 볼 때, 이 프로젝트를 완성하는데 걸리는 가장 빠른 시간은 10주 정도이며, 가장 오래 걸릴 경우 18주, 그리고 가장 가능성이 많다고 생각되는 완성시간은 12주정도라고 한다. 그림을 보고 다음 물음에 답하시오.

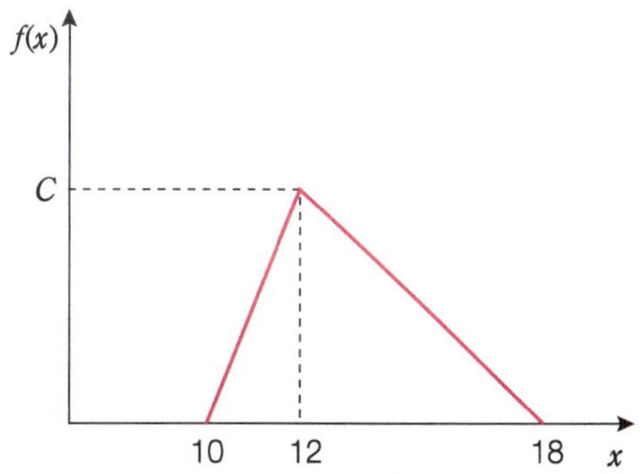

① 프로젝트 완성시간이 15주를 초과할 확률을 구하시오.

② 프로젝트 완성시간이 15주를 초과할 경우 A원의 벌금)이 부과되며, 프로젝트를 12주이내에 완성할 경우 B원의 보상이 주어진다. 벌금에 대한 기대값을 구하시오.

7. $p(x)=x^2/46$, $x=0, 1, 2, 3, 4, 5$라고 할 때 $p(x)$는 확률함수인가? 확률함수라면 X의 기대값을 구하라.

8. $p(x)=\dfrac{K}{x^2+5}$ $(x=1, 2)$가 확률함수가 되려면 K는 얼마가 되어야 하나?

9. 확률변수 X의 분포가 다음과 같다.

x	$p(x)$
0	0.10
1	0.20
2	0.30
5	0.30
7	0.10

$E(X)$, $E(2X)$, $E(2X-1)^2$를 계산하라.

10. X_1, X_2, X_3가 독립적인 확률변수이고 $Y=\{(X_1+2X_2)/3\}+2X_3$로 정의되어 있다. 만일 $E(X_1)=20$, $E(X_2)=16$, $E(X_3)=25$, $Var(X_1)=5$, $Var(X_2)=9$, $Var(X_3)=7$이면 $E(Y)$와 $Var(Y)$는 얼마인가?

11. 여자 5명과 남자 10명으로 이루어진 위원회에서 4명의 위원을 무작위로 선출할 때 2명의 여자가 위원으로 선출될 확률을 구하라. 이 경우 어떠한 확률분포를 하는가?

12. 어느 프로축구팀의 선수는 게임당 출전비로 50만원을 받고, 또 득점을 올릴 때마다 30만원을 보너스로 받고 있다. 어느 선수의 게임당 올릴 수 있는 득점수에 대한 확률분포가 다음과 같다고 할 때

득점수	확률
0	0.60
1	0.20
2	0.10
3	0.06
4	0.03
5	0.01

① 이 선수가 게임당 넣는 평균득점수는 얼마인가?
② 이 선수가 게임당 받을 평균수입은 얼마인가?
③ 이 선수가 게임당 받을 가능성이 가장 높은 수입은 얼마인가?

13. 어떠한 투자안의 내년도 투자이익은 경기에 따라 다를 것으로 예측되고 있다. 경기가 호황일 때 투자이익은 100(만원)으로 예상되고, 상황이 보통일 때 투자이익은 50(만원)이 예상되며, 상황이 불황일 때는 100(만원)의 손실이 있을 것으로 추정되고 있다. 경제관련기관의 내년도 경기 전망에 따르면 경기가 호황일 가능성은 30%, 보통일 가능성은 50%, 불황일 가능성은 20%라고 한다.

① 이 투자안의 내년도 투자이익의 확률분포를 표로써 나타내고 투자이익의 기대값과 표준편차를 구하시오.

② 경험에 의한 법칙에 따르면, 투자이익의 약 95%는 어떠한 범위내에 존재하는가?

14. 동전을 두번 던져 앞면이 나올 횟수를 확률변수 X라 하자. 또한 확률변수 $Y=3X+2$라고 하자.

① X와 Y의 결합확률분포를 표로써 나타내어라.

② $P(Y|X=1)$을 구하라.

③ Y의 누적분포함수(cdf)를 그래프로 나타내어라.

④ $Corr(X,\ Y)$를 구하고, 이것이 의미하는 바를 기술하라.

15. 아래의 표는 경기상황에 따라 발생할 수 있는 채권과 주식의 예상 수익률과 각 경기상황이 발생할 확률을 나타내고 있다.

상황	확률(p_i)	채권 수익률	주식 수익률
호황	0.30	0.30	0.60
보통	0.40	0.20	0.30
불황	0.30	0.10	−0.20

어느 투자자는 ① 채권에 모든 금액을 투자하는 안 ② 주식에 모든 금액을 투자하는 안 ③ 채권에 50%, 주식에 50%를 투자하는 안을 고려하고 있다. 주식과 채권의 수익률이 독립적이라고 가정하였을 경우 세 가지 안에 대한 수익률의 기대값(기대수익률)과 분산(위험지수)을 계산하라.

16. 한 통신사에서는 36개월 약정 휴대폰 요금제를 출시하여 판매하고 있다. 36개월 약정 시, 한 달에 통신 기본요금은 30,000원이고, 고객의 요청에 의해 월 단위로 중도 해지가 가능하다. 약정 중도 해지 시, 단말기 보조금 등에 대한 위약금은 발생하지만, 통신요금에 대한 위약금은 없다고 가정한다. 과거의 경험으로 볼 때 36개월 약정기간 중에 해지를 할 경우, 고객들의 잔여 약정기간의 평균은 4개월이고 표준편차는 2개월인 확률변수로 표현할 수 있다.

① 36개월 약정고객 한 명을 유치했을 때, 36개월 동안 통신사의 통신요금 수입에 대한 기대값과 표준편차를 구하라.

② 오늘 100명의 고객이 36개월 약정요금제에 가입하였다. 고객별로 약정중도해지를 하는 시기가 독립적이라고 가정할 때, 이 통신사의 36개월 동안의 통신요금 수입이 어떠한 범위 내에 있을 확률이 약 95%가 되도록 하는 수입의 범위를 구하라.(통신요금 수입의 분포는 개략적으로 평균을 중심으로 좌우대칭인 종모양을 한다고 가정하라.)

17. 수안보에 있는 S관광호텔은 수안보 온천에서 휴가를 보내는 사람들의 특성을 파악하기 위해 고객을 대상으로 과거 5년에 걸쳐 지속적인 설문조사를 실시하였다. S관광호텔은 고객들이 소지하고 있는 신용카드의 수와 수안보에서 휴가를 보낸 횟수와의 통계적 관계를 분석하기 위해 과거 5년에 걸쳐 수안보에 여행 온 고객들을 대상으로 실시한 설문조사 결과를 근거로 다음과 같은 결합확률분포표를 작성하였다.

X(소지카드수) / Y(여행횟수)	0	1	2	합 계
1	0.32	0.18	0.04	0.54
2	0.12	0.14	0.06	0.32
3	0.01	0.03	0.10	0.14
합계	0.45	0.35	0.20	1.00

① 소지카드수와 여행횟수가 독립적인지의 여부를 판단하라.

② 소지카드수가 2개인 고객의 여행횟수가 2회 이하일 확률은?

③ $Corr(X, Y)$를 구하고, 그 의미를 기술하라.

18. 5개의 건설회사가 정부의 공사계약을 따내기 위해 입찰하는 상황을 고려해보자. 과거 비슷한 공사계약에 대한 입찰자료를 검토한 결과 각 건설회사가 제시하는 입찰가격은 서로 독립적으로 아래 그림과 같은 확률분포를 따른다고 한다. 정부는 5개 건설회사가 제시한 입찰 가격 중 가장 낮은 가격을 낙찰가로 하고자 한다.

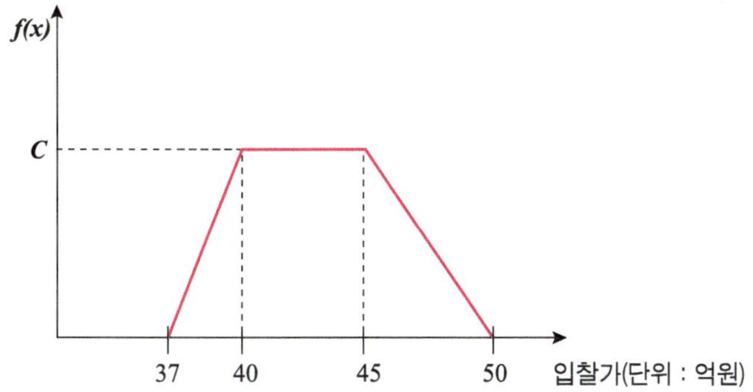

① C의 값을 구하라.

② 낙찰가가 45억원 이상인 확률은 무엇인가?(힌트: 낙찰가가 45억원 이상이기 위해서는 5개 입찰가 모두 45억원 이상이어야 한다.)

제6장

주요확률분포

01 이산형 확률분포
02 연속형 확률분포

제5장에서는 확률분포와 관련된 기본적인 이론을 다루었는데, 본 장에서는 실제문제를 해결하는데 자주 응용이 되는 특수한 형태의 확률분포를 공부하고자 한다. 먼저 이산형 확률분포에 대하여 다루고 다음에 연속형 확률분포에 대해 공부한다.

01 이산형 확률분포

이산형 확률분포는 확률변수가 취할 수 있는 값이 한정되어 있거나 한정되어 있지 않더라도 셀 수 있는 이산형 확률변수의 분포로 여기서 취급하고자 하는 이산형 확률분포는 베르누이 분포, 이항분포, 초기하분포 그리고 포아송분포이다.

1.1 베르누이 분포

실험의 결과가 성공(success) 또는 실패(failure)의 두 가지 상호배반사건으로 나누어질 수 있으며, 실험의 결과가 성공일 확률이 p이고 실패일 확률이 $(1-p)$인 실험을 베르누이 실험(Bernoulli experiment) 또는 베르누이 시행(Bernoulli trial)이라고 한다.

그리고 이러한 베르누이 실험에서 실험의 결과가 성공이면 "1"의 값을 취하고, 실험의 결과가 실패이면 "0"의 값을 취하는 확률변수 X를 베르누이 확률변수라 하며, 이때 X의 확률질량함수(probability mass function)는 다음과 같이 정의된다.

$$p(x)=\begin{cases} p, & x=1 \\ 1-p, & x=0 \\ 0, & \text{그 밖의 경우} \end{cases}$$

여기서 p의 범위는 $0 \leq p \leq 1$이다.

베르누이 확률변수 X의 평균과 분산은 앞에서 배운 확률변수의 기대값과 분산의 정의를 이용하면 다음과 같이 유도된다.

$$E(X)=\sum_{\text{모든 }x} xp(x)=1\cdot p+0\cdot(1-p)=p$$

$$Var(X)=E(X^2)-(EX)^2=\sum_{\text{모든 }x} x^2p(x)-(EX)^2$$
$$=(1^2\cdot p+0^2\cdot(1-p))-p^2=p(1-p)$$

즉, 베르누이 확률변수의 평균은 실험의 결과가 성공일 확률과 같고 분산은 실험의 결과가 성공일 확률과 실패일 확률의 곱과 같음을 알 수 있다.

여기서 한 가지 독자가 의문을 가질 사항은 과연 어떤 실험 결과를 "성공"으로 하느냐일 것이다. 이것은 문제의 성격에 따라 다른데, 예를 들어, 기업의 재무상태를 보고 도산 여부를 조사하는 실험에서 실험의 결과가 "도산"으로 나오는 것을 "성공"으로 볼 수도 있고 반대로 이를 "실패"로 간주할 수도 있는 것이다.

또한 실험의 결과가 세 가지 이상으로 나오는 경우에도 이를 두 가지 상호배반사건으로 나눌 수 있다면 여기에도 베르누이 분포의 개념이 적용된다. 예를 들어, 주사위를 한 번 던지는 실험에서 나올 수 있는 주사위 눈의 수는 6가지이지만, 이 경우 "짝수"가 나오는 사건을 "성공", 그리고 "홀수"가 나오는 사건을 "실패"로 간주할 수 있는 것이다.

1.2 이항분포

독립적인 베르누이 실험을 n번 시도하여[12)] 어떤 사건(성공 또는 실패)이 x번 일어날 확률을 구할 때 이항분포(binomial distribution)를 사용한다. 예를 들어서 동전을 10번 던져 앞면이 6번 나올 확률을 구할 때는 이항분포가 사용된다. 이 경우 $n=10$이고 $x=6$이며 동전의 앞면이 나오는 것과 같이 어떤 사건이 일어나는 것을 성공이라 하고 그렇지 않은 경우를 실패라 하면 표본공간은 두 가지 상호배반사건으로만 구성되어 있다. 즉 동전을 던지는 경우에는 앞면이 나오면 성공이고 뒷면이 나오면 실패로 간주할 수 있다.

만일 베르누이 실험을 한번 시도하여 성공할 확률이 p라고 하면 이를 n번 독립적으로 시도했을때 x번 성공할 확률은 다음과 같은 이항확률함수에 의해서 구해진다.

12) n번의 독립적인 베르누이 실험을 이항실험(binomial experiment)이라고도 한다.

표 6-1 이항분포의 확률계산

	1	2	3	4	5	6	7	8	9	10	확률
$\binom{10}{6}$ 가지수	○	○	○	○	○	○	×	×	×	×	$(\frac{1}{2})^6(\frac{1}{2})^4$
	×	○	○	○	○	○	○	×	×	×	$(\frac{1}{2})^6(\frac{1}{2})^4$
	⋮	⋮	⋮	⋮	⋮	⋮	⋮	⋮	⋮	⋮	⋮
	×	×	×	○	○	○	○	○	×	○	$(\frac{1}{2})^6(\frac{1}{2})^4$

○ : 앞면 × : 뒷면

$$p(x)=\begin{cases}\binom{n}{x}^{13)} p^x(1-p)^{n-x}, & x=0,\ 1,\ \cdots,\ n \\ 0, & \text{그 밖의 경우}\end{cases}$$

예를 들어서 동전을 10번 던져 앞면이 6번 나올 확률은 위 함수를 이용하면 $p(6)=\binom{10}{6}(\frac{1}{2})^6(\frac{1}{2})^4$ 이 된다(보통 동전에 얼굴이 있는 면을 앞면, 숫자가 있는 면을 뒷면이라고 한다).

그러면 이러한 확률함수가 어떻게 유도되었는지 구체적으로 살펴보기로 하자. 10번 동전을 던져 6번 앞면이 나오는 경우는 〈표 6-1〉에 나타난 바와 같이 많은 가지수가 있는데 그 수는 10개에서 6개를 취한 조합으로 $\binom{10}{6}$으로 표시되고 $\binom{10}{6}=210$ 이 된다. 그런데 각각의 경우가 일어날 확률이 $(\frac{1}{2})^6\times(\frac{1}{2})^4$ 이므로 구하는 확률 $p(6)=\binom{10}{6}\left(\frac{1}{2}\right)^6\left(\frac{1}{2}\right)^4$

---

13) $\binom{n}{x}$ 또는 ${}_nC_x$는 이항계수(binomial coefficient)라고 하며 $\frac{n!}{x!(n-x)!}$ 로 계산한다.

여기서 $n!$은 n 팩토리알(factorial)이라고 읽고 $n!=(n)(n-1)(n-2)\cdots2\cdot1$이다.

예를 들어서 $\binom{10}{6}={}_{10}C_6=\frac{10!}{6!(10-6)!}=\frac{10\cdot9\cdot8\cdot7\cdot6\cdot5\cdot4\cdot3\cdot2\cdot1}{6\cdot5\cdot4\cdot3\cdot2\cdot1\cdot4\cdot3\cdot2\cdot1}=210$ 이다.

$=\frac{210}{1,024}=0.2051$이 된다.

이항분포의 확률은 위와 같이 이항확률함수에 의해서 계산할 수도 있지만 n의 값이 커지게 되면 계산이 복잡하여 표를 이용하는 것이 편리하다. 부록의 〈표 1〉은 이항분포의 확률을 계산해 놓았는데 n, x, p만 알면 확률을 구할 수 있다. 동전을 10번 던져 앞면이 6번 나올 확률을 구하는 문제는 $n=10$, $x=6$, $p=0.5$이므로 부록의 〈표 1〉부터 $p(6)=0.2051$임을 쉽게 알 수 있다.

Excel 함수를 이용한 이항분포 확률 계산

이항분포의 확률은 Microsoft Excel의 BINOMDIST[14] 함수를 이용하여 그 값을 빠르게 계산할 수 있다. BINOMDIST 함수는 총 4개의 인수가 필요한데, 이들을 입력하여 원하는 결과를 얻어낼 수 있다. Excel 시트의 셀에 다음과 같이 입력한다.

=BINOMDIST(*number_s, trial, probability_s, cumulative*)

여기서, number_s : 성공횟수(x)

trial : 시행횟수(n)

probability_s : 성공확률(p)

cumulative : true[15]를 입력하면 누적분포함수(cdf[16])의 값을 구하고,
false를 입력하면 확률질량함수(pmf)의 값을 구한다.

예를 들어, 동전을 10번 던져 앞면이 6번 나올 확률을 구하는 앞선 예제의 경우, "=BINOMDIST(6, 10, 0.5, false)"를 Excel의 셀에 입력하고 엔터키(Enter↵)를 치면 0.205078이 나오는 것을 확인할 수 있다.

(1) 이항분포의 정의

요약하면 n번의 독립적인 베르누이 시행의 결과로 발생하는 "성공"의 횟수를 확률변

14) Excel 2010 버전부터는 BINOM.DIST(BINOM과 DIST 사이에 마침표(.)가 들어감)로 함수 이름이 바뀌었으나, Excel 2007 및 그 이전 버전의 호환성을 위해 BINOMDIST 역시 사용 가능하다. Excel 2010 버전의 BINOM.DIST도 위에 설명된 BINOMDIST 함수와 사용법은 똑같다.

15) true는 숫자 1, false는 숫자 0으로 대체될 수 있다.

16) 여기서 누적분포함수의 값이란 성공횟수가 0회부터 x회일 때까지의 모든 확률을 더한 값을 의미하며, 확률질량함수의 값이란 성공횟수가 특정값(x)을 취할 확률을 말한다.

수 X로 정의하면, 확률변수 X는 이항분포를 하며 이항분포의 확률질량함수 $p(x)$는 다음과 같이 정의된다.

$$p(x)=\begin{cases} \binom{n}{x} p^x (1-p)^{n-x}, & x=0,\ 1,\ 2, \cdots,\ n \\ 0, & \text{그 밖의 경우} \end{cases}$$

여기서, n : 독립적인 베르누이 시행의 횟수

x : "성공" 횟수

p : 각 시행에서의 "성공" 확률로 매 시행마다 동일

그림 6-1 이항분포의 예

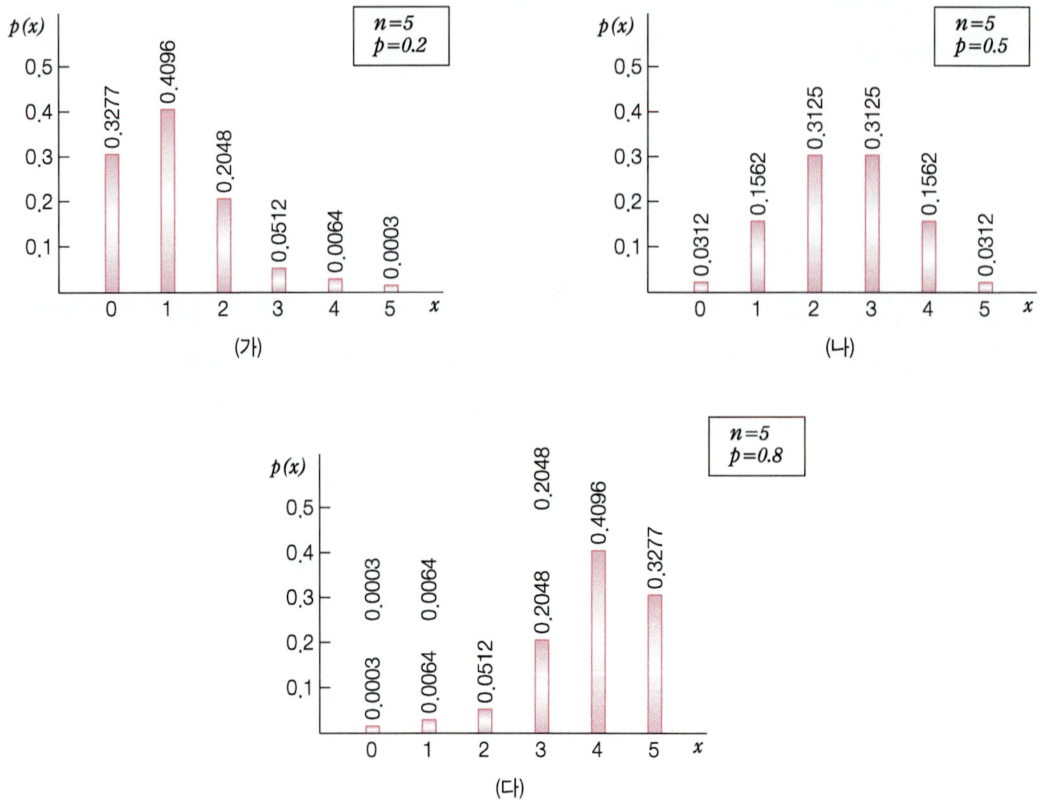

(2) 이항분포의 형태

그러면 여기에서 이항분포의 형태에 대해 알아보자. 이항분포의 형태는 n과 p의 값에 따라 결정이 되는데 [그림 6-1]은 n이 작을 경우, 몇가지 p의 값에 대한 이항분포의 모양을 보여주고 있다. $p=0.5$일 때는 대칭(symmetric)이고 $p<0.5$일 때는 오른쪽꼬리분포(skewed to the right)이며, $p>0.5$일 때는 왼쪽꼬리분포(skewed to the left)의 모양을 취하고 있다. 또한 $p=0.2$일 때와 $p=0.8$일 때의 분포는 정반대의 형태를 취하고 있음을

예제 1 ○×시험문제가 10문제 주어졌을 때 단순한 추측에 의해서 7문제 이상 맞추지 못할 확률을 구하여 보자.

확률변수 X를 10문제 중 정답을 맞춘 문제의 수라 하면, X는 $n=10$, $p=0.5$인 이항분포를 하며, 요구된 문제는 $X<7$인 확률 $P(X<7)$을 구하는 것이 된다.

$$\begin{aligned} P(X<7) &= p(0)+p(1)+p(2)+p(3)+p(4)+p(5)+p(6) \\ &= 1-\{p(7)+p(8)+p(9)+p(10)\} \end{aligned}$$

부록의 〈표 1〉을 이용하면 $P(X〈7)=1-(0.1172+0.0439+0.0098+ 0.0010)=0.8281$이다. 즉, 단순한 추측에 의해서 7개 이상 맞추지 못할 확률은 82.81%이다.

예제 2 사지선다형 시험문제가 15문제 주어졌을 때 단순한 추측에 의해서 10문제 이상 맞출 확률을 구하여라.

확률변수 X를 15문제 중 정답을 맞춘 문제의 수라 하면, X는 $n=15$, $p=0.25$인 이항분포를 한다. 따라서

$$\begin{aligned} P(X \geq 0) &= p(10)+p(11)+p(12)+p(13)+p(14)+p(15) \\ &= 0.0007+0.0001+0.0000+0.0000+0.0000+0.0000 \\ &= 0.0008 \end{aligned}$$

즉, 단순한 추측에 의해서 10문제 이상 맞출 확률은 0.08%이다.

알 수 있다. 따라서 부록의 〈표 1〉에서는 $p>0.5$인 경우는 확률계산을 해놓지 않았는데, 이때는 $1-p$의 경우를 보고 구하고자 하는 확률을 계산할 수 있다.

한편 n이 충분히 클 경우에는(일반적으로 n이 100이상일 경우, 또는 $np\geq5$이고 $n(1-p)\geq5$일 경우) p가 0.5가 아니더라도 이항분포는 평균을 중심으로 좌우대칭에 가까워진다.

(3) 이항분포의 평균 및 분산

이항분포의 평균 및 분산은 기대값과 분산의 정의에 의해

$$E(X)=\sum_{\text{모든 }x} x\cdot p(x)=\sum_{\text{모든 }x} x\cdot \binom{n}{x} p^x(1-p)^{n-x}$$

$$Var(X)=\sum_{\text{모든 }x}[x-E(X)]^2 p(x)=\sum_{\text{모든 }x}[x-E(X)]^2\binom{n}{x} p^x(1-p)^{n-x}$$

와 같이 계산될 수도 있으나, 여기서는 앞에서 배운 "기대값의 성질"을 이용하여 이항분포의 평균과 분산을 다음과 같이 유도해 보자.

확률변수 $X_1, X_2, \cdots, X_n$을 "성공"의 확률이 p인 n개의 독립적인 베르누이 확률변수들이라고 하고, n번의 베르누이 시행에서 발생하는 "성공"의 횟수를 확률변수 X로 표시하자. 그러면 $X=X_1+X_2+\cdots+X_n$이 성립하며, 확률변수 X는 이항분포를 한다. 따라서 이항분포의 평균 $E(X)$와 분산 $Var(X)$는 "기대값의 성질"에 의해 다음과 같이 유도된다.

$$\begin{aligned}E(X)&=E(X_1+X_2+\cdots+X_n)\\&=EX_1+EX_2+\cdots+EX_n\\&=p+p+\cdots+p \quad \text{(베르누이 확률변수의 평균은 } p\text{이므로)}\\&=np\end{aligned}$$

$$\begin{aligned}Var(X)&=Var(X_1+X_2+\cdots+X_n)\\&=Var(X_1)(X_2)+\cdots+Var(X_n) \quad (X_i\text{들이 독립이므로})\\&=p(1-p)p(1-p)+\cdots+p(1-p) \quad \text{(베르누이 확률변수의 분산은 } p(1-p)\text{이므로)}\\&=np(1-p)\end{aligned}$$

따라서 이항분포를 하는 확률변수 X의 기대값과 분산은 다음과 같다.

$$E(X)=np$$
$$Var(X)=np(1-p)$$

예를 들어, 동전을 15번 던져 앞면이 나올 평균횟수는 $np=15\cdot\frac{1}{2}=7.5$이고 분산은 $15\left(\frac{1}{2}\right)\left(\frac{1}{2}\right)=3.75$가 된다.

예제 3 어느 비행기 승객의 70%가 흡연하는 사람이라 한다. 만일 25명을 무작위추출했을 때

① 평균 몇 명이 흡연을 하겠는가?

② 표준편차는 얼마가 될 것인가?

an answer 확률변수 X를 25명 중에 흡연하는 사람의 수라고 하면

$$E(X)=np=(25)(0.70)=17.5\text{명}$$
$$Var(X)=np(1-p)=25(0.70)(0.30)=5.25\text{명}^2$$
$$\sigma_X=\sqrt{5.25}=2.29\text{명이 된다.}$$

즉, 25명 중에 평균 17.5명이 흡연을 하고 그 표준편차는 2.29명이다.

1.3 초기하분포

이항분포는 각 시행(trial)이 서로 독립적임을 가정하고 있다. 즉, 매 시행에서 성공할 확률 p는 일정하다. 그러나 연속적인 시도(successive trials)가 서로 독립이 아닐 때는 확률의 계산이 달라지고 이항분포 대신에 초기하분포(hypergeometric distribution)를 적용하여야 한다. 초기하분포는 비복원 표본추출(sampling without replacement)할 때 주로 적용되는 확률분포이다.

예를 들어서 12개의 제품 가운데 3개는 불량품이라고 하자. 이 경우 2개의 제품을 차

례로 뽑아 모두 불량품이 아닐 확률을 구하여 보자. 이 경우는 비복원 표본추출의 경우로서 두번째 뽑은 제품이 불량품이 아닐 사건은 처음에 일어나는 사건과 종속적이므로 구하는 확률은 $\frac{9}{12} \cdot \frac{8}{11} = \frac{6}{11}$ 이 된다.

만일 어떤 집합이 두 가지의 상호배반사건(성공과 실패)으로 나누어져 한 사건(성공)의 원소가 a개 있고 다른 사건(실패)의 원소가 b개 있을 때 n개의 원소를 비복원 무작위로 추출하여 x개의 성공과 $n-x$개의 실패를 뽑을 확률은 다음과 같은 초기하확률함수로 주어진다.

$$p(x)=\begin{cases} \dfrac{\binom{a}{x}\binom{b}{n-x}}{\binom{a+b}{n}}, & x=0,\ 1,\ 2,\ \cdots,\ n(\text{단, } n \le a) \\ 0, & \text{그 밖의 경우} \end{cases}$$

위의 예를 이 식에 적용하면 $x=2$, $n=2$, $a=9$, $b=3$이므로 다음과 같은 결과가 얻어짐을 알 수 있다.

$$p(2)=\frac{\binom{9}{2}\binom{3}{0}}{\binom{12}{2}}=\frac{36}{66}=\frac{6}{11}$$

Excel 함수를 이용한 초기하분포 확률 계산

초기하분포의 확률도 Microsoft Excel의 HYPGEOMDIST 함수를 이용하면 그 값을 빠르게 계산할 수 있다. HYPGEOMDIST[17)]함수에는 총 5개의 인수가 필요한데, Excel 시트의 셀에 다음과 같이 함수를 입력한다.

17) Excel 2010 버전부터는 HYPGEOM.DIST(HYPERGEOM과 DIST 사이에 마침표(.)가 들어감)로 함수 이름이 바뀌었으나, Excel 2007 및 그 이전 버전의 호환성을 위해 HYPGEOMDIST 역시 사용 가능하다. Excel 2010 버전의 HYPGEOM.DIST도 위에 설명된 HYPGEOMDIST 함수와 사용법은 똑같다.

=HYPGEOMDIST(*sample_s,number_sample,population_s,number_pop,cumulative*)

여기서, sample_s: 성공횟수(x)

number_sample : 비복원 무작위 추출 횟수(n)

population_s : 집합 내의 성공 사건 원소의 수(a)

number_pop : 집합 내의 모든 사건 원소의 수($a+b$)

cumulative : true를 입력하면 누적분포함수(cdf)의 값을 구하고, false를 입력하면 확률질량함수(pmf)의 값을 구한다.

예를 들어, 12개의 제품 가운데 3개가 불량품인 집합에서 2개의 제품을 차례로 뽑아 모두 불량품이 아닐 확률을 구하는 앞선 예제의 경우($x=2$, $n=2$, $a=9$, $b=3$), Excel 시트의 셀에 "=HYPGEOMDIST(2, 2, 9, 12, false)"를 입력하고 엔터키(Enter↵)를 치면 0.5455의 값이 나오는 것을 확인할 수 있다.

초기하확률함수의 공식은 다음과 같이 증명할 수 있다. a개의 성공으로부터 x개의 성공을 추출할 경우의 수는 $\binom{a}{x}$이고, b개의 실패로부터 $(n-x)$개의 실패를 추출할 경우의 수는 $\binom{b}{n-x}$이므로 x개의 성공과 $(n-x)$개의 실패를 추출할 경우의 수는 $\binom{a}{x}\cdot\binom{b}{n-x}$이다. 그런데 $a+b$개의 원소가 있는 집합으로부터 n개의 원소를 표본으로 추출할 경우의 수는 $\binom{a+b}{n}$이므로 구하는 확률은 $\binom{a}{x}\cdot\binom{b}{n-x}$의 $\binom{a+b}{n}$에 대한 비율이다.

만일 n이 $a+b$에 비하여 대단히 작은 수치이면 (일반적으로 n이 $(a+b)$의 5%보다 작으면) 이항분포에 의해서 초기하분포의 확률에 상당히 가까운 근사치를 구할 수 있다.

초기하분포의 평균 및 분산은 다음과 같다.

$$E(X)=\frac{n\cdot a}{a+b}$$

$$Var(X)=\frac{(a+b-n)}{(a+b-1)}\left[n\left(\frac{a}{a+b}\right)\left(1-\frac{a}{a+b}\right)\right]$$

참고로 위 식에서 $\frac{a}{a+b}$는 이항분포에서의 p로 생각할 수 있으며, 분산을 구하는 식에서 $(a+b)$가 n보다 매우 크면 $\frac{(a+b-n)}{(a+b-1)}$은 1에 가까워짐을 알 수 있다. 따라서 이 경우 초기하분포의 평균과 분산을 구하는 식은 이항분포와 동일하게 됨을 알 수 있다.

1.4 포아송분포

포아송분포(Poisson distribution)는 연속적인 시간이나 공간에서 발생하는 사건(event)의 수에 대한 확률을 계산하는 데 적용된다. 예를 들면 다음과 같은 사항에 대한 확률을 계산할 때는 포아송분포가 적용될 수 있다.

① 일정기간 동안 복잡한 네거리에서 발생하는 자동차 접촉사고의 수
② 일정기간 동안 걸려오는 전화의 수
③ 일정기간 동안 은행창구를 찾는 고객의 수
④ 철판의 단위면적당 흠집의 수
⑤ 페이지당 오타의 수
⑥ 일정량의 혈액 속에 들어 있는 적혈구의 수

위의 예에서 볼 수 있는 바와 같이 포아송분포가 적용되는 상황은 다음과 같은 특성을 갖고 있다.

① 발생하는 사건의 수는 시간이나 공간의 구간별로 독립이다. 즉, 오전에 발생한 접촉사고의 수는 오후에 발생할 접촉사고의 수에 아무런 영향을 미치지 않는다는 것이다.
② 사건이 발생할 확률은 구간의 길이에 비례한다. 즉, 접촉사고의 발생확률은 고려하는 기간이 길면 길수록 비례적으로 커진다는 것이다.
③ 아주 작은 구간에서 어떤 사건이 발생할 확률은 아주 작아 무시할 수 있다. 즉, 어떤 네거리에서 1분당 접촉사고가 발생할 확률은 아주 작아 무시할 수 있다는 것이다.

포아송분포는 일정 시간이나 공간내에 발생하는 평균사건의 수 λ(lambda : 람다)에 의해서 분포의 모양이 결정된다. 즉 포아송분포는 λ를 모수로 하고 있는데 평균사상의 수 λ가 주어지면 일정구간내에 x개의 사건이 발생할 확률함수는 다음과 같이 정의된다.

$$p(x)=\begin{cases} \dfrac{e^{-\lambda}\lambda^{x}}{x!} & x=0,\ 1,\ 2,\ \cdots \\ 0, & \text{그 밖의 경우} \end{cases}$$

그림 6-2 포아송 분포의 모양

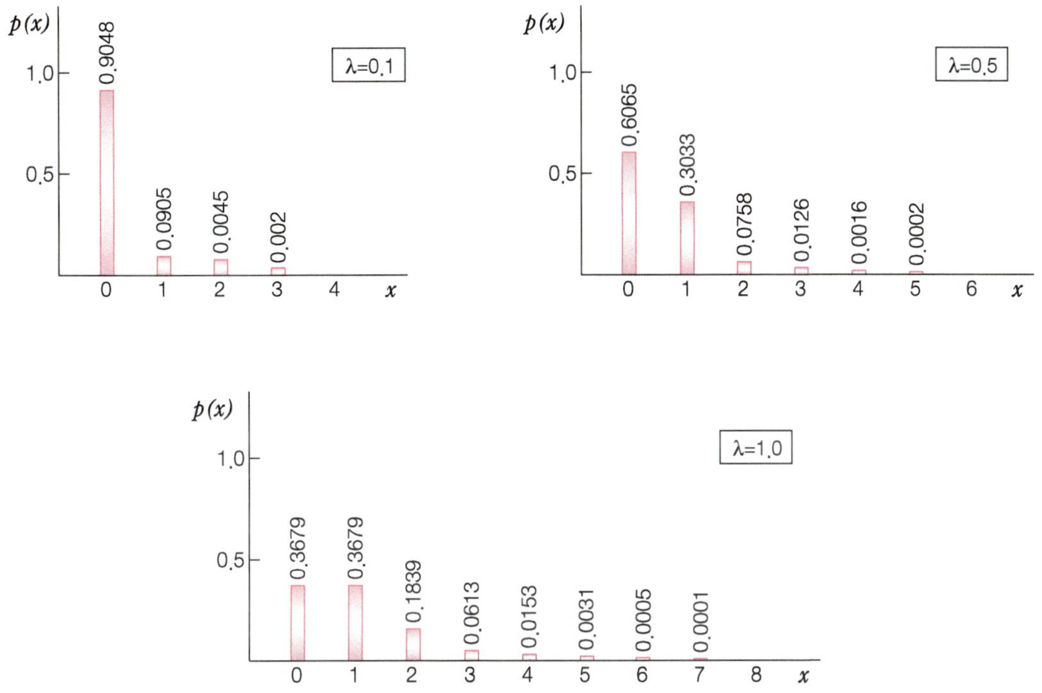

여기서 e는 상수로서 2.7182818⋯이다. 즉, 포아송 확률변수 X는 0이상의 모든 정수를 값으로 취할 수 있는 이산형 확률변수이다. 이 경우 포아송 확률변수의 값은 무한대로 커질 수 있지만 확률변수의 값이 어느 정도 이상이 되면 그 확률은 0에 가까워지므로 무시할 수 있을 것이다.

[그림 6-2]는 λ의 여러 가지 값에 대한 포아송분포의 모양을 나타내고 있다. $\lambda=0.1$일 때는 확률이 처음 몇 수에 집중적으로 분포되어 있고 λ가 증가할수록 확률이 좀더 넓게 퍼져 있는 것을 알 수 있다.

포아송분포의 확률계산은 위에 주어진 식에 의해서도 할 수 있지만 부록의 〈표 2〉를 이용하면 편리하다. 부록의 〈표 2〉는 λ의 여러 가지 값에 대한 확률을 표시해 놓고 있다.

예제 4 어떤 콜센터의 상담직원이 10분당 받는 전화의 수는 평균이 하나이고(λ=1) 포아송분포를 한다고 한다. 10분 동안 전화를 하나도 받지 않을 확률은 얼마인가? 또 전화를 네번 이상 받지 않을 확률은 얼마인가?

an answer

전화를 하나도 받지 않을 확률은 $p(0)$이므로

$$p(0)=\frac{e^{-1}1^0}{0!}=0.3679 \text{ 이고}$$

부록의 〈표 2〉를 이용하여 전화를 네번 이상 받지 않을 확률을 구하면 다음과 같다.

$$\begin{aligned} P(X<4) &= p(0)+p(1)+p(2)+p(3) \\ &= 0.3679+0.3679+0.1839+0.0613=0.9810 \end{aligned}$$

포아송분포의 평균 및 분산은 다음과 같이 λ로 동일하다.

$$E(X)=\lambda$$
$$Var(X)=\lambda$$

앞의 콜센터의 상담직원 예에서 10분당 받게 되는 평균전화의 수는 λ, 즉, 1이고 분산도 1이다.

예제 5 어떤 병원의 응급실에 밤 12시부터 새벽 2시까지 들어오는 환자의 수는 평균 3.5명으로 포아송분포를 따른다고 한다. 이 기간동안 환자가 2명에서 5명까지 들어올 확률은 얼마인가? 또 이 기간동안 들어오는 환자 수의 평균은 얼마인가?

an answer

환자가 2명에서 5명까지 들어 올 확률은 다음과 같다.

$$\begin{aligned} P(2 \le X \le 5) &= p(2)+p(3)+p(4)+p(5) \\ &= 0.1850+0.2158+0.1888+0.1322 \text{(부록의 〈표 2〉로부터)} \\ &= 0.7218 \end{aligned}$$

또 평균 환자의 수는 λ=3.5명이다.

Excel 함수를 이용한 포아송분포 확률 계산

포아송분포의 확률 역시 Microsoft Excel의 POISSON[18] 함수를 이용하여 그 값을 계산할 수 있다. POISSON 함수는 인수가 3개로, 다음과 같이 표현된다.

=POISSON(*x*, *mean*, *cumulative*)

여기서, x : 발생하는 사건의 수(x)

mean : 일정 시간이나 공간내에 발생하는 평균사건의 수(λ)

cumulative : true를 입력하면 누적분포함수(cdf)의 값을 구하고,
false를 입력하면 확률질량함수(pmf)의 값을 구한다.

앞선 예제 4에서 10분당 평균 1통의 전화를 받을 때, 10분동안 전화를 네번 이상 받지 않을 확률을 POISSON 함수를 이용해 구해보도록 하자. 이 경우에는 전화를 한 번도 받지 않을 확률부터 전화를 세 번 받을 확률까지의 모든 확률을 더해야 하므로 "=POISSON(0, 1, false)+POISSON(1, 1, false)+POISSON(2, 1, false)+POISSON(3, 1, false)" 또는 "=POISSON(3, 1, true)"를 Excel 시트의 셀에 입력하고 엔터키(Enter↵)를 치면 0.981012의 값이 나옴을 확인할 수 있다.

마찬가지로 예제5의 경우에는 환자가 2명에서 5명까지 들어올 확률을 모두 더해야 하므로 "=POISSON(2, 3.5, false)+POISSON(3, 3.5, false)+POISSON(4, 3.5, false)+POISSON(5, 3.5, false)" 또는 "=POISSON(5, 3.5, true)-POISSON(1, 3.5, true)"를 입력하여 해당 확률인 0.7218을 구한다.

1.5 포아송분포와 이항분포와의 관계

이항분포의 확률계산에서 만일 n이 매우 크고 p가 작으면 $\lambda=np$인 포아송분포를 이용하여 다음과 같이 근사확률을 구할 수 있다.

$$p(x)=\begin{cases} \dfrac{e^{-np}\cdot(np)^x}{x!}, & x=0,\ 1,\ 2,\ \cdots \\ 0, & \text{그 밖의 경우} \end{cases}$$

18) Excel 2010 버전부터는 POISSON.DIST(POISSON 뒤에 마침표(.)와 DIST가 추가됨)로 함수 이름이 바뀌었으나, Excel 2007 및 그 이전 버전의 호환성을 위해 POISSON 역시 사용 가능하다. Excel 2010 버전의 POISSON.DIST도 위에 설명된 POISSON 함수와 사용법은 똑같다.

표 6-2 이항분포와 포아송분포를 이용한 확률계산의 비교[19)]

x	포아송분포를 이용한 근사확률	실제확률
0	0.13534	0.13531
1	0.27067	0.27067
2	0.27067	0.27070
3	0.18045	0.18047
4	0.090224	0.090224
5	0.036089	0.036082
6	0.012030	0.012024
7	0.0034371	0.0034340
8	0.00085927	0.00085807

예를 들면 화재보험회사가 전국적으로 산재해 있는 10,000개의 주택을 보험에 가입시켰는데, 일년 사이에 한 주택에 화재가 발생할 확률 $p=\dfrac{1}{5,000}$이라면 10,000개의 주택 중에서 일년 사이에 1개, 2개 또는 3개의 주택에 화재가 발생할 확률을 구하여 보자.

이것은 $n=10,000$이고 $p=1/5,000$인 이항분포에 의해서 확률을 구할 수도 있으나, n이 아주 크고 p가 매우 작으므로 이항분포를 사용하여 확률을 구하는 것이 아주 불편하다. 즉, 1개의 주택에 화재가 발생할 확률은 $p(1)=\binom{10,000}{1}(1/5,000)^1(4,000/5,000)^{9,999}$로서 계산이 매우 복잡하므로 포아송분포의 확률함수를 사용하여 이항분포 확률의 근사치를 구하는 것이 편리하다.

즉, $n=10,000$, $p=1/5,000$이므로 $\lambda=2(np=10,000\times\dfrac{1}{5,000})$로 놓으면 $p(1)=\dfrac{e^{-2}2^1}{1!}=0.271$, $p(2)=\dfrac{e^{-2}2^2}{2!}=0.271$, $p(3)=\dfrac{e^{-2}2^3}{3!}=0.180$을 구할 수 있다. 계속해서 구한 확률이 〈표 6-2〉에 주어져 있다. x가 커질수록 확률은 0에 접근함을 알 수 있다.

19) 0이 아닌 숫자로 시작하여 연속되는 숫자의 수를 유효숫자의 수라고 하며, 이 계산에서는 유효숫자의 수를 5자리로 제한하여 계산하였다.

02 연속형 확률분포

연속형 확률분포란 연속형 확률변수의 분포인데 여기서는 대표적 분포인 정규분포와 지수분포, 그리고 통계적 추측에서 중요한 역할을 하는 x^2분포, t분포, F분포에 대해서 설명한다.

2.1 정규분포

정규분포(normal distribution)는 통계학에서 가장 중요한 확률분포라고 말할 수 있으며, 제7장에서 배우게 될 표본분포 이론의 근거를 제시한다. 또한 정규분포는 이산형 확률변수의 분포나 다른 연속형 확률변수의 분포를 개략적으로 나타내는 데도 사용되고 있어 그 용도가 매우 다양하다.

정규분포는 [그림 6-3]에 나타나 있는 바와 같이 종모양(bell-shaped)의 좌우대칭(symmetric)인 곡선이다. 정규분포가 다양하게 쓰여지는 이유는 추측통계학의 기초가 되는 표본분포의 이론이 정규분포에 기초를 두고 있고, 또한 정규분포곡선이 확률변수의 산포도(dispersion)에 따라 평평하게 또는 뾰족하게 만들어 질 수 있는 융통성을 가지고

그림 6-3 정규분포의 모양

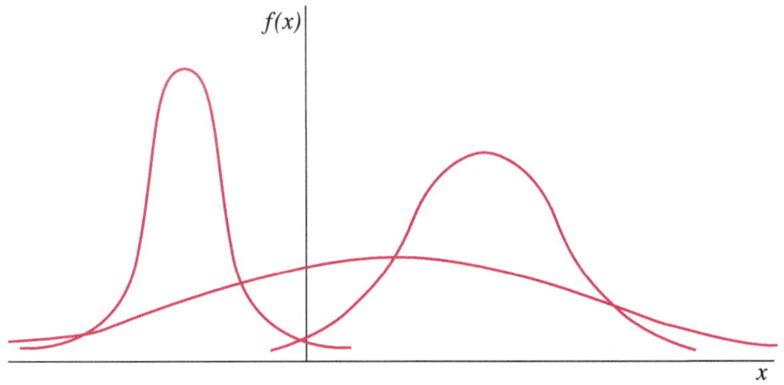

있으며, 많은 사회현상과 자연현상이 정규분포의 종모양과 같은 형태를 취하고 있기 때문이다.

예를 들면 정규분포로 나타낼 수 있는 확률변수는 사람의 키나 몸무게, 볼베어링의 직경, 학생들의 지능지수(IQ) 등과 같이 측정(measurement)에 의해서 값이 정해지는 확률변수이다.

확률변수 X가 정규분포를 하고, 그 평균과 분산이 각각 μ, σ^2이면, 확률변수 X는 $X \sim N(\mu, \sigma^2)$으로 보통 표기하며, 다음과 같은 확률밀도함수 $f(x)$를 갖는다.

$$f(x)=\frac{1}{\sigma\sqrt{2\pi}} \exp\left[-\frac{1}{2}\left(\frac{x-\mu}{\sigma}\right)^2\right]$$ [20]

여기서 $-\infty < x < \infty$

$-\infty < \mu < \infty$

$\sigma > 0$, $\pi = 3.14159\cdots$, $e = 2.71828\cdots$

정규분포의 특성을 기술하면 다음과 같다.

① 확률밀도함수 $f(x)$는 평균 μ를 중심으로 좌우대칭이며, 종모양의 형태를 취한다.

② $f(x)$의 형태는 정규분포의 두 모수인 평균 μ와 분산 σ^2에 의해 결정되는데, 평균 μ는 곡선의 중심위치를 나타내고, 분산 σ^2는 곡선의 높낮이를 결정한다. 즉, 분산 σ^2(또는 표준편차 σ)이 클수록 $f(x)$는 보다 평평한 형태를 취하고, 분산이 작을수록 f(x)는 보다 뾰족한 형태를 취한다.

③ 정규분포의 평균, 중앙값, 최빈값은 모두 일치한다.

(1) 표준정규분포

표준정규분포(standard normal distribution)란 평균이 0이고 분산이 1인 정규분포를 말하며, 표준정규분포를 하는 확률변수(이를 간단히 표준정규변수라 함)는 보통 Z로 표기한다. 즉, $Z \sim N(0, 1)$이다. 모든 정규분포는 표준정규분포로 표준화될 수 있으며, 정규분포의 확률계산은 표준정규분포를 이용하게 된다.

---

20) $\exp(x)=e^x$를 의미한다.

그림 6-4 표준정규분포와 일반정규분포와의 관계

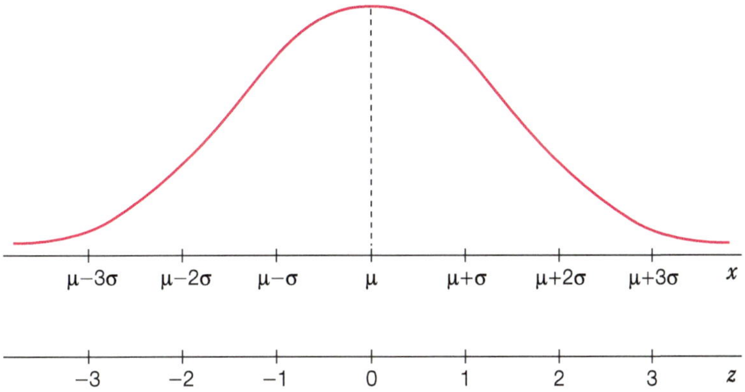

평균이 μ이고 분산이 σ^2인 정규분포를 하는 확률변수(이를 간단히 정규변수라 함) X를 표준정규변수로 변환하는 식은 다음과 같다.

$$Z=\frac{X-\mu}{\sigma}$$

표준정규변수 Z는 [그림 6-4]에서와 같이 정규분포 확률변수가 평균으로부터 떨어진 거리를 표준편차의 단위로 표시한 것이다. 즉, 표준정규변수 Z의 값은 정규변수의 특정 값이 평균(μ)으로부터 몇 개의 표준편차(σ)만큼 떨어져 있는 가를 나타낸다.

표준정규변수 Z의 확률밀도함수는 정규분포 확률밀도함수의 μ와 σ를 각각 0과 1로 놓은 것으로 다음과 같이 정의된다.

$$f(z)=\frac{1}{\sqrt{2\pi}}e^{\frac{z^2}{2}}$$

여기서 $-\infty<x<\infty$

표준정규분포에 대한 확률의 계산은 [그림 6-5]에서와 같이 Z의 어떤 값 a와 $Z=0$ 사이의 곡선 아래 면적이 부록의 〈표 3〉에 주어져 있으므로 간단히 구해질 수 있다. 물론

그림 6-5 $P(0 < Z < a)$의 면적

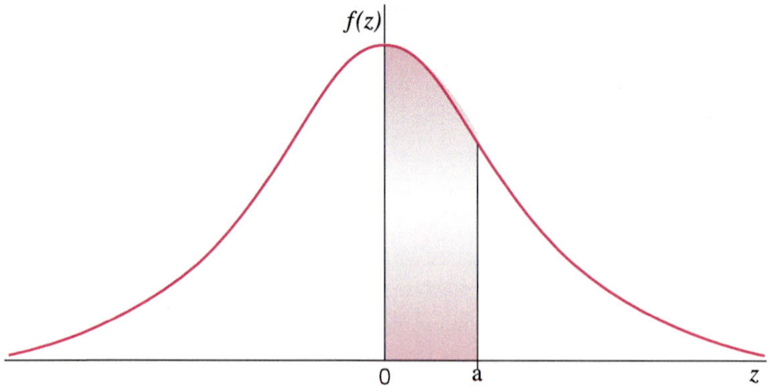

그림 6-6 정규분포의 확률계산 (예1)

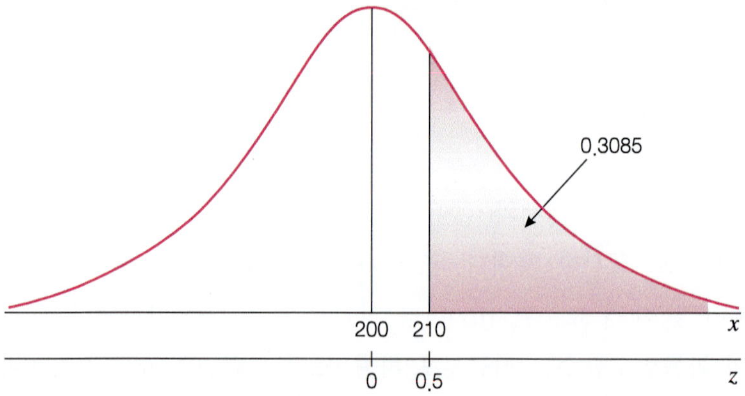

표준정규분포는 $Z=0$에 대하여 대칭이고 곡선 아래의 전체면적은 1이다. 만일 $a=1$이면 부록의 〈표 3〉으로부터 $P(0<Z<1)=0.3413$이다. 따라서 정규변수에 대한 확률을 계산하기 위해서는 일반적인 정규변수를 표준정규변수로 바꾸는 것이 필요하다.

예를 들면 어떤 전구공장에서 생산되는 50 watt용 전구의 수명은 평균이 200시간이고 표준편차가 20시간인 정규분포를 한다고 했을 때 전구 하나를 추출하여 그 수명이 210시간 이상일 확률을 구하여 보자(그림 6-6참조).

그림 6-7 정규분포의 확률계산 (예2)

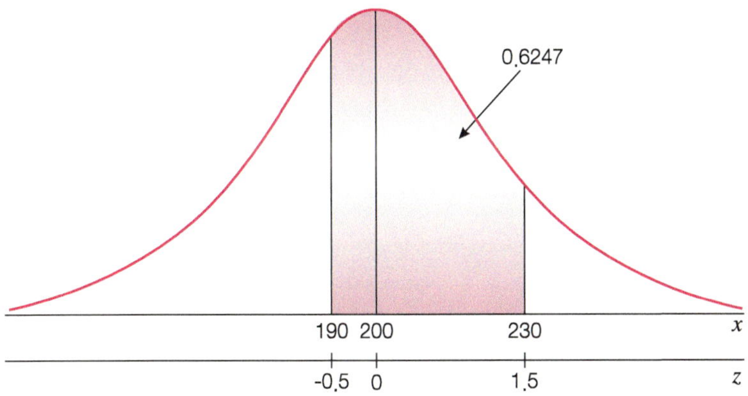

210시간에 대한 $z=\dfrac{210-200}{20}=0.5$ 이므로

$P(X>210)=P(Z>0.5)=0.5-P(0 \le Z \le 0.5) =0.5-0.1915=0.3085$이다.

따라서 구하는 확률은 0.3085이다.

수명이 190시간에서 230시간 사이에 있을 확률은 얼마인가?(그림 6-7 참조)

190시간에 대한 $z=\dfrac{190-200}{20}=-0.5$,

230시간에 대한 $z=\dfrac{230-200}{20}=1.5$ 이므로

구하는 확률은 z가 −0.5에서 0.0까지의 면적에 0.0에서 1.5까지의 면적을 더한 것과 같다.

즉, $P(190<X<230)=P(-0.5<Z<1.5)=0.1915$[21]$+0.4332=0.6247$

따라서 구하는 확률은 0.6247이다.

수명이 205시간 이하일 확률은 얼마인가?(그림 6-8 참조)

21) $P(-0.5<Z<0)$은 표준정규분포가 좌우대칭이므로 $P(0<Z<0.5)$와 같다.

그림 6-8 정규분포의 확률계산 (예3)

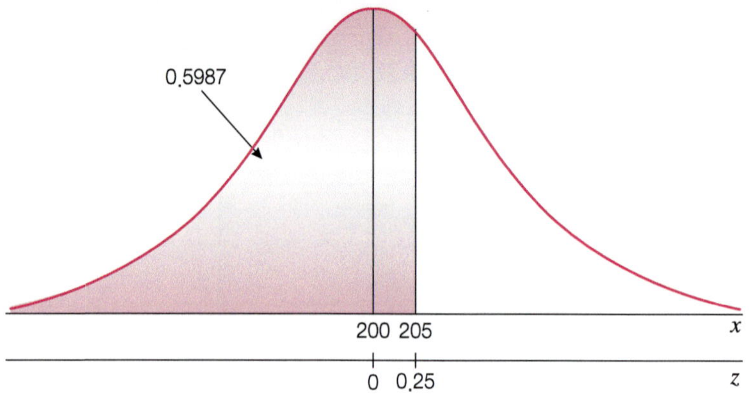

205에 대한 $z=\frac{205-200}{20}=0.25$ 이므로

$$P(X<205)=P(Z<0.25)=0.5+0.0987=0.5987\text{이다.}$$

위의 예들에서 우리는 Z의 값이 정규분포를 하는 확률변수의 특정 값이 평균(μ)으로부터 몇 개의 표준편차(σ)만큼 떨어져 있는 지를 나타내는 상대적 위치의 척도역할을 함을 알 수 있다.

참고로 정규변수 X가 평균으로부터 k개의 표준편차 내에 있을 확률을 구하여 보면 다음과 같다.

$k=1$일 때 $P(\mu-\sigma<X<\mu+\sigma)=P(-1<Z<1)=0.6827$
$k=2$일 때 $P(\mu-2\sigma<X<\mu+2\sigma)=P(-2<Z<2)=0.9545$
$k=3$일 때 $P(\mu-3\sigma<X<\mu+3\sigma)=P(-3<Z<3)=0.9973$

이 결과를 도시하면 [그림 6-9]와 같다.

위의 결과를 전구수명의 예에 적용하면 전구수명이 180시간에서 220시간 내에 있을 확률은 0.6827이고 160시간에서 240시간 내에 있을 확률은 0.9545이며 140시간에서 260시

그림 6-9 정규분포의 확률

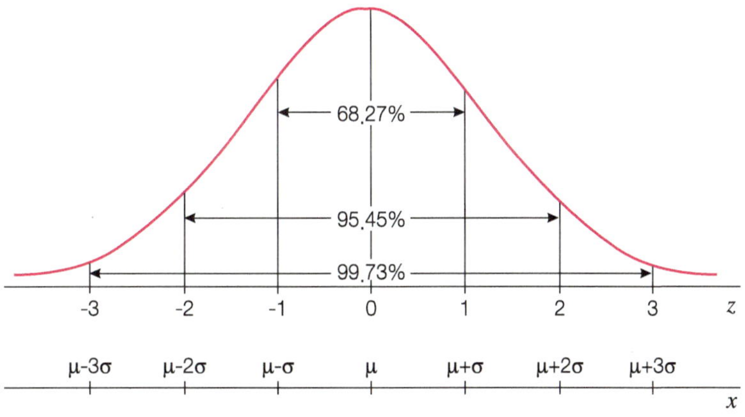

간 내에 있을 확률은 0.9973이라는 것이다.

따라서 거의 모든 전구는 그 수명이 140시간에서 260시간 내에 있게 됨을 알 수 있다.

예제 6 우리 나라를 방문하는 관광객이 소비하는 외화는 평균이 1,700달러이고 표준편차가 200달러인 정규분포를 한다고 한다. 우리 나라를 떠나는 관광객 한 사람을 인천국제공항에서 만나 우리 나라에서 외화를 얼마나 사용했느냐고 물었을 때 그 사람이 1,850달러 이상 사용했을 확률은 얼마인가? 또 1,600달러 이상 1,750달러 이하로 사용하였을 확률은 얼마인가?

an answer

1,850달러에 대한 표준화 변량(Z)의 값은 다음과 같다.

$$z=\frac{1,850-1,700}{200}=0.75$$

따라서 $P(X \geq 1,850)=P(Z\geq 0.75)=0.2266$이다(부록의 〈표 3〉으로부터). 또 1,600달러 이상 1,750달러 이하로 사용하였을 확률은 다음과 같다.

$$z_1=\frac{1,600-1,700}{200}=-0.5$$

$$z_2=\frac{1,750-1,700}{200}=0.25 \text{ 이므로}$$

$P(1,600 \leq X \leq 1,750)=P(-0.5 \leq X \leq 0.25)=0.1915+0.0987=0.2902$이다.

예제 7 과거의 자료를 분석해 보면 통계학의 평가시험 결과는 평균이 80이고 표준편차가 20인 정규분포를 따른다고 한다.

① 90점 이상이 A를 얻는다고 하면 전체 학생의 몇 %가 A를 얻는가?

$$P(X \geq 90) = P(Z \geq \frac{90-80}{20}) = P(Z \geq 0.5) = 30.85\%$$

② 75점에서 90점까지 B를 얻는다고 하자. 통계학의 수강생이 100명이라고 하면 B를 얻는 학생수는 몇 명 정도가 될까?

$$P(75 \leq X \leq 90) = P(\frac{75-80}{20} \leq Z \leq \frac{90-80}{20})$$
$$= P(-0.25 \leq Z \leq 0.5) = 0.2902$$

따라서 B를 얻는 학생수는 29명 정도(100×0.2902=29.02)가 된다.

③ 최하위 점수를 얻은 10%의 학생들에게는 F가 부여된다고 하자. F를 피하기 위해서는 최소한 몇 점을 맞아야 하는가?

b는 F를 피하기 위한 최소한의 점수라고 하면

$$p(x < b) = P(Z < \frac{b-80}{20}) = 0.10$$

따라서 표준정규분포표로부터

$\frac{b-80}{20} = -1.28$ 이므로 $b = 54.4$이다.

따라서 F를 피하기 위해서는 최소 54.4점을 맞아야 함을 알 수 있다.

Excel 함수를 이용한 정규분포 확률 계산

정규분포도 Microsoft Excel의 함수를 이용해서 그 확률밀도함수($f(x)$)의 값 또는 누적분포함수($F(x) = P(X \leq x)$)의 값을 구할 수 있다. 정규분포의 확률은 NORMDIST[22] 함수에 총 4개의 인수를 입력하여 원하는 결과를 얻을 수 있는데, 4개의 인수는 구하고자 하는 정규분포 확률변수의 특정값(x), 평균(μ), 표준편차(σ), 그리고 누적분포함수(true)인지 또는 확률밀도함수(false)인지를 구분하는 논리값이다.

=NORMDIST(*x, mean, standard_dev, cumulative*)

여기서, x: 정규분포 확률변수의 특정 값(x)

mean: 평균(μ)

standard_dev: 표준편차(σ)

cumulative: true를 입력하면 누적분포함수(cdf)의 값을 구하고,

false를 입력하면 확률밀도함수(pdf)의 값을 구한다.

Excel에서는 평균이 0이고 표준편차가 1인 표준정규분포의 누적분포함수($F(x)=P(X\leq x)$)의 값 역시 쉽게 구할 수 있는 NORMSDIST 함수도 제공한다. NORMSDIST[23)]의 인수는 구하고자 하는 표준정규분포 확률변수의 특정값(z) 하나로, Excel 시트의 셀에 다음과 같이 입력하면 된다.

=NORMSDIST(z)

여기서, z: 표준정규분포 확률변수의 특정 값(z)

예를 들어, 앞선 50 watt용 전구의 수명에 대한 예제에서 전구의 수명의 평균이 200시간이고 표준편차가 20시간일 때 수명이 190시간에서 230시간 사이에 있을 확률을 NORMSDIST 함수를 이용하여 계산하면, $P(190\leq X\leq 230)=P(X\leq 230)-P(X\leq 190)$이므로 "=NORMDIST(230, 200, 20, true)-NORMDIST(190, 200, 20, true)"를 Excel 시트의 셀에 입력하여 엔터키(Enter↵)를 치면 0.6247이라는 값을 볼 수 있다. 또한 190시간에 대한 와 230에 대한 를 활용하여 "=NORMSDIST(1.5)-NORMSDIST(-0.5)"를 이용서도 같은 결과를 얻을 수 있음을 확인할 수 있다.

(2) 중심극한정리

여기서 중심극한정리(The Central Limit Theorem : CLT)에 대해 언급하기로 한다. 중심극한정리는 통계학에서 매우 중요한 정리로 제7장 표본분포에서 자세히 배우게 된다.

확률변수 X_1, X_2, $\cdots$, X_n이 동일한 분포를 하는 n개의 독립적인 확률변수(independent

22) Excel 2010 버전부터는 NORM.DIST(NORM과 DIST 사이에 마침표(.)가 들어감)로 함수 이름이 바뀌었으나, Excel 2007 및 그 이전 버전의 호환성을 위해 NORMDIST 역시 사용 가능하다. Excel 2010 버전의 NORM.DIST도 위에 설명된 NORMDIST 함수와 사용법은 똑같다.

23) Excel 2010 버전부터는 NORM.S.DIST(NORM과 S 사이, S와 DIST 사이에 마침표(.)가 들어감)로 함수 이름이 바뀌었으나, Excel 2007 및 그 이전 버전의 호환성을 위해 NORMSDIST 역시 사용 가능하다. Excel 2010 버전의 NORM.S.DIST는 NORMSDIST 함수에 위에 설명한 누적여부를 나타내는 논리값(true 또는 false)이 추가되었다. 즉, "=NORM.S.DIST(z, true)"의 경우 $P(Z\leq z)$값이 출력되고, "=NORM.S.DIST(z, false)"의 경우 $f(z)$ 값이 출력된다.

and identically distributed random variables)[24]이고, 동일한 분포의 평균과 분산을 각각 μ와 σ^2이라고 하자. 이 경우 n이 충분히 크면(보통 $n \geq 30$), n개의 독립적인 확률변수들의 합, 즉 $X_1+X_2+\cdots+X_n$의 분포는 개별 확률변수 X_i의 분포와는 상관없이, 개략적으로 평균이 $n\mu$이고 분산이 $n\sigma^2$인 정규분포를 한다.

이러한 중심극한정리는 이산형 확률분포나 다른 연속형 확률분포에 관한 확률계산도 정규분포를 이용하여 근사화시킬 수 있는 이론적 근거를 제시한다. 여기에 대한 구체적인 내용은 제7장에서 다루기로 한다.

예제 8 한 트럭운전기사는 자신의 트럭에 100상자의 사과를 적재해 놓고 있다. 적재된 사과상자들은 사과농장에서 일정크기로 포장한 상자들이다. 이 사과 농장 주인은 말하기를 자신들이 포장한 사과 한 상자의 무게는 평균이 50kg이고, 표준편차는 2kg이라고 한다.

① 트럭에 실려있는 사과 100상자 무게의 평균과 표준편차를 구하라.

② 트럭에 실려있는 사과 100상자의 무게가 5,050kg을 초과할 확률은 얼마인가?

an answer

① 트럭에 실려있는 사과 100상자의 무게를 W라 하면, $W=X_1+X_2+\cdots+X_{100}$이다. 여기서 $X_i(i=1,\ 2,\ \cdots,\ 100)$는 트럭에 실려 있는 각 사과상자의 무게로 각기 독립적이라고 할 수 있으며, $E(X)=50$이고 $Var(X)=4$이다.

따라서
$$\begin{aligned} E(W) &= E(X_1+X_2+\cdots+X_{100}) \\ &= EX_1+EX_2+\cdots+EX_{100} \\ &= 5{,}000(kg) \text{이고,} \end{aligned}$$
$$\begin{aligned} Var(W) &= Var(X_1+X_2+\cdots+X_{100}) \\ &= Var(X_1)+Var(X_2)+\cdots+V(X_{100}) \\ &= 400(kg^2) \end{aligned}$$
이므로 표준편차는 $20(kg)$이다.

② W는 이제 중심극한정리에 의해 평균이 5,000이고 분산이 400인 정규분포를 한다고 볼 수 있다.

따라서 $P(W>5,050)=P\left(Z>\dfrac{5,050-5,000}{20}\right)=P(Z>2.5)=0.5-0.4938=0.0062$이다. 즉, 트럭에 실려 있는 사과 100상자의 무게가 5,050kg을 초과할 확률은 0.62%이다.

24) 이를 iid라고 표시하며, 제7장 표본분포에서는 무작위 표본($r.s.$:random sample)이라고 한다.

(3) 이항분포의 정규근사

성공할 확률이 p인 베르누이 실험을 n번 반복할 때 나타나는 성공횟수의 분포는 평균이 np이고 분산이 $np(1-p)$인 이항분포임은 앞에서 배운 바 있다. 그리고 여기서 성공횟수를 확률변수 X라고 하면 X는 n개의 독립적인 베르누이 확률변수의 합이 된다. 따라서 n이 충분히 크면 중심극한정리에 의해서 확률변수 X는 평균이 np이고 분산이 $np(1-p)$인 정규분포로 근사화할 수 있으며, $(X-np)/\sqrt{np(1-p)}$는 표준정규분포로 접근한다.

이러한 개념은 이항분포의 확률을 정규분포로 근사하여 확률을 계산할 경우 유용하게 사용될 수 있는데, 이것을 이항분포의 정규근사(normal approximation to binomial distribution)라고 한다.

이항분포의 정규근사는 표본의 크기인 n이 비교적 작더라도 연속수정계수(continuity correction factor)를 이용하면 만족스러운 결과를 얻을 수 있다.

연속수정계수를 도입하는 이유는 이항분포는 이산형 분포(즉, 취할 수 있는 값이 비음의 정수)이고, 정규분포는 연속형 분포(즉, 취할 수 있는 값이 실수 전체)이기 때문이다.

예를 들어서 동전을 10번 던져 앞면이 나오는 수를 X라고 할 때 X에 대한 확률함수는 다음과 같이 정의된다.

$$p(x)=\begin{cases}\binom{10}{x}(1/2)^x(1-1/2)^{10-x}, & x=0,\ 1,\ 2,\ \cdots,\ 10\\ 0, & \text{그 밖의 경우}\end{cases}$$

표 6-3 동전을 10번 던지는 경우의 이항분포

x	$p(x)$	x	$p(x)$
0	0.001	6	0.205
1	0.010	7	0.117
2	0.044	8	0.044
3	0.117	9	0.010
4	0.205	10	0.001
5	0.246		

그림 6-10 동전을 10번 던지는 경우의 확률함수 그래프

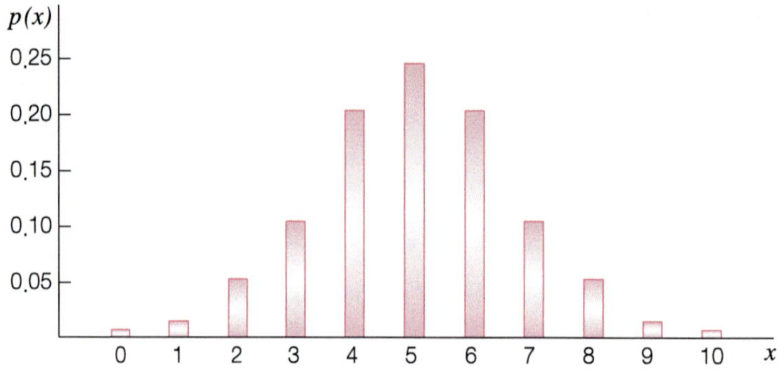

그리고 X의 확률분포는 〈표 6-3〉과 [그림 6-10]과 같이 주어진다.

이 경우 이항분포는 [그림 6-11]에 나타난 바와 같이 평균 $\mu=10\ (0.5)=5$, $\sigma=\sqrt{10(0.5)(0.5)}=\sqrt{2.5}$ 인 정규분포에 의해서 개략적으로 나타낼 수 있다.

그런데 앞면이 4개 이하일 확률 $P(X \le 4)$와 앞면이 5개 이상일 확률 $P(X \ge 5)$를 정규분포에 의해서 구하면 [그림 6-12]에 나타난 바와 같이 $P(X \le 4)$는 $X=4$ 왼쪽의 검은 부분이고 $P(X \ge 5)$는 $X=5$ 오른쪽의 검은부분으로 두 확률의 합이 1이 되지 않는다. 그런데 이항분포에서는 $P(X \le 4)+P(X \ge 5)=1$이므로 $4<X<5$인 부분이 정규분포에 의한 근사에서 고려되지 않았음을 알 수 있다.

그림 6-11 이항분포의 정규근사

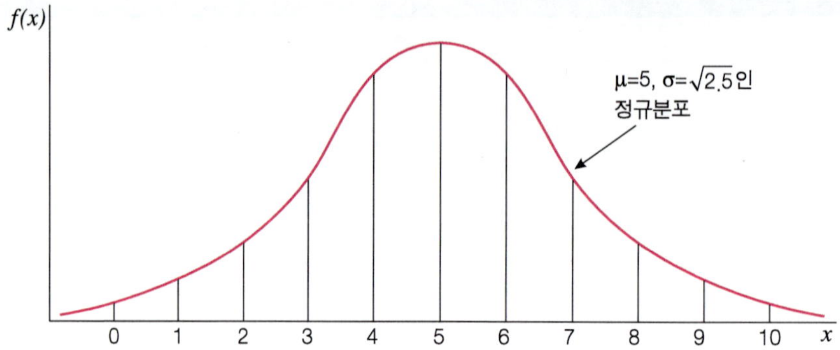

그림 6-12 이항분포확률의 정규근사

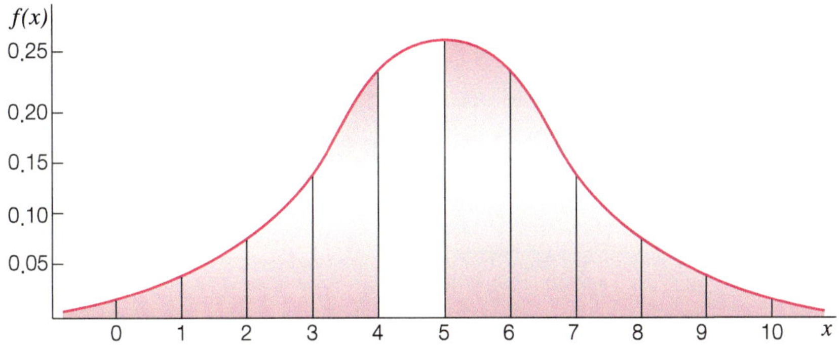

따라서 이 부분을 반으로 나누어 $P(X \le 4)$를 정규분포에 의해서 근사할 때는 $X=4+0.5=4.5$ 이하인 부분의 면적으로 하고 $P(X \ge 5)$는 $X=5-0.5=4.5$ 이상인 부분의 면적으로 근사하는 것이 바람직할 것이다.

예제 9 MP3 생산공장의 제품불량률이 10%일 때 100개의 MP3가 들어있는 상자에서 16개 이상의 불량품이 나타날 확률을 구하라.

an answer

이 확률을 이항분포에 의해서 구하고자 하면 부록의 〈표 1〉을 이용해야 하는데, $n=100$에 대한 표는 대개 주어져 있지 않다. 이 경우 $np=100(0.1)=10$과 $n(1-p)=100(0.9)=90$이 모두 5보다 크기 때문에 정규근사에 의해서 확률을 구하여 보고자 한다.
불량품의 개수를 확률변수 X라 하면, 16개 이상의 불량품이 있을 확률 $P(X \ge 6)$는 정규근사에서는 연속수정계수를 고려하면 $P(X \le 5.5)$가 된다.

그런데 $\mu=np=100(0.1)=10$
$\sigma=\sqrt{np(1-p)}=\sqrt{100(0.1)(0.9)}=3$ 이므로

$P(X \ge 15.5) \simeq P(Z \ge \frac{15.5-10}{3})=P(Z \ge 1.83)=0.0336$[25]이다.

즉, 100개의 MP3가 들어있는 상자에서 16개의 불량품이 나타날 확률은 3.36% 정도이다.

25) 이항분포를 이용한 정확한 확률은 0.0399이다.

이와 같이 0.5를 더하거나 빼는 것을 연속을 위한 수정(correction for continuity)이라고 하고 0.5를 연속수정계수라 한다.

이항분포의 정규근사는 n이 25이상으로 크고 p가 0이나 1에 가깝지 않을 때 사용하는 것이 좋다. 근사에 대한 오차는 n이 클수록, p가 0.5에 가까울수록 작은데 일반적인 지침은 np와 $n(1-p)$가 모두 5보다 클 때 정규근사를 사용하는 것이 좋다. 또한 n이 아주 커서 $n>100$이면 연속수정계수를 사용하지 않아도 매우 근사한 확률을 구할 수 있으나 이 경우에도 연속수정계수를 사용하는 것이 보다 정확한 확률계산을 위해 바람직하다.

(4) 포아송분포의 정규근사

포아송분포는 어떤 사건의 단위시간내의 평균발생률이 λ일때 어떤 시간동안 일어날 사건의 수에 대한 확률을 구하고자 할때 사용됨은 이미 설명했다. 어떤 시간동안 일어날 사건의 수를 보다 작은 시간내에 일어날 사건의 수의 합으로 생각하면 중심극한정리를 이용하여 포아송분포의 확률을 정규분포에 의해서 개략적으로 구할 수 있을 것이다. 다음 예를 살펴보자.

예제 10 어떤 콜센터에 걸려오는 통화의 수는 1분에 평균 10통인 포아송분포를 한다. 30분 동안에 250통 이하로 걸려올 확률은 얼마인가?

an answer

X_i를 i번째($i=1, 2, \cdots, 30$) 1분 동안에 걸려오는 통화의 수라 하고 W를 30분 동안에 걸려오는 통화의 수라 하면

$W=X_1+X_2+\cdots+X_{30}$이 될 것이다. 그런데

$E(X_i)=10$, $Var(X_i)=10$ ($i=1, 2, \cdots, 30$)이므로

$E(W)=30\cdot E(X)=30\times10=300$

$Var(W)=30\cdot Var(X)=30\times10=300$이며,

$\sigma_W=10\sqrt{3}$ 이다.

따라서, W를 30분동안 걸려오는 통화의 수라 하면

$$P(W\le250)\simeq P(W\le250+0.5) \text{ (연속수정계수 도입)}$$
$$\simeq P(Z<\frac{250+0.5-300}{10\sqrt{3}})=P(Z<-2.86)=0.0021$$[26]

즉, 30분 동안에 250통 이하로 걸려올 확률은 아주 작은 0.2% 정도이다.

26) 포아송 분포를 이용한 정확한 확률은 0.0017이다.

2.2 지수분포

지수분포(exponential distribution)는 포아송분포와 역의 관계에 있는 분포이다. 즉, 일정한 시간이나 공간내에 발생하는 사건의 수가 포아송분포를 따른다면 연속하여 발생하는 사건의 시간간격이나 공간의 간격은 지수분포를 따른다. 예를 들어 일정기간 병원에 찾아오는 환자의 수가 포아송분포를 따른다면 연속으로 병원에 찾아오는 두 환자의 도착시간간격은 지수분포를 따르게 된다.

만일 일정한 단위시간에 평균적으로 λ개의 사건이 포아송분포에 따라서 발생한다면 한 사상이 발생한 후 다음 사상이 발생할 때까지 얼마나 오래 기다려야 하는가는 지수분포를 이용하여 파악할 수 있다. 지수분포의 예로는 서비스시간 또는 고객도착시간 간격에 대한 확률분포를 들 수 있다.

단위시간에 발생하는 평균사건의 수를 $\lambda(\lambda \geq 0)$라 할 때 두 사건의 시간간격을 확률변수 X로 정의하면, X의 확률밀도함수인 지수함수는 다음과 같이 정의된다.

$$f(x)=\begin{cases}\lambda e^{-\lambda x}, & x\geq 0,\\ 0, & x<0\end{cases}$$

그리고 지수분포의 평균 및 분산은 다음과 같이 주어진다.

$$E(X)=\frac{1}{\lambda}$$
$$Var(X)=\frac{1}{\lambda^2}$$

지수분포의 모양은 모수 λ에 의해서 결정되는데 [그림 6-13]은 λ의 두 가지 값에 대한 지수분포의 모양을 나타내고 있다. 여기서 하나 알아두어야 할 사항은 단위시간에 평균 λ개의 사건이 발생하면 사건의 발생간격은 평균적으로 $\frac{1}{\lambda}$시간이 되는 것이다.

지수분포의 확률계산은 지수함수를 적분해도 되지만 부록의 〈표 4〉에 $P(\lambda X \geq a)$의 확률이 주어져 있으므로 이를 이용하면 편리하다.

그림 6-13 지수분포의 예

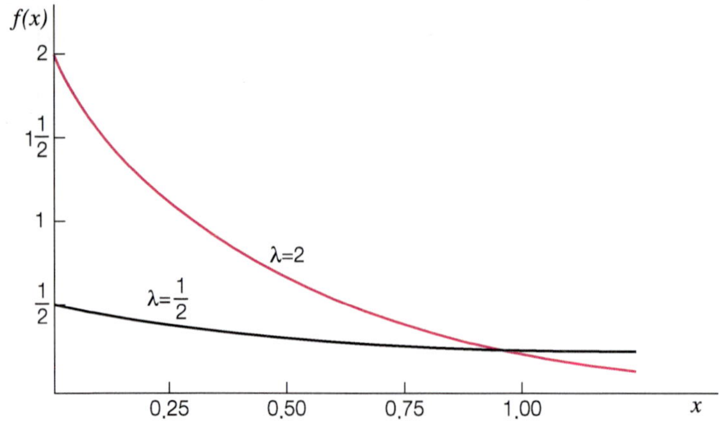

예제 11 주유소에서 휘발유를 넣는 시간이 평균 5분인 지수분포를 한다고 할 때 휘발유 넣는 시간이 1분 이하일 확률을 구하여 보자. 또 4분과 8분 사이에 넣을 확률은 얼마인가?

휘발유 넣는 시간을 확률변수 X라 하자. 그러면 문제에서 $\lambda=\frac{1}{5}$이므로 휘발유 넣는 시간이 1분 이하일 확률은 $\lambda x=\frac{1}{5}\cdot 1=0.2$를 이용하여 부록의 〈표 4〉로부터 $P(X\leq 1)=1-P(X\geq 1)=1-P(\lambda X\geq 0.2)=1-0.819=0.181$이다.

이 확률을 지수함수의 적분을 이용하여 계산하면 다음과 같다.

$$
\begin{aligned}
P(X\leq 1)&=\int_0^1 \lambda e^{-\lambda x}dx\\
&=\int_0^1 0.2e^{-0.2x}dx\\
&=[-e^{-0.2x}]_0^1\\
&=-e^{-0.2}-(-1)\\
&=1-\frac{1}{e^{0.2}}=0.181
\end{aligned}
$$

이 확률은 부록의 〈표 4〉를 이용하여 얻은 확률과 같음을 알 수 있다.

또 $x=4$일 때 $\lambda x=0.8$이고 $x=8$일 때 $\lambda x=1.6$이므로 부록의 〈표 4〉로부터

$$P(4 \leq X \leq 8) = P(X \geq 4) - P(X \geq 8)$$
$$= P(\lambda X \geq 0.8) - P(\lambda X \geq 0.6)$$
$$= 0.449 - 0.202 = 0.247$$

이다.

동일한 확률을 지수함수의 적분을 이용하여 계산하면 다음과 같다.

$$P(4 \leq X \leq 8) = \int_4^8 0.2e^{-0.2x}dx = [-e^{-0.2x}]_4^8$$
$$= -e^{-1.6} - (-e^{-0.8}) = e^{-0.8} - e^{-1.6} = 0.247$$

Excel 함수를 이용한 지수분포 확률 계산

지수분포도 Microsoft Excel의 EXPONDIST[27] 함수를 이용해서 그 확률밀도함수($f(x)$)의 값과 누적분포함수($F(x) = P(X \leq x)$)의 값을 구할 수 있다. EXPONDIST 함수에는 총 3개의 인수가 필요한데 함수를 다음과 같이 입력한다.

=EXPONDIST(*x, mean, cumulative*)

여기서 x : 지수분포를 하는 확률변수의 특정 값(x)

mean : 일정 시간이나 공간내에 발생하는 평균사건의 수(λ)

cumulative : true를 입력하면 누적분포함수(cdf)의 값을 구하고,
false를 입력하면 확률밀도함수(pdf)의 값을 구한다.

예를 들어 주유소에서 휘발유를 넣는 시간이 평균 5분인 지수분포를 한다는 예제 11에서 휘발유를 넣는 시간이 4분에서 8분 사이일 확률을 EXPONDIST 함수를 이용해서 구해보도록 하자.

먼저 $P(4 \leq X \leq 8) = P(X \leq 8) - P(X \leq 4)$이므로, Excel 시트의 셀에 "=EXPONDIST(8, 0.2, true)-EXPONDIST(4, 0.2, true)"를 입력한 후, 엔터키(Enter↵)를 치면 0.2474라는 결과가 나옴을 확인할 수 있다.

---

27) Excel 2010 버전부터는 EXPON.DIST(EXPON과 DIST 사이에 마침표(.)가 들어감)로 함수 이름이 바뀌었으나, Excel 2007 및 그 이전 버전의 호환성을 위해 EXPONDIST 역시 사용 가능하다. Excel 2010 버전의 EXPON.DIST도 위에 설명된 EXPONDIST 함수와 사용법은 똑같다.

2.3 χ^2[28] 분포

확률변수 X가 평균이 μ이고 표준편차가 σ인 정규분포를 하고 있다면 $Z=\frac{(X-\mu)}{\sigma}$는 평균이 0이고 표준편차가 1인 표준정규분포를 따른다. 이때 표준 정규변수 Z를 제곱한

$$Z^2=\frac{(X-\mu)^2}{\sigma^2}$$

은 χ^2분포를 따르며 자유도(degrees of freedom)[29]는 1로서 $\chi^2(1)$로서 표시된다. 표준정규분포를 하는 확률변수를 하나만 제곱한 것이므로 자유도가 1이다. 즉, 확률변수 χ^2는 표준정규변수를 제곱한 것이며, 이때 자유도는 몇 개의 독립적인 표준정규변수의 제곱을 합했느냐에 따라 결정된다.

우선 $\chi^2(1)$은 어떤 특징을 가지고 있는지를 알아보자.

① $\chi^2(1)$은 표준정규변수를 제곱한 값이므로 음의 값을 가질 수 없다.

② 표준정규분포를 하는 확률변수 Z의 값이 -1과 1사이에 있을 확률은 약 68%이므로 $\chi^2(1)$의 값이 0과 1사이의 값을 갖게 될 확률도 약 68%가 된다. 또한 $\chi^2(1)$이 0과 4 사이에 있을 확률은 약 95%가 될 것이다. 따라서, $\chi^2(1)$분포는 [그림 6-14]와 같이 나타낼 수 있을 것이다.

이제 정규분포를 하는 두 개의 독립적인 확률변수 X_1, X_2를 각각 표준화시켜 제곱을 하고 합하면

$$Z_1^2+Z_2^2=\sum_{i=1}^{2}\left[\frac{X_i-\mu_i}{\sigma_i}\right]^2\sim\chi^2(2)$$

---

28) chi-square : 카이 스퀘어라고 읽는다.
여기서부터 공부하게 될 χ^2분포, t분포, F분포는 앞으로 배울 통계적 추측에서 중요한 역할을 하게 되나 기초 통계학 과목에서는 생략할 수 있다. 그리고 이 세 가지 연속형 분포는 강의방법에 따라 통계적 추측의 해당 부분에서 다루어도 무방하다.

29) 자유도에 대한 구체적 설명은 p.191의 "자유도의 개념"을 참조.

그림 6-14 자유도 1의 χ^2분포

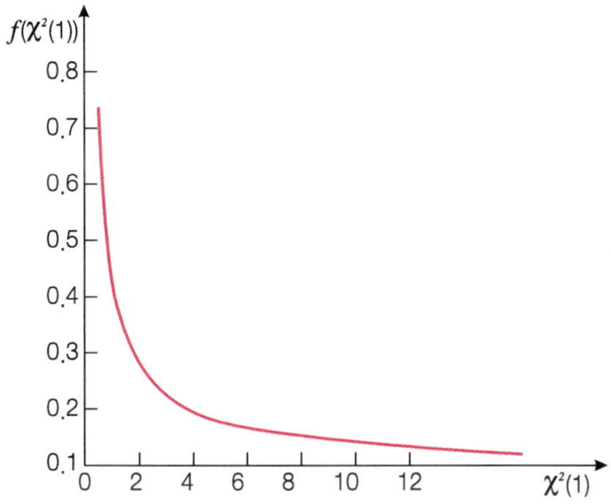

이 되는데 이것은 자유도가 2인 χ^2분포를 따르는 확률변수가 되며, $\chi^2(2)$로 표시한다.

일반적으로 n개의 독립적인 정규분포 확률변수를 표준화하여 제곱한 것을 더한 새로운 확률변수는 자유도가 n인 χ^2분포를 하게 된다. 즉,

$$\sum_{i=1}^{n}\left[\frac{X_i-\mu_i}{\sigma_i}\right]^2=\sum_{i=1}^{n}Z_i^2\sim\chi^2(n)$$

χ^2분포는 자유도에 따라 그 모양이 결정되는데, 자유도(ν)[30]가 4와 10인 χ^2분포가 [그림 6-15]에 나타나 있다. 앞서 [그림 6-14]에서 우리는 자유도가 1인 χ^2분포의 모양을 보았는데 자유도 1의 χ^2분포는 확률변수의 값이 증가함에 따라 확률밀도함수 $f(\chi^2)$의 높이가 감소하는 것을 알 수 있다. 그러나 [그림 6-15]에서 보듯이 $\nu>2$일 때에는 확률밀도함수의 높이가 증가하다가 감소하며 오른쪽 꼬리분포를 하고 있음을 알 수 있다.

ν가 커짐에 따라, 예를 들어 ν가 10보다 크다면, χ^2분포의 모양은 점차 대칭을 이루게 되는데 ν가 매우 커지면 χ^2분포는 정규분포와 유사한 모양을 이룬다.

χ^2분포의 확률계산을 위한 χ^2분포표는 부록 〈표 6〉에 나타나 있다. 〈표 6〉을 보면 주

30) 보통 자유도는 ν로 표시하는데 ν는 누(nu)로 읽는다.

그림 6-15 자유도 4와 10의 χ^2 분포

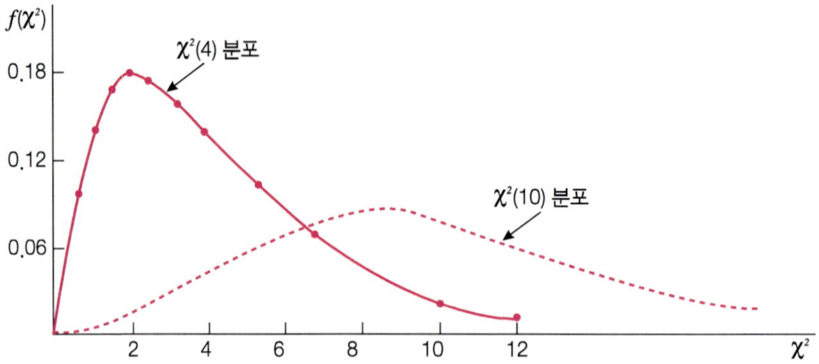

어진 자유도(ν)에 대한 우측 꼬리부분의 확률이 α가 되는 χ^2변수의 값, 즉, $\chi^2_\alpha(\nu)$가 표에 주어져 있다.

예를 들어, $\nu=12$이고 χ^2분포를 하고 있는 확률변수가 있다고 하자(그림 6-16 참조). 이 경우 무작위로 선택한 χ^2의 값이 18.55를 초과할 확률은 0.10이다(즉, $\chi^2_{0.10}(12)=18.55$). 또한 확률변수의 값이 5.23을 초과할 확률은 0.95이고(즉, $\chi^2_{0.95}(12)=5.23$), 역으로 그 값이 5.23보다 작을 확률은 0.05이다.

그림 6-16 $\chi^2_{0.10}(12)$와 $\chi^2_{0.95}(12)$의 값

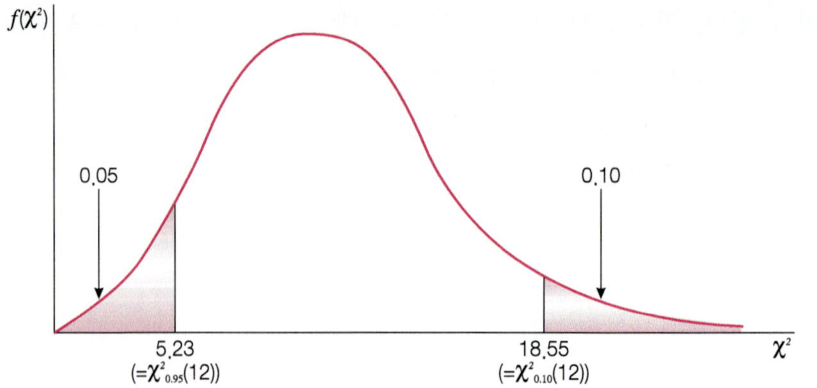

χ^2분포의 유일한 모수(parameter)는 자유도 ν로, ν가 주어지면 χ^2분포의 모양은 완전히 결정된다. $\chi^2(\nu)$의 기대값은 ν이고, 분산은 2ν이다. 또한 $\nu>2$일 때 $\chi^2(\nu)$의 최빈수(mode)는 $\nu-2$이며, ν가 1이거나 2일때의 최빈수는 0이다.

χ^2분포의 가법성 성질

확률변수 X와 Y가 χ^2분포를 따르고, 각각 ν_1과 ν_2의 자유도를 가진 두 개의 독립적인 확률변수라 하자. 그러면 $W=X+Y$는 χ^2분포를 하며 $\nu_1+\nu_2$의 자유도를 가진다.

예제 12 X가 자유도 6의 χ^2분포를 하고 Y가 자유도 9의 χ^2분포를 한다고 하자. 만일 X와 Y가 독립이라면 X와 Y를 합한 W(즉, $W=X+Y$)의 분포는 어떻게 될 것인가?

an answer

χ^2분포의 가법성에 의해서 W는 자유도 15의 χ^2분포를 한다.

여기서 표본분산 $S^2=\frac{1}{n-1}\sum_{i=1}^{n}(x_i-\bar{x})^2$을 사용한 통계량 $\frac{(n-1)S^2}{\sigma^2}$은 어떠한 분포를 따르는지 알아보자. 평균이 μ이고 표준편차가 σ인 모집단으로부터 크기 n의 표본을 추출하였다고 하면 다음과 같은 관계가 성립한다.

$$(X_i-\mu)=(X_i-\bar{X})+(\bar{X}-\mu)$$

단, X_i : 관측값 $(i=1, 2, \dots, n)$

$\bar{X}$: 표본평균$(=\sum_{i=1}^{n}\frac{X_i}{n})$

위의 식에서 양변을 제곱하면

$$\begin{aligned}(X_i-\mu)^2&=[(X_i-\bar{X})+(\bar{X}-\mu)]^2\\&=(X_i-\bar{X})^2+2(\bar{X}-\mu)(X_i-\bar{X})+(\bar{X}-\mu)^2\end{aligned}$$

이 식을 모든 표본에 대해서 다 더해주면 다음과 같다.

$$\sum_{i=1}^{n}(X_i-\mu)^2=\sum_{i=1}^{n}(X_i-\bar{X})^2+2\sum_{i=1}^{n}(X-\mu)(X_i-\bar{X})+\sum_{i=1}^{n}(\bar{X}-\mu)^2$$

그런데 여기서 $(\bar{X}-\mu)$는 상수이고 $\sum_{i=1}^{n}(X_i-\bar{X})=0$이므로 이 식은 다음과 같이 정리할 수

있다.

$$\sum_{i=1}^{n}(X_i-\mu)^2=\sum_{i=1}^{n}(X_i-\bar{X})^2+n(\bar{X}-\mu)^2$$

그리고 위의 식 양변을 모집단분산 χ^2으로 나누어주면 다음 식을 얻게 된다.

$$\frac{\sum_{i=1}^{n}(X_i-\mu)^2}{\sigma^2}=\frac{\sum_{i=1}^{n}(X_i-\bar{X})^2}{\sigma^2}+\frac{(\bar{X}-\mu)^2}{\sigma^2/n}$$

이 식에서 첫째 항 $\frac{\sum_{i=1}^{n}(X_i-\mu)^2}{\sigma^2}=\sum_{i=1}^{n}(\frac{X_i-\bar{X}}{\sigma})^2=\sum_{i=1}^{n}Z_i^2$ 이므로 $\frac{\sum_{i=1}^{n}(X_i-\mu)^2}{\sigma^2}$ 은

자유도 n의 χ^2분포를 하고, 셋째 항 $\frac{(\bar{X}-\mu)^2}{\sigma^2/n}=(\frac{\bar{X}-\mu}{\sigma/\sqrt{n}})^2=Z^2$ 이므로

$\frac{(\bar{X}-\mu)^2}{\sigma^2/n}$ 은 자유도 1의 χ^2분포를 함을 알 수 있다.

따라서 χ^2분포의 가법성 성질에 의해서 둘째 항 $\frac{\sum_{i=1}^{n}(X_i-\bar{X})^2}{\sigma^2}$ 은 자유도

$(n-1)$의 χ^2분포를 따르는 것으로 추정할 수 있다.[31)]

그런데 표본분산 S^2는 다음과 같이 정의된다.

$$S^2=\frac{\sum_{i=1}^{n}(X_i-\bar{X})^2}{n-1}$$

따라서

$$\frac{\sum_{i=1}^{n}(X_i-\bar{X})^2}{\sigma^2}=\frac{(n-1)S^2}{\sigma^2}$$

이므로 $\frac{(n-1)S^2}{\sigma^2}$ 는 자유도 $(n-1)$의 χ^2분포를 따르는 것이다.

이러한 사실은 다음 절에 소개되는 t분포와 제8장에서 언급하게 되는 "모집단분산에 대한 구간추정"에서 유용하게 사용되는 것이므로 반드시 기억해 두기 바란다.

31) χ^2의 가법성 성질을 이용하여 이를 완벽하게 증명하려면 $\sum_{i=1}^{n}(X_i-\bar{X})^2$과 $n(\bar{X}-\mu)^2$이 서로 독립적인 확률변수라는 추가적인 증명과정이 필요하다. 하지만 이 부분은 이 책의 범위에서 벗어나므로 생략하기로 한다.

2.4 t분포

t분포는 고셋(W. S. Gosset)이 "Student"라는 필명으로 발표한 확률분포로 "*Student t*"분포라고도 한다. t확률변수는 표준정규변수를 χ^2확률변수(정확히는 χ^2확률변수를 해당 자유도로 나눈 것)의 제곱근으로 나눈 확률변수를 말한다. 이러한 관계를 구체적으로 설명하면 다음과 같다.

Z를 표준정규분포를 따르는 확률변수라 하고, V를 자유도 k의 χ^2분포를 따르는 확률변수라 하자. 즉,

$Z \sim N(0,\ 1)$[32]이고

$V \sim \chi^2(k)$

그러면, $Z/\sqrt{V/k}$는 자유도 k를 갖는 t분포를 한다. 즉,

$$\frac{Z}{\sqrt{V/k}} \sim t(k)$$

그런데 $\sum_{i=1}^{n}\left(\frac{X_i-\bar{X}}{\sigma}\right)^2$은 자유도 $(n-1)$의 χ^2분포를 따르고 $\frac{\bar{X}-\mu_{\bar{X}}}{\sigma/\sqrt{n}}$은 표준 정규분포를 한다. 즉,

$$\sum_{i=1}^{n}\left(\frac{X_i-\bar{X}}{\sigma}\right)^2 \sim \chi^2(n-1)$$

$$\frac{\bar{X}-\mu_{\bar{X}}}{\sigma/\sqrt{n}} \sim N(0.1)$$

따라서

32) $Z \sim N(0,\ 1)$은 Z는 평균이 0이고 분산이 1인 정규분포를 하는 확률변수라는 표시이다. $V \sim \chi^2(k)$는 확률변수 V가 자유도 k의 χ^2분포를 한다는 표시이다.

$$t=-\frac{\dfrac{\bar{X}-\mu_{\bar{X}}}{\sigma/\sqrt{n}}}{\sqrt{\sum_{i=1}^{n}\left(\dfrac{X_i-\bar{X}}{\sigma}\right)^2/n-1}}$$

은 자유도 $(n-1)$의 t분포를 하게 될 것이다.[33] 이것을 단순화시키면,

$$\frac{\dfrac{\bar{X}-\mu_{\bar{X}}}{\sigma/\sqrt{n}}}{\sqrt{\sum_{i=1}^{n}\left(\dfrac{X_i-\bar{X}}{\sigma}\right)^2/n-1}}=\frac{\bar{X}-\mu_{\bar{X}}}{\sqrt{\dfrac{\sum_{i=1}^{n}(X_i-\bar{X})^2}{n(n-1)}}}=\frac{\bar{X}-\mu_{\bar{X}}}{\sqrt{S^2/n}}$$

이다. 여기서 $\sqrt{\dfrac{\sum_{i=1}^{n}(X_i-\bar{X})^2}{(n-1)}}$ 은 표본의 표준편차로 이것은 모집단 표준편차의 추정량인데 우리는 이것을 S로 나타낸다.

따라서 $\dfrac{\bar{X}-\mu_{\bar{X}}}{S/\sqrt{n}}$ 은 자유도 $(n-1)$의 t분포를 한다. 그런데 t분포의 분모인 χ^2분포는 모집단 확률변수 X가 정규분포일 것을 요구하므로 t분포는 모집단이 정규분포를 할 때만 사용할 수 있다.

> $t=\dfrac{\bar{X}-\mu_{\bar{X}}}{S/\sqrt{n}}$ 은 모집단 확률변수 X가 정규분포를 하고 따라서 X가 정규분포 를 하는 경우 t분포를 한다.
>
> 그러나 실제문제에서는 X가 정규분포를 하지 않더라도 비대칭도가 아주 크지 않으면 t분포를 사용할 수 있다.

그러면 t분포는 어떤 모양의 분포인가 알아보자. t분포는 [그림 6-17]에서 보는 바와

---

33) 이 부분을 완벽하게 증명하기 위해서는 추가적으로 $\dfrac{\bar{X}-\mu_{\bar{X}}}{\sigma/\sqrt{n}}$ 과 $\sqrt{\sum_{n=1}^{n}\left(\dfrac{X_i-\bar{X}}{\sigma}\right)^2}$ 이 서로 독립적인 확률변수임을 보여 주어야 한다. 하지만 이에 해당하는 증명은 이 책의 범위를 벗어나므로 생략하기로 한다.

그림 6-17 자유도 ν가 t분포의 모양에 주는 영향

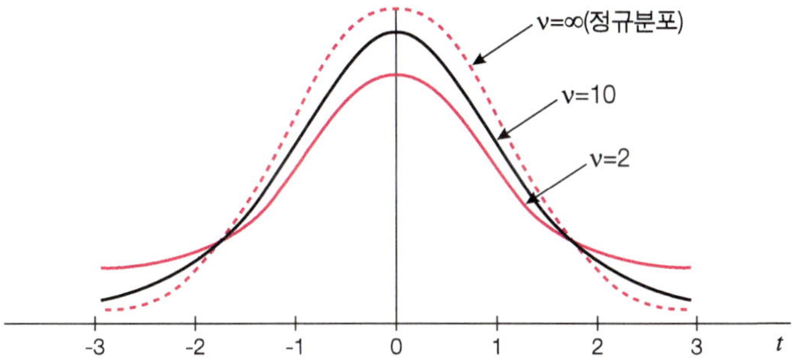

제8장에서 우리는 표본의 정보를 이용하여 모집단 평균의 값이 일정한 신뢰도로 어느 정도의 범위안에 있게 될 것인지를 추정하게 되는데 이 때 표본의 크기가 작을 경우 t분포를 이용하여 모집단 평균을 추정한다. 이 경우 t분포의 자유도는 표본의 크기(n)에서 1을 뺀 값으로 $(n-1)$이 된다. 그리고 $t_{\alpha/2}(n-1)$라는 표기는 자유도 $(n-1)$의 t분포에서 오른쪽 끝의 확률이 $\alpha/2$가 되는 t값을 나타낸다. $(n-1)$을 자유도라 부르는 이유는 σ 대신에 s를 사용하였기 때문에 X의 계산에서 사용된 n개의 표본값 중에서 $(n-1)$개만 자유스럽게 변할 수 있고 나머지 하나는 s의 값이 정해지면 계산해 낼 수 있기 때문이다. 즉, 자유스럽게 변할 수 있는 표본값이 $(n-1)$개이므로 자유도를 $n-1$이라 한다. 부록의 〈표 5〉는 자유도에 따라 주어지는 t의 값을 나타내고 있다.

〈표 6-4〉는 95% 신뢰구간(즉, $\alpha/2=0.025$)을 작성하는데 사용되는 t의 값을 몇 가지 자유도에 대해서 나타낸 것이다. 〈표 6-4〉에서 알 수 있는 바와 같이 자유도가 커짐에 따라 t값은 Z값에 수렴함을 알 수 있다.

표 6-4 오른쪽 면적이 0.025가 되는 t값($t_{0.025}$)

자유도($d.f.$)	($t_{0.025}$)
1	12.706
10	2.228
15	2.131
30	2.042
120	1.980
∞	1.960

같이 0을 중심으로 좌우대칭의 분포를 하고 있어 육안으로는 표준정규분포와 매우 흡사한 모양을 하고 있다. 그러나 t분포는 표준정규분포보다 더 넓게 퍼져있고 보다 평평하며 자유도 ν에 따라 모양이 달라지는데 ν가 클수록 표준정규분포에 가까워진다. 이는 t분포에서 s대신에 σ를 사용하여 불확실성이 더 많이 개입되어 있기 때문인데, ν가 클수록 그 불확실성이 적어지므로 표준정규분포에 가까워지는 것이다.

2.5 F분포

F분포는 영국의 통계학자인 피셔(R. A. Fisher)에 의해서 개발되었다. F분포는 χ^2분포를 따르는 두 개의 독립적인 확률변수 V_1과 V_2를 각각의 대응하는 자유도 ν_1, ν_2로 나누어 비율로 나타낸 새로운 확률변수의 분포로, 이러한 분포를 하는 확률변수 F는 다음과 같이 표시된다.

$$F=\frac{V_1/\nu_1}{V_2/\nu_2}$$

F분포의 모수는 분자 자유도 ν_1과 분모 자유도 ν_2로, ν_1과 ν_2가 주어지면 F분포의 모양은 결정되고 $F(\nu_1, \nu_2)$로 나타낸다.

F값은 0부터 양의 무한대까지 취할 수 있다. 이러한 사실은 χ^2 확률변수와 자유도가

그림 6-18 F분포의 모양

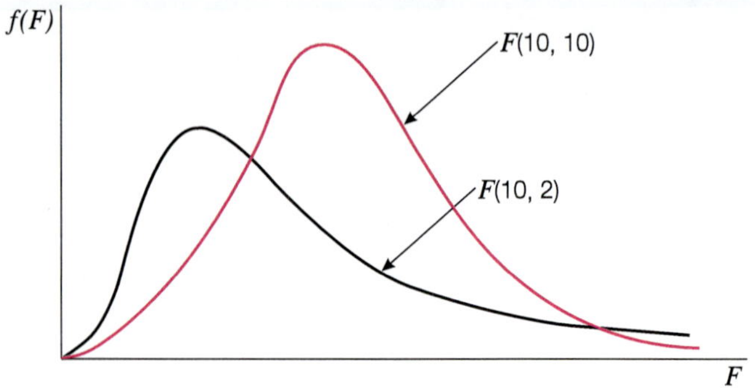

모두 비음이라는 것을 상기하면 명백해 질 것이다. 일반적으로 F분포는 오른쪽 꼬리분포를 하지만 ν_1과 ν_2의 값이 크면 정규분포에 가까워진다. [그림 6-18]은 F분포의 모양을 보여주고 있다.

부록의 〈표 7〉은 상단확률(오른쪽 끝의 확률)을 나타내는 α의 여러 가지 값에 대한 F값을 나타내고 있다. 이 표로부터 특정 α, ν_1, ν_2에 대해서 상단확률이 α가 되는 F값을 구할 수 있는데, 이 값을 $F_\alpha(\nu_1, \nu_2)$라고 표시한다.

예를 들어, $\alpha=0.05$이고 $\nu_1=5$, $\nu_2=4$일 때의 $F_{0.05}(5, 4)=6.26$이다. 즉, 확률변수 F가 6.26보다 큰 값을 가질 확률은 0.05라는 것이다(그림 6-19 참조). 또한 $\nu_1=6$, $\nu_2=8$인 F

그림 6-19 $F(5, 4)$의 분포

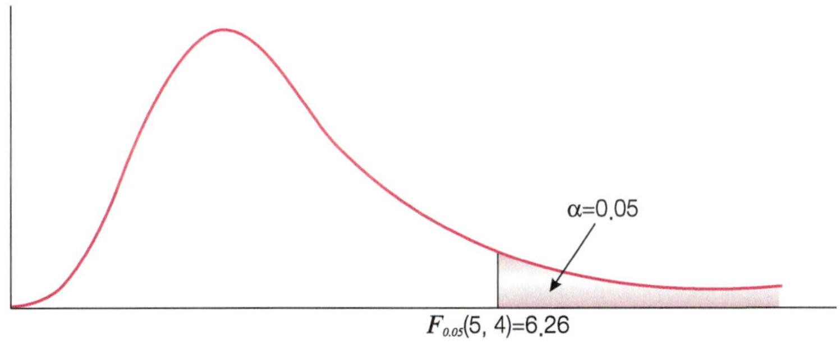

그림 6-20 $F(5, 4)$의 하단확률

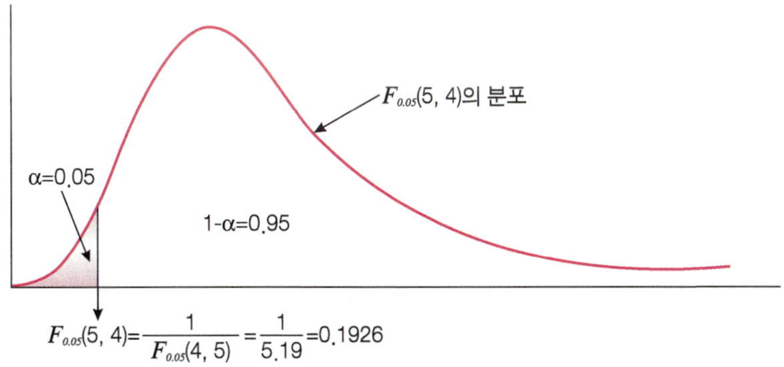

분포에서 확률변수 F의 값이 2.67을 초과할 확률은 0.10이고(즉, $F_{0.10}(6, 8)=2.67$), $F_{0.05}(10, 5)=4.74$라는 사실도 부록의 〈표 7〉로부터 확인할 수 있다.

여기서 한 가지 유의해야 할 사항은 표준정규분포, t분포, 그리고 χ^2분포의 하단확률에 대한 임계값은 표로부터 직접 구할 수 있지만 F분포에 대한 하단확률의 임계값은 다른 절차가 요구된다는 것이다. 자유도가 ν_1, ν_2일 때 하단확률이 α인 F 값은 동일한 자유도 하에서 상단확률이 $1-\alpha$인 F값, 즉 $F_{1-\alpha}(\nu_1, \nu_2)$라는 의미와 같은 것이다(그림 6-20 참조). 그러나 $(1-\alpha)>0.10$인 $F_{1-\alpha}(\nu_1, \nu_2)$의 값들은 부록의 〈표 7〉에 나타나 있지 않으므로 다음과 같은 F분포의 성질로부터 그 값을 구해야 한다.[34)]

$$F_{1-\alpha}(\nu_1, \nu_2)=\frac{1}{F_\alpha(\nu_2, \nu_1)}$$

---

34) F분포의 정의로부터 어떤 확률변수 X가 분자자유도 χ^2, 분모자유도 ν_1의 F분포를 따르면 확률변수 $Y=\frac{1}{X}$은 분자자유도 ν_1, 분모자유도 ν_2인 F분포를 따르게 될 것이다. 즉, $X\sim F(\nu_2, \nu_1)$이면 $Y=\frac{1}{X}\sim F(\nu_1, \nu_2)$이다. 이러한 사실로부터 다음 관계가 성립한다.

$$F(\nu_1, \nu_2)=\frac{1}{F(\nu_2, \nu_1)} \qquad (1)$$

그런데

$$P(X>F_\alpha(\nu_2, \nu_1))=\alpha$$

이므로 부등식의 양변에 역수를 취하고 부등호의 방향을 바꾸면 다음 식을 얻는다.

$$P\left(\frac{1}{X}<\frac{1}{F_\alpha(\nu_2, \nu_1)}\right)=\alpha \qquad (2)$$

(1)을 (2)에 대입하면

$$P\left(Y<\frac{1}{F_\alpha(\nu_2, \nu_1)}\right)=\alpha \qquad (3)$$

이것은 또한 다음과 같이 바꾸어 나타낼 수 있다.

$$P\left(Y>\frac{1}{F_\alpha(\nu_2, \nu_1)}\right)=1-\alpha \qquad (4)$$

따라서 (1)을 이용하면 $F(\nu_2, \nu_1)$에 대해서 일반적으로 다음 관계가 성립한다.

$$P(Y>F_{1-\alpha}(\nu_2, \nu_1))=1-\alpha \qquad (5)$$

결국 $Y\sim F(\nu_1, \nu_2)$라는 사실과 식(4)와 식(5)를 비교하여 다음 식을 얻는다.

$$F_{1-\alpha}(\nu_1, \nu_2)=\frac{1}{F_\alpha(\nu_2, \nu_1)} \qquad (6)$$

예를 들어서 $F_{0.95}(5,\ 4)$를 계산하고자 하면 부록의 〈표 7〉로부터 $F_{0.05}(4,\ 5)=5.19$이므로 다음과 같이 된다(그림 6-20 참조).

$$F_{0.95}(5,4)=\frac{1}{F_{0.05}(4,5)}=\frac{1}{5.19}=0.1926$$

다시 말하면, $F_{0.95}(5,\ 4)$분포를 따르는 확률변수 값이 0.1926보다 작을 확률, 즉 확률밀도함수의 왼쪽면적은 0.05라는 것이다.

또한 $\nu_1=10$이고 $\nu_2=12$인 F분포(그림 6-21 참조)가 있을 때 분포의 양단에 각각 0.01의 확률이 놓이게 될 F의 임계값를 구하여 보면 다음과 같다. 부록 〈표 7〉로부터 우측 임계값 $F_{0.01}(10,\ 12)=4.30$을 얻을 수 있으며, 좌측 임계값

$$F_{0.99}(10,12)=\frac{1}{F_{0.01}(12,10)}=\frac{1}{4.71}=0.21 \text{ 이다.}$$

이상에서 설명한 χ^2분포, t분포, F분포는 제3부에서 다루게 될 통계적 추측(statistical inference)에서 중요한 역할을 하게 된다.

그림 6-21 $F(10,\ 12)$의 하단확률

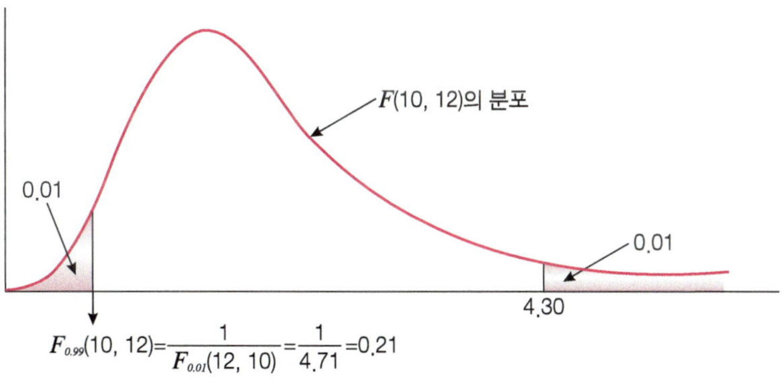

자유도의 개념

연속형 확률분포에서 취급한 χ^2분포, t분포, F분포의 분포모양은 자유도(degrees of freedom)에 의존한다고 설명하였다. 이 분포들은 앞으로 공부하게 될 통계적 추측과 통계분석모형에서 중요하게 취급되는 분포로서 자유도의 개념과 함께 이해를 하여야 한다.

일반적으로 모집단의 특성을 파악하기 위해서 모집단의 한 부분(표본)을 관측하게 되는데, 통계적 추측의 정확도는 모집단에서 추출한 표본의 크기가 어느 정도 되느냐에 의존한다는 사실을 직관적으로 알 수 있을 것이다. 좀더 구체적으로 표현하면, 크기가 N인 모집단에서 크기가 n인 표본을 추출하여 관측하였다면, 통계적 추측의 정확성은 n이 N에 접근할수록 높아지는 것이다. 자유도의 개념은 이러한 모집단의 일부분으로서 얻은 표본의 크기 n과 밀접한 관련이 있는 것으로 통계적 추측의 정확성을 표현하는 개념이다.

일반적으로 자유도는 n-(추정된 모수의 수)로 나타낼 수 있다. 예를 들면 모집단의 분산을 알고자 한다면 분산의 정의는 $\sigma^2=E[(X-\mu)^2]$이므로 반드시 모집단의 평균 μ를 알고난 후에 분산을 추측할 수 있다. 그러나 모집단 평균 μ는 일반적으로 알 수 없는 모수이므로 분산과 관련된 통계적 추측을 위해서는 μ를 사전에 추측해야 할 것이다. 이 경우 추정된 모수의 수는 1이 되며 따라서 자유도는 $n-1$이 되는 것이다. 만일 모집단의 평균 μ가 확실히 알려져 있다면 분산의 추측과 관련된 자유도는 n이 된다.

자유도의 개념은 통계적 추측 이외에도 제4부 통계분석모형에서 언급되는 분산분석과 회귀분석에서도 중요한 역할을 한다. 여기서의 자유도는 n-(모형에서 사용하는 추정된 모수의 수)로 표현할 수 있다. 만일 n개의 관측값 (x_i, y_i)로 구성된 표본으로부터 $\hat{y}=a+bx$와 같은 통계적 모형[35]을 설정하였다면 이에 대한 분산은 a와 b의 값을 추정한 후에 계산을 할 수 있기 때문에 모형에서 사용하는 추정된 모수의 수는 2가 되며, 따라서 자유도는 $n-2$가 된다.

이러한 자유도의 개념은 "표본의 자유스러움"으로 설명할 수 있다. 만일 우리가 모집단으로부터 크기가 n인 표본을 추출한다면, 이 표본은 n개의 자유스럽게 변동하는(자유스럽게 값을 가질 수 있는) 관측값들로 구성될 수 있을 것이다. 하지만 이 표본에 어떠한 제약식을 추가한다면 n개의 관측값들은 더 이상 자유스럽지 못하게 되어 그 중 일부분은 자유스럽게 값을 가질 수 있으나 나머지 관측값들은 제약식 조건을 맞추기 위하여 특정하게 정해진 값을 가져야만 할 것이다.

예를 들어, 모집단의 분산을 추측하는 문제에 있어서 분산을 추측하기 위해서는 모집단의 평균 μ를 추측해야 한다. 따라서 μ를 추측하는 표본평균 $\bar{X}$를 사용하여 μ의 역할을 대치하게 되면 표본을 구성하는 관측값들 중 $(n-1)$개의 관측값만 자유스러운 값을 가지게 되며, 나머지 한 개의 관측값(n번째 관측값)은 표본평균 $\bar{X}$의 값을 맞추기 위하여 어떤 특정한 값을 가져야만 할 것이다. 따라서 분산추측을 위한 표본의 자유도는 $(n-1)$이 된다. 이러한 표본의 자유스러운 정도를 나타내는 자유도의 개념은 통계분석모형에서도 비슷하게 설명될 수 있다.

---

35) 이러한 모형은 단순회귀분석에서 언급될 것이며 단순회귀모형이라고 한다.

연습문제

1. 어느 백화점의 판매 후 반납되는 상품의 비율은 5%정도라고 한다. 이 백화점에서는 한달동안 장난감을 30개 판매하였는데 이 중 7개가 반납되었다.
   ① 이렇게 될 가능성은 얼마나 되는가?
   ② 장난감의 반납률이 전체평균반납률을 특별히 상회한다고 말할 수 있겠는가?

2. 어떤 야구선수의 타율이 0.35일 때 한 시합에 4번 타수에 들어서서 3번 이상 안타를 칠 확률은 얼마인가?

3. 한 보험판매원이 한명의 고객에게 보험증권을 팔 확률은 0.2이다. 어떤 특정한 날에 이 판매원은 10명의 고객을 만났다. 이 판매원이 2명 이상에게 판매했을 확률은 얼마인가?

4. 요즈음 예약문화를 정착시키자는 이야기가 있다. 세계화 항공사는 과거의 예약기록을 토대로 항공편을 예약한 사람들 중 10% 정도가 항공편 예약을 변경하거나 공항에 나타나지 않는 다는 사실을 알았다. 이 항공사는 여석 발생으로 인한 손실을 감소시키기 위하여 200석의 좌석이 있는 항공편에 220명의 예약을 접수하였다.(이항분포의 정규근사를 이용하라)
   ① 항공기의 정원이 초과될 확률을 구하라.
   ② 항공기의 정원이 초과될 확률을 5% 이내로 억제하기 위해서는 이 항공편의 예약을 최대한 몇명까지 받아야 하는가?

5. 호텔들은 예약후 나타나지 않는 고객들로 인한 손실을 최소화하기 위해 종종 가용한 객실을 초과해서 예약을 받는다. 어린이 날을 맞이하여 서강호텔은 현재 25개의 객실이 남아 있는데 30명으로부터 예약을 받았다. 과거의 경험을 통해 볼때 객실예약을 하고 나타나지 않는 고객은 10% 정도라고 한다.
   ① 이 상황에서 확률변수는 무엇이고, 어떠한 분포를 따른다고 가정하는 것이 타당한지 그 이유를 기술하라.
   ② 어린이 날을 맞아 실제로 호텔에 온 손님(가족)의 수가 가용한 객실의 수(25개의 객실)를 초과할 확률을 구하라.

6. 지난번 실시된 국회의원 선거에서 어느 지역의 김후보가 유권자 80%의 지지를 얻고 당선하였다. 만일 이 지역구 유권자 10명을 무작위추출하였을 때 다음 물음에 답하여라.
   ① 4명이 김후보를 지지했을 확률은 얼마인가?
   ② 적어도 5명이 김후보를 지지했을 확률은 얼마인가?

7. 최근은 어느 제조업체가 생산한 형광등을 사전검사없이 9개 샀는데 이 제조업체의 생산량 중 5%는 불량품이라고 알려져 있다.
   ① 이 중 8개 이상이 완전한 제품일 확률은 얼마인가?
   ② 이 중 3개만 불량품일 확률은 얼마인가?

8. 모 백화점에서 한달동안 새로이 백화점 신용카드를 신청하는 고객의 수는 평균이 100이고 표준편차가 20인 정규분포를 따른다고 한다. 이 은행은 고객 유치활동의 하나로 새로이 신용카드를 신청하는 고객들에게 오천원 상당의 사은품을 제공하기로 하였다. 이 백화점에서 지출하는 사은품 경비가 월 70만원을 초과할 확률을 구하라.

9. 10개의 제품 중에서 2개가 불량품이다. 3개를 무작위추출했을 때 불량품이 하나도 없을 확률, 하나 있을 확률, 두 개 있을 확률은 얼마인가?

10. 어떤 이항분포의 평균은 1이고 분산은 0.9 일 때 n과 p의 값은 얼마인가?

11. 어떤 사람이 하루동안 명동에서 우연히 만나는 사람의 수는 평균 5명이라고 한다. 다음 물음에 답하여라.
   ① 이 사람이 하루동안 한 사람도 만나지 못할 확률은 얼마인가?
   ② 이 사람이 2명 이상 10명까지 만날 수 있는 확률은 얼마인가?
   ③ 12명 이상 만날 확률은 얼마인가?

12. 소방서에 걸려오는 화재신고전화는 하루 평균 10번이라고 한다.
   ① 하루에 한번 이상 신고전화가 올 확률은 얼마인가?
   ② 하루에 10번 이상 신고전화가 올 확률은 얼마인가?
   ③ 하루에 5번 이상 7번 이하 신고전화가 올 확률은 얼마인가?

13. 정규분포표를 이용하여 다음 Z값에 대한 표준정규분포의 면적을 계산하라.

① $Z=-1.44$에서 $Z=0$까지

② $Z=-2.03$에서 $Z=-1.71$까지

③ $Z=-0.02$에서 $Z=3.54$까지

④ $Z=2.50$ 이상

⑤ $Z=-0.60$ 이상

14. 각각의 확률이 다음과 같을 때 z_0의 값을 구하라.

① $P(Z \le z_0)=0.02$

② $P(Z \ge z_0)=0.20$

③ $P(-z_0 \le Z \le z_0)=0.95$

④ $P(-z_0 \le Z \le z_0)=0.20$

15. 어떤 음식점에 하루동안 찾아오는 고객의 수는 평균 100, 표준편차 21의 정규분포를 이루고 있다.

① 어떤 날 손님이 100명 이상 찾아 올 확률은 얼마인가?

② 고객이 90명 이상 올 확률은 얼마인가?

③ 90명과 100명 사이일 확률은 얼마인가?

16. 하루 중 안내에 걸려오는 전화번호 문의의 수가 평균 2,000통화, 표준편차 100통화의 정규분포를 한다면 하루에 1,830통화 이상 문의전화가 올 확률은 얼마인가?

17. 우리 나라 사람들의 성인의 키는 평균 168cm, 표준편차 6cm의 정규분포를 한다고 한다. 우리 나라 성인의 90%가 편안하게 잘 수 있는 침대를 만들고자 한다면 몇 cm의 키를 기준으로 하여 침대의 길이를 결정해야 할 것인가?

18. 학생 300명의 키가 평균 170cm, 표준편차 7.5cm인 정규분포를 하고 있다면 180cm보다 큰 키를 가질 것으로 기대되는 학생수와 162.5cm이하의 키를 가질 것으로 기대되는 학생수를 구하라.

19. 모대학 신입생의 수능고사 성적은 평균 250점이고, 표준편차는 20점인 정규분포를 한다고 한다. 이 대학 신입생 한 명을 교정에서 우연히 만났을 때 이 학생이 235점 이하 받았을 확률은 얼마인가? 또한 295점 이상 받았을 확률은 얼마인가?

20. 학생들이 통계학 시험을 끝내는데 걸리는 시간은 평균 60분, 표준편차 12분의 정규분포를 한다고 한다. 시험치는 학생의 90%에게 충분한 시간을 주고자 한다면 시험시간을 얼마로 해야 하는가?

21. 어떤 기계는 직경이 평균 0.498인치이고 표준편차가 0.002인치인 베어링을 생산하며, 생산된 베어링의 직경은 정규분포를 따른다고 한다. 어떤 회사가 요구하는 베어링의 명세서가 0.5인치 ±004인치일 때 이 기계가 생산하는 베어링의 몇 %가 이 요구에 부응할 수 있는가?

22. 특정형태의 전구 평균수명은 1,500시간이고 표준편차는 150시간이다. 세 가지 전구가 병렬로 연결되어 있어서 한 전구가 꺼지면 다른 전구가 들어온다. 전구수명이 정규분포를 한다고 가정할 때 불빛이 적어도 5,000시간 이상 지속될 확률을 구하라.

23. 통계학 강의는 오전 11시에 시작된다. 김군은 보통 10시에 집을 나서는데 학교까지는 버스나 전철을 이용한다. 버스를 이용할 경우 학교까지는 평균 40분이 소요되고 표준편차는 20분이다. 반면, 전철을 이용할 경우 소요시간은 평균 1시간이며 표준편차는 5분이다. (통학시간은 정규분포를 가정하라.)

① 지각할 가능성을 줄이기 위해서는 어떤 교통편을 이용하는 것이 바람직한가?

② 전철 기관사의 파업으로 며칠동안 전철을 이용할 수 없어 김군은 오늘 버스로 등교하기로 하였다. 강의에 지각할 확률을 5% 이내로 하기 위해서는 늦어도 몇시에 집을 나서야 하는가?

24. 공군사관학교는 전투기 조종사를 뽑기 위해 자질검사로서 몇 가지의 작업을 얼마나 빨리 수행할 수 있는가를 측정하려 한다. 이러한 자질검사의 소요시간은 평균 90분, 표준편차 20분의 정규분포를 한다고 한다.

① 자질검사의 합격상한시간이 80분 이내라면 지원자의 몇 퍼센트나 자질검사에 합격하겠는가?

② 만약 전체 지원자 중 우수한 사람 5%만 합격시키고자 한다면, 합격되기 위해서는 얼마나 빨리 자질검사를 끝내야 하는가?

25. 서강은행이 보유하고 있는 주식과 채권의 수익률(%)분포는 상호독립이며, 각각 $N(10, 4)$, $N(12, 9)$를 따른다.
① 주식의 수익률이 채권의 수익률보다 높을 확률은?
② 주식의 수익률이 채권의 수익률보다 2배이상 높을 확률은?

26. 주유소에서 자동차 1대에 기름을 넣는데 소요되는 시간은 평균 4분인 지수분포를 따른다고 한다.
① 1분내에 기름을 넣을 수 있는 차의 비율은 얼마인가?
② 5분내에 기름을 넣을 수 있는 차의 비율은 얼마인가?
③ 2~8분 사이에 기름을 넣게 될 확률은 얼마인가?

27. 어느 노선버스의 버스정류장에서의 버스도착 시간간격은 평균 10분인 지수분포를 한다고 한다.
① 이 버스를 타기 위해 20분 이상 기다려야 할 확률은 얼마인가?
② 5분 이상 기다리지 않고 이 버스를 탈 확률은 얼마인가?

28. 천왕성(주)에서 만든 건전지의 수명은 평균이 400시간이고 표준편차가 100시간인 정규분포를 하며, 명왕성(주)에서 만든 건전지의 수명은 평균이 500시간이고, 표준편차가 120시간인 정규분포를 한다. 명왕성(주) 건전지의 수명이 천왕성(주) 건전지의 수명보다 200시간 이상 길 확률을 구하라. (두 회사에서 생산된 건전지의 수명은 독립임을 가정하라.)

29. 세일기간 중 모 대학의 구내서점을 찾는 고객들 중 30%가 실제로 책을 구입한다고 한다. 내일은 세일기간의 첫날로 300명의 고객이 구내서점을 찾을 것으로 예상하고 있다. 내일 실제로 책을 구입하는 고객의 수가 100명 이상일 확률을 정규분포를 이용하여 구하여라. (힌트 : 중심극한정리를 이용한 정규근사를 사용하라.)

30. 한 가정에서 아기를 두 명 가질 확률이 0.4이고 한 명 가질 확률이 0.3이며 한 명도 갖지 않을 확률이 0.3이라고 하자. 600 가정의 자녀를 조사하였을 경우 자녀의 수가 650명을 넘지 않을 확률은 얼마인가? (힌트: 중심극한정리를 이용한 정규근사를 사용하라.)

31. 확률변수 $X_1, X_2, \cdots, X_5$를 표준정규분포로부터 얻은 무작위표본이라고 하자.

새로운 확률변수 $c=\frac{2X_1+3X_2+5X_3}{\sqrt{X_4^2+X_5^2}}$가 t분포를 따르기 위한 상수 c의 값을 결정하라.

제3부

추측통계학

제3부의 내용

통계적 추측(statistical inference)이란 객관적인 자료를 조사하여 어떠한 결론을 유도하는 과정을 의미한다. 이러한 통계적 추측은 크게 추정과 가설검정으로 구분된다. 예를 들어, 신제품에 대한 일부 소비자의 선호도를 조사하여 이를 근거로 이 제품에 대한 소비자 전체의 선호도를 추측하고자 한다면 이것은 추정문제가 된다. 반면, 기존 제품의 생산을 중단하고 신제품을 시장에 전면적으로 출시하는 의사결정을 내리기 위해서는 우선 기존 제품보다 신제품에 대한 소비자의 선호가 뚜렷이 있음을 확신할 수 있어야 할 것이다. 이러한 경우, 모든 소비자의 선호도를 조사하는 것은 불가능하므로 일부 소비자의 선호도를 조사하여 이 결과에 근거하여 과연 신제품에 대한 소비자의 선호도가 기존 제품보다 나은지의 여부를 결정하게 된다. 이처럼 자신의 주장을 가설로 설정하여 이 가설의 채택 여부를 검정하는 것을 가설검정이라고 한다. 제3부는 제7장 표본분포, 제8장 추정, 제9장 가설검정, 제10장 두 모집단에 대한 통계적 추측, 제11장 카이제곱 검정 등 5개의 장으로 구성되며, 각 장의 개요는 다음과 같다.

제7장은 통계적 추측의 이론적 근거를 제시하는 표본분포에 대하여 다룬다. 모집단으로부터 얻은 표본(자료)은 그것이 어떻게 추출되었느냐에 따라 값들이 다르게 나타날 수 있다. 즉, A라는 사람이 추출한 표본에서 얻은 평균값과 B라는 사람이 추출한 표본에서 얻은 평균값은 서로 다를 수 있다는 것이다. 통계적 추측과정에서는 표본이 다를 경우에 나타날 수 있는 통계량(예를 들어, 표본평균이나 표본비율)의 분포를 확률분포로 표현하는데, 이러한 확률분포를 표본분포라고 한다. 대부분의 경우 우리는 한 개의 표본만을 관찰하게 되지만, 통계적 추측과정은 만일 다양한 표본이 있을 경우 통계량의 값이 어떻게 변화하는지는 가상적으로 상상하고 이를 기초로 분석이 이루어진다. 대부분의 표본분포는 표본의 크기가 큰 경우 중심극한정리에 의하여 정규분포로 근사하게 되며, 표본분포의 분산은 통계적 추측의 정확성을 측정하는 척도로서 중요한 의미를 갖는다. 본 장에서는 표본평균과 표본비율의 분포에 대하여 공부하고, 두 표본평균 차이 및 두 표본비율 차이에 대한 표본분포에 대해서도 설명한다.

제8장에서는 추정에 대하여 공부한다. 추정이란 모집단의 특성을 나타내는 모수를 추측하는 과정에으로 점추정과 구간추정으로 구분된다. 예를 들어, 내년 경제성장률을 8%로 예측하였다면 이것은 점추정이 되며, 95%의 확신을 가지고 내년 경제성장률이 7%에서

9% 사이에 있을 것이라고 예측하였다면 이것은 구간추정이 된다. 즉, 점추정은 모수를 하나의 수치로 추정하는 것을 말하며, 구간추정은 모수가 존재하는 범위를 일정한 확신을 가지고 추정하는 것을 말한다. 특별히 구간추정을 확신의 정도를 표현하는 신뢰수준을 이용하여 모수가 존재할 구간을 추정하게 되는데, 이러한 구간을 신뢰구간이라고 한다. 본 장에서는 모집단평균, 모집단비율, 모집단분산에 대한 점추정과 구간추정방법을 설명하고, 적절한 신뢰구간의 폭을 얻기 위하여 어느 정도의 자료를 수집하면 좋은지를 결정하는 표본의 크기결정 문제를 다룬다.

제9장에서는 가설검정에 대하여 다룬다. 통계적 가설검정은 H_0로 표현하는 귀무가설과 H_1으로 표현되는 대립가설을 설정하고, 객관적으로 얻은 자료가 어느 가설을 지지하고 있는지를 파악하는 통계적 추측방법이다. 여기서 귀무가설은 대립가설을 받아들일 만한 충분한 증거가 없을 때 받아들이게 되는 기본적인 가설로 현재의 상태를 나타내며, 대립가설은 특별한 증거가 있을 경우에만 받아들이게 되는 새로운 주장을 나타낸다. 따라서 통계적 가설검정의 결과는 "일정한 유의수준에서 귀무가설을 기각한다" 또는 "일정한 유의수준에서 귀무가설을 기각할 수 없다"와 같이 두 가지 형태의 결론 중 한 가지를 취하게 된다. 본 장에서는 가설검정의 절차에 대하여 설명하고, 모집단평균, 모집단비율, 모집단분산에 대한 가설검정을 구체적으로 다룬 후, 가설검정의 오류에 대하여 기술한다.

제10장에서는 두 모집단의 특성을 비교하기 위하여 두 모집단평균 차이, 두 모집단비율 차이, 두 모집단분산의 비율에 대한 신뢰구간 추정과 가설검정에 대하여 공부한다. 특별히 자료가 쌍을 이루면서 관측되는 경우는 특수한 방법으로 분석이 이루어지는데 그 방법을 쌍대 t검정이라고 한다.

제11장에서 다루는 카이제곱 검정은 범주형 자료에 적용될 수 있는 기법으로 수집한 자료를 범주별로 나누고 각 범주에 속하는 자료의 빈도수를 조사하여 설정한 가설이 참일 경우의 기대 빈도수와 비교한 후, 그 차이가 어느 정도 되는지를 파악함으로써 설정한 가설의 채택여부를 설정하는 가설검정 방법이다. 본 장에서는 수집된 자료가 우리가 설정한 가설을 지원하는 지의 여부를 파악하는 적합도 검정과 두 변수 사이의 통계적 독립성 여부를 판단하는 독립성 검정에 대하여 논의한다.

제7장

표본분포

01 표본의 기초개념

02 표본분포

지금까지 확률변수와 확률분포의 개념 그리고 주요확률분포에 대하여 논의하였다. 다음의 과제는 이러한 개념을 기초로 하여 표본으로부터 모집단의 특성을 추측하는 방법을 연구하는 것이다.

통계적 추측의 기초가 되는 것은 표본의 결과가 어떻게 나타날 것인가, 즉 표본평균이나 표본비율이 어떤 분포를 하게 될 것인가를 파악하는 것이다. 이러한 표본평균이나 표본비율과 같은 표본의 특성은 통계량(sample statistic)이라고 부르는데, 이러한 통계량의 분포를 표본분포(sampling distribution)라 한다. 즉, 표본평균이나 표본비율과 같은 통계량은 이제 확률변수의 역할을 한다. 예를 들어, 어떤 모집단에서 일정 크기의 표본을 추출하여 표본평균을 계산하는 경우를 고려해보자. 이 경우, 어떠한 표본을 추출했느냐, 즉, 표본이 어떠한 관측값들로 구성되었느냐에 따라 표본평균의 값은 달라질 수 있으며, 표본평균이 어떤 특정값을 취하는 확률도 계산되기 때문에 표본평균의 확률분포, 즉, 표본분포가 구해질 수 있다. 표본분포의 원리를 알고 있으면 표본의 결과를 이용해서 모집단의 특성을 추측할 수 있는 타당성을 이해할 수 있다. 즉, 표본분포는 통계적 추측의 이론적 근거를 제시한다.

통계적 추측(statistical inference)은 표본을 추출함으로써 시작되므로 이 장에서는 먼저 통계적 추측에서 사용되는 용어를 소개한 후, 표본추출의 중요성 및 이점, 그리고 표본평균 및 표본비율의 분포에 대하여 설명하고자 한다.

01 표본의 기초개념

1.1 용어의 정의

(1) 모집단

모집단(population)이란 연구대상이 되는 가능한 관측값들의 집합[1)]을 말한다. 예를 들어서 어느 대학교 학생들의 평균키를 알고자 하면, 구하고자 하는 관측값은 키가 되고

1) 일반적으로 모집단은 관측대상이 되는 개체들의 집합이라고도 정의하는데, 본서에서는 두 가지 정의 모두를 혼용해서 사용하기로 한다.

관측 대상이 되는 개체는 학생 개개인이며 모집단은 대학교 학생 또는 대학교 학생의 가능한 키의 집합이다. 모집단을 구성하는 기본단위에는 사람 또는 물건이 있는데 기본단위는 특성과 특성값을 가지고 있다. 특성은 양적일 수도 있고 질적일 수도 있으며 특성값은 특성에 대한 값을 말한다. 예를 들어서 사람의 체중을 특성이라고 하면 특성값은 62kg이 될 수 있고 자동차의 색깔을 특성이라고 하면 검다, 붉다 하는 것이 특성값인 것이다. 모집단의 기본단위의 수가 한정되어 있으면 유한모집단(finite population)이라 하고, 기본단위의 수가 무한정으로 많으면 무한모집단(infinite population)이라 한다.

(2) 표 본

표본(sample)이란 모집단의 부분집합으로 정보를 얻기 위하여 실제로 관측한 값들의 집합이다. 예를 들어서 어떤 타이어 제조회사가 타이어의 수명거리를 알고자 한다면 모든 타이어 생산제품 중에서 표본을 추출하여 수명거리를 측정해야 한다. 이 경우 타이어 수명검사는 타이어를 파괴시키므로 모집단 전체에 대해서 조사할 수 없으며, 반드시 표본을 통해서만 조사가 가능하다.

(3) 모수와 통계량

모수(population parameter)는 모집단의 특성을 나타내는 값이며, 통계량(sample statistic)[2)]은 표본의 특성을 나타내는 값이다. 일반적으로 표본의 결과를 가지고 모집단의 특성을 추측하므로 통계량은 모수를 추정하는 도구로서 사용된다. 모수를 표시하기 위해서는 그리스 문자를 사용한다. 예를 들면 모집단의 평균은 μ로 표시하며 모집단의 표준편차는 σ로 표시한다. 통계량을 나타낼 때는 확률변수의 표기법과 같이 영문 대문자를 사용한다. 예를 들면 $\overline{X}$는 표본평균을 나타내는 확률변수이며, 모집단에 대한 평균 μ를 추정하고자 할 경우 사용한다. 그리고 S^2은 표본분산을 나타내는 확률변수이며 모집단의 분산 σ^2을 추측하고자 할 경우에 사용한다. 표본으로부터 얻은 특정한 통계량의 값을 표현하고자 할 경우는 영문 소문자를 사용하며 $\bar{x}$, s^2이 그 예이다. 이 경우 $\bar{x}$, s^2은 더 이상 확률변수가 될 수 없으며 하나의 관측값 역할을 한다.

2) 통계량은 수학적으로 미지의 모수에 의존하지 않으면서 관측가능한 확률변수들의 함수로 정의된다.

(4) 무작위표본

만일 표본이 각각 독립적으로(independent) 얻어졌으며 같은 모집단의 분포로부터 얻어졌다면(identically distributed), 이러한 표본을 무작위표본(random sample)이라고 한다. 무작위표본은 $r.s.$ 또는 $i.i.d.$라고 표시한다. 무작위표본은 통계적 추측에서 매우 중요하게 사용하는 가정이며 통계량에 대한 표본분포를 유도하는데 중요한 역할을 한다. 표본의 크기는 표본에 포함된 관측값의 수를 나타내며 표본의 크기가 크면 클수록 모집단에 대하여 더 많은 정보를 얻을 수 있으므로 모수에 대한 추측이 정확해 진다. 하지만 이에 따른 비용을 고려하여 표본의 크기는 적절히 결정해야 한다.

1.2 표본추출

표본추출은 요리사가 만들고 있는 국맛을 알아보기 위해 한 숟갈 떠서 맛을 알아보는 것으로부터, 품질관리에서 생산제품의 일부를 조사하여 합격, 불합격을 판정하는 것 등 그 예가 무수히 많다. 표본추출의 목적은 모집단의 특성에 대해서 추측할 수 있도록 충분하고 신뢰할 만한 정보를 얻기 위한 것이다.

따라서 표본을 추출할 때는 모집단의 특성을 잘 반영할 수 있도록 해야 할 것이다. 예를 들어서 우리가 어떤 지방의 여론조사를 하고자 하면 표본은 고소득층, 중간소득층 및 저소득층을 잘 나타내고 있어야 할 뿐 아니라 나이, 교육정도 등과 같은 특성도 잘 나타내고 있어야 할 것이다. 표본이 모집단과 유사하지 않다면 표본의 결과로 모집단의 특성을 올바르게 추측하기란 어려운 것이다.

표본추출과정에는 항상 오차가 따르기 마련이므로 모집단과 똑같은 특성을 가진 표본을 추출한다는 것은 불가능한 일이다. 이와 같이 표본의 추출을 통하여 모집단의 특성을 통계적으로 추측하는 과정에서 발생하는 오차를 표본오차(sampling error)라고 한다. 통계적 추측절차는 이러한 표본오차를 확률적으로 평가함으로써 불확실한 부분을 객관화시키는 과정이라고 할 수 있다.

이처럼 표본추출에는 항상 표본오차가 따르기 때문에 모집단에 대한 전수조사(census)를 통해서 완전한 정보를 얻는 것이 바람직하다고 생각할 지 모른다. 그러나, 현실적으로 표본추출이 모집단 전수조사보다 유리한 점이 많기 때문에 표본추출이 많이 사용되고 있다. 그러면 표본추출의 장점이 무엇인가 알아보자.

(1) 비 용

자료수집을 위해서는 설문지를 보낸다든지, 면담을 한다든지, 자료정리를 해야 하므로 항상 비용이 들게 마련이다. 자료를 많이 취급하면 할수록 비용은 많이 들게 될 것이다. 예를 들면 어떤 회사가 제품향상을 위해서 소비자 의견조사를 할 때 모든 소비자를 다 조사한다면 조사비용은 제품향상으로부터 나올 수 있는 수익을 모두 상쇄해 버리게 될 것이다. 따라서 적절한 크기의 신뢰할 만한 표본의 추출은 비용적인 측면에서 필요하다.

(2) 시 간

의사결정에서 시간은 매우 중요한 요소이다. 예를 들어서 신제품을 시장에 도입할 때 경쟁기업보다 일찍 시장에 내놓음으로써 선제효과를 노릴 수 있는데, 신제품에 대한 반응을 소비자 전체에 대해 조사하게 되면 시간이 많이 걸려 경쟁기업에게 좋은 기회를 빼앗길 우려가 있는 것이다. 그러나 표본추출은 보다 적은 시간에 적절한 정보를 제공할 수 있다.

(3) 정확성

표본추출에 의한 결과가 모집단 전수조사보다 더 정확할 때가 있다. 표본추출이나 전수조사를 수행하는 경우, 항상 통계적 오차(statistical error)를 수반하는데, 이러한 통계적 오차에는 앞에서 기술한 표본오차와 비표본오차 두 가지 종류가 있다.

비표본오차(nonsampling error)는 관측값을 얻는 과정에서 발생하는 오차로서 통계적 추측과정에서 객관화시킬 수 없는 오차이다. 표본오차(sampling error)는 표본을 통하여 모집단을 추측하는 과정에서 발생하는 오차로서 통계적 추측과정에서 객관화가 가능하다. 비표본오차는 전수조사에서는 크게 나타날 수 있지만 표본조사에서는 주의를 기울이면 비표본오차에 대한 가능성을 크게 줄일 수 있다. 하지만 표본오차는 표본조사에서만 나타나고 전수조사에서는 나타나지 않는다.

이러한 이유로 통계적으로 총오차는 전수조사보다 표본조사에서 적게 나타날 수 있으며, 표본조사에서는 그 오차를 객관적으로 분석할 수 있으므로 신뢰도가 높은 것이다. 따라서 전수조사의 정확성을 제고하기 위해서도 표본조사를 이용할 필요가 있다.

(4) 기타 이유

품질검사를 할 때 종종 파괴시험을 해야 할 경우가 있다. 예를 들어서 어떤 회사가 만들어내는 철사(wire steel)의 인장강도(tensile strength)를 알고자 하면 그 철사가 끊어질 때까지 힘을 가해야 하므로 전수조사를 하면 팔 수 있는 철사가 없을 것이다. 또한 혈액형 검사에서도 혈액의 전체검사가 불가능하기 때문에 일부분만을 채취하여 검사를 실시한다.

02 표본분포

이상에서 표본의 개념과 표본추출의 이점에 대해서 설명하였는데, 이미 지적했듯이 표본추출의 목적은 표본의 결과로부터 모집단의 특성을 추측하고자 함이다. 만일 어떤 산업에 종사하는 노동자 10,000명의 월평균 임금 μ를 추측하기 위해 노동자 25명을 무작위 추출하여 표본으로 하였다면, 표본 25명의 임금을 모두 더하여 25로 나눈 값, 즉, 표본평균 $\overline{X}$는 모집단평균 μ를 추정(estimate)하는 적절한 통계량(statistic)이 될 것이다.

그러나 표본평균(sample mean)이 모집단평균(population mean)과 같을 가능성이란 거의 없고 어떤 표본을 추출했느냐에 따라 표본평균은 다르게 될 것이다. 노동자 10,000명 중에서 25명을 표본으로 추출하므로 표본추출의 가지수는 ${}_{10,000}C_{25} \simeq 6.26 \times 10^{74}$개로 무수히 많으며 이 중 어떤 표본평균은 모집단평균 μ에 가까이 있는가 하면 어떤 것은 멀리 떨어져 있게 될 것이므로 표본평균으로 모집단평균을 추정하는 데는 위험(risk)이 따르게 마련이다. 그러나 이러한 위험은 다음과 같이 확률적으로 분석이 가능하다.

만일 노동자 10,000명에서 25명씩 같은 크기로 가능한 모든 표본을 추출하여 그 평균값 $\overline{x}$를 구하면 [그림 7-1]과 같은 표본평균 $\overline{X}$의 분포를 기대할 수 있다(여기서 $\overline{X}$는 아직 값이 정해지지 않은 확률변수이고 $\overline{x}$는 표본이 추출된 후 정해진 평균값이다). 표본평균은 어떤 표본을 추출하느냐에 따라 그 값이 달라지겠지만 직관적으로 우리는 대부분의 표본평균이 모집단평균 μ에 가까이 있고 모집단평균 μ보다 아주 작거나 아주 큰 표본평균은 별로 없을 것이라고 짐작할 수 있을 것이다. 따라서 표본평균 $\overline{X}$는 [그림 7-1]과 같이 μ를 중심으로 종모양의 정규분포를 하게 되는데 여기서 중요한 것은 무수히 많은(약 6×10^{74}개) 표본평균값 $\overline{x}$ 중에서 어느 하나, 예를 들어서 $\overline{x}_i$를 택하여 μ를 추정하고자 할 때 얼마나 큰 오차(즉, $\overline{x}_i$와 μ의 차이)가 발생할 것이고 또 그 가능성(즉, 확률)은 얼마나 될 것인가를

그림 7-1 표본평균의 분포

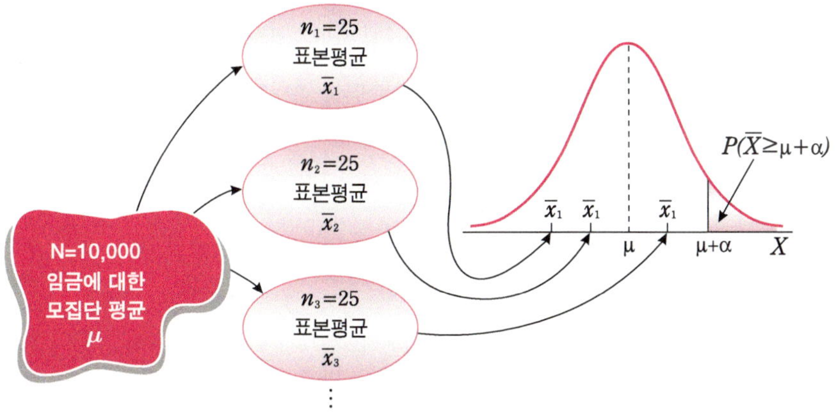

규명하는 것이다. 왜냐하면 우리는 무수히 많은 표본들을 모두 추출하여 조사하는 것이 아니고 이 중 하나를 추출하여 이 표본의 결과를 가지고 μ를 추측하기 때문이다.

그런데 표본평균 $\bar{X}$의 값 $\bar{x}$가 μ와 어떤 관계에 있고, 또 표본평균 $\bar{X}$가 취할 수 있는 값들이 얼마나 넓게 또는 좁게 분포되어 있는가(분산 또는 표준편차)를 알고 있다면 표본평균 $\bar{x}$로 모집단평균 μ를 추정할 때 발생하는 오차의 크기를 객관적으로 분석할 수 있는 것이다. 예를 들어서 노동자 10,000명의 평균임금이 150만원이고, 25명의 평균임금은 150만원을 중심으로 좌우대칭인 정규분포를 한다고 가정하자. 만일 25명 평균임금의 표준편차(이것을 $\bar{X}$의 표준편차라 하여 $\sigma_{\bar{X}}$로 표시한다. $\sigma_{\bar{X}}$의 계산방법은 추후 설명한다)가 10만원이라고 하면 $\mu \pm 3\sigma_{\bar{X}}$인 120만원과 180만원 사이에 가능한 모든 표본에서 계산된 25명의 평균임금 $\bar{x}$의 99.73%가 존재하게 될 것이다. 즉, 모평균과 표본평균의 오차가 30만원 이상될 확률은 0.27% 밖에 되지 않는다.

즉, 표본평균 $\bar{X}$의 확률분포를 알고 있으면 $\bar{X}$가 모집단평균 μ로부터 어느 정도(예를 들어 a) 이상 떨어질 확률을 구할 수 있으므로 $\bar{X}$가 μ의 정확하지 못한 추정값이 될 위험(risk)을 평가할 수 있는 것이다(그림 7-1의 빗금친 부분). 이와 같이 표본평균이 어떤 분포를 할 것인가를 연구하는 목적은 표본평균 $\bar{X}$가 모집단평균 μ와 어떤 관계에 있고 또 그 분포를 파악하여 하나의 $\bar{x}$로 μ를 추정할 때 발생하는 위험을 평가하고자 하는 것이다.

2.1 표본평균의 분포

표본평균의 분포를 구체적으로 설명하기 위하여 1, 3, 5, 7, 9 다섯 개의 숫자로 구성되어 있는 모집단에서 표본의 크기가 2인 표본을 비복원추출하는 경우를 고려해 보자(즉, 2개의 숫자를 표본으로 추출함). 이 경우 표본평균의 분포를 파악하면 표본평균의 기대값과 분산이 각각 모집단평균 및 모집단분산과 어떤 관계에 있는지 알 수 있다. 우선 모집단의 평균과 분산은 다음과 같다.

$$\mu=\frac{1+3+5+7+9}{5}=5$$

$$\sigma^2=\frac{1}{5}[(1-5)^2+(3-5)^2+(5-5)^2+(7-5)^2+(9-5)^2]=8$$

표본의 크기를 2로 하여 무작위 추출할 경우(정확하게 표현하면 비복원무작위표본추출을 할 경우) 가능한 표본은 1과 3, 1과 5, 1과 7, 1과 9, 3과 5, 3과 7, 3과 9, 5와 7, 5와 9, 7과 9의 10개이며 각각에 대한 표본평균은 2, 3, 4, 5, 4, 5, 6, 6, 7, 8이다. 각각의 표본이 추출될 확률은 1/10이므로 표본평균의 확률분포는 〈표 7-1〉 및 [그림 7-2]와 같이 될 것이다. 이것을 표본평균의 표본분포(sampling distribution of the sample mean)라고 한다.

표본평균 $\overline{X}$의 기대값 $\mu_{\bar{X}}$와 분산 $\sigma_{\bar{X}}^2$을 구하면 다음과 같다.

표 7-1 표본평균의 확률분포

x	$p(x)$
2	1/10
3	1/10
4	2/10
5	2/10
6	2/10
7	1/10
8	1/10

그림 7-2 표본평균의 막대그림표

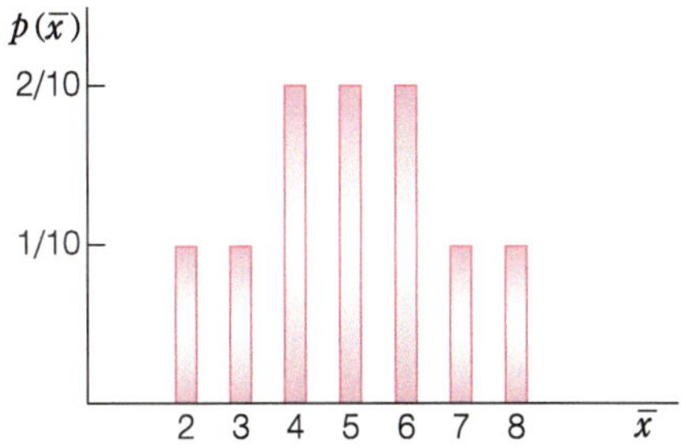

복원추출과 비복원추출

복원추출(sampling with replacement)이란 크기가 N인 모집단에서 일정크기(n)의 표본을 추출할 때 한 번 추출된 기본단위를 다시 모집단에 되돌려 놓고 표본을 추출하는 방법을 말하며, 비복원추출(sampling without replacement)이란 한번 추출된 기본단위는 모집단에 되돌려 넣지 않고 표본을 추출하는 방법을 말한다. 예를 들어, 1, 2, 3, 4, 5 다섯 개의 숫자로 구성된 모집단에서 표본의 크기가 2인 표본을 무작위로 추출하는 경우를 고려해보자. 비복원추출에 의해 표본을 추출할 경우, 가능한 표본의 가지수는 $\binom{N}{n}$으로 위의 예제의 경우에는 {1, 2}, {1, 3}, ⋯, {4, 5} 등 $\binom{5}{2}=10$개의 표본이 추출될 수 있다. 이 경우, 어떤 숫자(예를 들어 숫자 1)가 표본으로 일단 추출되면 그 숫자는 동일한 표본에 다시 포함되지 못함을 알 수 있다. 반면에, 복원추출에 의해 표본을 추출하게 되면 일단 표본으로 추출된 숫자라도 다시 모집단에 되돌려져 표본으로 다시 추출될 수 있으므로, 이 경우 {1, 1}, {2, 2} 등의 표본도 가능하다. 복원추출에 의해 표본을 추출할 경우, 표본의 가지수는 N^n으로 위의 예제의 경우에는 52=25개이다.

$$\mu_{\bar{X}}=2\cdot\frac{1}{10}+3\cdot\frac{1}{10}+4\cdot\frac{2}{10}+5\cdot\frac{2}{10}+6\cdot\frac{2}{10}+7\cdot\frac{1}{10}+8\cdot\frac{1}{10}=5$$

$$\sigma^2_{\bar{X}}=(2-5)^2\frac{1}{10}+(3-5)^2\cdot\frac{1}{10}+(4-5)^2\cdot\frac{2}{10}+(5-5)^2\cdot\frac{2}{10}+(6-5)^2\cdot\frac{2}{10}+(7-5)^2\cdot\frac{1}{10}+(8-5)^2\cdot\frac{1}{10}=3$$

여기에서 표본평균의 기대값은 모집단의 평균과 같고 표본평균의 분산은 모집단의 분산보다 작음을 알 수 있다. 즉, $\mu_{\bar{X}}=\mu$이고 $\sigma_{\bar{X}}^2<\sigma^2$이다. 여기서 유한모집단의 경우, 비복원표본추출을 가정하면 $\sigma_{\bar{X}}$와 σ의 정확한 관계는 다음 공식과 같다.[3)]

$$\sigma_{\bar{X}}=\sqrt{\frac{N-n}{N-1}}\ \frac{\sigma}{\sqrt{n}}$$

여기서 σ는 모집단의 표준편차, N은 모집단의 크기, n은 표본의 크기이고 $\sqrt{\frac{N-n}{N-1}}$은 유한모집단 수정계수(finite population correction factor)라 한다. 유한모집단에서는 표본을 비복원추출할 때마다 모집단의 수가 하나씩 줄어들게 되어 모집단의 분산이 감소하므로 유한모집단 수정계수가 사용된다.[4)] 만일 n이 N에 비해서 상대적으로 작다면 유한모집단 수정계수는 1에 가깝게 될 것이다.

이 예에서 $\sigma=\sqrt{8}$, $N=5$, $n=2$이므로 위의 공식에 대입하면

$$\sigma_{\bar{X}}=\sqrt{\frac{5-2}{5-1}}\ \sqrt{\frac{8}{2}}=\sqrt{3}$$

이 되어 앞의 계산과 같은 결과가 됨을 알 수 있다.

무한모집단인 경우에는 $\sigma_{\bar{X}}$의 공식에서 유한모집단 수정계수가 필요 없고 이 경우 $\sigma_{\bar{X}}$는 다음과 같이 유도될 수 있다. 평균이 μ이고 분산이 σ^2인 무한모집단으로부터 크기가 n인 표본을 무작위추출하면 표본관측값들(sample observations) X_1, X_2, $\cdots$, X_n은 동일한 분포를 하는 서로 독립적인 확률변수가 되며 무작위표본을 형성한다. 따라서 표본평균 $\bar{X}=\frac{1}{n}(X_1+X_2+\cdots+X_n)$도 확률변수이고 그 기대값 $\mu_{\bar{X}}$는 다음과 같이 유도된다.

$$\begin{aligned}\mu_{\bar{X}}&=E(\bar{X})=E\left[\frac{1}{n}(X_1+X_2+\cdots X_n)\right]\\&=\frac{1}{n}[E(X_1)+E(X_2)+\cdots E(X_n)]\\&=\frac{1}{n}(n\mu)=\mu\end{aligned}$$

(∵기대값의 성질)

3) $\sigma_{\bar{X}}$는 표본평균의 표준편차인데 통계학적인 용어로는 평균의 표준오차(standard error of the mean)라고 부른다.

4) 유한모집단에서 복원추출할 경우에는 유한모집단 수정계수를 사용하지 않는다.

즉, 표본평균의 기대값은 모집단평균과 일치한다.

또한 표본관측값들은 서로 독립적인 확률변수이므로 표본평균의 분산 $Var(\overline{X})$도 비슷한 방법으로 유도하면 다음과 같다.

$$
\begin{aligned}
Var(\overline{X}) &= Var\left[\frac{1}{n}(X_1+X_2+\cdots+X_n)\right] \\
&= \frac{1}{n^2}[Var(X_1)+Var(X_2)+\cdots Var(X_n)] \quad (\because X_1,\ \cdots,\ X_n\text{은 서로 독립}) \\
&= \frac{1}{n^2}(n\sigma^2) \\
&= \frac{\sigma^2}{n}
\end{aligned}
$$

따라서 표본평균의 기대값과 표준편차(또는 평균의 표준오차) $\sigma_{\overline{X}}$는 다음과 같다.

$$
\mu_{\overline{X}} = \mu
$$

$$
\sigma_{\overline{X}} = \frac{\sigma}{\sqrt{n}}
$$

무한모집단이 아니고 비복원추출이라 하여도 모집단의 크기 N이 표본의 크기 n에 비해서 아주 클 때에는 유한모집단 수정계수 $\sqrt{\dfrac{N-n}{N-1}}$은 1에 가까워지므로 $\tilde{\sigma}_{\overline{X}} = \dfrac{\tilde{\sigma}}{\sqrt{n}}$이 될 것이다.[5] 이 식에서 보는 바와 같이 표본평균의 표준편차 $\sigma_{\overline{X}}$는 표본의 크기 n이 클수록 작아지는데, 이것은 표본의 크기가 커질수록 모집단내의 개별요소의 값이 평균을 취함으로써 표본평균의 흩어짐이 완화되기 때문이다. 극단적으로 모집단을 표본으로 하면, 즉, $n=N$이면 추출할 수 있는 표본의 가지수는 하나이고 따라서 표본평균 자체가 모평균이 되며, $\sigma_{\overline{X}}=0$이 될 것이다.

지금까지 우리는 표본평균의 기대값 및 표준편차가 모집단의 평균 및 표준편차와 어떤 관계에 있는지 살펴보았는데 이러한 사실이 중요한 이유는 표본평균의 기대값 및 표준편차를 계산함으로써 표본평균의 확률분포를 파악할 수 있기 때문이다. 표본평균의 확률분포는 모집단이 정규분포를 하고 있으면 무조건 정규분포를 하게 되고 모집단이 정규분포

5) 실제 문제에서 표본의 크기는 모집단의 크기에 비해 매우 작은 것이 일반적이므로 이후부터는 $\sigma_{\overline{X}}$를 계산할 때 유한모집단 수정계수를 사용하지 않는다.

를 하고 있지 않더라도 표본의 크기가 크면 뒤에서 설명할 중심극한정리(central limit theorem)에 의해서 정규분포에 근사하게 된다. 기대값과 표준편차는 정규분포를 결정하는 두 모수이므로 표본평균의 기대값과 표준편차를 알면 표본평균의 확률분포가 결정되고 따라서 [그림 7-1]에 보여준 바와 같이 표본평균이 모집단평균으로부터 일정량 이상 떨어질 확률을 구할 수 있는 것이다.

예제 1 어떤 공장에서 생산하는 철사의 평균 인장강도는 500kg이고 표준편차는 20kg이다. 100,000개의 생산량 중에서 100개의 무작위표본을 추출했을 때 표본평균이 500kg보다 4kg이상 작을 확률을 구하라.

$\mu=500$, $\sigma=20$, $n=100$이고 N이 n에 비해서 아주 크므로 표본평균의 표준편차(평균의 표준오차) $\sigma_{\bar{X}}$는 다음과 같이 계산된다.

$$\sigma_{\bar{X}}=\frac{\sigma}{\sqrt{n}}=\frac{20}{\sqrt{100}}=2$$

구하는 확률은 표본평균이 496kg 이하로 될 확률이므로

$$P(\bar{X}\leq 496)=P(Z\leq\frac{496-500}{2})=P(Z\leq -2)=0.0228$$

그림 7-3 예제 1의 확률계산

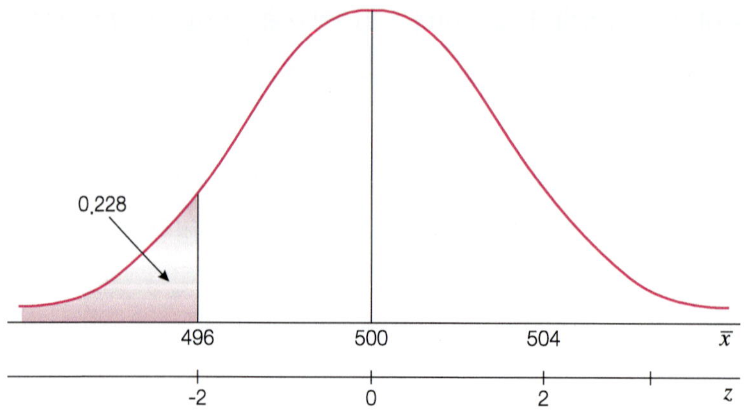

평균의 표준오차와 표본의 크기와의 관계

평균의 표준오차 $\sigma_{\bar{X}}$는 표본평균이 모집단평균 주위에 분포되어 있는 정도를 나타내는데 그 정도가 작으면 작을수록 표본평균이 모집단평균 주위에 더 가까이 분포되어 있어 표본평균으로 모집단평균을 추측하는데 오차가 작게 나타날 것이다. 그런데 $\sigma_{\bar{X}}=\frac{\sigma}{\sqrt{n}}$이므로 표본의 크기 n이 증가하면 평균의 표준오차 $\sigma_{\bar{X}}$는 감소함을 알 수 있다. 따라서 표본의 크기를 증가시키면 시킬수록 모집단의 특성을 더욱 정확하게 추측할 수 있는 것이다. 극단적인 경우로 유한모집단의 경우 모집단전체를 표본으로 추출하면 평균의 표준오차는 전혀 발생하지 않게 된다. 즉,

$$\sigma_{\bar{X}}=\sqrt{\frac{N-n}{N-1}}\ \frac{\sigma}{\sqrt{n}}$$

에서 $n=N$이므로 $\sigma_{\bar{X}}=0$이 된다.

무한모집단의 경우는 $\sigma_{\bar{X}}=\frac{\sigma}{\sqrt{n}}$이므로 만일 n이 증가하여 무한대로 접근하면(즉, $n\to\infty$이면) $\sigma_{\bar{X}}$는 0으로 접근한다(즉, $\sigma_{\bar{X}}\to 0$).

2.2 대수의 법칙과 중심극한정리

여기서 표본분포의 개념을 이해하는데 중요한 대수의 법칙(law of large numbers)과 중심극한정리(central limit theorem)에 대해서 논의하여 보자.

대수의 법칙과 중심극한정리는 확률변수의 합과 관련되어 있다. 확률변수에 대한 일반적인 법칙으로부터 만일 $X_i(i=1,\ 2,\cdots,\ n)$가 무작위표본으로부터 얻은 확률변수이면 그 합인 $Y=X_1+X_2+\cdots+X_n$도 확률변수이고, 개별 X_i는 평균이 μ이고 분산이 σ^2인 동일한 분포를 하는 독립적인 확률변수이다. 따라서 Y의 평균 및 분산은 다음과 같이 된다.

$$E(Y)=E(X_1)+E(X_2)+\cdots\cdots+E(X_n)=n\mu$$
$$Var(Y)=Var(X_1)+Var(X_2)+\cdots\cdots+Var(X_n)=n\sigma^2$$

즉, 확률변수의 합의 평균은 각 확률변수의 평균을 더한 것과 같고 확률변수의 합의 분산도 각 확률변수의 분산을 더한 것과 같다.

(1) 대수의 법칙

대수의 법칙이란 표본평균이 표본의 크기가 증가함에 따라 모집단의 평균에 수렴해 가는 규칙을 말한다. 대수의 법칙은 베르누이(Bernoulli)에 의해서 처음으로 제안되었다. 베르누이는 n번 반복하는 베르누이 실험에서 성공의 수를 X라고 하면 상대도수 $p=X/n$는 n이 충분히 크면 실제의 성공확률에 접근한다고 하였다. 그후 대수의 법칙은 킨친(Khintchine)에 의해서 수학적으로 토의되었는데, n개의 독립적인 확률변수의 표본평균을 $\bar{X}$라 하면 $\bar{X}$의 평균 $E(\bar{X})$와 분산 $Var(\bar{X})$는 각각 $E(\bar{X})=\mu$, $Var(\bar{X})=\frac{\sigma^2}{n}$이고 n이 커지면 분산 $Var(\bar{X})$가 작아지므로 $\bar{X}$가 μ에 가까워질 확률이 1에 접근한다는 것이다.

대수의 법칙은 무작위표본으로 모집단을 추측할 수 있는 정당성을 제시해 주는 중요한 법칙이다. 즉, 표본이 크면 표본의 정보는 위험이 적어지며 정확할 가능성이 많아진다는 것이다.

(2) 중심극한정리

앞서 제6장에서 언급한 바와 같이 중심극한정리는 모집단의 분포와는 관계없이 동일한 분포를 하는 많은 수의 독립적인 확률변수(즉, 무작위표본)의 합은 근사적으로 정규분포를 한다는 것이다.

이 정리의 특징은 합해지는 확률변수의 분포에 관계없이 확률변수의 합은 근사적으로 정규분포를 따른다는 것으로 확률에 관한 법칙 중에서 가장 중요하게 인식되고 있다. 이러한 사실은 실제문제를 다룰 때 많은 사회현상을 정규분포에 의해서 분석할 수 있는 정당성을 제시해 준다. 예를 들어, 하루 중 우리 나라의 전기수요는 수많은 개별가구나 공장에서 필요로 하는 전기수요의 합이므로 우리 나라 전기수요는 정규분포를 한다고 볼 수 있는 것이다.

Y를 평균이 μ, 분산이 σ^2인 n개의 무작위표본의 합이라고 하면 Y의 기대값은 $n\mu$이고 표준편차는 $\sqrt{n}\sigma$이므로 확률변수 $(Y-n\mu)/\sqrt{n}\sigma$의 분포는 n이 충분히 크면 표준정규분포로 근사한다. 여기에서 n이 얼마나 커야 되는가 하는 것이 문제인데 만족스런 결과를 얻기 위해선 대략 n이 30보다 커야 한다고 알려져 있다.[6)]

---

6) 하지만 많은 시뮬레이션 연구를 통하여 밝혀진 사실은 정규근사의 만족스러운 결과를 얻는 것은 모집단의 분포와 밀접한 관련이 있다는 것이다. 만일 모집단의 분포가 비록 정규분포를 따르지는 않지만 정규분포와 비슷한 형태의 종모양을 갖는다면 n이 5정도에서도 훌륭한 근사결과를 제공하지만 모집단의 분포가 왼쪽이나 오른쪽으로 심하게 치우쳐져 있거나 분포의 봉우리가 2개 이상일 경우에는 n이 30이상일 경우에도 정규분포에 근사하지 않는 것으로 나타난다.

중심극한정리는 확률변수의 합 Y가 기대값 $n\mu$, 표준편차 $\sqrt{n}\sigma$를 갖는 정규분포를 한다는것 뿐만 아니라 확률변수의 합의 평균, 즉, 표본평균 $\overline{X}=\dfrac{X_1+X_2+\cdots X_n}{n}$도 평균 μ, 표준편차 $\sigma/\sqrt{n}$를 갖는 정규분포를 한다고 바꾸어 말할 수 있다. 따라서 중심극한정리에 의해서 표본평균은 모집단의 분포에 관계없이 근사적으로 정규분포를 하게 되고, 표본평균의 기대값과 표준편차를 알면 표본평균에 대한 확률계산이 가능한 것이다.

2.3 표본비율의 분포

우리는 제품의 불량률을 추정한다든지 선거후보의 지지율을 추정하고자 할 때가 있다. 이러한 제품불량률이나 지지율과 같은 것을 모집단비율(population proportion)이라고 한다. 모집단비율은 표본비율(sample proportion)에 의해서 추정할 수 있는 것인데, 여기서는 모집단비율을 추정하는데 기초가 되는 표본비율의 확률분포가 어떤 특성을 가지고 있는지 파악해 보고자 한다. 표본비율의 확률분포라는 것은 표본평균의 확률분포와 마찬가지로 크기 n의 가능한 무작위표본을 모두 추출하여 그 표본비율의 값을 확률분포로 나타낸 것이다.

모집단비율은 p로, 표본비율은 $\hat{p}$로 나타내는데 표본의 크기가 n인 표본에서 어떤 관심의 대상이 되는 특성을 가진 사건(예를 들어, 불량품이나 지지자)이 $\overline{X}$개 관측되었다면 표본비율 $\hat{p}=\overline{X}/n$가 될 것이다. 그러면 여기에서 표본비율 $\hat{p}$의 평균 $\mu_{\hat{p}}$와 표준편차 $\sigma_{\hat{p}}$[7]가 어떻게 계산되는지 알아보자. 중심극한정리에 의해서 표본비율 $\hat{p}$도 표본의 크기 n이 충분히 크다면 정규분포를 하게 되므로 $\mu_{\hat{p}}$와 $\sigma_{\hat{p}}$를 알면 표본비율이 모집단비율로부터 떨어진 정도에 대한 확률을 계산할 수 있는 것이다.

예를 들어, 4명의 여학생과 6명의 남학생이 있는 모임에서 5명을 비복원추출하여 무작위표본을 만들 경우 나타나는 여학생의 비율에 대한 표본분포를 조사해 보자. 이 경우 $p=0.4$이고 표본비율은 0.0, 0.2, 0.4, 0.6, 0.8의 다섯 가지 경우가 있을 것이다. 표본비율이 0.0일 확률은 5명 중에 여학생이 한명도 없을 경우이므로

$$P(X=0)=\frac{\binom{4}{0}\cdot\binom{6}{5}}{\binom{10}{5}}=0.023810$$

7) 표본비율의 표준편차는 통계학적인 용어로는 비율의 표준오차(standard error of the proportion)라고 부른다.

이고, 표본비율이 0.2일 확률은 5명 중에 여학생이 1명 있을 경우이므로

$$P(X=1)=\frac{\binom{4}{1}\cdot\binom{6}{5}}{\binom{10}{5}}=0.238095$$

이다.

같은 방법으로 나머지 표본비율의 확률을 계산하면[8] 표본비율의 확률분포는 〈표 7-2〉와 같이 될 것이다. 이 확률분포로부터 직접 표본비율의 평균 $\mu_{\hat{p}}$와 표준편차 $\sigma_{\hat{p}}$를 구하면 다음과 같이 된다.

표 7-2 표본비율의 확률분포

표본비율	확 률
0.0	0.023810
0.2	0.238095
0.4	0.476190
0.6	0.238095
0.8	0.023810
	1.000000

$$\begin{aligned}\mu_{\hat{p}} &= (0.0)(0.023810)+(0.2)(0.238095)+\cdots+(0.8)(0.023810)\\ &=0.4\\ \sigma_{\hat{p}} &= ((0.0-0.4)^2(0.023810)+(0.2-0.4)^2(0.238095)+\cdots+\\ &=(0.8-0.4)^2(0.023810))^{1/2}\\ &=0.1633\end{aligned}$$

8) 이 확률계산은 초기하분포를 따른다.

위의 결과로부터 표본비율의 평균 $\mu_{\hat{p}}$는 모집단비율 p와 같음을 알 수 있다. 즉, $\mu_{\hat{p}}=p$이다. 또한 표본비율의 표준편차(비율의 표준오차)는 유한모집단의 경우 다음과 같이 유도될 수 있다.

이항확률변수의 성공할 확률을 p라고 하면 이항확률변수 X의 평균은 np이고 분산은 $np(1-p)$이다. 따라서 표본비율의 평균 $\mu_{\hat{p}}$와 분산 $\sigma_{\hat{p}}^2$은 다음과 같이 계산된다.

$$\mu_{\hat{p}}=E\left(\frac{X}{n}\right)=\frac{1}{n}E(X)=\frac{1}{n}(np)=p$$

$$\sigma_{\hat{p}}^2=Var\left(\frac{X}{n}\right)=\frac{1}{n^2}Var(X)=\frac{1}{n^2}np(1-p)=\frac{p(1-p)}{n}$$

즉, $\sigma_{\hat{p}}=\sqrt{\frac{p(1-p)}{n}}$ 이다.

여기에 유한모집단의 경우 유한모집단 수정계수를 곱하면 다음과 같이 된다.

$$\sigma_{\hat{p}}=\sqrt{\frac{N-n}{N-1}}\sqrt{\frac{p(1-p)}{n}}$$

여기서 p는 모집단비율이고, n은 표본의 크기, N은 모집단의 크기, $\sqrt{\frac{N-n}{N-1}}$은 유한모집단 수정계수[9]이다. 이 경우에도 N이 n에 비해 무척 큰 경우에는 유한모집단 수정계수는 1에 접근하여 사용하지 않아도 된다. 앞의 예에서 $p=0.4$, $n=5$, $N=10$이므로 $\sigma_{\hat{p}}$은 다음과 같이 계산되어 그 결과가 앞의 계산결과와 동일함을 알 수 있다. 즉,

$$\sigma_{\hat{p}}=\sqrt{\frac{10-5}{10-1}}\sqrt{\frac{(0.4)(0.6)}{5}}=0.1633$$

9) 유한모집단에서 복원추출할 경우에는 수정계수를 사용할 필요가 없다.

예제 2 소규모 지방선거에서 어떤 후보자가 100,000명의 투표자 중에서 60,000표를 얻었다고 하자. 만일 투표당일에 100명의 투표자를 무작위 추출하였다면 표본비율이 0.5 이상일 확률은 얼마겠는가?

an answer

$\mu_{\hat{p}}=0.6$

$\sigma_{\hat{p}}=\sqrt{\frac{100,000-100}{100,000-1}}\sqrt{\frac{0.6(1-0.6)}{100}}=0.0489$ 이므로

$P(\hat{p}\geq 0.5)\simeq P(Z\geq\frac{0.5-0.6}{0.0489})=P(Z\geq -2.04)=0.9793$

즉, 표본비율이 0.5 이상일 확률은 0.9793이다. 다시 말하면 100,000명의 투표자 중에서 100명 크기의 가능한 모든 표본을 추출하였을 때 이 표본 중에서 97.93%의 표본이 0.5 이상의 표본비율을 나타낼 것이다. 참고로 이 예제에서는 표본의 크기가 모집단의 크기에 비해 무척 작으므로 $\sigma_{\hat{p}}$의 계산시 유한모집단 수정계수를 사용하지 않아도 무방하다.

2.4 두 통계량 차이에 대한 표본분포

(1) 두 표본평균 차이에 대한 분포

두 생산공정의 차이를 비교한다든지 두 가지 다른 치료방법의 효과를 분석하는 일 등은 여러 연구분야에서 많이 발생하는 문제로 이러한 문제를 통계적으로 해결하기 위해서는 두 표본평균 차이에 대한 확률분포를 이해하는 것이 필요하다.

평균이 μ_1인 모집단에서 크기 n_1의 표본을 추출하여 얻은 표본평균을 $\bar{X}_1$라 하고 평균이 μ_2인 모집단에서 크기 n_2인 표본을 추출하여 얻은 표본평균을 $\bar{X}_2$라 하면 μ_1과 μ_2의 차이 $\Delta\mu=\mu_1-\mu_2$는 $\Delta\bar{X}=\bar{X}_1-\bar{X}_2$에 의해서 평가할 수 있다. 문제는 $\Delta\bar{X}$의 표본분포에 대한 특성을 파악하는 일이다. $\Delta\bar{X}$의 평균 $\mu_{\Delta\bar{X}}$와 표준편차 $\sigma_{\Delta\bar{X}}$는 다음과 같이 쉽게 유도할 수 있다(여기서, $\bar{X}_1$와 $\bar{X}_2$는 독립적이라고 가정한다).

$$E(\bar{X}_1)=\mu_1,\ Var(\bar{X}_1)=\frac{\sigma_1^2}{n_1},\ E(\bar{X}_2)=\mu_2,\ Var(\bar{X}_2)=\frac{\sigma_2^2}{n_2}\text{ 이므로}$$

$$\mu_{\Delta\bar{X}} = E(\Delta\bar{X}) = E(\bar{X}_1 - \bar{X}_2) - E(\bar{X}_2) = \mu_1 - \mu_2$$

$$\sigma_{\Delta\bar{X}} = \sqrt{Var(\Delta\bar{X})} = \sqrt{Var(\bar{X}_1 - \bar{X}_2)} = \sqrt{Var(\bar{X}_1) + Var(\bar{X}_2)}$$
$$= \sqrt{\frac{\sigma_1^2}{n_1} + \frac{\sigma_2^2}{n_2}}$$

즉, $\mu_{\Delta\bar{X}} = \mu_1 - \mu_2$, $\sigma_{\Delta\bar{X}} = \sqrt{\frac{\sigma_1^2}{n_1} + \frac{\sigma_2^2}{n_2}}$ 이다.

중심극한정리에 의해서 표본의 크기가 충분히 크면 표본평균이 정규분포로 접근함을 이미 알고 있는데, 표본평균의 차이인 $\Delta\bar{X}$도 n_1과 n_2가 충분히 크면 정규분포로 접근하게 될 것이다. 즉, $\frac{\Delta\bar{X} - \mu_{\Delta\bar{X}}}{\sigma_{\Delta\bar{X}}}$는 표준정규분포로 접근하게 된다.

예제 3 어떤 생산공정에서 평균직경이 15cm, 표준편차가 0.3cm인 동관(steel pipe)을 생산하는데 50개씩 추출한 독립적인 두 표본에서 표본평균이 0.03cm 이상 차이 날 확률은 얼마인가?

an answer

$$\mu_{\Delta\bar{X}} = \mu_1 - \mu_2 = 15 - 15 = 0$$
$$\sigma_{\Delta\bar{X}} = \sqrt{\frac{(0.3)^2}{50} + \frac{(0.3)^2}{50}} = 0.06$$

따라서 두 표본에서 표본평균이 0.03cm 이상 차이날 확률은 다음과 같이 계산된다.

$$P(|\Delta\bar{X}| \geq 0.03) = 2P(Z \geq \frac{0.03 - 0}{0.06})$$
$$= 2P(Z \geq 0.5) = 0.6170$$

(2) 두 표본비율 차이에 대한 분포

선거기간동안 한 지역으로부터 유권자 100명을 표본으로 추출하여 조사한 결과 40명이 후보 A를 지지하였고 다른 지역으로부터 유권자 150명을 표본으로 추출하여 조사하였더니 50명이 후보 A를 지지하였다고 하자. 이 경우 후보 A에 대한 두 지역 유권자의 지지율 차이를 비교하고자 한다면, 두 표본비율(여기서는 두 표본지지율)의 차이에 대한 확률분포를 이해하는 것이 필요하다.

두 개의 서로 독립인 무작위표본, 즉, 하나는 모집단비율이 p_1인 모집단으로부터 크기 n_1의 표본을 추출하고 다른 하나는 모집단비율이 p_2인 모집단으로부터 크기 n_2의 표본을 추출하여 표본비율을 각각 $\hat{p}_1$, $\hat{p}_2$라고 하자. 그러면 두 표본비율의 차이인 $\Delta\hat{p}=\hat{p}_1-\hat{p}_2$의 평균 $\mu_{\Delta\hat{p}}$와 표준편차 $\sigma_{\Delta\hat{p}}$는 다음과 같이 될 것이다.

$$E(\hat{p}_i)=p_1,\ E(\hat{p}_2)=p_2$$

$$Var(\hat{p}_1)=\frac{p_1(1-p_1)}{n_1},\ Var(\hat{p}_2)=\frac{p_2(1-p_2)}{n_2}$$ 이므로

$$\mu_{\Delta\hat{p}}=E(\Delta\hat{p})=E(\hat{p}_1-\hat{p}_2)=E(\hat{p}_1)-E(\hat{p}_2)=p_1-p_2$$

$$\sigma_{\Delta\hat{p}}=\sqrt{Var(\Delta\hat{p})}=\sqrt{Var(\hat{p}_1-\hat{p}_2)}=\sqrt{Var(\hat{p}_1)-Var(\hat{p}_2)}$$
$$=\sqrt{\frac{p_1(1-p_1)}{n_1}+\frac{p_2(1-p_2)}{n_2}}$$

즉, $\mu_{\Delta\hat{p}}=p_1-p_2$, $\sigma_{\Delta\hat{p}}=\sqrt{\frac{p_1(1-p_1)}{n_1}+\frac{p_2(1-p_2)}{n_2}}$ 이다.

그리고 이 경우에도 만일 n_1과 n_2가 충분히 크다면 중심극한정리에 의해서 $\Delta\hat{p}$는 정규분포를 하게 될 것이다. 즉, $\frac{\Delta\hat{p}-\mu_{\Delta\hat{p}}}{\sigma_{\Delta\hat{p}}}$은 표준정규분포를 하는 것이다.

예제 4 A회사에서 생산하는 건전지에는 10%의 불량품이 있고 B회사에서 생산하는 건전지에는 5%의 불량품이 있다고 알려져 있다. A회사로부터 250개의 표본을 추출하였을 때 20개가 불량품이었고 B회사로부터 300개의 표본을 추출하였을 때 18개가 불량품이었다고 한다. A회사의 표본불량률과 B회사의 표본불량률의 차이가 표본을 통하여 얻은 차이보다 크지 않을 확률을 구하여라.

an answer

A회사의 표본불량률을 $\hat{p}_1$, B회사의 표본불량률을 $\hat{p}_2$라고 표기하자. 그런데 지금 두 개의 표본이 나타내고 있는 표본불량률은 A회사의 경우 0.08, B회사의 경우는 0.06이다. 따라서 구하고자 하는 확률은 표본비율의 차이 $\Delta\hat{p}=\hat{p}_1-\hat{p}_2$가 0.02 이하일 확률이다.

$$\mu_{\Delta\hat{p}}=0.1-0.5=0.05$$

$$\sigma_{\Delta\hat{p}}=\sqrt{\frac{0.1(0.9)}{250}+\sqrt{\frac{0.05(0.95)}{300}}}=0.0228$$

$$\begin{aligned}P(\Delta\hat{p}\leq 0.02)&\simeq P(Z\leq\frac{0.02-0.05}{0.0228})\\&=P(Z\leq -1.32)\\&=0.0934\end{aligned}$$

따라서 A회사의 표본불량률과 B회사의 표본불량률의 차이가 표본을 통하여 얻은 차이보다 크지 않을 확률은 대략 9.34%이다.

예제 5 타율이 똑같이 3할인 A, B 두 야구선수가 내기를 하였는데, 다같이 100번의 타수에서 안타를 10개 이상 더 많이 치는 쪽이 상대방으로부터 50,000원을 받기로 하였다. A선수가 이 내기에서 50,000원을 받을 확률은 얼마인가?

an answer

100타수에 대한 A선수의 표본타율을 $\hat{p}_1$, B선수의 표본타율을 $\hat{p}_2$라 하면 $\hat{p}_1-\hat{p}_2\geq 0.1$되어야 A선수가 내기에 이길 수 있다.

$$\mu_{\Delta\hat{p}}=0.3-0.3=0.0$$

$$\sigma_{\Delta\hat{p}}=\sqrt{\frac{(0.3)(0.7)}{100}+\frac{(0.3)(0.7)}{100}}=0.065 \text{ 이므로}$$

$$\begin{aligned}P(\Delta\hat{p}\geq 0.1)&=P(Z\geq\frac{0.1-0.0}{0.065})\\&=P(Z\geq 1.54)\\&=0.0618\end{aligned}$$

따라서 100타수에서 A선수가 B선수보다 10개 이상 안타를 더 많이 칠 확률은 6.18%이다.

연습문제

1. 우리 나라 사람의 지능지수(IQ)는 평균이 120이고 표준편차가 10인 정규분포를 한다고 알려져 있다.
   ① 우리 나라 사람 중에 지능지수가 125 이상인 사람은 몇 %인가?
   ② 우리 나라 사람 25명을 무작위추출하여 표본평균을 구하면 표본평균이 125 이상될 확률은 얼마인가?
   ③ ①과 ②의 결과로부터 대수의 법칙(law of large numbers)을 설명하여라.

2. 우리 나라 주식가격의 변화율은 평균 +3%이고 표준편차는 10%이다.
   ① 36개 주식을 무작위로 추출하여 계산한 평균가격 변화율이 +1% 미만일 확률은 얼마인가?
   ② 46개 주식을 무작위로 추출하면 ①의 확률은 어떻게 변할 것인가?

3. 어떤 대학의 남학생 3,000명의 키는 평균이 170cm, 표준편차가 7.5cm인 정규분포를 한다고 알려져 있다. 만약 25명의 학생으로 구성되는 표본을 무작위추출하였을 때 표본평균의 기대값과 표준편차를 구하라.

4. 3번 문제에서의 25명의 표본을 80번 반복하여 추출하였을 때 표본평균이 167cm와 171cm 사이에 존재하는 기대되는 표본의 수를 계산하라.

5. 어떤 회사에서 생산하는 볼베어링 무게의 평균은 5.02그램이고, 표준편차는 0.30그램이다. 이 모집단으로부터 무작위추출에 의해 뽑힌 100개의 볼베어링의 무게가 496과 500그램 사이에 있을 확률은 얼마인가?

6. 어느 회사 사장이 결재를 하나 처리하는데 걸리는 시간은 평균 15분이고 표준편차 3분의 정규분포를 한다. 이 사장이 하루에 15건의 결제를 처리하고자 할 때 하루결재에 소요되는 시간이 4시간 이하일 확률은 얼마인가?

7. 우리 나라 사람의 25%는 불교신도라고 한다. 만일 우리 나라 사람 10,000명을 무작위추출했을 때 불교신도가 2,560명 이상될 확률은 얼마인가?

8. 감기를 예방하는 새로운 면역주사가 개발되었는데 이 면역주사가 감기를 예방할 확률은 80%이다. 만약 100사람이 이 주사를 맞았다면 이 중 10명에서 15명 사이로 감기에 걸릴 확률은 얼마인가? 정규근사를 이용하여 계산하라.

9. 우리 나라 18세 이상의 경제활동인구 중 실업률은 5%라고 한다. 경제활동인 구 100명을 무작위추출했을 때 표본실업률이 6.5% 이상일 확률은 얼마인가?

10. 어느 대학의 여학생 비율은 1/6이다. 180명의 학생을 무작위추출했을 때 여학생의 표본비율 $\hat{p}$이 0.1 이상이고 0.25 이하일 확률이 0.9905, 즉, $P(0.1 \le \hat{p} \le 0.25) = 0.9905$임을 보여라.

11. 우리 나라 남자의 키는 평균 170cm, 표준편차 5cm인 정규분포를 하고 여자의 키는 평균 162cm, 표준편차 6cm인 정규분포를 한다고 한다. 남자 36명, 여자 25명을 무작위추출하여 각 표본의 평균키를 계산했을 때 평균키의 차이가 10cm 이상 될 확률은 얼마인가?

12. A제조회사 전구의 평균수명은 1,400시간이고 표준편차는 200시간이다. 그리고 B제조회사의 전구 평균수명은 1,200시간이고 표준편차는 160시간이다. 만일 각 회사의 전구를 무작위추출에 의해서 125개씩 뽑아서 실험을 했다면 A제조회사의 전구가 B회사의 전구보다 적어도 160시간 이상 더 긴 평균수명을 가질 확률을 구하라.

13. 적성검사에 대한 학생들의 평균점수는 72점이고 표준편차는 8점이다. 36명으로 구성되는 학생집단과 독립적으로 구성된 49명의 학생집단에 있어서 두 집단의 평균점수의 차이가
① 2점이상 발생할 확률을 구하라.
② 1점과 4점 사이에 있을 확률은 얼마인가?

14. A대학은 여학생의 비율이 25%이고 B대학은 여학생의 비율이 10%이다. A대학에서 100명, B대학에서 250명의 학생을 무작위추출했을 때 표본에서 계산된 각 대학 여학생비율의 차이가 10% 이상이 될 확률을 구하라.

15. 어느 고등학교는 A, B 두 야구선수가 있는데 A의 타율은 0.35이고, B의 타율은 0.28이다. 이 두 선수가 1년 동안 치게 될 타수가 대략 120타수라고 할 때 1년 동안 실제 타율의 차이가 0.1이상 될 확률은 얼마인가?

16. 제조업에서 사용하는 공정통제기법은 생산공정에서 발생하는 품질특성의 변동상황을 통제하기 위해 사용되는 품질관리기법이다. A합판의 인천 공장은 1.2m×2.4m 규격의 합판을 주로 생산하며, 합판 한 장당 흠집 수는 평균이 5이고 표준편차가 2라고 한다. 일반적으로 특정 일에 생산된 n개의 합판에서 발생하는 합판 한 장당 평균 흠집수가 평균±3(표준편차) 내에 있으면 공정이 그날 정상적으로 작동되고 있다고 본다. 어느날 생산된 합판 중 100개의 합판을 무작위로 추출했을 때, 합판 한 장당 평균 흠집수가 6보다 클 확률은 얼마인가?

17. 경영통계학을 수강하는 1반 학생의 점수는 평균 74.88이고 분산이 12인 정규분포를 따르며 2반 학생의 점수는 평균 71.04이고 분산이 9인 정규분포를 따른다고 가정하자. 1반에서 무작위로 뽑은 2명 성적에 대한 평균점수가 2반에서 무작위로 뽑은 3명 성적에 대한 평균점수보다 클 확률은 얼마인가?

18. 확률변수 $X_1, X_2, \cdots, X_{25}$는 모수(성공확률) 0.2인 베르누이 분포로부터 얻은 무작위표본이고, 확률변수 $Y_1, Y_2, \cdots, Y_{100}$은 모수(성공확률) 0.1인 베르누이 분포로부터 얻은 무작위표본이다.

① n이 충분히 크다고 할 경우, $\sum_{i=1}^{25} X_i + \sum_{i=1}^{100} Y_j$의 근사분포를 구하라.

② $\dfrac{a\sum_{i=1}^{25} X_i - b}{|c\sum_{j=1}^{100} Y_j + d|}$가 t분포에 근사하기 위한 상수 a, b, c, d를 구하라.

제8장

추 정

앞에서 우리는 표본분포, 즉, 표본평균 및 표본비율의 확률분포에 대해서 다루었는데 표본분포는 모집단의 특성을 나타내는 모수(예를 들면, 모집단평균 또는 모집단비율)의 값을 알고 있는 상태에서 표본으로부터 추출된 통계량(예를 들면, 표본평균 또는 표본비율)의 분포로 정의할 수 있다. 표본분포는 통계량의 값과 모수의 값의 차이, 즉, 표본오차에 대한 확률적 분석을 가능하게 해주는 것으로 통계적 추측(statistical inference)의 기초가 된다.

통계적 추측이란 표본을 추출하여 구한 표본평균이나 표본비율의 값을 근거로 모집단평균이나 모집단비율의 값이 얼마가 될 것이라고 추측하는 것으로 모집단의 특성을 알고 표본의 특성에 대한 분석을 하는 표본분포와는 그 과정이 반대이다.

표본을 추출하여 모수의 값, 즉, 모집단평균이나 모집단비율의 값을 추측하는 데는 두 가지 기본적인 방법이 있다. 하나는 통계적 추정(statistical estimation)으로 표본으로부터 통계량의 값, 예를 들어서 표본평균이나 표본비율의 값을 구하여 그 값을 근거로 모수의 값, 즉, 모집단평균이나 모집단비율의 값이 얼마가 될 것이라고 추정하는 것이고, 다른 하나는 가설검정(hypothesis test)으로 모수에 대해서 어떤 값을 가정하고 표본정보를 이용하여 그 가정이 합당한가 합당하지 않은가를 결정하는 것이다. 본 장에서는 추정의 문제를 다루고 가설검정의 문제는 다음 장에서 다루게 될 것이다.

표본분포의 설명에서 예로 든 문제를 다시 고려해 보자. 어떤 산업에 종사하는 노동자 10,000명의 월평균임금 μ를 추정하기 위해서 25명의 표본을 추출하여 표본평균 $\bar{X}$를 계산해 보니 $\bar{x}=150$만원이었다고 하자. 이 경우 전체 노동자 10,000명의 평균임금 μ를 150만원이라고 추정하기도 하고 표본평균 주위로 범위를 정해 140만원에서 160만원 사이에 평균임금 μ가 있다고 추정할 수도 있다.

모수를 표본평균과 같이 하나의 수치로 추정하는 것을 점추정(point estimation)이라 하고, 표본평균 주위에 범위를 정해 모수를 추정하는 것을 구간추정(interval estimation)이라 한다.

여기에서 추정에 사용된 $\bar{X}$와 같은 통계량을 추정량(estimator)이라 하고 실제 추정에 사용된 값을 추정값(estimate)이라 하는데 150만원과 같이 하나의 값으로 모수를 추정하면 점추정값(point estimate)이라 하고 140만원에서 160만원과 같이 구간으로 모수를 추정하면 구간추정값(interval estimate)이라 한다.

그런데 표본평균은 어떤 표본을 추출하였느냐에 따라 그 값이 다르게 나타나므로 표본평균이 모집단평균과 같을 가능성은 거의 없다. 즉, 점추정값은 모수를 정확하게 예측할 가능성이 없는 반면에 구간추정값은 모수가 있을 범위를 제공함으로써 모수가 그 구간을 벗어날 가능성을 객관적으로 평가할 수 있는 것이다. 따라서 점추정은 현실적으로 많이 사용되지 않고 있으며, 모수추정에 불확실성을 포함하고 있는 구간추정이 의사결정의 주요한 통계적 정보로 많이 사용되고 있다.

01 점추정

(1) 점추정량의 선택기준

그러면 모집단평균, 모집단비율 또는 모집단 분산과 같은 모수를 추정할 때 어떤 통계량을 사용할 것인가? 상식적으로 생각해서 모집단평균은 표본평균으로, 모집단비율은 표본비율로, 모집단분산은 표본분산으로 추정하면 좋을 것으로 생각된다.

그러나 좀더 깊이 생각해 보면 모집단평균 μ는 모집단의 집중경향을 나타내는 척도이기 때문에 모집단평균의 가능한 추정량으로는 표본의 집중경향을 나타내는 통계량인 표본평균, 표본중앙값, 표본최빈값을 생각해 볼 수 있을 것이다. 그러면 어느 통계량을 모집단평균 μ의 추정량으로 사용할 것인가? 이 문제를 해결하기 위해서는 어느 통계량이 μ를 추정하는데 가장 좋은 것인가를 판단하는 기준을 세울 필요가 있다.

결론적으로 말해 좋은 추정량이 되기 위해서는 첫째, 추정량의 기대값이 모수의 값과

그림 8-1 통계량의 확률분포

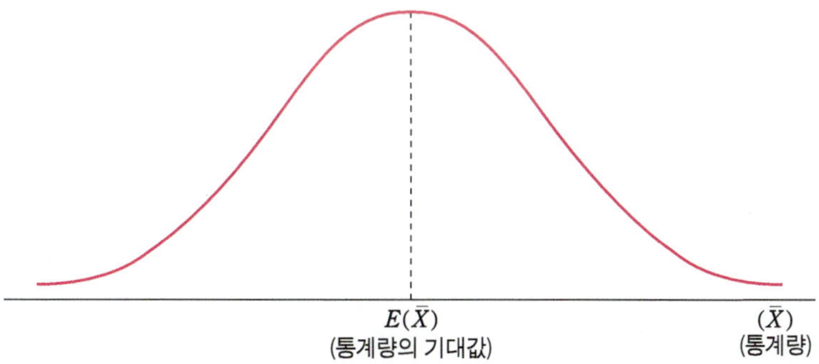

같아야 하고 둘째, 추정량의 분산이 될 수 있는 대로 작아야 한다. 우리는 앞장에서 통계량의 분포(표본분포)에 대해서 공부하였다. 즉, 통계량은 어떤 표본을 추출하느냐에 따라 다른 값을 가지므로 만일 가능한 모든 표본을 추출하여 통계량의 값을 계산하면 [그림 8-1]과 같은 표본분포를 하게 될 것이다.

즉, 통계량의 값은 어떤 표본을 추출하느냐에 따라 달라지지만 그래도 통계량의 기대값 근처의 값을 가질 가능성이 많을 것이므로 통계량의 값으로 모수를 추정하고자 하면 [그림 8-2]의 오른편 그림과 같이 통계량의 기대값이 실제 모수값과 같아야 통계량이 취하는 값이 모수 근처의 값이 되어 통계량의 값과 모수의 값이 큰 차이가 나지 않을 것이다.

만일 통계량의 기대값이 [그림 8-2]의 왼편 그림과 같이 실제 모수값과 다르다면 통계량이 취하는 값은 대부분의 표본에서 모수와 다른 값이 되므로 이런 통계량으로 모수를 추정한다면 대부분의 경우 오차가 크게 나타날 것이다. 따라서 모수를 추정하기 위해 선택하는 통계량은 그 기대값이 모수와 같아야 좋을 것이다. 또한 추정에 사용되는 통계량은 분산이 작으면 작을수록 그 기대값을 중심으로 조밀하게 분포되어 있기 때문에 추정 오차가 적게 나타날 것이다.

따라서 추정량의 기대값이 모수와 같고 분산이 작은 추정량은 [그림 8-2]에서 보는 바와 같이 추정값이 모수주위에 보다 조밀하게 운집해 있어 보다 정확한 추정값을 제공하게 될 것이다. 추정량의 기대값이 모수와 같은 추정량을 불편추정량(unbiased estimator)

그림 8-2 불편추정량과 편의추정량

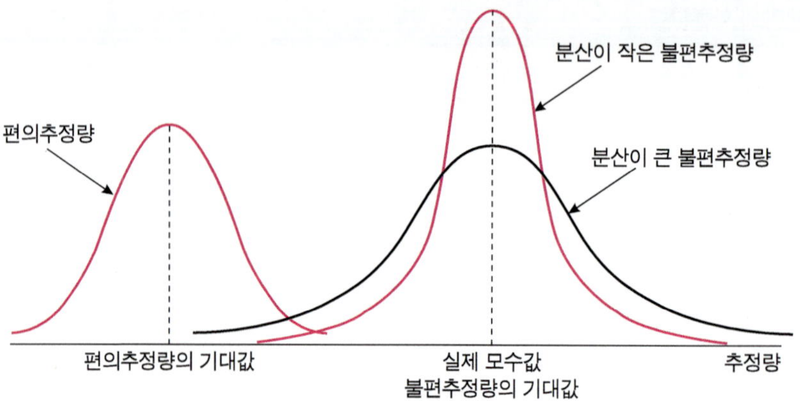

이라하고 불편추정량 중에서도 분산이 가장 작은 추정량을 최소분산불편추정량(minimum variance unbiased estimator : MVUE)이라 하는데 최소분산불편추정량은 모수를 추정하기 위한 바람직한 추정량이 된다.

(2) 모집단평균 μ의 점추정량

모집단 평균 μ를 추정할 수 있는 통계량으로는 표본평균, 표본중앙값, 표본최빈값을 들 수 있는데 그 중에서 표본평균과 표본중앙값의 기대값만이 모집단평균과 같다. 따라서 표본평균과 표본중앙값은 모집단평균 μ의 불편추정량이 된다. 즉, 표본평균$(\bar{X})$의 기대값 $E(\bar{X})=\mu$이고 표본중앙값$(\tilde{X})$의 기대값도 $E(\tilde{X})=\mu$이다. 그러면 이 두 가지 불편추정량 중 어느 것의 분산이 작을 것인가? 표본평균의 분산 $Var(\bar{X})=\frac{\sigma^2}{n}$(여기서 n은 표본의 크기)이고, 표본중앙값의 분산 $Var(\tilde{X})=1.57\frac{\sigma^2}{n}$이다. 따라서 표본평균의 분산이 표본중앙값의 분산보다 작으므로 표본평균 $\bar{X}$를 모집단평균 μ의 점추정량으로 사용하는 것이 바람직하다. 여기서 $\bar{X}$는 μ의 최소분산불편추정량이 된다.

(3) 모집단비율 p의 점추정량

모집단에서 어떤 관심 있는 특성을 갖고 있는 개체들의 비율(모집단비율)을 p라 하고, 크기 n인 무작위표본에서 그 특성을 갖고 있는 개체의 수를 확률변수 X로 표기하였을 경우 모집단비율의 가장 좋은 점추정량은 표본비율 $\hat{p}=X/n$이다. 이 경우 확률변수 X는 이항분포를 따르므로(6.1절의 이항분포 참조) 표본비율 $\hat{p}$의 기대값과 분산은 다음과 같이 계산될 수 있다.

$$E(\hat{p})=E\left(\frac{X}{n}\right)=\frac{1}{n}E(X)=\frac{1}{n}(np)=p$$

$$Var(\hat{p})=Var\left(\frac{X}{n}\right)=\frac{1}{n^2}Var(X)=\frac{1}{n^2}np(1-p)=\frac{p(1-p)}{n}$$

여기서 $E(\hat{p})=p$이므로 표본비율 $\hat{p}$은 모집단비율 p의 불편추정량임을 확인할 수 있다. 또한 표본의 크기 n이 충분히 크면, 확률변수 X의 분포는 근사적으로 평균이 np이고 분산이 $np(1-p)$인 정규분포를 따른다는 사실로부터 표본비율 $\hat{p}$의 분포는 평균이 p이고 분산이 $p(1-p)/n$인 정규분포로 근사화시킬 수 있다는 사실도 확인할 수 있다.

(4) 모집단분산 σ^2의 점추정량

모집단 분산 σ^2의 가장 좋은 점추정량은 표본분산 S^2으로 다음과 같이 주어진다.

$$S^2 = \frac{1}{n-1}\sum_{i=1}^{n}(X_i - \bar{X})^2$$

표본분산 S^2의 기대값 $E(S^2)=\sigma^2$으로 표본분산 S^2은 σ^2의 불편추정량이다. S^2이 불편추정량이라 함은 모집단으로부터 크기 n의 표본을 여러 번 추출하여 S^2을 계산하면 그 평균이 σ^2과 같아진다는 뜻이다. 이에 대한 수학적 증명은 다음과 같다.

$$\begin{aligned}\sum_{i=1}^{n}(X_i - \bar{X})^2 &= \sum_{i=1}^{n}(X_i - \mu + \mu - \bar{X})^2 \\ &= \sum_{i=1}^{n}[(X_i - \mu)^2 + 2(\mu - \bar{X})\ (X_i - \mu) + (\mu - \bar{X})^2] \\ &= \sum_{i=1}^{n}(X_i - \mu)^2 + 2(\mu - \bar{X})\sum_{i=1}^{n}(X_i - \mu) + n(\mu - \bar{X})^2 \\ &= \sum_{i=1}^{n}(X_i - \mu)^2 + 2(\mu - \bar{X})\cdot n(\bar{X} - \mu) + n(\mu - \bar{X})^2 \\ &= \sum_{i=1}^{n}(X_i - \mu)^2 - n(\mu - \bar{X})^2\end{aligned}$$

여기에서 $E(X_i-\mu)^2=\sigma^2$이므로

$$E[\sum_{i=1}^{n}(X_i - \mu)^2] = n\sigma^2$$

$$E(\bar{X} - \mu)^2 = E(\frac{\sum_{i=1}^{n} X_i}{n} - \mu)^2 = \frac{1}{n^2}E[\sum_{i=1}^{n}(X_i - \mu)^2] = \frac{\sigma^2}{n} \text{ 이다.}$$

따라서 $E\left[\frac{\sum_{i=1}^{n}(X_i-\bar{X})^2}{n-1}\right]=\frac{1}{n-1}E[\sum_{i=1}^{n}(X_i-\mu)^2-n(\bar{X}-\mu)^2]$

$$=\frac{1}{n-1}[n\sigma^2-n\frac{\sigma^2}{n}]=\sigma^2$$

이런 이유로 S^2의 계산과정에서 n으로 나누지 않고 $n-1$로 나누는데 이 점을 주의깊게 기억할 필요가 있다.

(5) 모집단표준편차 σ의 점추정량

σ의 점추정량으로 자주 쓰이는 통계량은 표본표준편차 $S=\sqrt{\frac{1}{n-1}\sum_{i=1}^{n}(X_i-\bar{X})^2}$ 이다. 그러나 $E(S)<\sigma$로 S는 σ의 불편추정량은 아니지만 표본의 크기가 증가하면 그 편의가 줄어들고(즉, $E(S)$는 σ로 접근하며), 또한 모집단분산의 불편추정량인 S^2의 제곱근이므로 편리해서 사용하고 있다.

〈표 8-1〉은 점추정량에 대한 이상의 결과를 요약해서 나타내고 있다.

표 8-1 몇 가지 모수의 점추정량

모수	점추정량
μ(평균)	$\bar{X}=\frac{1}{n}\sum_{i=1}^{n}X_i$ (표본평균)
p(비율)	$\hat{p}=\frac{1}{n}X$ (표본비율)
σ^2(분산)	$S^2=\frac{1}{n-1}\sum_{i=1}^{n}(X_i-\bar{X})^2$ (표본분산)
σ(표준편차)	$S=\sqrt{\frac{1}{n-1}\sum_{i=1}^{n}(X_i-\bar{X})^2}$ (표본표준편차)

02 구간추정

구간추정은 앞에서 설명한 바와 같이 모수가 있을 것이라고 생각되는 범위를 추정하는 것인데 범위가 크면 클수록 틀릴 가능성이 적어지게 될 것이다. 그러나 범위가 너무 크면 정보로서의 가치가 없어 의사결정에 아무런 도움이 되지 못하므로, 문제의 특성에 따라서 적절한 구간을 찾는 노력이 필요하다.

앞에서 예로 든 문제에서 어떤 산업에 종사하는 노동자 10,000명의 월평균 임금이 100만원에서 200만원 사이에 있다고 하면 틀릴 가능성은 거의 없지만 이러한 정보는 다른 어떤 산업에 종사하는 노동자의 월평균 임금과 비교하는 데는 별 도움이 되지 않는 것이다. 따라서 모수가 있을 것이라고 생각되는 구간은 그 범위가 좁을수록 유용한 정보가 된다.

그러나 모수가 있을 것으로 생각하는 구간을 정하게 되면 표본오차(sampling error)에 의해서 틀릴 가능성(모수가 그 범위내에 존재하지 않을 가능성)은 항상 있게 된다. 그러므로 구간추정에서는 범위와 함께 그 범위안에 모수가 포함될 확률인 신뢰수준(level of confidence)을 함께 고려하고 있다.

여기에서 다룰 구간추정은 모집단평균, 모집단비율, 모집단분산에 대한 것이다. 우리는 가끔 두 모집단평균, 두 모집단비율, 두 모집단의 분산에 어떤 차이가 있는가에 대한 관심을 가질 때가 있다. 두 모수의 차이에 대한 구간추정은 제10장에서 두 모수의 차이에 대한 가설검정과 함께 자세히 다루도록 한다.

2.1 모집단평균에 대한 구간추정

모집단평균 μ의 구간추정량(interval estimator)은 표본평균 $\overline{X}$의 표본분포로부터 구해질 수 있다. 만일 표본평균 $\overline{X}$가 정규분포를 하고 있고 $\overline{X}$의 평균을 $\mu_{\overline{X}}$, $\overline{X}$의 표준편차를 $\sigma_{\overline{X}}$라 하면 [그림 8-3]에서 보는 바와 같이 정규분포의 원리로부터 $\overline{X}$값의 95%는 $\mu_{\overline{X}}$ 위 · 아래로 $1.96\sigma_{\overline{X}}$ 내에 있게 될 것이다.

다시 말하여 $\mu_{\overline{X}}=\mu$이므로 $\overline{X}$의 값이 $\mu-1.96\sigma_{\overline{X}}$와 $\mu+1.96\sigma_{\overline{X}}$ 사이에 놓일 확률이 95%라는 것이고, 이는 다음과 같이 수학적으로 나타낼 수 있다.

그림 8-3 $\bar{X}$의 표본분포

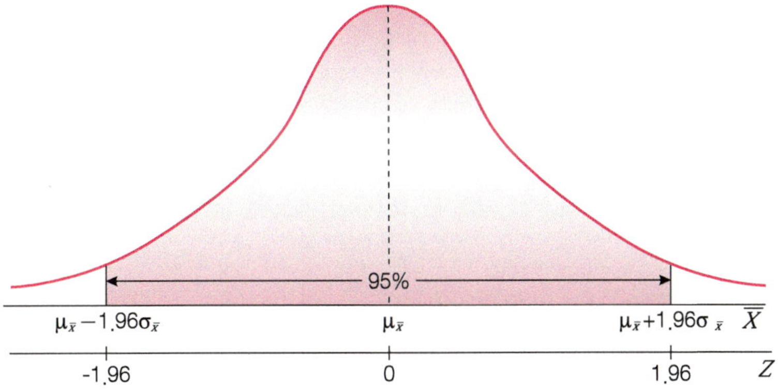

$$P(\mu-1.96\sigma_{\bar{X}} \le \bar{X}+\mu+1.96\sigma_{\bar{X}})=0.95$$

이 식을 μ에 대한 확률로 나타내면 다음과 같다.

$$P(\bar{X}-1.96\sigma_{\bar{X}} \le \mu \le \bar{X}+1.96\sigma_{\bar{X}})=0.95$$

즉, 구간 $\bar{X}\pm.96\sigma_{\bar{X}}$에 μ가 있을 확률이 0.95라는 것이 된다.

그림 8-4 다양한 표본에 대한 모평균 μ의 신뢰구간

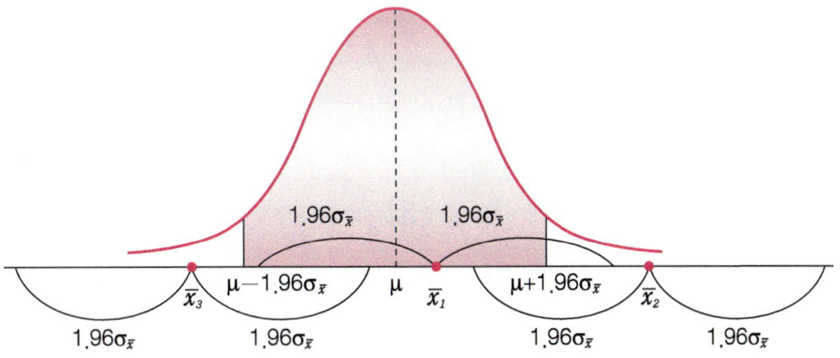

위의 결과를 [그림 8-4]를 이용하여 개념적으로 설명해보자. [그림 8-4]에서 보는 바와 같이 우리가 구한 $\overline{X}$의 값을 $\bar{x}_1$로 나타내면, $\bar{x}_1$ 상하로 $1.96\sigma_{\overline{X}}$의 범위 내에는 μ가 포함될 것이고 불행히도 $\overline{X}$의 값이 $\bar{x}_2$, $\bar{x}_3$와 같이 $\mu \pm 1.96\sigma_{\overline{X}}$의 범위 밖에 있으면 $\bar{x}_2$와 $\bar{x}_3$ 상하로 $1.96\sigma_{\overline{X}}$의 범위 내에는 μ가 포함되지 않을 것이다. 즉, 우리가 구한 $\overline{X}$ 주위로 $1.96\sigma_{\overline{X}}$의 구간을 정해 μ가 포함되지 않을 확률은 $\overline{X}$의 값이 $\mu \pm 1.96\sigma_{\overline{X}}$의 범위 밖에 있을 확률이므로 이 확률은 0.05밖에 되지 않는다. 즉, $\overline{X} \pm 1.96\sigma_{\overline{X}}$로 신뢰구간을 설정할 때 μ가 이 구간에 포함되지 않을 확률은 0.05이고 μ를 포함할 확률은 0.95이므로 신뢰수준은 0.95인 것이다.

즉, 신뢰수준의 의미는 만일 우리가 모집단에서 크기 n인 표본을 계속해서 추출하여 [그림 8-5]에서 보는 바와 같이 각 표본에 대해서 $\bar{x}-1.96\sigma_{\overline{X}}$를 하한값, $\bar{x}+1.96\sigma_{\overline{X}}$를 상한값으로 하는 구간을 만들면 이 구간들 중 95%는 μ를 포함하고 나머지 5%는 포함하지 않게 될 것이라는 것이다.

여기서 구간 $\bar{x} \pm 1.96\sigma_{\overline{X}}$를 95%의 신뢰수준을 갖는 신뢰구간(confidence interval)이라고 한다. 95%의 신뢰수준이란 위에서 말한 바와 같이 크기 n인 모든 가능한 표본을 모집단으로부터 추출하여 $\bar{x} \pm 1.96\sigma_{\overline{X}}$의 구간들을 만들면 그 중 95%는 μ를 포함하고 나머지 5%는 μ를 포함하지 않는다는 것이다.

하지만 우리는 표본을 하나만 추출하여 구간을 만들게 되므로 그 구간이 μ를 포함할

그림 8-5 크기 n의 표본으로부터 계산된 신뢰구간

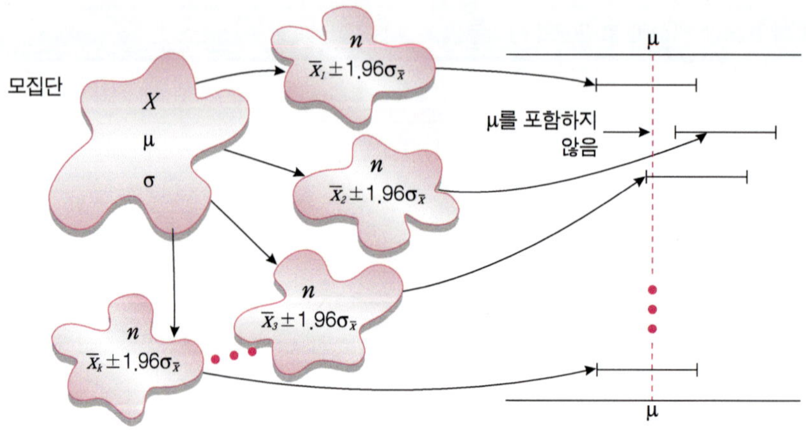

확률은 0이나 1이 될 것이다. 따라서 일단 표본으로부터 신뢰구간이 만들어지게 되면 확률이라는 개념은 더이상 적용할 수가 없게되며 대신 신뢰수준이라는 용어를 이용하여 95%의 개념을 표현한다. 여기서 신뢰수준은 표본추출과 관련된 위험부담의 정도를 나타내는 수치이다.

예제 1 어느 대학 1학년 전체학생의 평균키를 조사하기 위해서 1학년 학생 36명을 무작위추출하여 평균키를 계산해 보니 169.8cm였다. 과거의 경험에 의해서 1학년 전체학생들 키의 표준편차가 5cm라고 가정하면 1학년 전체학생 평균키의 95% 신뢰구간은 어떻게 될 것인가?

an answer

전체학생 평균키 μ의 95% 신뢰구간은 $(\bar{x}-1.96\sigma_{\bar{X}},\ \bar{x}+1.96\sigma_{\bar{X}})$이다.

그런데 $n=36$, $\sigma=5$이므로 $\sigma_{\bar{X}}=\frac{5}{\sqrt{36}}=\frac{5}{6}$이고, $\bar{x}=169.8$이므로 95% 신뢰구간은 다음과 같이 계산된다.

$$\left(169.8-1.96\left(\frac{5}{6}\right),\ 169.8+1.96\left(\frac{5}{6}\right)\right)$$
$$=(168.17,\ 171.43)$$

따라서 전체학생의 평균키가 168.17cm에서 171.43cm 사이에 있다고 하면 맞을 가능성이 95%이고 틀릴 가능성이 5%라는 것이다.

신뢰수준은 우리가 원하는 대로 사전에 정할 수 있으며 신뢰수준을 높이면 신뢰구간의 폭이 넓어지게 되고 낮추면 좁아진다. 즉, 원하는 신뢰수준에 따라 신뢰구간은 달라지는데 1에서 신뢰수준을 뺀 값을 α라 하고 [그림 8-6]에서 보는 바와 같이 표준정규분포에서 오른쪽 면적이 $\alpha/2$가 되는 표준화된 값을 $z_{\alpha/2}$라 하면 신뢰수준이 $(1-\alpha)$인 신뢰구간은 일반적으로 다음과 같이 설정된다.

$$\bar{x} \pm z_{\alpha/2}\sigma_{\bar{X}} \text{ 또는 } (\bar{x}-z_{\alpha/2}\sigma_{\bar{X}},\ \bar{x}+z_{\alpha/2}\sigma_{\bar{X}})$$

만일 90%의 신뢰수준을 원한다면 $\alpha=0.1$이고 $z_{0.05}=1.645$이므로 신뢰구간은 $\bar{x}\pm1.645\sigma_{\bar{X}}$가 될 것이다. 실제로 우리가 자주 사용하는 신뢰수준은 0.90, 0.95, 0.99인데 각각에

그림 8-6 $z_{\alpha/2}$의 계산

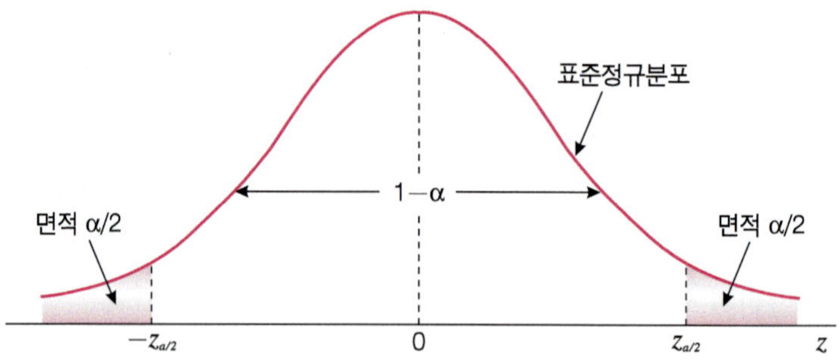

대한 $z_{\alpha/2}$ 및 신뢰구간은 〈표 8-2〉와 같다.

그런데 신뢰구간을 작성하기 위해서는 일반적인 공식 $\bar{x}\pm z_{\alpha/2}\sigma_{\bar{X}}$에서 $\sigma_{\bar{X}}$를 계산하여야 한다. $\sigma_{\bar{X}}$는 평균의 표준오차로서 앞장에서 다음과 같음을 알고 있다.

$$\sigma_{\bar{X}}=\frac{\sigma}{\sqrt{n}}$$

만일 모집단표준편차 σ의 값을 알고 있으면 쉽게 $\sigma_{\bar{X}}$를 계산할 수 있으나 실제문제에 있어서는 우리가 추정하고자 하는 모집단평균 μ의 값을 모르고 있을 뿐만 아니라 모집단표준편차 σ의 값도 모르는 경우가 대부분이다. 이 경우는 모집단표준편차 σ 대신에 모집단표준편차의 점추정량인 표본표준편차의 값 $s=\sqrt{\sum_{i=1}^{n}(x_i-\bar{x})^2/(n-1)}$ 를 사용하여 $\sigma_{\bar{X}}=\frac{s}{\sqrt{n}}$ 로 계산한다.

표 8-2 $z_{\alpha/2}$와 신뢰구간의 하한값과 상한값

신뢰수준	$z_{\alpha/2}$	하한값	상한값
0.90	1.645	$\bar{x}-1.645\sigma_{\bar{X}}$	$\bar{x}+1.645\sigma_{\bar{X}}$
0.95	1.96	$\bar{x}-1.96\sigma_{\bar{X}}$	$\bar{x}+1.96\sigma_{\bar{X}}$
0.99	2.58	$\bar{x}-2.58\sigma_{\bar{X}}$	$\bar{x}+2.58\sigma_{\bar{X}}$

그리고 만일 우리가 σ의 값을 알고 있다면 $\bar{X}$의 표준화된 확률변수 $\dfrac{\bar{X}-\mu_{\bar{X}}}{\sigma/\sqrt{n}}$는 표준정규분포를 따르므로 μ의 신뢰구간은 정규분포에 기초하여 작성할 수 있다. 그러나, σ의 값을 모르고 있는 경우에는 σ대신에 σ를 이용하여 $\bar{X}$의 스튜던트화된 확률변수 $\dfrac{\bar{X}-\mu_{\bar{X}}}{s/\sqrt{n}}$을 만든다.

이 표준화된 확률변수는 표본의 크기가 크면($n \geq 30$) 대략 표준정규분포를 하지만 표본의 크기가 작으면 표준정규분포를 하지 않고 t분포를 따르게 된다. 따라서 이 경우의 신뢰구간은 t분포에 기초를 두고 작성해야 할 것이다.

따라서 μ의 신뢰구간 작성방법은 σ를 알고 있는 경우, σ를 모르지만 표본의 크기가 큰 경우, σ를 모르고 표본의 크기가 작은 경우의 세 가지로 나누어진다.

(1) σ의 값을 알고 있는 경우

신뢰구간의 일반식 $\bar{x} \pm z_{\alpha/2}\sigma_{\bar{X}}$의 $\sigma_{\bar{X}}$에 $\sigma/\sqrt{n}$을 대입하면 신뢰구간은 다음과 같이 될 것이다.

$$\left(\bar{x}-z_{\alpha/2}\frac{\sigma}{\sqrt{n}},\ \bar{x}+z_{\alpha/2}\frac{\sigma}{\sqrt{n}}\right)$$

이 경우 모집단평균 μ에 대한 신뢰구간의 폭은 [그림 8-7]에서 보는 바와 $2z_{\alpha/2}\dfrac{\sigma}{\sqrt{n}}$이다.

그림 8-7 신뢰구간의 폭

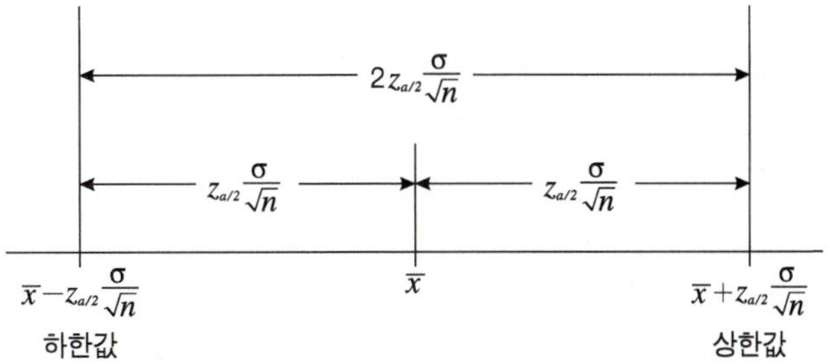

이미 지적한 바와 같이 신뢰구간의 폭이 너무 크면 정보로서의 가치가 없다. 통계학적 용어로 정밀성(precision)이 낮아진다는 것이다. 따라서 신뢰구간의 폭은 좁을수록 좋은데 신뢰구간의 폭이 $2z_{\alpha/2}\sigma/\sqrt{n}$ 이므로 신뢰구간의 폭을 줄이기 위해서는 신뢰수준을 낮추어 $z_{\alpha/2}$를 작게 하든지 표본의 크기 n을 크게 하는 두 가지 방법이 있다. 그러나 신뢰수준을 너무 낮추면 위험부담이 커지고 표본의 크기를 너무 크게 하면 표본을 추출하는 비용이 많아지게 되므로 신뢰도와 표본의 크기를 적절하게 유지하는 것이 필요하다.

예제 2 중앙전자주식회사는 전자제품의 부품으로 쓰이는 콘덴서의 축전용량을 추정하고자 한다. 10,000개의 부품 중에 100개의 표본을 추출하여 평균용량을 구해보니 495μF(마이크로 파랏)이 나왔다. 모집단표준편차가 $\sigma=7\mu F$이라면 모집단평균, 즉, 콘덴서 전체의 평균축전용량 μ의 95% 신뢰구간은 얼마인가?

an answer

95% 신뢰구간이므로 $\alpha=0.05$, $\alpha/2=0.025$이다. 부록의 〈표 3〉으로부터 $z_{0.025}=1.96$이며 평균의 표준오차 $\sigma_{\bar{X}}=\dfrac{\sigma}{\sqrt{n}}=\dfrac{7}{\sqrt{100}}=0.7$ 이다. 따라서 μ의 95% 신뢰구간은 다음과 같이 설정된다.

$$\begin{aligned}&(\bar{x}-z_{0.025}\sigma_{\bar{X}},\ \bar{x}+z_{0.025}\sigma_{\bar{X}})\\&=(495-1.96(0.7),\ 495+1.96(0.7))\\&=(495-1.372,\ 495+1.372)\\&=(493.628,\ 496.372)\end{aligned}$$

즉, 콘덴서 전체의 평균축전용량은 신뢰수준 95%로 493.628μF에서 496.372μF 사이에 있을 것으로 추정된다.

(2) σ의 값을 모르지만 표본의 크기가 큰 경우($n\geq30$)

이 경우에는 σ를 모르므로 $\sigma_{\bar{X}}$를 $s/\sqrt{n}$로 추정해야 하는데 표본의 크기 n이 크면, $\dfrac{\bar{X}-\mu_{\bar{X}}}{s/\sqrt{n}}$은 표준정규분포에 근사하므로 μ의 신뢰구간을 다음과 같이 나타낼 수 있다.

$$\left(\bar{x}-z_{\alpha/2}\frac{s}{\sqrt{n}},\ \bar{x}+z_{\alpha/2}\frac{s}{\sqrt{n}}\right)$$

예제 3 우리 나라를 방문하는 관광객이 평균 소비하는 외화를 알아보기 위하여 관광객 100명을 추출하여 물어본 결과 100명의 평균 소비액은 1,700달러이고 표본표준편차는 200달러였다. 관광객이 한번 방문할 때 우리 나라에서 쓰는 외화의 평균소비액에 대한 90% 신뢰구간을 작성하라.

an answer 이 경우는 σ의 값은 모르지만 표본의 크기가 큰 경우이므로 구하는 신뢰구간은 다음과 같다.

$$\left(\bar{x}-z_{\alpha/2}\frac{s}{\sqrt{n}},\ \bar{x}+z_{\alpha/2}\frac{s}{\sqrt{n}}\right)$$

$\bar{x}=1{,}700$, $\sigma=200$, 90% 신뢰수준에 대한 Z값은 부록의 〈표 3〉으로부터 $z_{0.05}=1.645$이므로 신뢰구간은 다음과 같이 계산된다.

$$\left(1{,}700-1.645\frac{200}{\sqrt{100}},\ 1{,}700+1.645\frac{200}{\sqrt{100}}\right)$$
$$=(1{,}700-32.9,\ 1{,}700+32.9)$$
$$=(1{,}667.1,\ 1{,}732.9)$$

따라서 관광객이 평균 소비하는 외화는 신뢰수준 90%로 1,667달러에서 1,733달러 사이에 있을 것으로 추정되며, 이렇게 말할 때 틀릴 가능성은 10%이다.

(3) σ의 값을 모르고 표본의 크기가 작은 경우($n<30$)

이 경우는 앞에서도 언급한 바와 같이 표본평균 $\bar{X}$의 스튜던트화된 확률변수 $\frac{\bar{X}-\mu_{\bar{X}}}{s/\sqrt{n}}$이 t분포를 하기 때문에 신뢰구간은 자유도가 $n-1$(표본크기−1)인 t분포에 의해서 다음과 같이 나타낼 수 있다.

$$(\bar{x}-t_{\alpha/2}(n-1)\,s/\sqrt{n},\ \bar{x}+t_{\alpha/2}(n-1)s/\sqrt{n})$$

즉, 표본의 크기가 큰 경우와 다른 점은 $z_{\alpha/2}$대신에 $t_{\alpha/2}(n-1)$이 사용되었다는 점이다. 여기서 t분포를 사용하여 모평균에 대한 신뢰구간을 작성하기 위해서는 모집단이 정규분포를 따른다는 가정이 필요하다.

예제 4 어떤 사람이 종합검진을 받는데 걸리는 시간이 정규분포를 한다고 한다. 종합검진을 받는 사람 16명을 무작위추출하여 검진시간을 조사해 본 결과 평균 60분이 걸렸고 표준편차는 12분이었다고 한다. 모집단 평균검진 시간에 대한 95% 신뢰구간은 어떻게 될 것인가?

모집단이 정규분포를 하고 표본의 크기가 작고($n<30$) 모집단표준편차가 알려져 있지 않으므로 신뢰구간은 t분포를 이용하여 다음의 식으로 구할 수 있다.

$$\bar{x} \pm t_{\alpha/2}(n-1)\frac{2}{\sqrt{n}}$$

95% 신뢰구간이므로 $\alpha=0.05$, $\alpha/2=0.025$이다. 그리고 자유도는 $n-1=15$이다. 따라서 부록의 〈표 5〉로부터 $t_{0.025}(15)=2.13$이다. 또한 $\bar{x}=60$, $s=12$, $n=16$이므로 신뢰구간은 다음과 같다.

$$x \pm t_{0.025}(15)\frac{s}{\sqrt{n}}=60\pm2.13\frac{12}{\sqrt{16}}=60\pm6.39 \text{ 즉, } (53.61, 66.39)$$

따라서 모집단 평균검진 시간은 53.61분에서 66.39분 사이에 있다고 신뢰수준 95%로 말할 수 있다.

만일 t분포 대신에 정규분포를 사용한다면 95% 신뢰수준에 대한 $z_{\alpha/2}=1.96$이므로 신뢰구간은 다음과 같이 될 것이다.

$$60\pm1.96\frac{12}{\sqrt{16}}=60\pm5.88 \text{ 즉, } (54.12, 65.88)$$

따라서 정규분포를 이용하여 구한 신뢰구간은 54.12에서 65.88분 사이로 t분포를 이용하여 구한 신뢰구간 폭보다 짧다. 이와 같은 차이가 발생하는 이유는 t분포를 이용하여 신뢰구간을 구하는 경우 모집단표준편차 σ를 표본표준편차 s로 대치하면서 개입되는 불확실성이 감안되기 때문이다.

이상에서 우리는 모집단평균(μ)의 신뢰구간을 구할 때 모집단표준편차(σ)를 알고 있는지의 여부, 그리고 표본의 크기(n)에 따라 정규분포 또는 t분포를 사용하였는데 이를 정리하면 다음과 같다.

σ	모집단분포	표본의 크기	사용되는 분포
σ를 알고있음	정규분포임	관계없음	정규분포
	분포에 상관없음	커야 함($n\geq30$)	정규분포
σ를 모름	정규분포이어야 함	큼($n\geq30$)	정규분포 (엄밀하게는 t분포)
		작음($n<30$)	t분포

2.2 모집단비율에 대한 구간추정

(1) 표본의 크기가 클 경우

중심극한정리에 의해서 표본비율 $\hat{p}$는 표본의 크기가 클 때, 즉, $np \geq 5$이고 $n(1-p) \geq 5$일 때 대략 정규분포를 한다는 사실로부터 모집단비율 p에 대한 신뢰구간은 다음과 같이 작성될 수 있다.

$$\hat{p} \pm z_{\alpha/2}\sigma_{\hat{p}} \text{ 또는 } (\hat{p}-z_{\alpha/2}\sigma_{\hat{p}},\ \hat{p}+z_{\alpha/2}\sigma_{\hat{p}})$$

여기서 표본비율의 표준편차 $\sigma_{\hat{p}}$는 다음과 같다.

$$\sigma_{\hat{p}} = \sqrt{\frac{p(1-p)}{n}}$$

여기서 모집단비율 p는 미지수이므로 p대신에 $\hat{p}$을 사용하여 표본비율의 표준편차를 추정하면 다음과 같다.

$$\hat{\sigma}_{\hat{p}}{}^{10)} = \sqrt{\frac{\hat{p}(1-\hat{p})}{n}}$$

따라서 모집단비율 p에 대한 대략적인 신뢰구간은 다음과 같다.

$$\hat{p} \pm z_{\alpha/2}\sqrt{\frac{\hat{p}(1-\hat{p})}{n}} \text{ 또는 } \left(\hat{p} - z_{\alpha/2}\sqrt{\frac{\hat{p}(1-\hat{p})}{n}},\ \hat{p} + z_{\alpha/2}\sqrt{\frac{\hat{p}(1-\hat{p})}{n}}\right)$$

---

10) $\sigma_{\hat{p}}$위에 표시한 ∧은 햇(hat)으로 읽으며, $\sigma_{\hat{p}}$의 추정값이라는 것을 뜻한다.

예제 5 대통령선거를 위한 투표를 하기 전에 A후보에 대한 지지율을 조사하기 위하여 유권자 2,500명을 무작위추출하여 여론조사를 실시한 결과 1,500명이 A후보를 지지하는 것으로 나타났다. A후보의 전체적인 지지율에 대한 95% 신뢰구간을 계산하여라.

an answer

신뢰구간은 $\hat{p} \pm z_{\alpha/2}\sqrt{\dfrac{\hat{p}(1-\hat{p})}{n}}$ 이다. $1-\alpha=0.95$이므로 $\alpha=0.05$, $\alpha/2=0.025$이다. 부록의 〈표 3〉으로부터 $z_{\alpha/2}=z_{0.025}=1.96$이고 $n=2{,}500$, $\hat{p}=0.60$이므로 신뢰구간은 다음과 같이 계산된다.

$$
\begin{aligned}
0.60 \pm 1.96\sqrt{\frac{0.60(1-0.60)}{2{,}500}} &= 0.60 \pm 1.96\sqrt{0.000096} \\
&= 0.60 \pm 1.96(0.009798) \\
&= 0.60 \pm 0.019204 \\
&= (0.58,\ 0.62)
\end{aligned}
$$

따라서 A후보 지지율에 대한 95% 신뢰구간은 0.58에서 0.62이다. 즉, A후보는 58%에서 62%의 지지를 받고 있다고 95% 확신할 수 있다.

(2) 표본의 크기가 작을 경우

모집단비율 p에 대한 신뢰구간은 표본비율 $\hat{p}$의 표준화변량 $(\hat{p}-p)/\sqrt{\hat{p}(1-\hat{p})/n}$이 대략 표준정규분포를 한다는 가정하에 $\hat{p} \pm z_{\alpha/2}\sqrt{\hat{p}(1-\hat{p})/n}$로 주어졌다. 그러나 이러한 가정은 표본의 크기 n이 클 때, 즉, $np \geq 5$이고 $n(1-p) \geq 5$일 때 적용할 수 있다. 표본의 크기가 작을 경우에는 정확한 신뢰구간을 작성하기 위해서 이항분포를 이용하게 되는데 계산이 복잡하고 표본오차가 매우 크게 발생하기 때문에(즉, 신뢰구간의 폭이 매우 크게 되므로) 정보로서의 가치가 떨어진다. 또한 모집단비율을 추정하고자 할 때 우리가 사용하는 표본은 그 크기가 큰것이 일반적이므로 표본의 크기가 작을 경우의 신뢰구간 설정방법은 본서에서는 논의하지 않기로 한다.

2.3 모집단분산에 대한 구간추정

제6장에서 우리는 ① 표준정규분포를 따르는 확률변수 Z의 제곱이 χ^2분포를 하고, ② 자유도는 제곱하는 표준정규변수의 수와 같고, ③ χ^2분포를 따르는 서로 독립적인 확률변수를 더한 새로운 확률변수도 χ^2분포를 하며, 이 경우 새로운 확률변수의 자유도는 독

그림 8-8 표본의 크기에 따른 χ^2분포

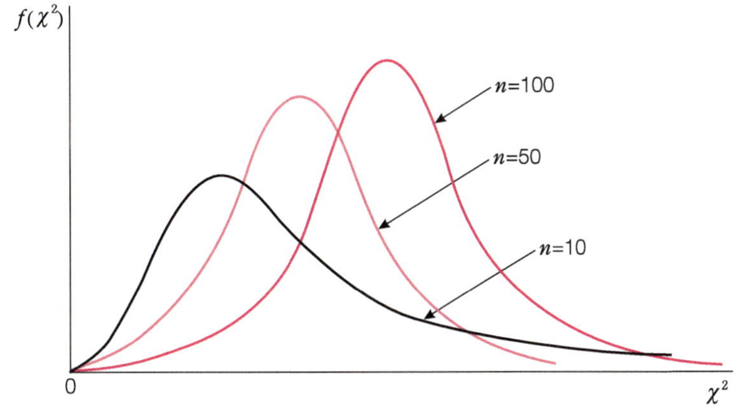

립적인 확률변수 각각의 자유도를 더한 것과 같다는 사실을 공부한 바 있다. 또한 평균이 μ이고 표준편차가 σ인 정규분포를 따르는 모집단으로부터 크기 n의 표본을 추출하여 얻어진 새로운 확률변수 $\frac{(n-1)S^2}{\sigma^2}$은 자유도 $(n-1)$의 χ^2분포를 따른다는 사실도 공부한 바 있다.

모집단분산 σ^2의 신뢰구간은 표본분산 S^2의 표본분포로부터 구해진다. 표본분산 S^2을 표준화하면 다음과 같이 표현된다.

$$V=\frac{(n-1)S^2}{\sigma^2}$$

여기서 n은 표본의 크기이며 확률변수 V의 분포는 위에서 언급한 바와 같이 자유도 $(n-1)$의 χ^2분포를 따른다.

χ^2분포는 오른쪽으로 긴 꼬리를 가진 비대칭분포이고 양의 실수값만을 가진다. χ^2분포는 t분포와 같이 표본의 크기에 따라 분포의 모양이 결정되는데 자유도에 따라서 확률계산을 할 수 있는 표가 부록의 〈표 6〉에 주어져 있다. [그림 8-8]은 표본의 크기에 따른 세 가지 형태의 χ^2분포를 보여주고 있는데 표본의 크기가 증가함에 따라 정규분포에 가까워지고 있음을 알 수 있다.

신뢰수준이 $(1-\alpha)$인 모집단분산에 대한 신뢰구간을 작성하기 위해서는 [그림 8-9]와

그림 8-9 $\chi^2(n-1)$분포의 상한값과 하한값

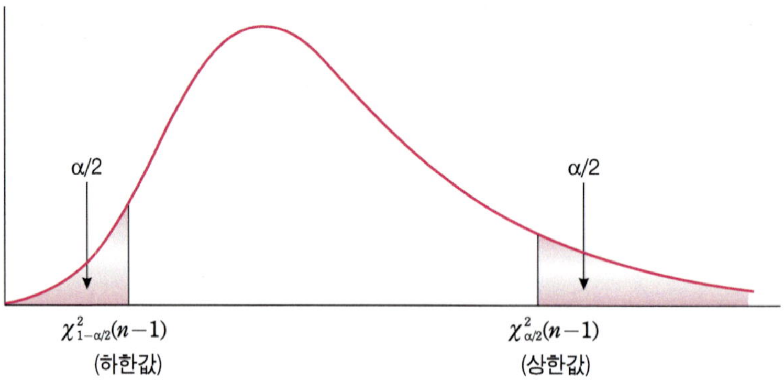

같이 분포의 양끝 면적이 $\alpha/2$가 되는 하한값 $\chi^2{}_{1-\alpha/2}(n-1)$과 상한값 $\chi^2{}_{1-\alpha/2}(n-1)$을 찾으면 될 것이다. 즉,

$$P\left(\chi^2_{1-\alpha/2}(n-1) \le \frac{(n-1)S^2}{\sigma^2} \le \chi^2_{\alpha/2}(n-1)\right) = 1-\alpha$$

$$\Leftrightarrow P\left(\frac{(n-1)S^2}{\chi^2_{\alpha/2}(n-1)} \le \sigma^2 \le \frac{(n-1)S^2}{\chi^2_{1-\alpha/2}(n-1)}\right) = 1-\alpha$$

이므로 신뢰수준이 $(1-\alpha)$인 모집단분산 σ^2에 대한 신뢰구간은 다음과 같이 표현된다.

$$\left(\frac{(n-1)S^2}{\chi^2_{\alpha/2}(n-1)} \cdot \frac{(n-1)s^2}{\chi^2_{1-\alpha/2}(n-1)}\right)$$

예제 6 어떤 비누제조회사에서 생산하는 비누의 무게에 대한 표준편차는 $2g$을 넘을 수 없도록 설계되어 있는데 표본을 20개 추출하여 표본분산 s^2를 측정해 본 결과 $5g^2$이 나왔다. 모집단분산 σ^2에 대한 90% 신뢰구간을 계산하여라.

an answer σ^2에 대한 신뢰구간은 다음과 같다.

$$\left(\frac{(n-1)S^2}{\chi^2_{\alpha/2}(n-1)} \cdot \frac{(n-1)s^2}{\chi^2_{1-\alpha/2}(n-1)}\right)$$

그리고 표본의 크기가 20이므로 자유도는 19이다. 따라서 양끝에 5%의 면적을 남기는 χ^2의 값은 부록의 〈표 6〉으로부터 $\chi^2{}_{0.95}(19)$는 10.12이고 $\chi^2{}_{0.05}(19)$는 30.14임을 확인할 수 있다. 따라서 모집단분산에 대한 90% 신뢰구간은 다음과 같이 계산된다.

$$\left(\frac{(19)\ (5)}{30.14} \cdot \frac{(19)\ (5)}{10.12}\right)$$
$$=(3.15,\ 9.39)$$

03 표본의 크기결정

신뢰구간의 폭은 작을수록 의사결정을 위한 정보로서의 가치가 크다. 또한 이미 설명한 바와 같이 신뢰구간의 폭은 신뢰수준을 낮추거나 표본의 크기를 크게 하면 작게 만들 수 있다. 그러나 신뢰수준을 낮추어 신뢰구간의 폭을 작게 하는 것은 위험부담이 커지므로 적절하지 못한 방법일 것이다.

구간추정을 하기 전에 우리는 보통 신뢰수준을 미리 정해놓고 있을 뿐만 아니라 얼마의 범위 내로 모수를 추정할 것인가, 즉, 신뢰구간의 폭을 얼마로 할 것인가를 정할 필요가 있다. 신뢰구간의 폭은 구간추정의 정밀도(precision)를 나타내는데 정밀도를 높게하기 위해서는 표본의 크기를 크게 함으로써 표본오차(sampling error)를 줄여야 한다. 극단적으로 모집단 전체를 표본으로 추출하면 표본오차는 없어지고 신뢰구간의 폭은 0이 되어 최고의 정밀도를 유지할 수 있을 것이다. 그러나 이와 같이 표본의 크기를 너무 크게하면 표본을 추출하는데 소요되는 비용이 많아지게 되므로 신뢰수준과 표본의 크기를 적절하게 유지하는 것이 중요하다.

3.1 모집단평균의 추정을 위한 표본크기의 결정

우리 나라를 방문하는 관광객의 외화소비액의 평균에 대한 95% 신뢰구간폭을 100달러 이상 되지 않도록 추정하고자 할 때 표본의 크기를 얼마로 해야할 것인지를 알아보자. 모집단평균 μ의 95% 신뢰구간은 $\bar{x} \pm 1.96\sigma_{\bar{X}}$이므로 μ의 점추정량 $\bar{X}$를 중심으로 50달러 이상 떨어져 있지 않기 위해서는 $1.96\sigma_{\bar{X}} < 50$[11)]이 되어야 한다. 여기서 $\sigma_{\bar{X}} = \frac{\sigma}{\sqrt{n}}$이므로 위의 조건은 $1.96\frac{\sigma}{\sqrt{n}} \leq 50$으로 바뀌게 되며, 이 식을 n에 대하여 풀면 $n \geq \left(\frac{1.96\sigma}{50}\right)^2$이 된다.

여기서 소개된 식을 사용하려면 모집단표준편차 σ의 값을 알아야 하지만 일반적으로 σ는 우리가 모르는 미지수일 뿐만 아니라 아직 표본을 추출하기 전이므로 표본표준편차 s도 쓸 수 없다. 따라서 과거의 경험에 의하여 σ의 대략적인 추정값을 쓰든지 간단한 예비조사(pilot study)를 통하여 σ를 추정할 수도 있을 것이다. 하여튼 모집단표준편차 σ의 값에 대해 어떠한 값을 할당하지 않으면 안될 것이다.

만일 과거의 경험에 의해서 σ=300이면

$$n \geq \left(\frac{1.96 \cdot 300}{50}\right)^2 = 138.30$$

즉, 적어도 139명의 표본을 추출하여야 한다.

일반적으로 모집단평균 μ에 대한 $100(1-\alpha)\%$ 신뢰구간의 폭을 $2A$이상 되지 않도록 추정하고자 하면 표본의 크기 n은 다음과 같은 식으로 표현된다.

$$n \geq \left(\frac{z_{\alpha/2} \cdot \sigma}{A}\right)^2$$

11) 이 경우 50을 최대허용오차(maximum probable error)라고 하며, 본서에서는 이를 A로 표기하기로 한다. 주어진 문제는 신뢰구간 폭의 절반이 최대허용오차를 초과하지 않도록 하는 표본의 크기(n)를 구하는 것이다.

모집단표준편차 σ를 모를 경우 이를 개략적으로 추정하는 방법

① 예비조사(pilot study) : 일단 작은 크기(n_0)의 표본을 추출하여 이 표본의 표준편차 s_0를 구한다. 그리고 σ 대신에 s_0를 이용하여 표본의 크기(n)를 구하고, $(n-n_0)$개의 관측값을 표본에 추가하든지 또는 새로 이 n개의 관측값을 표본으로 추출한다.

② 경험에 의한 법칙(Rule of Thumb) : 만일 모집단이 정규분포와 유사한 모양을 한다면, 모집단을 구성하는 개체들의 대부분은 $\mu \pm 3\sigma$ 사이에 존재하게 될 것이다. 따라서 우리가 모집단의 최대값과 최소값(즉, 범위)을 알경우, 모집단표준편차 σ는 $\frac{\text{최대값}-\text{최소값}}{6}$ 으로 대략 추정될 수 있다.

예제 7 과거의 경험에 의하면 어떤 산업에 종사하는 종업원의 급료가 정규분포를 하는데 종업원 급료의 범위는 150,000원이라고 한다. 99%의 신뢰수준으로 전체(모집단) 평균급료의 신뢰구간폭을 12,000원 이내로 추정하기 위하여 필요한 표본의 크기는 얼마나 되어야 하는가?

an answer 표본의 크기를 구하는 식은 다음과 같다.

$$n \geq \left(\frac{z_{\alpha/2} \cdot \sigma}{A}\right)^2$$

그런데, 여기서 종업원 급료의 범위가 150,000이므로 σ는 $\frac{150,000}{6}$ 으로 추정될 수 있다.

즉, $\hat{\sigma}=25,000$이다. 그리고 $A=6,000$, $z_{\alpha/2}=2.58$이므로

$$n \geq \left(\frac{(2.58)\ (25,000)}{6,000}\right)^2 = 115.56$$

따라서 적어도 116명 정도 크기의 표본을 필요로 한다.

3.2 모집단비율의 추정을 위한 표본크기의 결정

모집단비율 p의 추정에서도 똑같은 방법을 사용할 수 있다. p의 점추정량은 표본비율 $\hat{p}$인데 표본비율 $\hat{p}$의 표준편차는 $\sigma_{\hat{p}}=\sqrt{\frac{p(1-p)}{n}}$이다. 따라서 신뢰수준 $(1-\alpha)$에서 신뢰구간의 폭이 $2A$보다 크지 않도록 하고자 하면 다음의 식이 성립한다.

$$z_{\alpha/2}\sqrt{\frac{p(1-p)}{n}}\leq A$$

이를 n에 대해서 정리하면 다음과 같이 된다.

$$n\geq\frac{z_{\alpha/2}^2\,p(1-p)}{A^2}$$

그런데 이 공식에서 p는 추정하고자 하는 값으로 우리는 p의 값을 모르고 있다. 따라서 대략적인 정보라도 있으면 그 정보에 의하여 p에 대한 근사값을 사용할 수밖에 없을 것이다. 만일 모집단비율 p에 대한 정보가 하나도 없다면 가장 불리한 경우를 가정하여 표본의 크기로 결정하여야 할 것이다. 가장 불리한 경우란 $p=0.5$일 때, 즉, $p(1-p)$는 최대가 되는 경우를 의미하며, 그때의 최대값은 0.25이므로 $p(1-p)$를 0.25로 바꾸면 위의 식은 다음과 같이 표현될 것이다.

$$n\geq\frac{z_{\alpha/2}^2}{4A^2}$$

예제 8 갤럽여론조사소는 크기 n의 무작위표본을 추출하여 다가오는 선거에서 A후보의 지지율을 추정하고자 한다. 신뢰수준을 0.99로 하여 실제지지율이 표본지지율에서 0.005 이상 오차가 나지 않기를 원한다면 표본의 크기는 얼마로 해야할 것인가?

an answer

만일 실제지지율에 대한 정보가 없다면 가장 불리한 경우를 가정하여 $p=0.5$로 한다. 그러면 표본의 크기는 다음과 같이 계산된다.

$$n \geq \frac{(2.58)^2}{4(0.005)^2} = 66,564$$

즉, 적어도 66,564명 정도의 표본을 필요로 한다.

만일 실제지지율이 0.2 정도라고 미리 알고 있다면 $p(1-p)=(0.2)(0.8)=0.16$이므로 이 경우의 표본의 크기는 다음과 같이 계산된다.

$$n \geq \frac{(2.58)^2(0.16)}{(0.005)^2} = 42,600.96$$

즉, 이 경우에는 적어도 42,601명 정도의 표본이 필요하다.

이와 같은 사실로부터 표본조사(sampling survey)를 하기 전에 p의 값을 어느 정도 알고 있다면 같은 신뢰수준이라도 표본의 크기를 줄일 수 있음을 알 수 있다.

연습문제

1. 25명의 무작위표본을 추출하여 조사한 평균혈압이 90이었다. 만일 혈압의 모집단 표준편차가 10이라면 혈압의 모집단평균에 대한 95% 신뢰구간은 얼마나 될 것인지 추정하라.

2. 대학생의 통학시간을 추정하기 위해서 학생 100명을 무작위추출하여 통학시간을 계산해보니 평균 45분이고 표준편차가 9분으로 나왔다. 대학생의 평균통학시간에 대한 95% 신뢰구간을 작성하라.

3. 1주일 동안 어떤 기계에 의해서 생산된 200개의 볼베어링을 무작위추출하여 직경을 측정한 결과 평균이 82mm이고 표준편차가 4.5mm였다. 모든 볼베어링의 평균직경에 대하여 다음 물음에 답하여라.
   ① 95% 신뢰구간을 구하라.
   ② 99% 신뢰구간을 구하라.

4. 총 400명 가운데 50명의 수학점수를 무작위추출한 표본이 평균 80, 표준편차 5를 나타내고 있다.
   ① 400명의 평균점수에 대한 95%의 신뢰구간을 구하라.
   ② 400명의 평균점수가 80±1사이에 있다고 하면 몇 %의 신뢰수준이라 말할 수 있는가?

5. 어느 종합병원에서 지난 10년간 고혈압으로 치료를 받고나간 환자의 콜레스테롤(cholesterol) 수준을 추정하기 위하여 25명의 고혈압환자를 무작위추출하여 조사해본 결과 표본평균이 250단위이고 표본분산은 400이었다. 이 병원에서 지난 10년간 고혈압치료를 받은 환자의 평균 콜레스테롤 수준에 대한 90% 신뢰구간을 작성하라.

6. 어느 대학교 남학생 키의 표준편차를 알아보기 위하여 16명의 남학생을 무작위로 뽑았을 때 그들의 표준편차는 5.2cm였다.
   ① 이 학교의 모든 남학생 키의 표준편차에 대한 95% 신뢰구간을 작성하라.
   ② 만일 30명의 남학생 키의 표준편차가 5.2cm라면 95% 신뢰구간은 어떻게 될 것인가?
   ③ 만일 101명의 표준편차가 5.2cm라면 95% 신뢰구간은 어떻게 될 것인가를 말하고 표본의 크기가 증가할 때 모집단표준편차의 신뢰구간이 어떻게 변화하고 있는가를 설명하라.

7. 어느 아파트 단지 내에 거주하는 가구의 소득수준을 알아보기 위해 25가구를 추출하여 월소득평균을 조사해보니 그 평균이 3,500,000원이고 표준편차는 200,000원이었다.
   ① 전체가구의 월평균 소득수준에 대한 신뢰구간을 신뢰수준 95%로 하여 구하라.
   ② 전체가구의 소득수준 표준편차에 대한 신뢰구간을 신뢰수준 95%로 하여 구하라.

8. 대학생의 한달 용돈이 얼마가 되는지 알아보기 위해 대학생 25명을 무작위추출하여 조사한 결과 평균이 400,000원이고 표준편차가 100,000원이었다. 대학생 모집단의 한달 평균 용돈이 얼마가 되는지에 대한 신뢰수준 90%의 신뢰구간을 작성하라.

9. 우리 나라를 방문하는 관광객이 소비하는 외화액의 평균에 대한 90% 신뢰구간이 1,500달러에서 1,700달러 사이라고 한다. 이 경우 관광객의 90%가 1,500달러에서 1,700달러 사이의 소비를 한다고 말할 수 있는가?

10. 판매원을 1,000명 이상 가진 어느 제약회사에서 판매원 16명을 무작위추출하여 한달동안 올린 판매액을 조사하여 표준편차를 구해보니 150,000원이었다. 이 회사 전체 판매원이 올리는 판매액의 표준편차에 대한 95% 신뢰구간을 구하라.

11. 과거의 자료에 의하면 신생아 몸무게의 표준편차는 0.35kg이라 한다. 우리 나라 신생아의 평균 몸무게를 0.05kg의 최대허용오차 이내로 95%의 신뢰수준으로 추정하기 위해서 필요한 표본의 크기는 최소한 얼마가 되어야 하는가?

12. 어느 TV 제조회사에 집적 회로를 납품하는 회사의 제품불량률이 과거 10%정도였는데 최대허용오차를 1%로 하여 보다 정확한 불량률을 추정하고자 한다. 신뢰수준을 99%로 하면 표본의 크기를 얼마로 하여야 할 것인가?

13. 우리 나라의 초등학교 6학년생이 100m를 달리는데 걸리는 평균시간을 추정하고자 하는데 최대허용오차를 0.3초로 하고자 한다. 과거의 기록으로 보아 100m를 주파하는 시간의 표준편차는 1.7초라고 한다. 이 문제에서 신뢰수준을 95%로 하고자 하면 표본의 크기는 얼마로 해야 할 것인가?

14. 감기의 특효약이 개발되었는데 이 약의 치료효과를 추정하고자 한다. 과거의 경험으로 보아 최저 60%의 효과는 있을 것이라 한다. 만일 최대허용오차를 2%로 하여 99%의 신뢰수준으로 치료효과를 추정하고자 하면 표본의 크기를 얼마로 하여야 할 것인가?

15. 표본평균이 모평균으로부터 2배의 모표준편차 이내에 들어갈 확률이 0.99 이상이 되도록 하려면 표본의 크기를 얼마로 해야 하는가?

16. 지난 6월 10일 TV보도에 의하면 우리 나라 성인 남녀를 대상으로 한 표본조사결과, 남북정상회담이 한반도 안정에 기여를 할 것이라고 응답한 사람들의 비율에 대한 95% 신뢰구간의 표본오차는 ±2.3%라고 한다. 표본오차를 2% 이내로 하기 위해서는 표본의 크기를 얼마로 해야 하는가?

17. 한국상사는 요즘들어 침체국면에서 헤어나지 못하고 있는 증권시장에 얼마나 많은 직원들이 투자하고 있는가를 조사하기 위해 직원 중 100명을 무작위로 추출하여 조사한 결과 이들 중 30명이 주식에 투자하고 있다는 사실을 알았다.

① 전직원 중 주식에 투자하고 있는 직원의 비율에 대한 95% 신뢰구간을 구하라.

② 한국상사는 ①번에서 구한 신뢰구간에 만족하지 않았다. 기존의 신뢰도를 유지하면서 신뢰구간 길이가 0.1보다 크지 않게 하려면 몇 명의 직원을 표본으로 추출해야 하는가?

제9장

가설검정

01 가설검정의 절차
02 모집단평균에 대한 가설검정
03 모집단비율에 대한 가설검정
04 가설검정의 오류
05 가설의 설정
06 모집단분산에 대한 가설검정

통계적 추측(statistical inference)에는 추정과 가설검정의 두 가지가 있음은 이미 설명한 바와 같다. 제8장에서는 모수의 값을 모르는 경우 표본정보를 이용하여 모수의 실제값이 얼마가 될 것이라고 짐작하는 추정문제를 다루었다. 본 장에서는 모수의 실제값이 얼마일 것이라고 가정할 수 있는 경우에 표본정보를 이용하여 그 가정이 합당한가 합당하지 않은가에 대한 판정을 내리는 가설검정을 다루고자 한다.

예를 들어, 어느 고등학교에서 그 학교 졸업생의 수능시험 평균점수가 260점이라고 주장한다고 할 때, 이 주장이 옳은지 그른지를 검정하는 문제를 생각해 보자. 이 주장을 검정하기 위해서는 표본을 추출하여 표본평균을 계산하고 계산된 표본평균값이 학교측에서 주장하고 있는 260점과 큰 차이가 없으면 그 주장을 받아들이고 만일 차이가 크면 그 주장을 받아들일 수 없게 될 것이다. 물론 여기서 어느 정도의 차이가 학교의 주장을 기각할 정도로 큰 차이냐 하는 것이 중요한 문제가 될 것이다.

비록 학교의 주장이 옳다고 하더라도 표본오차 때문에 표본평균이 정확하게 260점으로 나올 가능성은 없으므로 어느 정도의 차이는 인정해야 할 것이다. 이러한 가설검정에 관한 문제를 해결하기 위해서는 만일 260점이 사실이라고 할 때 표본평균의 분포가 어떻게 나타날 것인가를 알아보는 것이 필요하다. 모집단이 정규분포를 한다는 가정하에 표본의 크기를 25명이라 하고 과거의 경험에 의해서 모집단표준편차 σ가 10점이라고 하면 평균의 표준오차 $\sigma_{\bar{X}}=\frac{10}{\sqrt{25}}=2$ 점이 될 것이고 표본평균의 분포는 [그림 9-1]과 같이 정규분포를 따를 것이다. 즉, 표본평균은 대략 254점에서 266점까지 분포되어 있는데 ($\pm 3\sigma_{\bar{X}}$의

그림 9-1 **수능시험 표본평균의 분포**(학교주장이 사실일 경우)

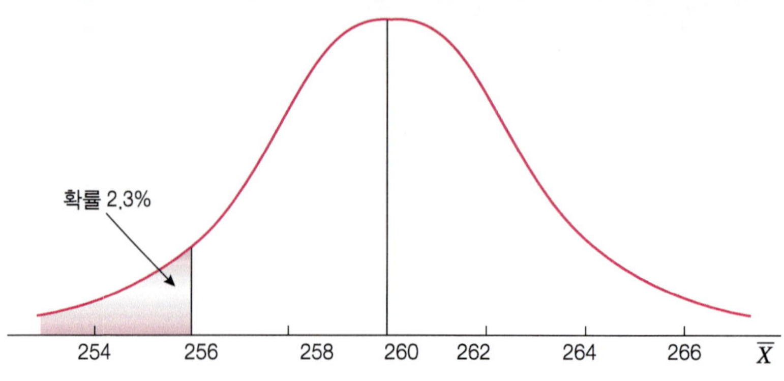

범위) 표본평균이 256점 이하일 확률은 2.3%이다.[12)]

이렇게 확률이 작다는 것은 무엇을 의미하는가? 이렇게 확률이 작다는 것은 표본평균이 256점 이하로 나올 가능성은 희박하고, 만일 표본평균이 256점 이하로 나왔다면 수능시험 평균점수가 260점이라기 보다는 260점보다 작을 가능성이 더 많고, 따라서 이것은 학교의 주장을 기각시킬 수 있는 객관적 근거가 되는 것이다. 물론 이렇게 학교의 주장을 기각시킨다면 2.3% 정도의 확률로 학교의 주장이 참인데도 이를 잘못 기각하는 오류를 범하게 될 것이다. 이와 같이 가설검정에서는 일어날 가능성이 희박한 표본평균의 어떤 수준을 미리 정해 놓고 표본평균이 그 수준을 벗어나면 원래 세운 가설을 기각하는 법칙을 가지고 있다.

이상의 간단한 예를 염두에 두고, 가설검정의 절차는 일반적으로 어떤 단계를 밟는지 알아본 후 평균, 비율, 분산에 관한 가설검정, 가설검정의 오류 나아가서 제10장에서 소개되는 두 모집단의 평균, 비율 및 분산을 비교하는 가설검정은 어떻게 하는지 알아보자.

01 가설검정의 절차

1.1 귀무가설과 대립가설의 설정

가설검정의 첫번째 단계는 표본을 추출하기 전에 모수의 값에 대한 가정을 하는 것이다. 이렇게 처음에 세운 가정을 귀무가설(null hypothesis)이라고 한다. 수능시험 점수의 평균을 260점이라고 가정하면 이는 귀무가설이 되고, 다음과 같이 나타낸다.

$$H_0 : \mu=260$$

만일 표본정보에 의해서 귀무가설을 받아들일 수 없으면 다른 결론을 내려야 하는데 귀무가설에 대립하여 내리는 가설을 대립가설(alternative hypothesis)이라고 한다. 즉, 귀

12) $P(\bar{X}\leq 256)=P(Z\leq\frac{256-260}{2})=P(Z\leq -2)=0.023$

무가설과 대립가설은 상호배반적인 가설로서 가설검정에서는 이 두 가지 가설 중 어느 하나를 받아들이게 된다. 만일 앞서의 예에서 표본평균이 256점 이하로 나왔다면 귀무가설을 받아들일 수 없고 수능시험 점수의 평균값이 260점 이하라는 가설을 받아들이게 되는데 이때의 대립가설은 다음과 같다.

$$H_1 : \mu < 260$$

귀무가설 $H_0 : \mu=260$에 대한 대립가설은 다음 세 가지 형태가 있을 수 있다.

$$\text{제 1 형} : H_1 : \mu \neq 260$$
$$\text{제 2 형} : H_1 : \mu > 260$$
$$\text{제 3 형} : H_1 : \mu < 260$$

이러한 세 가지 형태의 대립가설 중에서 어떠한 형태의 대립가설을 사용할 것인가 하

귀무가설과 대립가설

귀무가설이란 현재의 상태(status quo) 또는 현재의 생각(current thinking)을 말하며, 대립가설은 연구가설(research hypothesis)로서 새로운 주장(new theory)을 의미한다. 따라서 검정의 대상이 되는 것은 대립가설이며, 표본정보를 통해 대립가설을 받아들일 만한 충분한 증거가 있으면, 대립가설을 채택하게 되며(Accept H_1), 그렇지 않으면 대립가설을 기각하고(Reject H_1) 귀무가설을 받아들이게(Accept H_0) 된다. 그러나 여기서 주의해야 할 점은 귀무가설을 받아들인다는 것을 귀무가설이 사실이어서 받아들이는 것으로 이해해서는 안된다는 것이다. 귀무가설을 받아들인다는 표현은 귀무가설을 기각할 만한 충분한 증거가 없다는 의미이며, 따라서 "귀무가설을 기각할 수 없다(can't reject H_0)"라고 표현하는 것이 보다 적절하다. 예를 들어, 재판정에서 모든 피의자는 유죄선고가 내려지기 전까지는 무죄이기 때문에, 이 경우 귀무가설은 "피의자는 무죄이다"이며 대립가설은 "피의자는 유죄이다". 따라서 피의자의 유죄를 입증할 만한 충분한 물적 증거가 있으면 피의자는 유죄판결을 받겠지만, 그렇지 않을 경우 피의자는 무죄판결을 받게 되는 것이다. 그렇다면 피의자가 무죄판결을 받았다고 피의자가 과연 죄가 없는 것일까? 이것은 신(神)과 피의자 자신만이 알 수 있는 사실이다. 피의자의 무죄판결은 그가 죄가 없다기 보다는 죄가 있다는 것을 입증할 만한 충분한 물적 증거가 없다는 것이다.

는 문제는 고려하고 있는 문제의 성격에 달려 있다. 제1형은 표본평균의 값이 너무 작거나 크면 귀무가설을 기각해야 할때 사용되는 형태로 양측검정(two-sided test)이라 하고, 제2형은 표본평균이 너무 클때, 제3형은 표본평균이 너무 작을때 귀무가설을 기각하는 경우 사용되는 형태로 단측검정(one-sided test)이라 한다. 특히 제2형을 우측검정이라 하고, 제3형을 좌측검정이라고 부른다.

1.2 표본자료의 수집과 검정통계량의 선정

다음 단계는 가설의 검정에 사용할 표본자료를 수집하고 검정통계량(test statistic)을 선정하는 단계이다. 수집된 자료의 분석을 통해 어느 가설을 채택할 것인지를 결정하는데[13], 귀무가설의 옳고 그름을 판단하는 기준이 되는 값(또는 통계량)을 검정통계량이라고 한다. 만일 모집단평균(μ)이나 모집단비율(p)에 대한 검정이라면 사용되는 검정통계량의 확률분포는 정규분포 또는 t분포가 된다. 따라서 이때 사용되는 검정통계량은 Z값 또는 t값이 될 것이다. 그리고 가설검정이 모집단분산(σ^2)에 대한 것이면 χ^2분포를 사용하고, 두 모집단 분산을 비교하는 가설검정에서는 F분포를 사용한다. 이에 대한 자세한 내용은 다음 절에서 언급하기로 한다.

1.3 유의수준의 선정

유의수준(level of significance)이란 일어날 가능성이 희박하다고 생각되는 확률수준으로 귀무가설을 기각하는 기준이 된다. 수능시험 점수의 예에서 유의수준은 0.023이었다. 수능시험 평균점수(μ)가 260점이라는 주장이 사실이라면 표본평균($\overline{X}$)이 256보다 작을 가능성은 2.3%밖에 되지 않아 희박하다고 가정하는 것이다. 유의수준은 귀무가설이 참인데도 이를 잘못 기각하는 오류를 저지를 확률의 최대값으로서 그리스문자 α로 표시하며, 의사결정자가 사전에 설정한다. α는 보통 0.10, 0.05, 0.01 중에서 선정하는 것이 관례이다.[14]

---

13) 일반적으로 가설검정에 근거하여 통계적 결정을 내리는 경우, 이는 귀무가설을 기준으로 이루어진다. 귀무가설을 부정하는 경우 "귀무가설을 기각한다" (reject H_0)라고 표현하며 귀무가설을 긍정하는 경우는 "귀무가설을 기각하지 못한다"(can't reject H_0)라고 표현한다.

14) 유의수준은 구간추정의 신뢰수준과 보합관계에 있음을 알 수 있다. 즉, 유의수준은 (1−신뢰수준)이다.

1.4 임계값 및 기각역의 결정

유의수준이 결정되면 검정통계량의 확률분포를 이용하여 귀무가설을 기각하는 영역인 기각역(rejection region)과 기각하지 못하는 영역인 채택역(acceptance region)으로 구분할 수 있다. 임계값은 검정통계량의 값에 대한 채택역과 기각역으로 나누는 경계값이다.

수능점수의 예에서는 검정통계량 $Z=\dfrac{\bar{X}-\mu}{\sigma/\sqrt{n}}$가 정규분포를 하므로 α=0.05라 할 때 기각역은 대립가설 H_1의 형태에 따라 [그림 9-2]와 같이 다르게 나타날 것이다. 의사결정규칙(decision rule)은 표본에서 계산된 검정통계량의 값이 기각역에 속하면 귀무가설을 기각하는 반면 채택역에 속하면 귀무가설을 기각하지 않는 것이다. 즉, 양측검정에서는 기각역이 양쪽으로 나누어져 검정통계량이 너무 크거나 작은 경우 귀무가설을 기각하게 될 것이다. α=0.05이므로 한쪽 기각역의 확률은 0.025가 되고 따라서 검정통계량을 Z로

그림 9-2 세 가지 형태의 대립가설에 대한 채택역과 기각역(α=0.05의 경우)

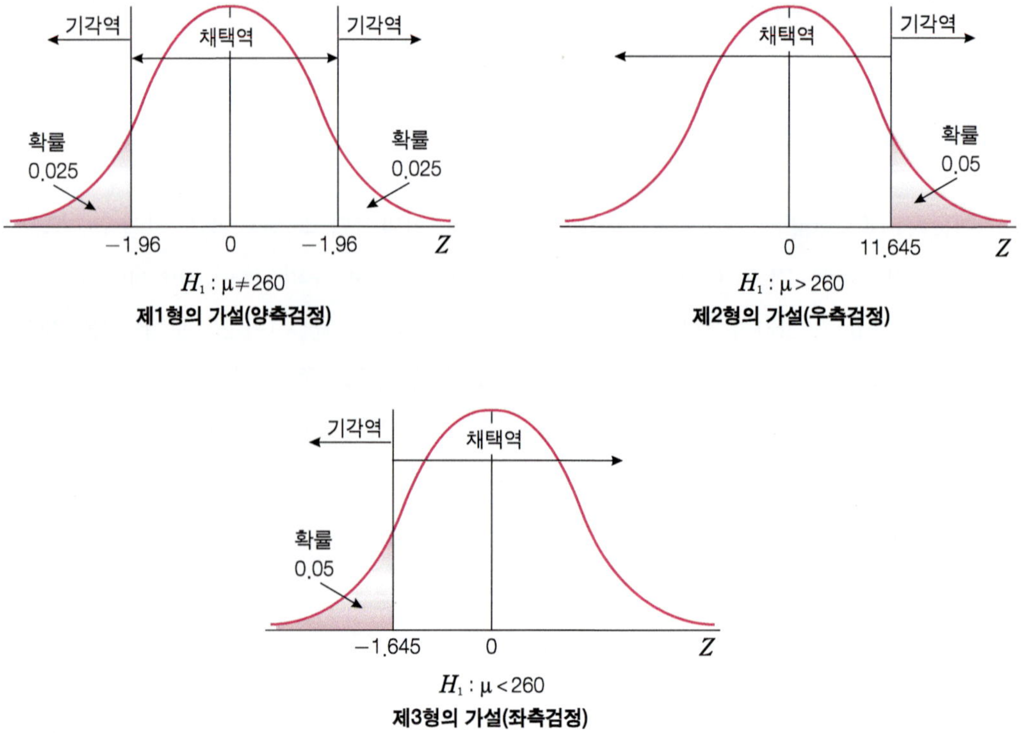

하였을 경우의 임계값은 $\pm Z_{0.025}=\pm1.96$이 된다. 만일 검정통계량을 표본평균 $\overline{X}$로 바꾸면 256.08과 263.92가 된다.[15)]

따라서 25명의 평균점수($\overline{X}$)가 256.08보다 작거나 263.92보다 크면 전체학생의 평균점수(μ)가 260점이라는 귀무가설을 유의수준 5%에서 기각하고, 256.08과 263.92 사이에 있으면 유의수준 5%에서 귀무가설을 기각하지 못하는 것이다. 한편, 단측검정에서는 기각역이 한쪽에만 있는데 우측검정의 경우(제2형의 가설) 임계값은 $z_{0.05}=1.645$이므로 표본평균 $\overline{X}$가 263.29 보다 크면 귀무가설을 기각하고 좌측검정의 경우(제3형의 가설) 임계값은 $-z_{0.05}=-1.645$이므로 표본평균 $\overline{X}$가 256.71보다 작으면 귀무가설을 기각하게 되는 것이다. 대립가설의 형태가 어떻든지 간에 귀무가설이 참이라고 가정하였을 경우 검정통계량이 기각역에 속할 확률은 $\alpha=0.05$가 되어야 하며 이 확률은 귀무가설이 사실인 데도 잘못 기각할 위험을 나타낸다.

1.5 통계적 결정과 시행

이 단계는 가설검정의 마지막 단계로서 표본을 통하여 검정통계량의 값을 계산하고 그 값이 기각역에 속하면 귀무가설을 기각하고 채택역에 속하면 귀무가설을 기각하지 못하는 통계적 의사결정(statistical decision making)을 내리고 이 의사결정에 근거하여 구체적인 조치를 취하는 단계이다.

여기서 한 가지 주의하고 넘어가야 할 사실은 귀무가설을 기각하지 못하는 경우 귀무가설이 사실이라는 것을 증명하는 것은 아니다. 단지 귀무가설을 기각할 만한 충분한 이유가 없다는 것으로 만일 의심의 여지가 있다면 표본의 크기를 증가시키든지 다른 표본을 추출하여 재검토할 필요가 있을 것이다. 이와 같은 이유로 "귀무가설을 채택한다"라는 표현은 하지 않고 "귀무가설을 기각할 수 없다"로 표현한다.

통계적 결정에 따른 시행의 예를 들면, 새로운 제품을 시장에 시험적으로 소개하여 월평균 매출액을 분석한 결과 기존의 제품보다 높다는 통계적 결정이 내려지면 다른 상황변수들을 고려하여 기존의 제품을 시장에서 철수시키고 새로운 제품을 시장에 소개하는 조치를 취하는 것이다.

그러나 여기서 우리는 통계적 결정과 관리적 의사결정(managerial decision making)의

---

15) 이 경우 임계값은 $\mu\pm z_{0.025}\cdot\sigma_{\overline{X}}$이므로 $\mu=260$, $\sigma_{\overline{X}}=2$, $z_{0.025}=1.96$으로부터 $\overline{X}$를 검정통계량으로 사용하였을 경우의 임계값은 256.08과 263.92가 된다.

차이를 알아둘 필요가 있다. 물론 가설검정에 의한 통계적 결정은 우리가 설정한 가설을 평가할 수 있는 객관적이며 과학적인 방법이다. 그러나 가설검정에 의한 통계적 결정 자체가 바로 관리적 의사결정으로서의 역할을 하는 것은 아니다. 궁극적인 의사결정은 인간이 하는 것이며 인간은 의사결정을 하기 위해 불확실한 여러 가지 환경요소들을 고려하여야 한다. 물론 통계분석결과가 이러한 불확실성을 감소시키거나 통제하는 역할은 하지만 통계분석에 의해 모든 환경요소들이 고려되고 의사결정의 불확실성이 완전히 제거되는 것은 아니다. 따라서 통계분석결과는, 비록 그것이 객관적인 절차에 의해 도출된 것이지만, 관리적인 의사결정으로 맹목적으로 연결되어서는 안될 것이다.

예를 들어, 가설검정에 의해 우리 공장에서 도입한 자동화 기계가 원래 의도한 만큼의 제품을 현재 생산하고 있지 못하다는 통계적 결정이 내려졌다고 가정하자. 그러나 이러한 통계적 결정이 내려졌다고 해서 바로 자동화 기계를 새로운 것으로 교체하는 조치를 취하지는 않는다. 공장의 책임자는 기계를 새로운 것으로 교체하는 조치를 취할 수도 있고, 기계를 수리해서 사용하는 조치를 취할 수도 있으며, 생산성은 떨어지지만 그 기계를 그대로 사용하는 조치를 취할 수도 있는 것이다. 궁극적으로 관리적인 의사결정을 위해서는 통계분석결과 뿐만이 아니라 기계교체를 위해 사용할 수 있는 예산, 기계의 수리기록, 생산성 향상을 위한 새로운 기계의 존재 여부 등 여러 가지 상황변수들을 고려하여야 하는 것이다.

따라서 통계적 결정이 바로 관리적 의사결정이 되어 구체적인 조치가 취해지는 것은 아니다. 통계적 결정이란 관리적인 의사결정을 위해 고려해야 하는 하나의 요소로서 간주되어야 하며, 궁극적인 의사결정은 의사결정자가 여러 가지 상황변수를 고려하여 정량적인 요소와 정성적인 요소를 통합하여 내리는 기술(art)과 과학(science)의 합성체라고 할 수 있다.

p-값을 이용한 가설검정

일반적으로 통계적 가설검정에서는 기각역을 설정하기 위하여 유의수준 α를 미리 설정한다. 그리고 검정통계량의 값과 임계값을 비교하여 검정통계량의 값이 기각역에 속하는 지의 여부를 판단한 후 귀무가설을 기각하거나 기각하지 못하는 통계적 결정을 하게 된다. 하지만 사전에 유의수준을 설정하지 않고 표본으로부터 계산된 검정통계량의 값이 귀무가설의 가정으로부터 얼마만큼 벗어나는지를 파악하여 의사결정자에게 귀무가설을 기각할 것인지의 여부를 판단하게 하는 다른 형태의 가설검정 방법도 있다. 이러한 가설검정은 p-값(p-value)을 이용하는데, p-값이란 표본으로부터 계산된 검정통계량의 값이 귀무가설의 가정으로부터 얼마만큼 벗어나 있는지 그 정도를 표현한 수치로 자료로부터 관측된 유의수준(observed level of significance)을 의미한다. p-값은 귀무가설이 참(true)이라는 가정하에 검정통계량의 값이 표본으로부터 계산된 검정통계량의 값보다 귀무가설을 기각하는 방향으로 더 심하게 관측될 확률을 의미한다. 예를 들어, 검정통계량 Z는 0의 값에 가까울수록 귀무가설이 참이라는 주장을 지지하며 0으로부터 멀리 떨어져 있을수록 (즉, 검정통계량의 절대값 크기가 크면 클수록) 귀무가설을 기각하는 방향으로 기울어질 것이다.

수능시험의 예에서 만일 25명의 평균점수(표본평균)가 256점으로 나타났다면, 귀무가설 $H_0: \mu=260$과 대립가설 $H_1: \mu < 260$을 사용한 단측검정의 경우 평균점수가 260보다 적으면 적을수록 귀무가설을 기각하는 방향이 될 것이다. 따라서 표본평균이 표본으로부터 계산된 256점보다 적은 방향으로 값을 취할 확률은 $P(\bar{X} < 256)=0.023$이 되며, 이 경우 p-값은 0.023 또는 2.3%가 된다. 만일 표본평균대신 검정통계량 Z를 사용한다면 표본으로부터 계산된 Z값은 −2이므로 $P(Z<-2)=0.023$으로 동일한 p-값을 얻을 수 있다. 이 경우, 의사결정자가 유의수준을 5%로 미리 설정하였다면 기각역은 $Z<-1.645$가 되며, 표본으로부터 계산된 검정통계량의 값 −2는 기각역에 속하므로 귀무가설을 기각하는 결정을 유의수준 5%에서 내릴 수 있는 것이다.

결국 p-값이 사전에 설정한 유의수준보다 작다는 것은 표본으로부터 계산된 검정통계량의 값이 기각역에 속한다는 의미이므로 p-값을 이용하면 어느 정도의 유의수준에서 귀무가설을 기각할 수 있는 지를 파악할 수 있을 것이다. 만일 유의수준을 1%로 낮추었다면 위의 예제의 경우 p-값은 유의수준보다 크게 되므로 기각역에 속하지 않게 되고 따라서 귀무가설을 기각할 수 없는 통계적 결정을 내리게 되는 것이다. 한편, 귀무가설 $H_0: \mu=260$과 대립가설 $H_1: \mu\neq260$을 사용한 양측검정의 경우는 귀무가설을 기각하는 방향이 260점보다 매우 크거나 적은 두 가지 경우이므로 평균점수가 256보다 작은 경우도 해당되지만 264보다 큰 경우도 귀무가설을 기각하는 방향이 된다. 따라서 양측검정의 경우에는 귀무가설을 기각하는 방향이 두 가지이므로 p-값은 $0.023\times2=0.046$이 된다.

p-값을 이용한 가설검정 절차를 요약하면 다음과 같다.

① 표본 자료를 이용하여 검정통계량의 값을 계산한다.

② 가설의 형태에 따라 p-값을 계산한다. 즉, 대립가설이 제1형일 경우(양측검정으로 $H_1: \mu\neq260$인 경우), p-값은 귀무가설이 참이라는 가정하에서, 검정통계량이 표본으로부터 계산된 검정통계량 값보다 작거나 큰 값을 가질 확률(즉, 양쪽 꼬리부분에 대한 확률의 합)이며, 대립가설이 제2형일 경우는 (우측검정으로 $H_1: \mu > 260$인 경우), 귀무가설이 참이라는 가정하에서, 검정통계량이 표본으로부터 계산된

검정통계량의 값보다 큰 값을 가질 확률이 p-값이 된다. 그리고 대립가설이 제3형일 경우는 (좌측검정으로 $H_1 : \mu < 260$인 경우), 귀무가설이 참이라는 가정하에서, 검정통계량이 표본으로부터 계산된 검정통계량의 값보다 작은 값을 가질 확률이 p-값이 된다.

③ 유의수준 α가 사전에 정해진 경우는 이 유의수준과 p-값을 비교하여, p-값이 유의수준보다 작으면 귀무가설을 기각하는 통계적 결정을 내리고, 반대로 p-값이 유의수준보다 크거나 같으면 귀무가설을 기각하지 못하는 통계적 결정을 내린다. 유의수준이 사전에 설정되어 있지 않은 경우에는 p-값을 이용하여 어느 정도의 유의수준에서 귀무가설이 기각되고 기각되지 않는지를 판단할 수 있다.

그림 9-3 **세 가지 형태의 대립가설에 대한 p-값**(수능시험의 예)

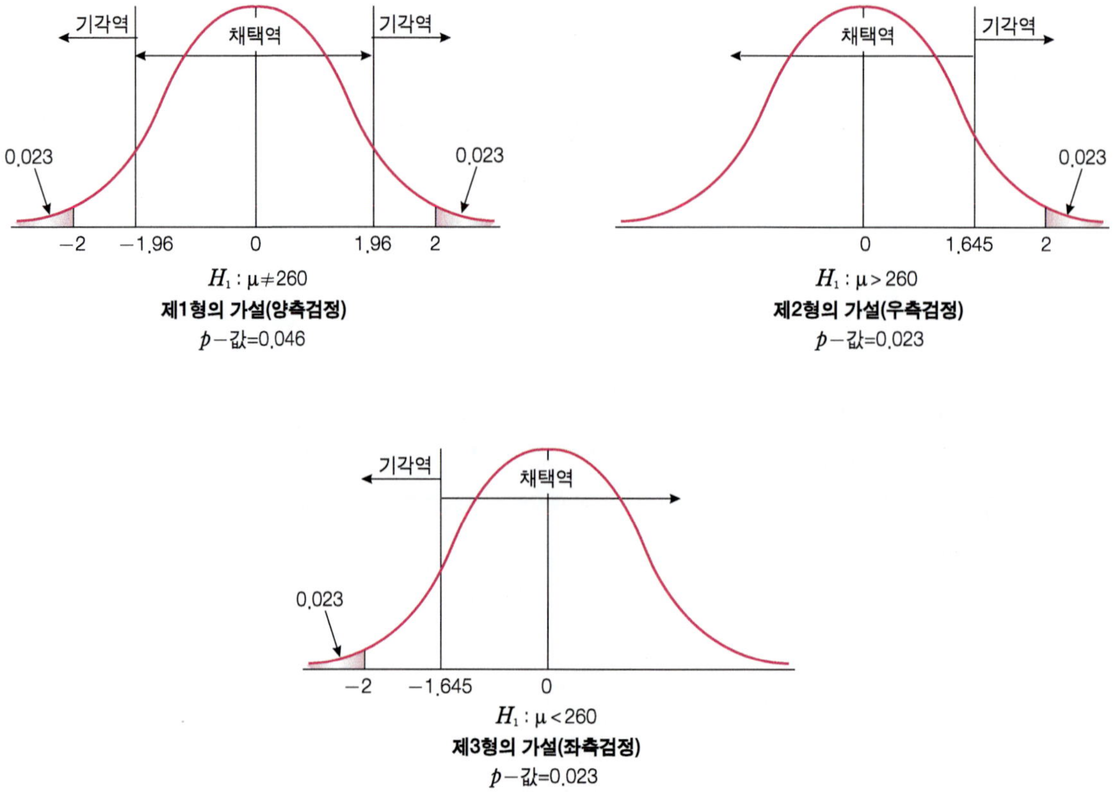

02 모집단평균에 대한 가설검정

모집단평균에 대한 가설검정은 표본평균의 분포에 근거를 두고 있는데 모집단표준편차 σ를 알고 있는 경우와 모르는 경우의 두 가지 형태로 나누어진다. 또한 모집단표준편차 σ를 모르는 경우에는 표본의 크기가 큰 경우($n \geq 30$)와 작은 경우로 나누어진다. σ를 알고 있거나, 모르고 있다 해도 표본의 크기가 큰 경우는 중심극한정리에 의하여 정규분포에 의한 가설검정이 가능하며, σ를 모르고 표본의 크기가 작은 경우는 t분포를 이용하여 가설검정을 할 수 있다.

2.1 σ를 알고 있는 경우

(1) 양측검정

귀무가설과 대립가설이 다음과 같은 형태로 되어 있으면, 기각역은 [그림 9-4]에서 보는 바와 같이 양쪽으로 나누어져, 유의수준이 α인 경우, 한쪽부분의 면적은 $\alpha/2$가 될 것이다.

그림 9-4 양측검정의 채택역과 기각역

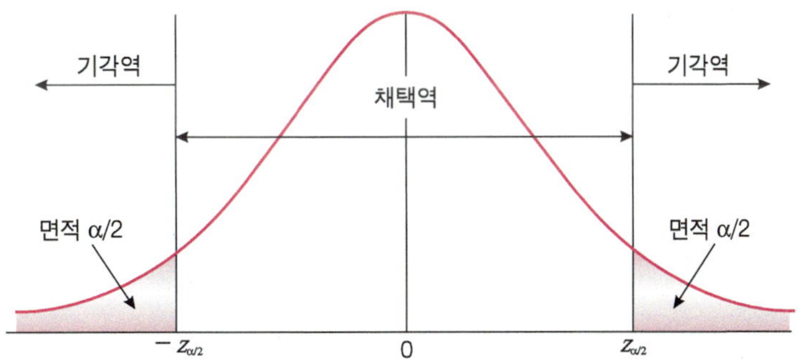

$$H_0 : \mu = \mu_0$$ [16]
$$H_1 : \mu \neq \mu_0$$

따라서 임계값은 $\pm z_{\alpha/2}$이 되며 의사결정규칙은 검정통계량 $Z = \frac{\bar{X} - \mu_0}{\sigma / \sqrt{n}}$가 $Z > z_{\alpha/2}$ 또는 $Z < -z_{\alpha/2}$이면 H_0을 기각하고 $-z_{\alpha/2} \leq Z \leq z_{\alpha/2}$이면 H_0를 기각하지 못하는 것이다.

예제 1 21세기 전기(주)는 공업용 특수 전선을 제조하는 회사이다. 이 회사에서는 5년 전 자동화 기계를 도입하여 제조된 전선을 1,000미터씩 하나의 스풀(spool)에 감아 창고에 보관하고 이를 스풀단위로 도매상에 공급하고 있다. 이 회사 경영진은 5년 전에 도입한 이 기계가 과연 제대로 작동하고 있는 지를 확인하고자 한다. 자동화 기계는 제조된 전선을 1,000미터씩 감도록 되어 있다. 그러나 자동화 기계라 할지라도 하나의 스풀에 감겨지는 전선의 길이에는 약간의 편차가 있다. 과거 5년 동안의 기록을 볼 때 스풀에 감겨지는 전선 길이의 표준편차는 10미터라고 한다. 기계가 제대로 작동하지 않을 경우에는 회사에게나 고객에게 모두 손실이 돌아간다. 즉, 스풀에 감겨지는 전선의 길이가 너무 길면 이는 회사 입장에서 손실이 될 것이며, 스풀에 감겨지는 전선의 길이가 너무 짧으면 이는 고객에게 손실이 될 것이다. 따라서 이 회사에서는 이 기계가 아직 제대로 작동하고 있는 지를 확인하기 위해 창고에서 50개의 스풀을 무작위로 추출하고 스풀에 감겨 있는 전선의 길이를 검사한 결과 평균 995미터임을 알았다. 유의수준 α=0.1로 하여 이 기계가 제대로 작동하는지, 즉, 이 기계가 하나의 스풀에 감는 전선의 길이가 평균 1,000미터인지를 검정하라.

an answer

예제에 대한 귀무가설과 대립가설은 다음과 같다.

$$H_0 : \mu = 1{,}000$$
$$H_1 : \mu \neq 1{,}000$$

모집단의 분포가 알려져 있지 않으나 표본이 크므로($n \geq 30$) 정규분포를 사용하고 따라서 검정통계량은 Z이다. α=0.1이므로 양측검정에서의 임계값은 $\pm z_{0.05} = \pm 1.645$이다(그림 9-5 참조). 표본정보를 이용하여 계산된 검정통계량의 값은 다음과 같다.

16) 귀무가설에서 모집단평균을 가정한 값을 μ_0라 표기하기로 한다. 수능점수의 예에서는 μ_0=260이었다.

그림 9-5 〈예제 1〉의 채택역과 기각역

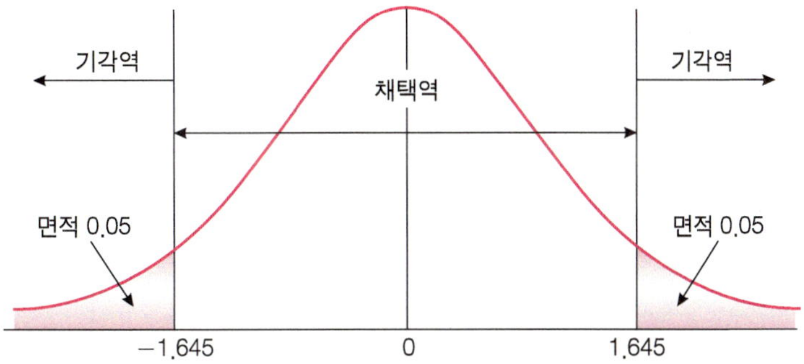

$$Z=\frac{\bar{X}-\mu_0}{\sigma/\sqrt{n}}=\frac{995-1,000}{10\sqrt{50}}=-3.53$$

$Z < -z_{\alpha/2}$이므로 검정통계량의 값은 기각역에 놓이게 되어 귀무가설을 기각한다. 즉, 이 기계가 스풀에 감는 전선의 길이가 평균 1,000미터라는 가설은 유의수준 10%에서 기각된다.

이 예에서 우리는 가설검정과 구간추정은 서로 밀접한 관계에 있음을 알 수 있다. 즉, 양측검정의 채택역은 귀무가설의 μ_0를 기준으로 하는 $(1-\alpha)$의 신뢰수준으로 작성된 신뢰구간과 같다는 것이다. 양측검정에서는 표본평균이 채택역에 들어있지 않으면 귀무가설을 기각하게 되는데 이와 같은 사실은 $(1-\alpha)$의 신뢰수준으로 μ에 대한 신뢰구간을 작성하여 귀무가설에서 설정한 μ_0가 이 신뢰구간내에 들어있지 않으면 귀무가설을 기각하는 규칙과 동일한 의사결정규칙이 된다.

위의 예에서 α=0.1이므로 μ의 90% 신뢰구간은 다음과 같다.

$$\bar{X}\pm z_{\alpha/2}\frac{\sigma}{\sqrt{n}}=995\pm1.645\frac{10}{\sqrt{50}}=(993,\ 997)$$

귀무가설의 μ=1,000은 위의 신뢰구간에 포함되지 않으므로 μ=1,000이라는 가설을 인정할 수 없고 따라서 귀무가설을 기각하게 되는 것이다.

그림 9-6 우측검정의 채택역과 기각역

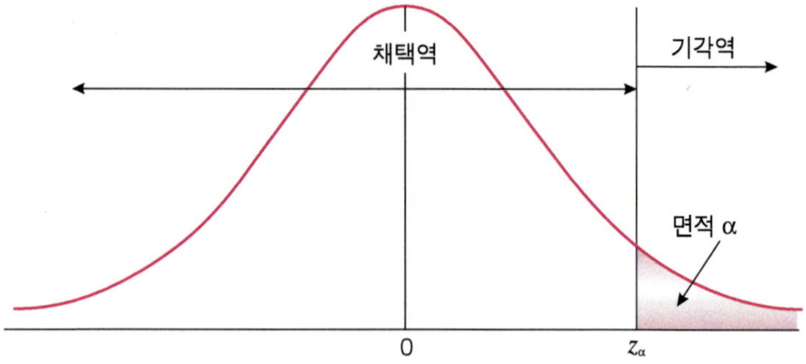

(2) 단측검정

단측검정의 경우에는 한쪽 영역에만 기각역을 가지게 된다. 만일 가설이 다음과 같은 형태로 되어 있으면 기각역은 [그림 9-6]과 같이 오른쪽 부분에만 있게 될 것이다.

$$H_0 : \mu = \mu_0$$
$$H_1 : \mu > \mu_0$$

이 경우의 임계값은 z_α가 될 것이고 다음과 같은 의사결정규칙을 갖는다.

$Z > z_\alpha$이면 H_0을 기각하고
$Z \leq z_\alpha$이면 H_0을 기각하지 못한다.

만일 가설이 다음과 같은 형태로 되어 있으면, 기각역은 [그림 9-7]과 같이 왼쪽끝의 영역이 된다.

$$H_0 : \mu = \mu_0$$
$$H_1 : \mu < \mu_0$$

이 경우의 의사결정규칙은

그림 9-7 좌측검정의 채택역과 기각역

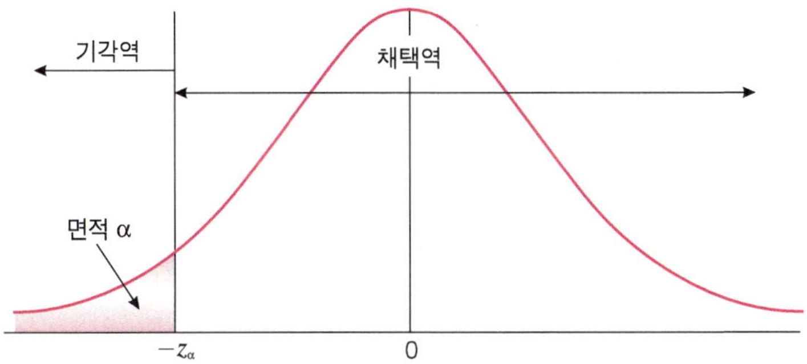

$Z < -z_\alpha$이면 H_0을 기각하고
$Z > -z_\alpha$이면 H_0을 기각하지 못한다.

예제 2 생선회를 대규모로 판매하는 어느 횟집에서는 공해문제의 하나로 대두되고 있는 생선의 수은함량을 조사하였다. 생선의 수은함량 허용기준치는 선진국에서는 0.4ppm[17]이다. 이 횟집에서는 생선을 트럭단위로 구입하는데 보다 엄격한 기준을 적용하여 생선에 들어있는 평균 수은함량이 0.1ppm을 초과하면 구입을 취소하고 있다. 어느 날 한 트럭분의 생선에 들어있는 평균 수은함량이 0.1ppm을 초과하는지 알아보기 위해 생선 25마리를 무작위로 추출하여 수은함량을 측정해보니 평균 0.12ppm으로 나타났다. 과거의 경험에 의하면 생선의 수은함량은 정규분포를 하며, 표준편차는 0.05ppm이라고 한다. 평균 수은함량이 0.1ppm을 초과하는지 유의수준 α=0.05로 검정하여라.

an answer 예제에 대한 귀무가설과 대립가설은 다음과 같다.

$$H_0 : \mu = 0.1$$ [18]

17) ppm(parts per million)은 생선 1kg당 함유되어 있는 수은의 양을 mg으로 나타낸 것이다.
18) 이 경우 귀무가설은 대립가설과 반대되는 것이므로 $H_0 : \mu \le 0.1$로 하여도 무방하다. 즉, 검정의 대상은 H_1이며, H_1의 채택여부에 따라 H_0의 기각여부가 결정되는 것이다.

$$H_1 : \mu > 0.1$$

이 경우 표본의 크기는 작으나, 모집단이 정규분포를 따른다고 문제에서 가정하였으므로 표본평균도 정규분포를 따른다. 따라서 $\alpha=0.05$에서 단측검정에 대한 임계값은 $z_{0.05}=1.645$이다. 그리고 검정통계량의 값은 다음과 같다.

$$Z=\frac{0.12-0.1}{0.05/\sqrt{25}}=2$$

$Z>z_\alpha$이므로 검정통계량의 값이 기각역에 놓이게 되어 유의수준 5%에서 귀무가설을 기각하고 생선구입을 취소해야 할 것이다.

예제 3 하나전기 주식회사는 자신의 공장에서 생산하는 형광등의 평균수명이 1,500시간이라고 주장하고 있다. 하지만 소비자보호협회에서는 회사에서 주장하는 평균수명 시간보다 더 수명이 짧다고 주장하고 있다. 이 사실을 검정하기 위해 36개의 형광등을 무작위로 추출하여 평균수명을 계산해보니 1,420시간이었다. 모집단표준편차 σ=200시간이라 가정하고 α=0.05로 하여 소비자보호협회의 주장을 검정하라.

an answer

예제에 대한 귀무가설과 대립가설은 다음과 같다.

$$H_0 : \mu=1{,}500$$
$$H_1 : \mu<1{,}500$$

$\alpha=0.05$이므로 단측검정에서의 임계값은 $-z_{0.05}=-1.645$이다.
또한 검정통계량의 값은 다음과 같다.

$$Z=\frac{1,420-1,500}{200/\sqrt{36}}=-2.4$$

$Z<-z_\alpha$이므로 검정통계량의 값이 기각역에 놓인다. 따라서 유의수준 5%에서 귀무가설을 기각한다. 즉, 유의수준 5%에서 평균수명이 1,500시간이라는 회사측 주장은 기각되며 소비자보호협회의 주장이 타당하다는 결론이 내려진다.

2.2 σ를 모르는 경우

앞에서는 σ를 알고 있는 경우의 가설검정을 다루었는데 대부분의 경우 σ를 모르는 것이 일반적이다. σ를 모르는 경우는 표본표준편차 S에 의해서 σ를 추정하여 사용하는 수밖에 없는데 σ를 S에 의해서 추정하는 경우 검정통계량 $\dfrac{\bar{X}-\mu_0}{S/\sqrt{n}}$는 n이 크면 $(n \geq 30)$ 표준정규분포에 근사하며 (정확히는 t분포), n이 작으면 t분포를 한다. 즉, 다음과 같이 표현될 수 있다.

$$n \geq 30\text{이면, } \frac{\bar{X}-\mu_0}{S/\sqrt{n}} \sim N(0,\ 1)$$

$$n < 30\text{이면, } \frac{\bar{X}-\mu_0}{S/\sqrt{n}} \sim t(n\text{-}1)$$

여기서 $t(n-1)$은 이미 설명한 바와 같이 자유도 $(n-1)$의 t분포를 뜻한다. 표본의 크기 n이 크면 t분포는 Z분포와 매우 비슷해지므로 가설검정은 앞에서 소개한 바와 같이 정규분포에 의해서 임계값을 구하면 된다. 그러나 n이 작으면 t분포에 의해서 임계값을 구해야 한다. 여기서 n이 작을 경우 모집단은 정규분포를 한다는 가정이 필요하다.

(1) 표본의 크기가 큰 경우($n \geq 30$)

예제 4 어떤 대학 졸업생의 평균초임이 700,000원이라고 하는데 이 가설을 검정하기 위하여 졸업생 100명의 초임을 무작위추출하여 표본평균을 계산한 결과 690,000원이 나왔고, 표본의 표준편차는 40,000으로 계산되었다. 유의수준 α=0.05로 이 가설을 검정하라.

an answer

예제에 대한 귀무가설과 대립가설은 다음과 같다.

$$H_0 : \mu = 700{,}000$$
$$H_1 : \mu \neq 700{,}000$$

$\alpha=0.05$이므로 양측검정에서의 임계값은 $\leq z_{0.025}=\pm 1.96$이다. 따라서 의사결정규칙은 다음과 같다.

$Z<-1.96$ 또는 $Z>1.96$이면 H_0을 기각하고
$-1.96\leq Z\leq 1.96$이면 H_0을 기각하지 못한다.

여기서 검정통계량의 값은 다음과 같다.

$$Z=\frac{\bar{X}-\mu_0}{S/\sqrt{n}}=\frac{690,000-700,000}{40,000/\sqrt{100}}=-2.5$$

$Z<-1.96$이므로 귀무가설을 유의수준 $\alpha=0.05$에서 기각한다(그림 9-10 참조).

예제 5 어느 대학의 학생처장은 학생들의 평균학점이 적어도 2.75라고 주장하고 있다. 하지만 학생들은 학교에서 주장하는 평균학점보다 실제로는 더 낮을 것이라고 주장하고 있다. 이를 검정하기 위하여 64명의 학생을 무작위추출하여 평균학점을 계산해보니 2.69이고 표본표준편차는 0.25로 관측되었다. 유의수준 $\alpha=0.01$로 학생처장의 주장을 검정하여라.

an answer

예제에 대한 귀무가설과 대립가설은 다음과 같다.

$$H_0: \mu=2.75$$
$$H_1: \mu<2.75$$

이는 단측검정이므로 Z의 임계값은 [그림 9-8]에서 나타내는 바와 같이 $-z_{0.01}=-2.33$이다. 검정통계량의 값은 다음과 같다.

$$Z=\frac{\bar{X}-\mu_0}{S/\sqrt{n}}=\frac{2.69-2.75}{0.25/\sqrt{64}}=-1.92$$

검정통계량의 값이 채택역에 놓이므로 유의수준 1%에서 귀무가설을 기각 할 수 없다. 즉, 이 경우 학생처장의 주장은 유의수준 1%에서 타당하다고 말할 수 있다.

그림 9-8 〈예제 5〉의 채택역과 기각역

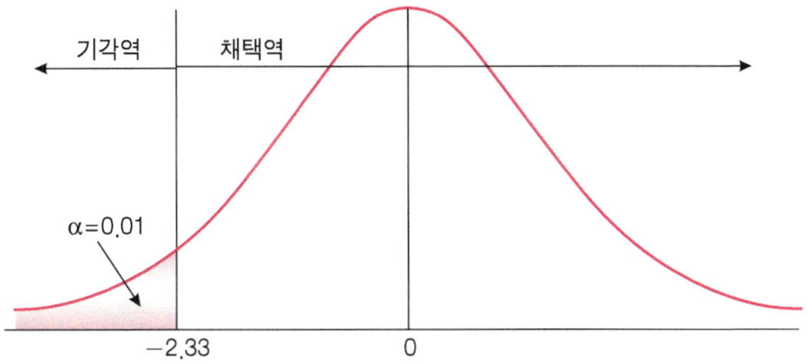

(2) 표본의 크기가 작은 경우($n<30$)

예제 6 커피 자동판매기는 8온스 짜리 컵에 평균 7.7온스를 채우도록 설계되어 있다. 그러나 많은 사람들이 반컵밖에 차지 않는다는 불평을 하기 때문에 회사는 표본조사를 하여 불평의 근거가 있는지 조사해 보고자 한다. 10개의 표본을 조사한 결과 평균커피량이 7.5온스이고 표준편차는 0.2온스로 관측되었다. 자동판매기에 이상이 있는지 없는지 유의수준 α=0.05로 하여 검정하여라. 단, 자동판매기에서 나오는 커피의 양은 정규분포를 한다고 가정한다.

an answer

예제에 대한 귀무가설과 대립가설은 다음과 같다.

$$H_0 : \mu=7.7$$
$$H_1 : \mu<7.7$$

모집단이 정규분포를 하고 표본의 크기가 작으므로 t분포에 의해서 가설검정을 하게 되는데 $\alpha=0.05$이므로 단측검정(이 경우, 좌측검정)에서의 임계값은 [그림 9-9]에서 보는 바와 같이 다음과 같다.

$$-t\alpha(n-1)=-t_{0.05}(9)=-1.833$$

그런데 검정통계량의 값은 다음과 같다.

그림 9-9 〈예제 6〉의 채택역과 기각역

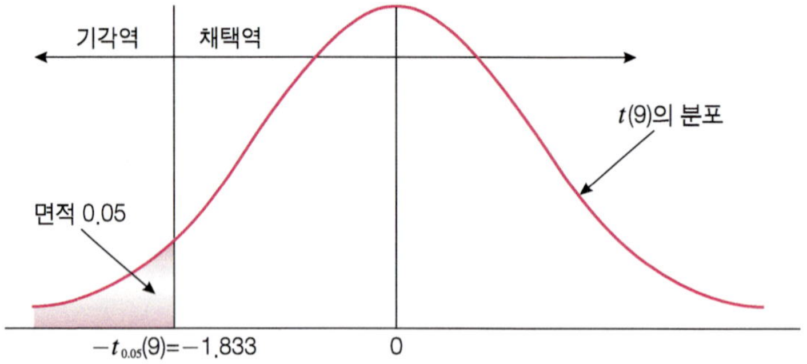

$$t=\frac{\bar{x}-\mu_0}{s/\sqrt{n}}=\frac{7.5-7.7}{0.2/\sqrt{10}}=-3.16$$

여기서 검정통계량의 값은 기각역에 속한다. 따라서 유의수준 5%에서 귀무가설을 기각하게 되고 자동판매기는 조정될 필요가 있음을 알 수 있다.

예제 7 어떤 은행의 신입여행원은 1,000원 짜리 지폐 한 묶음(100장)을 세는데 소요되는 시간이 평균 30초라고 주장하고 있다. 지폐 한 묶음을 세는 평균시간이 30초 이상 소요되는지를 검정하기 위하여 신입여행원 9명을 무작위추출하여 1,000원 짜리 지폐 한 묶음을 세는데 소요되는 시간을 측정한 결과 평균 32.5초로 나타났으며 표본표준편차는 3.9초였다. 유의수준 α=0.05로 하여 신입여행원의 주장이 옳은지를 검정하라. 단, 신입여행원이 지폐 한 묶음을 세는데 소요되는 시간은 정규분포를 한다고 가정한다.

an answer

예제에 대한 귀무가설과 대립가설은 다음과 같다.

$$H_0 : \mu=30$$
$$H_1 : \mu>30$$

$\alpha=0.05$이므로 임계값은 $t_0(n-1)=t_{0.05}(8)=1.860$이다.

그런데 검정통계량의 값은 다음과 같다.

$$t=\frac{\bar{X}-\mu_0}{S/\sqrt{n}}=\frac{32.5-30}{3.9/\sqrt{9}}=1.92$$

여기서 검정통계량 t값은 기각역에 속하게 되어 유의수준 5%에서 귀무가설을 기각하게 된다. 즉, 유의수준 5%에서 관측된 표본은 신입여행원이 지폐 한 묶음을 세는데 소요되는 시간이 30초 이상이 된다는 주장이 옳다고 보는 것이다. 다시 말하면, 신입여행원의 주장은 유의수준 5%에서 옳지 않다고 할 수 있다.

03 모집단비율에 대한 가설검정

모집단비율에 대한 가설검정은 표본의 크기가 큰 경우 ($np\geq 5$이고 $n(1-p)\geq 5$의 조건을 만족하는 경우)와 표본의 크기가 작은 경우로 나누어지는데 표본의 크기가 크면 표본비율은 중심극한정리에 의해서 근사적으로 정규분포를 따르므로 정규분포를 이용하여 가설검정을 할 수 있다. 하지만 표본의 크기가 작으면 이항분포에 의해서 가설검정을 해야 하는데, 이 경우 앞서 구간추정에서도 언급한 바와 같이 표본오차가 크게 발생하므로 표본정보를 이용하여 가설검정을 하는데 한계가 있다. 따라서 본서에서의 모집단비율에 대한 가설검정은 표본의 크기가 큰 경우에 대해서만 다루도록 한다. 모집단비율에 대한 가설검정도 다음과 같은 세 가지 기본적인 형태를 취한다.

제 1 형	제 2 형	제 3 형
$H_0: p=p_0$ $H_1: p\neq p_0$	$H_0: p=p_0$ $H_1: p>p_0$	$H_0: p=p_0$ $H_1: p<p_0$

만일 표본의 크기가 큰 경우(즉, $np\geq 5$이고, $n(1-p)\geq 5$일 경우) 표본비율 $\hat{p}=X/n$는 평균이 p이고 표준편차가 $\sigma_{\hat{p}}=\sqrt{p(1-p)/n}$인 정규분포를 하므로 귀무가설 $H_0: p=p_0$이 사실이라면 $(\hat{p}-p_0)/\sigma_{\hat{p}}$은 표준정규분포를 한다. 따라서 검정통계량으로는 $Z=(\hat{p}-p_0)/\sigma_{\hat{p}}$을 사용하게 된다.

예제 8 미국의 2012년 대통령 선거에서 민주당의 선거참모진은 대통령 후보자인 Barak Obama가 유권자 50%의 득표를 할 것으로 예상하고 있다. 이러한 예상을 확인하기 위해 유권자 200명을 무작위추출하여 조사하였더니 그 중 81명이 Obama를 지지한다고 하였다. 유의수준 α=0.05로 하여 선거참모진의 예상이 맞는지를 검정하여라.

an answer 예제에 대한 귀무가설과 대립가설을 양측검정을 가정하여 설정하면 다음과 같다.

$$H_0 : p=0.5$$
$$H_1 : p\neq 0.5$$

이 경우 $np=n(1-p)=200\times 0.5=100\geq 5$의 조건을 만족하므로 정규분포를 이용하여 가설검정을 할 수 있다.

여기서, 표본비율은 $\hat{p}=\frac{81}{200}=0.405$이며 $\alpha=0.05$이고 양측검정이므로 임계값은 $\pm z_{0.025}=\pm 1.96$이다. 그리고 검정통계량의 값은 다음과 같다.

$$Z=\frac{\hat{p}-p_0}{\sqrt{\frac{p_0(1-p_0)}{n}}}=\frac{0.405-0.5}{\sqrt{\frac{(0.5)(0.5)}{200}}}=\frac{-0.095}{0.035}=-2.71$$

$Z<-z_{0.025}$이므로 검정통계량 Z의 값이 기각역에 놓이게 되어 유의수준 5%에서 귀무가설은 기각된다. 이러한 결과로부터 Obama의 지지율은 50%라기보다는 50% 미만인 것으로 예상할 수 있다.

예제 9 우리 나라 사람의 식생활 형태의 변화를 조사하기 위하여 서울에 살고 있는 100가구를 무작위로 추출해서 아침에 빵을 먹는 가구를 조사해보니 50가구였다. 작년에 빵을 먹는 가구의 비율이 0.4라고 가정하면 이번 조사의 결과로 빵을 먹는 가구가 증가했다고 말할 수 있는지 α=0.05로하여 검정하라.

an answer 예제에 대한 귀무가설과 대립가설은 다음과 같다.

$$H_0 : p=0.4$$
$$H_1 : p>0.4$$

이 경우 $np=100\times0.4=40\geq5$이고 $n(1-p)=100\times0.6=60\geq5$의 조건을 만족하므로 정규분포를 이용하여 가설검정을 할 수 있다.
$\alpha=0.05$이고 단측검정이므로 임계값은 $z_{0.05}=1.645$이다. 그리고 검정통계량의 값은 다음과 같다.

$$Z=\frac{\hat{p}-p_0}{\sqrt{\frac{p_0(1-p_0)}{n}}}=\frac{0.5-0.4}{\sqrt{\frac{(0.4)(0.6)}{100}}}=\frac{0.1}{0.049}=2.04$$

여기서 $Z>z_{0.05}$이므로 검정통계량 Z의 값은 기각역에 놓이게 되어 귀무가설은 기각된다. 즉, 유의수준 5%에서 작년에 비해 올해 빵을 먹는 가구가 증가했다고 볼 수 있다.

04 가설검정의 오류

가설검정은 표본의 결과를 근거로 판단을 내리는 것이고, 표본의 결과는 어떤 표본을 추출하느냐에 따라 달라지기 때문에 가설검정에 의한 통계적 결정에는 항상 오차가 따르게 마련이다. 우리는 이미 귀무가설 H_0이 사실인데도 이를 잘못 기각하는 오류를 저지를 확률의 최대값을 유의수준으로 정의하고 그것을 α로 표시하였다. 이와 같이 귀무가설이 사실인데도 이를 잘못 기각하는 오류를 제1종 오류(Type I error)라 한다.

또한 귀무가설 H_0을 기각하지 못할 경우는 그 상황에서 귀무가설을 기각할만한 충분한 이유가 없다는 것이지 귀무가설이 사실이라는 것을 증명하는 것이 아니라고 설명한 바 있다. 즉, 귀무가설이 사실이 아닌데도 잘못하여 이를 기각하지 못하는 경우도 있을 것이다. 이와 같이 귀무가설이 사실이 아닌데도 잘못하여 이를 기각하지 못하는 오류를 제2종 오류(Type II error)라고 한다. 제2종 오류에 대한 확률은 β로 표시한다.

이상을 종합하면 가설검정의 결과는 〈표 9-1〉과 같이 네 가지 가능성이 있음을 알 수 있다.

표 9-1 가설검정의 네 가지 가능성

의사결정 \ 가설의 진위	H_0가 사실	H_0가 거짓
H_0을 기각	잘못된 결정 (제1종 오류)	옳은 결정
H_0을 기각하지 못함	옳은 결정	잘못된 결정 (제2종 오류)

(1) β 및 검정력의 계산

제1종 오류가 발생할 확률의 최대값 α는 가설검정에 의한 통계적 결정을 내리기 전에 정해지는 것이지만 제2종 오류가 발생할 확률 β는 실제 모수의 값을 알기 전에는 계산할 수 없다.

〈예제 4〉에서 실제의 평균초임이 μ=692,000이라 가정하자. 이 경우 귀무가설 H_0 : μ=700,000은 기각해야 옳은 결정인데 이 때 귀무가설을 잘못하여 기각하지 못할 확률 β는 얼마가 되는지 계산하여 보자. 이 예제에서 α=0.05이므로 임계값은 $\pm z_{0.025}=\pm 1.96$이었다. Z값을 표본평균에 대한 임계값으로 나타내면 다음과 같다.

$$\overline{X}\text{에 대한 임계값}=\mu_0 \pm (s/\sqrt{n})z_{\alpha/2}$$

그러므로 표본평균으로 나타낸 임계값(그림 9-10참조)은 다음과 같이 계산될 것이다.

$$\overline{X}\text{에 대한 좌측임계값}=700,000+(-1.96)\cdot\frac{40,000}{\sqrt{100}}=692,160$$

$$\overline{X}\text{에 대한 우측임계값}=700,000+(1.96)\cdot\frac{40,000}{\sqrt{100}}=707,840$$

따라서 표본평균 $\overline{X}$가 692,160원과 707,840원의 사이에 있으면 귀무가설 H_0 : μ=700,000원을 기각하지 못하게 될 것이다.

그림 9-10 〈예제 4〉의 채택역과 기각역

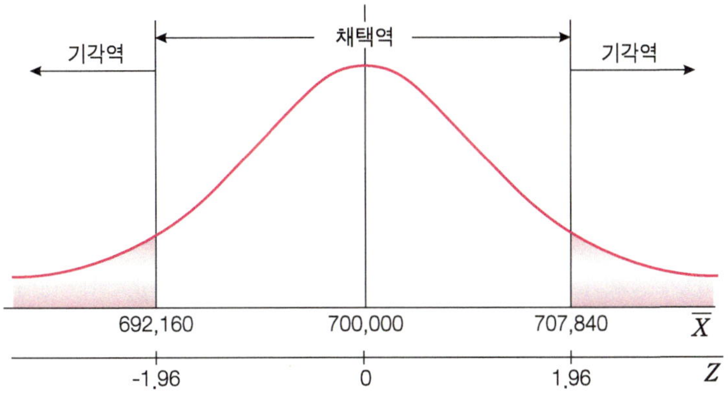

그런데 실제 모집단평균 μ가 692,000이라 하면 표본평균 $\overline{X}$는 [그림 9-11]의 왼편 분포와 같이 692,000을 중심으로 분포되어 있을 것이므로 $\overline{X}$가 692,160과 707,840 사이의 채택역에 있을 확률은 빗금친 부분이 될 것이다.

그림 9-11 μ=692,000인 경우 β의 계산(α=0.05)

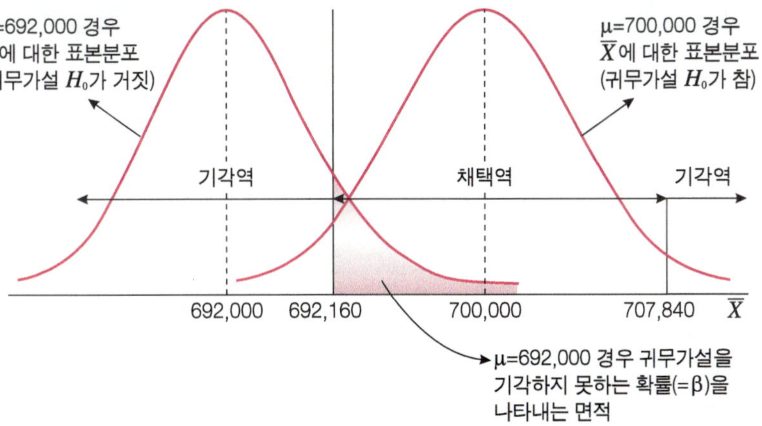

즉,

$$\beta = P(692,160 \le \bar{X} \le 707,840) | \mu = 692,000$$
$$= P\left(\frac{692,160-692,000}{40,000/\sqrt{100}}\right) \le Z \le \frac{707,840-692,000}{40,000/\sqrt{100}}$$
$$= P(0.04 \le Z \le 3.96)$$
$$= 0.484$$

다시 말하면 실제 μ=692,000일 경우는 귀무가설 H_0 : μ=700,000을 기각해야 옳은 결정인데 귀무가설을 잘못하여 기각하지 못할 확률이 0.484라는 것이다. 이와 같이 β는 μ의 실제값이 주어지면 계산될 수 있는데 여러 가지 μ값에 대한 β의 값이 〈표 9-2〉에 주어져 있다.

〈표 9-2〉에서 알 수 있는 바와 같이 β의 값은 실제 μ의 값이 귀무가설의 값 μ_0=700,000에 가까워질수록 커지고 μ가 700,000에 근접할 경우에는 β=0.95에 접근함을 알 수 있다.

귀무가설이 거짓일때 잘못하여 귀무가설을 기각하지 못하는 확률을 β라고 하면 1−β는 귀무가설이 거짓일때 귀무가설을 기각하는 옳은 결정을 내리는 확률이 되며 이러한 확률

표 9-2 여러 가지 μ값에 대한 β의 값과 검정력의 값(α=0.05)

μ	β	검정력(=1−β)
680,000	0.0012	0.9988
684,000	0.021	0.979
688,000	0.149	0.851
692,000	0.484	0.516
696,000	0.830	0.170
700,000(대략)	0.950	0.050
704,000	0.830	0.170
708,000	0.484	0.516
712,000	0.149	0.851
716,000	0.021	0.979
720,000	0.0012	0.9988

그림 9-12 검정력곡선(α=0.05, n=100)

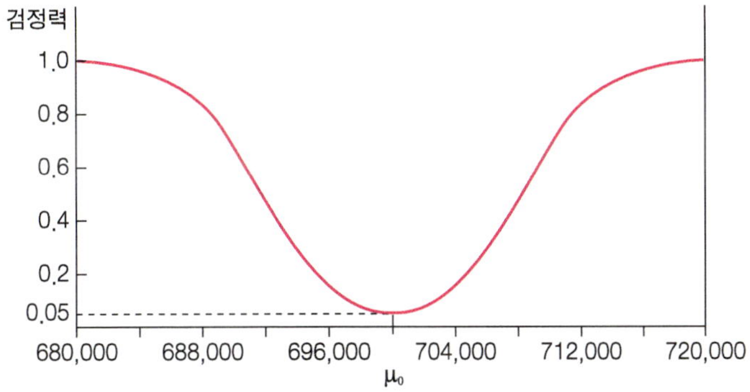

을 검정력(power)이라고 한다. 즉, 귀무가설이 거짓인 경우($\mu \neq \mu_0$), 검정력은 $1-\beta$와 같고 귀무가설이 사실인 경우 ($\mu=\mu_0$), 검정력은 α이다. μ의 다양한 값에 대한 검정력이 〈표 9-2〉에 나와 있고 각 점을 연결하여 나타낸 검정력곡선(power curve)이 [그림 9-12]에 주어져 있다.

(2) α와 β의 관계

이상에서는 α=0.05일 경우 나타나는 β의 값을 계산하였다. 만일 α=0.1로 하면 β의 값은 어떻게 나타날지 알아보자. 이 경우 검정통계량으로 나타낸 임계값은 $+z_{\alpha/2}=\pm$ 1.645이다. 표본평균에 대한 임계값으로 나타내면 다음과 같다.

$$\overline{X}\text{에 대한 좌측임계값}=700,000+(-1.645)\cdot\frac{40,000}{\sqrt{100}}=693,420$$

$$\overline{X}\text{에 대한 우측임계값}=700,000+(1.645)\cdot\frac{40,000}{\sqrt{100}}=706,580$$

따라서 표본평균 $\overline{X}$가 693,420과 706,580 사이에 있으면 귀무가설 $H_0:\mu$=700,000을 기각하지 못하게 되는 것이다. 그러면 앞에서 한 과정과 똑같은 방법으로 실제 μ=692,000인데도 귀무가설을 잘못하여 기각하지 못하는 확률 β를 구하여 보자.

[그림 9-13]에 보여준 바와 같이 빗금친 부분의 면적이 β가 될 것이다.

그림 9-13 β의 계산(α=0.1)

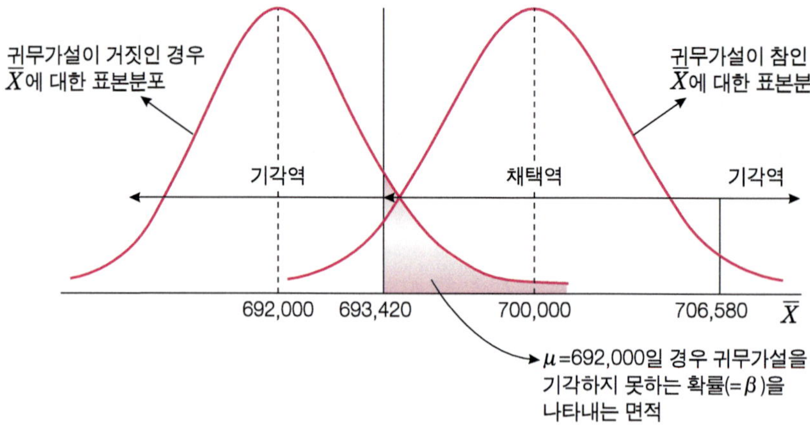

$$\beta = P(693,420 \leq \bar{X} \leq 706,580) | \mu = 692,000)$$
$$= P\left(\frac{693,420-692,000}{40,000/\sqrt{100}}\right) \leq Z \leq \frac{706,580-692,000}{40,000/\sqrt{100}}$$
$$= P(0.355 \leq Z \leq 3.645)$$
$$= 0.3592$$

이와 같이 β를 μ의 여러 가지 값에 대해서 계산하면 〈표 9-3〉과 같다.

표 9-3 α=0.1일 때 β의 값

μ	β	μ	β
680,000	0.0004	704,000	0.7382
684,000	0.0091	708,000	0.3592
688,000	0.0869	712,000	0.0869
692,000	0.3592	716,000	0.0091
696,000	0.7382	720,000	0.0004
700,000(대략)	0.9000		

여기서 α=0.05일 때와 α=0.1일 때의 β값을 비교하면 α값이 커지면 β는 작아지고 있음을 알 수 있다. 다시말하면, α=0.1일 경우의 기각역은 α=0.05일 경우의 기각역보다 넓으므로, α=0.1일 경우 귀무가설을 기각할 가능성이 α=0.05일 때보다 높은 것이다. 따라서 제2종 오류를 범할 확률 β는 작아지게 된다. 이와 같이 α와 β가 역의 관계에 있음은 중요한 사실이다. 즉, 일정한 크기의 표본에 대해서 α와 β를 동시에 감소시키는 방법은 불가능하며, α와 β를 동시에 감소시키기 위한 유일한 방법은 표본의 크기를 증가시키는 방법이다.

(3) β와 표본의 크기 n과의 관계

만일 〈예제 4〉에서 표본의 크기를 100대신 225로 증가시키면 가설검정에 어떤 영향을 미치게 될 것인가를 알아보자. 표본의 크기를 증가시키고 표본표준편차 s의 값은 40,000으로 변하지 않는다고 가정하면, 평균의 표준오차($\sigma_{\bar{X}}=s/\sqrt{n}$)는 n이 증가할수록 그 크기는 작아지기 때문에 같은 유의수준에서 보다 정밀한 검정이 될 것이다. 즉, 좁은 채택역과 넓은 기각역을 가지게 될 것이다. 표본의 크기를 225로 했을 때의 $\bar{X}$에 대한 임계값을 계산하면 다음과 같다.

$$\bar{X}\text{에 대한 좌측임계값}=\mu_0+z_{0.025}(s/\sqrt{n})$$
$$=700{,}000+(-1.96)\cdot\frac{40{,}000}{\sqrt{225}}=694{,}773.3$$
$$\bar{X}\text{에 대한 우측임계값}=\mu_0+z_{0.025}(s/\sqrt{n})$$
$$=700{,}000+(\backslash 1.96)\cdot\frac{40{,}000}{\sqrt{225}}=705{,}226.7$$

즉, 표본의 크기를 225로 하게 되면 채택역은 694,773.3원에서 705,226.7원까지로 n=100일 경우의 채택역 692,160원에서 707,840원까지 보다 그 구간이 짧다. 이 경우 실제 μ=692,000이라 했을때 귀무가설 $H_0:\mu$=700,000을 기각하지 못할 확률 β는 얼마가 되는지 계산해 보자(그림 9-14 참조).

그림 9-14 β의 계산(α=0.05, n=225)

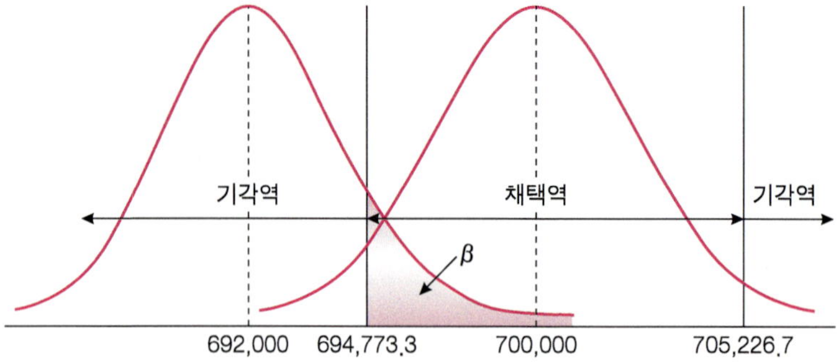

$$\beta = P(694,773.3 \le \bar{X} \le 705,226.7) | \mu = 692,000)$$
$$= P\left(\frac{694,773.3 - 692,000}{40,000/\sqrt{225}} \le Z \le \frac{705,226.7 - 692,000}{40,000/\sqrt{225}}\right)$$
$$= P(1.04 \le Z \le 4.96)$$
$$= 0.1492$$

표 9-4 n=225일 때 β 및 검정력의 값

μ	β	검정력(=1-β)
680,000	0.0000	1.0000
684,000	0.0000	1.0000
688,000	0.0055	0.9945
692,000	0.1492	0.8508
696,000	0.6770	0.3230
700,000(대략)	0.9500	0.0500
704,000	0.6770	0.3230
708,000	0.1492	0.8508
712,000	0.0055	0.9945
716,000	0.0000	1.0000
720,000	0.0000	1.0000

그림 9-15 표본의 크기에 따른 검정력곡선의 비교

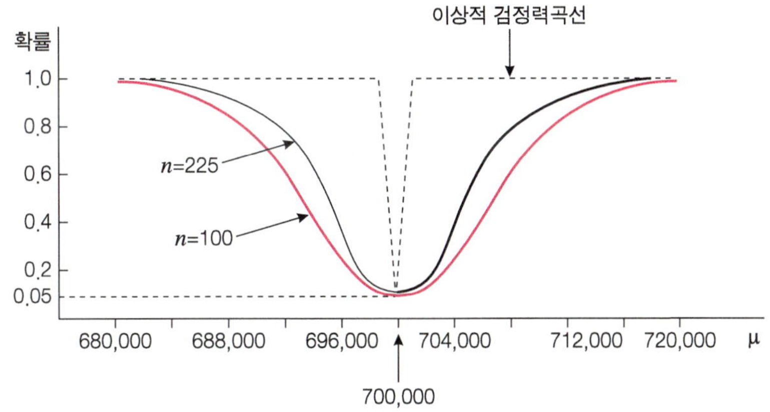

같은 방법으로 계산하여 표본의 크기 $n=225$로 했을 때 μ의 다양한 값에 대한 β 및 검정력을 계산하면 〈표 9-4〉와 같다.

여기서 $n=100$일때와 $n=225$일때의 검정력을 비교하면 $n=225$일 경우의 검정력이 더 크다. 이것은 $n=225$일때가 $n=100$일때 보다 강력한 검정(powerful test)이 되어 거짓의 귀무가설을 기각할 가능성이 더 많아지는 것이다. [그림 9-15]는 $n=100$일때와 $n=225$일때의 검정력곡선을 비교하고 있는데 표본의 크기가 커질수록 이상적인 검정력곡선에 가까워짐을 확인할 수 있다.

예제 10 과자봉지에 400g의 과자를 채우도록 설계되어 있는 포장기계가 제대로 작동하고 있는지 알아보기 위해 36개의 과자봉지를 무작위로 추출하여 다음과 같은 가설검정을 하고자 한다.

$$H_0 : \mu=400$$
$$H_1 : \mu\neq400$$

만일 표본평균 $\bar{X}$가 390g보다 작거나 410g보다 크면 귀무가설 $H_0 : \mu=400$을 기각하는 의사결정규칙을 만들었다고 하자. 모집단 표준편차 $\sigma=42$g이라 가정하였을 경우 다음 물음에 답하여라.

(1) 이 가설검정에서 제1종 오류가 발생할 확률 α는 얼마인가?

(2) 만일 실제의 모평균 μ가 380이라고 한다면 제2종 오류가 발생할 확률 β는 얼마이며 이에 대한 검정력은 얼마인가?

an answer

(1) 제1종 오류가 발생할 확률 α는 귀무가설 $H_0 : \mu=400$이 사실일때 귀무가설을 기각할 확률이다. 따라서 $\mu=400$일때 표본평균 $\bar{X}$가 390보다 작고 410보다 클 확률을 구하면 된다.

$$\begin{aligned}\alpha &= P(\bar{X}<390|\mu=400)+P(\bar{X}>410|\mu=400)\\ &= P(Z<\frac{390-400}{42/\sqrt{36}})+P(Z>\frac{410-400}{42/\sqrt{36}})\\ &= P(Z<-1.43)+P(Z>1.43)\\ &= 2(0.0764)=0.1528\end{aligned}$$

따라서 예제에서 제시한 의사결정규칙에 대한 제1종 오류가 발생할 확률 α는 0.1528이다.

(2) $\mu=380$일 때 제2종 오류가 발생할 확률 β는 $\mu=380$일때 표본평균 $\bar{X}$가 390보다 크고 410보다 작을 확률이다. 따라서 β는 다음과 같이 계산된다.

$$\begin{aligned}\beta &= P(390\le\bar{X}\le410|\mu=380)\\ &= P\left(\frac{390-380}{42/\sqrt{36}}\le Z\le\frac{410-380}{42/\sqrt{36}}\right)\\ &= P(1.43\le Z\le4.29)\\ &= 0.0764\end{aligned}$$

따라서 제2종 오류가 발생할 확률 β는 0.0764이며 이에 대한 검정력은 1-0.0764=0.9236이다.

05 가설의 설정

가설에는 다음과 같이 세 가지 형태가 있음은 앞에서 이미 설명했다.

제1형	제2형	제3형
$H_0 : \mu=\mu_0$ $H_1 : \mu\neq\mu_0$	$H_0 : \mu=\mu_0$ $H_1 : \mu>\mu_0$	$H_0 : \mu=\mu_0$ $H_1 : \mu<\mu_0$

그런데 제2형에서 대립가설의 형태가 $\mu>\mu_0$이므로, 실제로 μ의 값이 μ_0보다 클 경우는 귀무가설을 기각하게 될 것이고, 제3형에서는 대립가설의 형태가 $\mu<\mu_0$이므로, 실제로 μ의 값이 μ_0보다 작을 경우는 귀무가설을 기각하게 될 것이므로 제2형과 제3형에 대한 귀무가설은 다음과 같이 나타내도 내용상 다를 것이 없을 것이다.

제2형	제3형
$H_0 : \mu\leq\mu_0$ $H_1 : \mu>\mu_0$	$H_0 : \mu\geq\mu_0$ $H_1 : \mu<\mu_0$

하지만 가설설정 단계에서 발생할 수 있는 문제는 위의 세 가지 형태 중에서 어떤 형태의 가설을 세우는 것이 적절한가를 결정하는 것이다. 통계적 가설검정에서 양측검정(제1형)과 단측검정(제2형과 제3형)은 그 차이가 명확하다.

만일 모수가 하나의 값과 같은지의 여부를 판단하려면 양측검정을 사용하고 이 경우 표본정보를 통해서 모수의 실제값이 귀무가설의 값보다 크거나 작을 가능성이 많다고 나타나면 귀무가설을 기각하게 된다. 그러나 단측검정을 사용해야 할 경우에는 귀무가설을 작거나 같은 형태(제2형)로 해야 할지 크거나 같은 형태(제3형)로 해야 할지를 결정하는 어려움이 발생한다. 이 경우 기본적인 원칙은 새로운 주장이나 사실을 대립가설로 놓고, 이에 반하는 가설을 귀무가설로 놓는 것이다. 예를 들어, 모평균 μ가 400보다 작다는 주장을 가설검정하기 위해서는 대립가설 $H_1 : \mu<400$으로 먼저 설정하고, $H_0 : \mu\geq400$으로 설정한다는 것이다. 그러나 가설의 형태는 의사결정자가 누구이냐에 따라서도 달라질 수 있다. 다음의 예제를 이용하여 이를 설명해 보도록 하자.

예제 11 포장기계가 과자봉지에 400g의 과자를 채우도록 설계되어 있는데 과자의 양이 적어졌다고 불평을 하는 소비자들이 많기 때문에 회사는 표본조사를 하여 불평이 근거가 있는 것인지 검정해 보고자 한다. 이 문제에 대해서 어떤 형태의 가설을 세워야 할 것인가?

an answer

이 문제에서는 과자의 모집단 평균중량 μ에 대해서 가설을 세워야 하는데 회사는 $\mu \geq 400$g이라고 주장한다. 〈표 9-5〉에는 두 가지 형태의 단측검정 가설이 나타나 있으며, 각각에 대한 두 가지 종류의 오류를 설명하고 있다.
이 문제에 대해서 의사결정을 내리는 경우 다음과 같은 두 가지 오류를 범할 가능성이 있다.

첫번째 오류 : 평균중량이 실제로 400g이 안되는 데도 400g이 된다고 결론을 내리는 것
두번째 오류 : 평균중량이 실제로 400g이 되는 데도 400g이 안된다고 결론을 내리는 것

만일 첫번째 오류를 범하면 실제 포장기계에 이상이 있는 데도 불구하고 그냥 방치함으로써 소비자가 피해를 입게 될 것이므로 이 오류는 소비자 위험(consumer's risk)에 관련된 오류다. 만일 두번째 오류를 범하면 포장기계에 이상이 없는 데도 불구하고 시간과 자료수집 비용을 낭비하게 될 것이며 정상적인 포장기계를 고침으로써 필요없는 손실비용이 발생할 수 있으므로 이 오류는 생산자 위험(producer's risk)에 관련된 오류다. 소비자의 관점에서 보면 첫번째 오류를 작게 만들기를 원하게 되며, 회사(생산자)의 입장에서 보면 두번째 오류를 작게 만들기를 원할 것이다.
그런데 〈표 9-5〉를 보면 가설 A에서는 첫번째 오류가 제2종 오류이고, 가설 B에서는 첫번

표 9-5 가설의 형태에 따른 제1종 오류와 제2종 오류

오류 \ 가설	가설 A. $H_0 : \mu \geq 400$ $H_1 : \mu < 400$	가설 B. $H_0 : \mu \leq 400$ $H_1 : \mu > 400$
제1종 오류	평균중량이 실제로 400g이 되는 데도 평균중량이 400g이 된다라는 귀무가설을 기각	평균중량이 실제로 400g이 안되는 데도 평균중량이 400g이 안된다는 귀무가설을 기각
제2종 오류	평균중량이 실제로 400g이 안되는 데도 평균중량이 400g 이상이라는 귀무가설을 기각하지 못함	평균중량이 실제로 400g이 되는 데도 평균중량이 400g 이하라는 귀무가설을 기각하지 못함

째 오류가 제1종 오류이다. 그런데 제1종 오류를 범할 확률 α는 의사결정자가 미리 선정하지만 제2종 오류를 범할 확률 β는 모르는 값이다. 다시 말하면 α는 의사결정자가 통제할 수 있는 값이지만 β는 통제할 수 없는 값이라는 것이다.

따라서 소비자의 관점에서는 가설 B를 선택하여 두 가지 형태의 오류 중에서 보다 중대한 첫번째 오류를 제1종 오류로 하여 그 일어날 가능성의 정도를 소비자의 통제하에 두어 그 확률을 낮추도록 하는 가설검정을 원할 것이다.

만일 아주 신중하게 결정을 내리고자 한다면 유의수준을 매우 작게, 예를 들어 $\alpha=0.001$로 하여 검정할 수 있을 것이다. 즉, α를 아주 낮게 잡음으로써 실제 평균중량이 400g이 안되는 데도 400g이 된다라는 결정을 내리는 위험을 감소시킬 수 있다. 하지만 이러한 경우는 실제 평균중량이 400g이 되는 데도 400g이 안된다고 결정을 내리는 제2종 오류의 위험을 증가시키는 결과를 초래한다.

따라서 소비자의 관점에서는 가설 B를 선택하려고 하지만, 회사의 입장에서는 가설 A를 선택하려고 할 것이다. 즉, 회사는 불필요한 수리비용을 원하지 않으므로 두번째 오류를 보다 중요하게 생각하고 이러한 오류가 일어날 가능성을 자신의 통제하에 두기 위하여 가설 A를 선택하려고 할 것이다.

06 모집단분산에 대한 가설검정

모집단분산에 대한 가설검정은 χ^2분포에 기초를 두고 있다. 여기서 사용되는 검정통계량은 $V=(n-1)S^2/\sigma^2$으로 이것은 자유도 $(n-1)$의 χ^2분포를 한다는 사실은 이미 제6장에서 배운 바 있다. 여기서 한 가지 유의할 사항은 이 검정에서는 모집단이 정규분포를 하고 있다는 가정이 필요하다는 것이다. 하지만 모집단이 정확히 정규분포를 따르고 있지 않더라도 대략적으로 좌우대칭인 종모양의 분포를 따르고 표본의 크기가 큰 경우에는 이 검정을 적용할 수 있다.

예제 12 어느 비누제조회사에서 생산하는 비누 20개를 무작위추출하여 무게에 대한 표준편차를 측정해 본 결과 2.5g이 나왔다. 유의수준 $\alpha=0.05$로 하여 이 회사에서 생산하는 비누의 무게에 대한 표준편차가 2g을 넘을 것인지의 여부를 검정하라. 단, 생산되는 비누의 무게는 정규분포를 따른다고 가정한다.

예제에 대한 귀무가설과 대립가설은 다음과 같다.

$$H_0 : \sigma=2$$
$$H_1 : \sigma>2$$

검정통계량의 값은 다음과 같다.

$$V=\frac{(n-1)s^2}{\sigma^2}=\frac{(19)(2.5)^2}{2^2}=29.69$$

$\alpha=0.05$이고 우측검정이므로 [그림 9-16]에서 보는 바와 같이 임계값은 $\chi^2_{0.05}(19)=30.14$이다.

여기서 $V<\chi^2_{0.05}(19)$이므로 귀무가설 H_0을 기각하지 못한다. 즉, 이 회사에서 생산하는 비누의 무게에 대한 표준편차는 유의수준 5%에서 2g을 넘는다고 볼 수 없다.

그림 9-16 모집단 분산 검정에 대한 채택역과 기각역

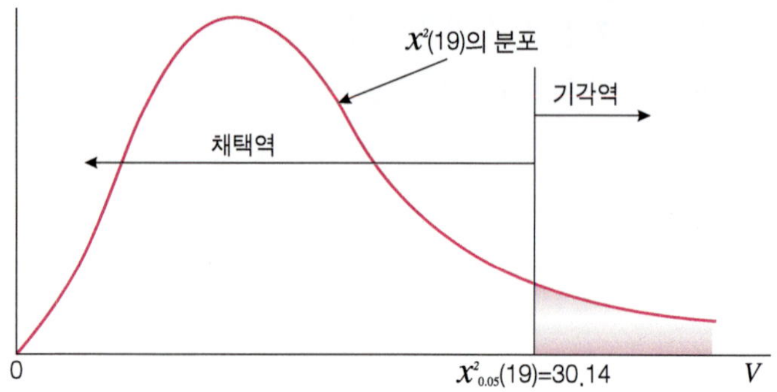

연습문제

1. 다음 기술 중 틀린 것을 찾아내어 바르게 고치시오.
   ① 제1종 오류란 허위의 귀무가설을 옳다고 받아들이는 잘못을 말한다.
   ② 제1종 오류를 범할 가능성의 최대값을 유의수준이라 하는데, 이는 모수의 값을 알고난 후에 결정할 수 있다.
   ③ 표본의 크기를 증가시키면 제1종 오류와 제2종 오류를 동시에 줄일 수 있다.

2. 하루 중 안내에 걸려오는 전화번호 문의의 수는 평균 2,000 통화이고, 표준편차는 100 통화의 정규분포를 한다고 한다. 우정산업본부에서는 전화번호부에서 쉽게 찾을 수 있는 번호도 문의하는 경우가 많으므로 불필요한 문의의 수를 줄이기 위하여 “잠깐만 기다려 주세요. 번호를 찾고 있습니다”라는 안내방송을 30초동안 하기로 하였다. 이 안내방송을 실시한 후 한달 동안(30일 기준) 걸려오는 문의의 수를 조사하였더니 하루평균 1,800 통화였다. 안내방송을 한 효과가 있는지 유의수준 $\alpha=0.05$로 하여 검정하라.

3. 어느 고등학교 학생 100명의 IQ검사에서 평균이 103.6, 표준편차가 11이었다.
   ① 유의수준 $\alpha=0.05$로 하여 이 고등학교 학생의 평균 IQ가 적어도 100이라는 가설을 검정하라.
   ② 이 고등학교 전체학생의 평균 IQ가 실제로 99밖에 되지 않는 데도 ①에서 구한 의사결정규칙에 의하여 IQ가 적어도 100이라는 가설을 긍정할 확률은 얼마인가?

4. 한국야구위원회(KBO)에서는 우리 나라 고등학교 야구팀 투수의 투구속도가 시속으로 평균 125km에 못 미친다고 주장하고 있다. 이러한 주장을 검증하기 위하여 고등학교 투수 12명을 무작위추출하여 투구속도를 측정한 결과 평균 121km이고 표준편차는 2.5km이었다.
   ① 한국야구위원회의 주장이 타당한 지를 유의수준 $\alpha=0.05$로 하여 가설검정하라.
   ② 실제 고등학교팀 투수의 투구속도가 평균 122.5km인데도 ①에서 구한 의사결정규칙에 의해서 한국야구위원회의 주장을 기각할 확률은 얼마인가?

5. 어느 맥주제조회사는 맥주를 우유와 같이 종이상자에 넣어 판매하는 것을 고려하고 있다. 최고경영층은 소비자의 40% 이상이 좋은 반응을 보이지 않으면 종이상자를 채택하지 않을 것이라 한다. 맥주 애호가 200명에 대해서 조사한 결과 70명이 호의적인 반응을 보였다. 유의수준 α=0.05로 하여 종이상자로 판매할 것인지 안할 것인지를 결정하라.

6. 어린이를 생각하는 소비자모임에서는 어린아이들이 즐겨 찾는 아이스크림에 들어있는 커피함유량이 규정을 초과할 것을 우려하여 표본을 추출하여 이를 조사해 보고자 한다. 규정상 아이스크림에 들어 있는 커피함유량은 2%이내이어야 한다. 시판되고 있는 아이스크림 100개를 표본으로 추출한 결과 커피함유량의 평균은 2.3%이었으며 표준편차는 0.95이었다. 회사측 입장에서 만들어진 다음과 같은 가설을 10% 유의수준으로 검정하라.

H_0 : 아이스크림에 들어 있는 평균 커피 함유량은 2%이내이다.($\mu \leq 2\%$)

H_1 : 아이스크림에 들어 있는 평균 커피 함유량은 2%를 초과한다.($\mu > 2\%$)

7. 어느 백화점의 판매 후 반납되는 상품의 비율은 5% 정도라고 한다. 이 백화점에서 한달 동안 장난감을 30개 판매하였는데 이 중 7개가 반납되었다. 장난감의 반납률이 전체 평균반납률 5%보다 특별히 높은 것인지 α=0.01로 검정하라.

8. 대학생 중「주간대학」을 정기구독하는 학생의 비율이 얼마나 되는지 조사하기 위하여 대학생 30명을 무작위추출하여 조사해보니 7명이 정기구독하고 있었다. 유의수준을 α=0.05로 하여 정기구독하는 대학생의 비율이 20% 이상되는지를 검정하라.

9. 어떤 제조회사에 의해 생산된 전선의 내구력은 평균 2,000lb이고 표준편차는 150lb이다. 제조공정에 신기술을 도입함으로써 내구력이 증대될 수 있다고 한다. 이 주장을 검정하기 위해서 신기술에 의해 생산된 전선 90개의 표본을 검사한 결과 평균 내구력이 2,100lb이었다. α=0.01의 유의수준에서 이 주장을 검정하라.

10. 어떤 회사는 평균 내구력이 150kg이고 표준편차가 12kg인 밧줄을 제조하고 있다. 새로 개발된 제조공정에 의해서 평균 내구력이 증가될 수 있다고 한다.

① 64개의 밧줄을 검사했을 때 1%의 유의수준에서 구제조공정을 폐기하고 신제조공정을 채택하게 되는 의사결정규칙을 기술하라.

② ①에서 구한 의사결정규칙에 의할 때 새로운 제조공정이 평균 내구력을 155kg으로 증가시켰는 데도 불구하고 구제조공정과 차이가 없다고 결정할 확률은 얼마인

가? 표준편차는 12kg이라 가정한다.

11. 작년에 대학병원에 입원한 전체환자의 연령에 대한 분산은 $\sigma^2=64$로 알려져 있다. 금년에는 60명의 환자를 무작위로 추출하였는데, 이 때 표본의 분산은 $s^2=90$이었다. 환자의 연령이 정규분포를 이룬다고 가정할때 금년의 분산은 작년의 분산보다 훨씬 높은 것인가? 유의수준 0.10에서 검정하라.

12. 포장기계가 과자봉지에 400g의 과자를 채우도록 설계되어 있는데 과자의 양이 적어졌다고 불평하는 소비자들이 많아 표본조사를 통해 소비자들의 불평이 근거가 있는 것인지를 검정해 보고자 한다.
   ① 회사 관점에서의 가설을 세우고 그렇게 가설을 설정한 이유를 기술하라.
   ② 표본의 크기는 36이고, 표본평균은 390, 표본의 표준편차는 30으로 계산되었다. 유의수준이 몇 % 이하일 때 소비자들의 불평이 근거가 없다고 판단되겠는가?

13. 한국경영자협회는 자본금 10억 미만의 중소기업 임원의 월 평균급여가 200만원은 넘는다고 주장한다. 자본금 10억 미만의 중소기업 중 100개의 기업을 무작위로 선정하여 임원진들의 월평균급여를 조사한 결과, 평균이 210만원, 표준편차가 50만원으로 나타났다.
   ① 한국경영자협회의 주장을 통계적으로 검정하기 위한 가설을 세워라.
   ② 유의수준 5%에서 한국경영자협회의 주장을 받아들이게 될 표본평균의 범위를 구하고 이에 근거하여 가설검정을 하라.
   ③ 유의수준이 몇 % 이하일때 한국경영자협회의 주장은 기각되겠는가?

14. S 조사기관에서는 N세대의 한달 평균용돈이 50만원을 초과한다는 가설을 유의수준 5%로 검정하고자 한다. N세대 전체의 한달 평균용돈은 정규분포를 한다고 가정하자. 이 모집단에서 100명을 표본으로 추출한 결과, 평균은 55만원 그리고 표준편차는 20만원이었다. 다음 가설검정절차에서 잘못된 것을 찾아 바르게 고치시오.
   ① 가설 설정 : $H_0 : \mu=50$, $H_1 : \mu>50$
   ② 검정통계량 계산 : $Z=\dfrac{\bar{X}-\mu}{\sigma_X}=\dfrac{55-50}{20}=0.25$
   ③ 검정통계량과 임계값과의 비교 : $Z<z_\alpha$이면 귀무가설 기각, $Z\geq z_\alpha$이면 귀무가설을 기각하지 못함.

④ 통계적 결정 : $Z < z_{\alpha}$이므로 N세대의 한달 평균용돈이 50만원을 초과한다는 주장을 하기에는 유의수준 5%에서 불충분하다.

15. 한 기술전문가는 새로운 기계를 제조공정에 도입하면 물품제조시간을 충분히 단축시킬 수 있다고 주장하고 있다. 그러나 경영자 측면에서는 새 기계의 구입 및 유지비용을 감안하여, 만일 새로운 기계가 물품 하나 제조당 제조시간을 8분이상 단축시키지 못한다면 새로운 기계를 도입하지 않고자 한다. 현 제조공정에 의하면 물품 하나 제조당 평균 76분이 걸린다고 한다. 새로운 기계의 도입이 제조시간을 8분이상 단축시키는 가를 알아보기 위해 새로운 기계를 사용하여 100개의 물품 제조시간들을 관측한 결과 평균제조시간이 67분, 표준편차가 5분으로 나왔다.
    ① 경영자 입장에서의 가설을 설정하고, 이를 유의수준 5%로 검정하라.
    ② 유의수준이 몇 % 이하일 경우 새로운 기계는 물품제조시간을 충분히(8분이상) 단축시키지 못한다는 결론이 나올 것인가?

16. 새로운 비타민이 시장에 소개되었다. 이를 제조한 회사측에서는 이 비타민이 습기나 열을 받은 후에도 그 평균효능이 적어도 65는 된다고 주장한다. 이를 구입 판매하려는 측에서는 비타민 제조회사측의 주장에 대해 검사를 하고자 한다. 유사한 비타민들에 대한 종전의 검사로부터 비타민의 효능은 근사적으로 표준편차 σ=6인 정규분포를 따른다고 한다. 이제 제조된 비타민 중 100개를 무작위추출하여 습기나 열을 받은 후의 효능에 대해 측정하고자 한다.
    ① 위 문제에 대한 가설을 세우라.
    ② ①에서 세운 가설에 있어서 제1종 오류와 제2종 오류는 각각 무엇인지 기술하라.
    ③ 유의수준 $\alpha=0.05$로 ①에서 세운 귀무가설(H_0)을 기각하지 못하게 되는 표본평균의 범위를 구하라.

17. 서강맥주(주)에서는 맥주를 즐겨 마시는 사람들 중에서 40% 이상이 서강맥주를 선호한다고 주장한다. 한 조사기관에서 서강맥주(주)의 주장이 타당한가를 조사하기 위해 맥주 애호가 200명을 무작위로 추출하여 조사한 결과 서강맥주를 선호하는 사람이 90명이었다. 서강맥주(주)의 주장이 통계적으로 타당한가를 유의수준 5%로 검정하라.

18. 한국기계는 최근 하루 평균 500톤 이상의 일반쓰레기를 처리해 낼 수 있는 새로운 시설을 개발했다고 발표하고, 이러한 결과는 과거 100일 동안의 실험에 의해 객관적으로 검증되었다고 주장한다. 과거 100일간 이 시설을 이용하여 처리된 일반 쓰레기는 일일 평균 520톤, 표준편차는 120톤으로 나타났다.

① 한국기계의 주장을 검정하기 위한 가설을 설정하고 이를 유의수준 1%로 검정하라.

② 한국기계의 주장이 통계적으로 인정되기 위해서는 유의수준은 몇 % 이상이어야 하나?

19. 한 반의 통계학 점수는 $N(\mu, \sigma^2)$ 분포를 따른다고 가정하자. 이로부터 크기 n=5인 무작위 표본 70, 66, 62, 59, 58을 얻었다.

① σ=5일때, μ의 95% 신뢰구간을 구하라.

② 한 학생이 이 반의 통계학 점수의 평균을 65점이라고 주장하고 있다. σ=5로 가정하고 이 학생의 주장을 검정하라.

20. 이산형 확률변수 X가 p_0, p_1 두 개의 분포 중 어떤 분포를 따르는 지를 결정하는 문제를 생각해 보자. 확률변수 X는 1에서 6까지의 값을 취하고 각각의 분포에서 각각의 값을 취할 확률은 다음과 같다.

X	1	2	3	4	5	6
p_0	0.2	0.1	0.1	0.2	0.1	0.3
p_1	0.1	0.2	0.2	0.3	0.1	0.1

이제 위의 정보를 이용하여 다음과 같은 가설을 검정하고자 한다. H_0 : X는 p_0분포를 따른다. H_1 : X는 p_1분포를 따른다. 한 개의 X값을 관측하고, 이 값을 기초로 하여 기각역을 X의 값이 1이나 6이 나오는 것으로 결정한다면 이러한 가설검정에 대한 ① 제1종 오류와, ② 제2종 오류의 가능성을 계산하라.

21. 다음은 2014년 5월 21일 모 일간지의 한 기사 내용이다.

> **서울시장 선거 여론조사 결과 - 조선일보**
>
> 20일 KBS-MBC-SBS 지상파 3사에 따르면, 여론조사기관 밀워드브라운미디어리서치에 의뢰해 17~19일 서울시 거주 만 19세 이상 남녀 1014명을 대상으로 전화면접조사를 벌인 결과 박원순 새정치민주연합 후보가 51.0%로 35.4%를 얻은 정몽준 새누리당 후보를 15.6%포인트 차이로 앞선 것으로 나타났다. 새누리당의 텃밭이던 강남 4구에서도 박원순 후보의 지지율이 46.6%로 39.4%인 정몽준 후보를 앞서는 것으로 조사됐다. 전화면접조사(유선 51%+무선 49%)로 이뤄진 이번 조사의 표본오차는 신뢰수준 95%에서 ±3.1%포인트, 응답률은 13.1%(통화 연결 7741명, 응답 완료 1014명)이다.

① 이 기사와 관련된 ① 확률변수, ② 확률분포, ③ 관심 있는 분포에 대한 모수, ④ 관심 있는 모수에 대한 추정량에 대하여 기술하라.

② 박원순 후보와 정몽준 후보의 지지율 각각에 대한 95% 신뢰구간을 구하여라. 두 구간이 겹치는 부분이 있는지를 확인하고 이에 대한 의미를 설명하라.

③ "표본오차는 신뢰수준 95%에서 ±3.1%포인트"의 값은 어떻게 계산된 것인지 설명하라.

④ 만일 박원순 후보의 실제지지율과 표본지지율의 차이를 신뢰수준 95%에서 0.5%이상 나지않도록 하기 원한다면 몇 명을 표본으로 조사하여야 하는가?

⑤ 새누리당 측에서는 정몽준 후보의 지지율이 50% 이상이 될 것이라고 주장하고 있다. 이와 같은 주장을 유의수준 5%로 검정하여라.

제10장

두 모집단에 대한 통계적 추측

01 두 모집단평균에 대한 통계적 추측
02 두 모집단비율에 대한 통계적 추측
03 쌍대 t검정
04 두 모집단분산에 대한 통계적 추측

우리는 종종 두 모집단의 특성을 비교해 보고자 하는 경우가 있다. 예를 들어서 다른 두 회사가 만들어내는 철사의 인장강도를 비교한다든지 다른 두 제약회사에서 개발한 감기약의 치료율을 비교한다든지 또는 어느 기계가 더 균일한 제품을 생산하는지 알아보기 위하여 다른 두 기계에서 생산되는 제품의 분산을 비교하는 경우와 같이 두 모집단의 평균, 비율 및 분산을 비교하는 문제가 많이 있다.

본장에서 다루고자 하는 내용은 두 모집단의 평균, 비율 및 분산에 대한 비교로서 구체적으로 두 모집단평균의 차이 $\mu_1-\mu_2$, 두 모집단비율의 차이 p_1-p_2, 두 모집단분산의 비율 σ_1^2/σ_2^2에 대한 신뢰구간 추정과 가설검정이다. 두 모집단에 대한 신뢰구간 추정과 가설검정은 앞서 제8장과 제9장에서 설명한 단일 모집단에 대한 신뢰구간 추정 및 가설검정과 비슷한 개념으로 전개된다.

01 두 모집단평균에 대한 통계적 추측

[그림 10-1]에 나타난 바와 같이 두 모집단평균에 대한 통계적 추측은 서로 독립인 두

그림 10-1 두 모집단평균에 대한 추론의 구조

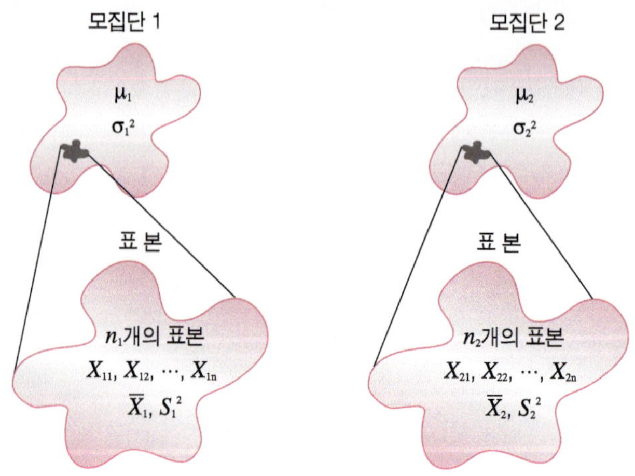

모집단으로부터 각각 크기가 n_1과 n_2인 표본을 추출하여 통계량 $\overline{X}_1$과 S_1^2 그리고 $\overline{X}_2$와 S_2^2을 구하고, 이를 이용하여 두 모집단평균의 차이 $\mu_1-\mu_2$가 어떠할 것이라고 짐작하는 것을 의미한다.

일반적으로 μ의 가장 좋은 점추정량은 표본평균 $\overline{X}$이므로 두 모집단평균의 차이 $\mu_1-\mu_2$에 대한 가장 좋은 점추정량은 두 표본평균의 차이 $\overline{X}_1-\overline{X}_2$가 될 것이다. 그리고 단일 모집단의 평균 μ에 대한 통계적 추측은 $\overline{X}$의 확률분포에 근거하여 수행되듯이, 두 모집단평균의 차이 $\mu_1-\mu_2$에 대한 신뢰구간 추정과 가설검정은 $\overline{X}_1-\overline{X}_2$의 확률분포를 근거로 이루어진다.

1.1 두 모집단평균 차이에 대한 신뢰구간 추정

두 모집단평균의 차이 $\mu_1-\mu_2$의 신뢰구간을 작성할 때는 다음 세 가지 경우를 고려할 수 있다.

첫째 : 모집단분산 σ_1^2과 σ_2^2의 값을 알고 있는 경우
둘째 : 모집단분산 σ_1^2과 σ_2^2의 값은 모르고 있지만 $\sigma_1^2=\sigma_2^2$인 경우
셋째 : 모집단분산 σ_1^2과 σ_2^2의 값을 모르고 있고 $\sigma_1^2\neq\sigma_2^2$인 경우

제8장에서 단일모집단의 평균 μ에 대한 추정을 할 때 모집단분산 σ^2을 알고 있는 경우의 평균 μ에 대한 신뢰구간은 표준정규분포를 기초로하여 전개되었지만, 분산 σ^2을 모르고 표본분산 s^2에 의해서 추정해야 하는 경우에는 표본의 크기가 작을 경우 t분포에 의해서 신뢰구간이 작성되었음을 알고 있다.

$\mu_1-\mu_2$에 대한 신뢰구간 추정에 있어서도 마찬가지로 첫번째 경우의 신뢰구간은 표준정규분포를 이용하여 작성되고, 두번째 경우와 세번째 경우 표본의 크기가 작으면 t분포에 의해서 신뢰구간이 작성된다. 두번째 경우와 세번째 경우는 미묘한 차이가 있는데 미지의 모집단분산 σ_1^2과 σ_2^2이 같은 지의 여부에 따라(여기에 대한 검정은 제4절 두 모집단분산에 대한 통계적 추측에서 구체적으로 다룬다) 신뢰구간을 설정하는 방법이 달라진다.

만일 두 모집단 각각에서 추출한 표본의 크기(n_1과 n_2)에 대한 표본분산(σ_1^2과 σ_2^2)이 그다지 다르지 않다면 우리는 직관적으로 두 모집단분산 σ_1^2과 σ_2^2도 의미 있는 차이를 보이지 않을 것으로 판단하여 두번째 경우를 적용할 수 있지만, 그렇지 않을 경우에는 세

번째 경우를 적용한다.[19)]

(1) σ_1^2과 σ_2^2을 알고 있는 경우

σ_1^2과 σ_2^2의 값을 알고 있는 경우 $\mu_1-\mu_2$의 신뢰구간은 표준정규분포에 의해서 구할 수 있다. 즉, 두 모집단에서 각각 추출된 표본들은 서로 독립이므로 확률변수 $\bar{X}_1-\bar{X}_2$의 분산은 $Var(\bar{X}_1-\bar{X}_2)=Var(\bar{X}_1)+Var(\bar{X}_2)=\sigma_1^2/n_1+\sigma_2^2/n_2$이다. 따라서 $\mu_1-\mu_2$의 신뢰구간을 작성하기 위한 Z 통계량의 형태는 다음과 같다.

$$Z=\frac{(\bar{X}_1-\bar{X}_2)-(\mu_1-\mu_2)}{\sqrt{\dfrac{\sigma_1^2}{n_1}+\dfrac{\sigma_2^2}{n_2}}}$$

그리고 $\mu_1-\mu_2$에 대한 신뢰수준 $(1-\alpha)$의 신뢰구간은 다음과 같이 주어진다.

$$(\bar{x}_1-\bar{x}_2)\pm z_{\alpha/2}\sqrt{\frac{\sigma_1^2}{n_1}+\frac{\sigma_2^2}{n_2}}$$

예제 1 어떤 회사가 새로운 전자부품을 생산하고자 계획하고 있다. 전자부품을 생산할 수 있는 기계 두 대를 구입하여 시험생산을 해 보았다. 기계 1은 100개의 표본생산에서 개당 평균 5.23분의 생산시간이 소요되었고 기계 2는 64개의 표본생산에서 개당 평균 5.37분의 생산시간이 소요되었다. 비슷한 제품을 생산한 과거의 경험으로부터 기계 1, 2의 생산시간의 표준편차는 각각 0.15분, 0.10분으로 알려져 있다. 기계 1과 2의 평균 생산시간의 차이에 대한 신뢰구간을 신뢰수준 95%로 계산하라.

19) 세번째 경우 $(\bar{X}_1-\bar{X}_2)$에 대한 정확한 표본분포는 아직 알려져 있지 않은 상태이다. 이 경우 많은 분석가들은 근사적인 t분포를 사용하여 신뢰구간을 추정하거나 가설검정을 한다. 이 문제를 베렌-피셔 문제(Behrens–Fisher'S problemm)라고 한다.

신뢰수준 95%는 $\alpha=0.05$에 해당하며, $z_{\alpha/2}=z_{0.025}=1.96$이다. 따라서 신뢰구간은 다음과 같이 계산된다.

$$
\begin{aligned}
&(\bar{x}_1-\bar{x}_2)\pm z_{\alpha/2}\sqrt{\frac{\sigma_1^2}{n_1}+\frac{\sigma_2^2}{n_2}}\\
&=(5.23-5.37)\pm1.96\sqrt{\frac{(0.15)^2}{100}+\frac{(0.10)^2}{64}}\\
&=-0.14\pm1.96(0.0195)=(-0.14)\pm0.038\\
&=(-0.178,\ -0.102)
\end{aligned}
$$

즉, $\mu_1-\mu_2$의 95% 신뢰구간은 -0.178분과 -0.102분 사이이므로 5% 유의수준에서 유의한 차이 $\mu_1<\mu_2$임을 암시하고 있다.

그림 10-2 〈예제 1〉의 통계적 추측에 대한 구조

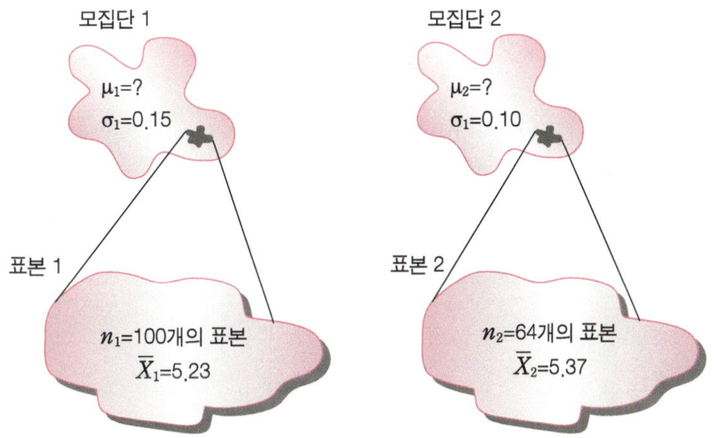

(2) σ_1^2과 σ_2^2을 모르지만 $\sigma_1^2=\sigma_2^2$인 경우

이 경우 $\sigma_1^2=\sigma_2^2=\sigma^2$으로 놓으면 $\mu_1-\mu_2$의 점추정량 $\bar{X}_1-\bar{X}_2$의 표준편차는 다음과 같다.

$$\sigma_{(\bar{X}_1-\bar{X}_2)}=\sqrt{\frac{\sigma_1^2}{n_1}+\frac{\sigma_2^2}{n_2}}=\sqrt{\frac{\sigma^2}{n_1}+\frac{\sigma^2}{n_2}}=\sigma\sqrt{\frac{1}{n_1}+\frac{1}{n_2}}$$

이 경우 두 모집단의 분산이 σ^2으로 같다고 가정했으므로 표본분산 S_1^2과 S_2^2 둘 다 σ^2의 점추정량이 될 수 있다. 따라서 S_1^2과 S_2^2을 모두 이용하여 다음과 같이 σ^2의 점추정량을 만드는 것이 더 나을 것이다. S_1^2과 S_2^2의 가중평균을 구하여 통합표본분산(pooled sample variance) S_p^2를 만들면 다음과 같다.

$$S_p^2 = \frac{(n_1-1)S_1^2+(n_2-1)S_2^2}{(n_1-1)+(n_2-1)}$$

여기서 S_1^2과 S_2^2의 가중평균인 S_p^2은 σ^2의 가장 좋은 점추정량의 역할을 한다. 따라서 $\overline{X}_1-\overline{X}_2$의 표준편차는 다음과 같이 추정할 수 있다.

$$\hat{\sigma}_{(\bar{X}_1-\bar{X}_2)} = \hat{\sigma}\sqrt{\frac{1}{n_1}+\frac{1}{n_2}} = S_p\sqrt{\frac{1}{n_1}+\frac{1}{n_2}}$$

이제 $\overline{X}_1-\overline{X}_2$의 표준편차를 추정하였으므로 스튜던트 t로 표준화된 변량은 다음과 같이 나타난다.

그림 10-3 $\sigma_1^2=\sigma_2^2$ 인 경우 두 모집단 자료의 구조

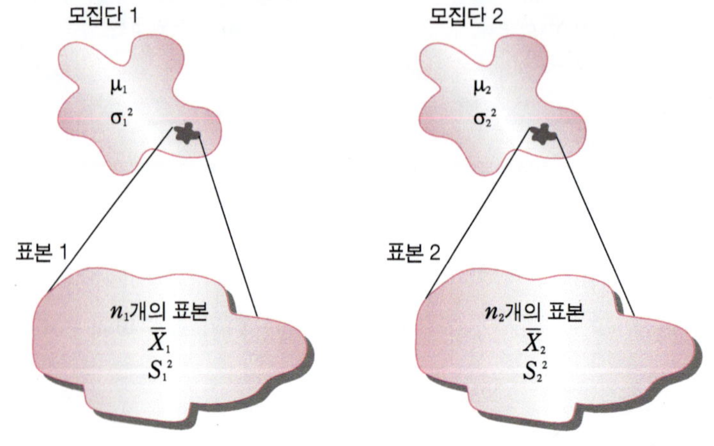

$$t=\frac{(\bar{X}_1-\bar{X}_2)-(\mu_1-\mu_2)}{S_p\sqrt{\frac{1}{n_1}+\frac{1}{n_2}}}$$

여기서 확률변수 t는 t분포를 하고 통합표본분산을 계산할 때 나누는 수가 n_1+n_2-2이므로 자유도는 n_1+n_2-2(각 표본의 크기에서 1을 뺀 값의 합)이다. 그러므로 $(\mu_1-\mu_2)$에 대한 신뢰수준 $(1-\alpha)$인 신뢰구간은 다음과 같다.

$$(\bar{X}_1-\bar{X}_2)\pm t_{\alpha/2}(n_1+n_2-2)\, s_p\sqrt{\frac{1}{n_2}+\frac{1}{n_2}}$$

단, 이 경우 두 모집단이 정규분포를 한다는 가정이 필요하다.

예제 2 A 대학에서는 야구선수의 지능지수(IQ)와 일반학생의 지능지수의 차이를 조사하기 위하여 야구선수 11명과 일반학생 21명을 무작위추출하여 야구선수의 평균지능지수 (μ_1)와 일반학생의 지능지수 (μ_2)의 차이에 대한 신뢰구간을 작성하고자 한다. 표본결과는 야구선수에 대해서 $\bar{X}_1=117$, $s_1=4$이고 일반학생에 대해서 $\bar{X}_2=120$, $s_2=5$이다. $\mu_1-\mu_2$의 신뢰수준 90%의 신뢰구간을 작성하라. 여기서, 야구선수의 지능지수와 일반학생의 지능지수는 정규분포를 한다고 가정하고 두 모집단분산도 같다고 가정한다.

an answer

$\sigma_1^2=\sigma_2^2$이라고 가정하였고 90% 신뢰구간이므로 $\alpha=0.10$이고, $\alpha/2=0.05$이다. 그리고 자유도는 $n_1+n_2-2=11+21-2=30$이므로 $t_{0.05}(30)=1.697$이다. 그리고 통합표본표준편차는 다음과 같다.

$$s_p=\sqrt{\frac{(10)(4)^2+(20)(5)^2}{10+20}}=\sqrt{\frac{160+500}{30}}=\sqrt{22}=4.69$$

따라서 90% 신뢰구간은 다음과 같다.

$$(\bar{x}_1-\bar{x}_2)\pm t_{0.05}(30)\ \ s_p\sqrt{\frac{1}{n_1}+\frac{1}{n_2}}$$
$$=(117-120)\pm(1.697)(4.69)\sqrt{\frac{1}{11}+\frac{1}{21}}$$

$$=-3\pm(1.697)(4.69)(0.372)$$
$$=-3\pm2.960$$

즉, $\mu_1-\mu_2$의 90% 신뢰구간은 (−5.960, −0.040)이다.

(3) σ_1^2과 σ_2^2을 모르며 $\sigma_1^2\neq\sigma_2^2$인 경우

이 경우는 $\sigma_1^2\neq\sigma_2^2$이므로 앞의 경우(즉, σ_1^2과 σ_2^2을 모르지만 $\sigma_1^2=\sigma_2^2$인 경우)와는 달리 $\mu_1-\mu_2$의 점추정량 $\overline{X}_1-\overline{X}_2$의 표준편차는 다음과 같이 추정된다.

$$\hat{\sigma}_{(\bar{X}_1-\bar{X}_2)}=\sqrt{\frac{S_1^2}{n_1}+\frac{S_2^2}{n_2}}$$

즉, σ_1^2과 σ_2^2는 우리가 모르는 값이므로 각각의 점추정량 $S_1{}^2$과 $S_2{}^2$를 대신 사용하여 $(\overline{X}_1-\overline{X}_2)$의 표준편차 $\hat{\sigma}(\overline{X}_1-\overline{X}_2)$를 추정한다.

이제 $(\overline{X}_1-\overline{X}_2)$의 표준편차를 추정하였으므로 스튜던트 t로 표준화된 변량은 다음과 같이 나타난다.

$$t=\frac{(\bar{X}_1-\bar{X}_2)-(\mu_1-\mu_2)}{\sqrt{\dfrac{S_1^2}{n_1}+\dfrac{S_2^2}{n_2}}}$$

여기서 확률변수 t에 대한 정확한 분포는 알려져 있지 않으며 t분포를 근사분포로 사용하여 추정이 이루어진다. 이 때의 자유도는 다음의 식을 이용하여 개략적으로 계산된다.

$$\bar{v}=\frac{(s_1^2/n_1+s_2^2/n_2)^2}{(s_1^2/n_1)^2/(n_1-1)+(s_2^2/n_2)^2/(n_2-1)}$$

즉, 이 경우의 자유도는 위 식의 우변항을 계산한 결과에 가장 가까운 정수값이 사용된다. 따라서 $(\mu_1-\mu_2)$에 대한 신뢰수준 $(1-\alpha)$인 신뢰구간은 다음과 같이 계산된다.

$$(\bar{X}_1-\bar{X}_2)\pm t_{\alpha/2}(\bar{v})\sqrt{\frac{s_1^2}{n_1}+\frac{s_2^2}{n_2}}$$

단, 이 경우에도 두 모집단이 정규분포를 따른다는 가정이 필요하다.

예제 3 두 모집단분산이 다르다는 가정하에 〈예제 2〉에 대한 $\mu_1-\mu_2$의 90% 신뢰구간을 작성하라.

an answer

이 경우 $\sigma_1^2 \neq \sigma_2^2$로 가정했으므로 $(\bar{X}_1-\bar{X}_2)$의 표준편차는 다음과 같이 추정된다.

$$\hat{\sigma}_{(\bar{X}_1-\bar{X}_2)}=\sqrt{\frac{4^2}{11}+\frac{5^2}{21}}=1.63$$

그리고 자유도는 다음과 같이 계산된다.

$$\bar{v}=\frac{(4^2/11+5^2/21)^2}{(4^2/11)^2/10+(5^2/21)^2/20}=24.77\approx 25$$

따라서 90% 신뢰구간은 다음과 같다.

$$\begin{aligned}&(\bar{X}_1-\bar{X}_2)\pm t_{0.05}(25)\sqrt{\frac{s_1^2}{n_1}+\frac{s_2^2}{n_2}}\\&=(117-120)\pm(1.708)(1.63)\\&=3\pm 2.784\end{aligned}$$

즉, 두 모집단분산이 다르다는 가정하에 $\mu_1-\mu_2$에 대한 근사적인 90% 신뢰구간은 (-5.784, -0.216)으로 〈예제 2〉의 결과와 비교하여 볼 때 t분포에 사용되는 자유도는 30에서 25로 감소하여 임계값 $t_{0.05}(25)$은 커졌지만 $(\bar{X}_1-\bar{X}_2)$에 대한 표준편차가 감소하여 신뢰구간폭이 줄어들었음을 확인할 수 있다.

1.2 두 모집단평균 차이에 대한 가설검정

(1) σ_1^2과 σ_2^2을 알고 있는 경우

이 경우의 검정통계량은 신뢰구간을 계산하는 과정과 마찬가지로 정규분포에 기초를 두고 있다. 즉, μ_1, μ_2가 각각 실제 모집단 평균을 나타낼 때에는, 다음과 같은 Z통계량은 표준정규분포를 한다.

$$Z=\frac{(\bar{X}_1-\bar{X}_2)-(\mu_1-\mu_2)}{\sqrt{\frac{\sigma_1^2}{n_1}+\frac{\sigma_2^2}{n_2}}}=\frac{(\bar{X}_1-\bar{X}_2)-d_0}{\sqrt{\frac{\sigma_1^2}{n_1}+\frac{\sigma_2^2}{n_2}}}$$

여기서 d_0는 귀무가설에서 설정한 $\mu_1-\mu_2$의 값이다.

의사결정규칙은 다음과 같이 단일 모집단평균에 대한 가설검정과 동일하다.

의사결정규칙

가설 1 $H_0: \mu_1-\mu_2=d_0$
$H_1: \mu_1-\mu_2\neq d_0$ 만일 $Z<-z_{\alpha/2}$이거나 $Z>z_{\alpha/2}$이면, H_0를 기각

가설 2 $H_0: \mu_1-\mu_2=d_0$
$H_1: \mu_1-\mu_2<d_0$ 만일 $Z<-z_{\alpha}$이면, H_0를 기각

가설 3 $H_0: \mu_1-\mu_2=d_0$
$H_1: \mu_1-\mu_2>d_0$ 만일 $Z>z_{\alpha}$이면, H_0를 기각

예제 4 중앙타이어회사는 래디알 타이어 생산을 시작하고자 하여 유럽에서 사용되고 있는 래디알 타이어의 설계도를 조사한 후 이에 따라 A형과 B형의 타이어를 개발하였고, 두 타이어의 수명거리에 차이가 있는지를 알아보고자 한다. A형 타이어 25개를 수명거

리 측정기계를 이용하여 시험한 결과 평균수명거리는 39,780km이었고, B형 타이어 25개를 시험한 결과 평균수명거리는 40,650km이었다. 두 종류 타이어의 실제 평균수명거리에 차이가 있는지를 유의수준 $\alpha=0.05$로 하여 검정하여라. 비슷한 타이어에 대한 과거의 경험으로 보아 수명거리의 표준편차는 모두 3,000km라고 한다.

an answer

예제에 대한 귀무가설과 대립가설은 다음과 같다.

$$H_0 : \mu_1-\mu_2=0$$
$$H_1 : \mu_1-\mu_2\neq0$$

이 경우 $d_0=0$이며 표본자료는 다음과 같다.

$$n_1=25 \qquad n_2=25$$
$$\bar{x}_1=39{,}780 \qquad \bar{x}_2=40{,}650$$

$\sigma_1^2=\sigma_2^2=(3{,}000)^2$, $\alpha=0.05$, $z_{0.025}=1.96$이므로

의사결정규칙은 검정통계량 $Z>1.96$ 또는 $Z<-1.96$이면 귀무가설을 기각하는 것이다. 그런데 검정통계량은 다음과 같다.

$$Z=\frac{(\bar{X}_1-\bar{X}_2)-(\mu_1-\mu_2)}{\sqrt{\dfrac{\sigma_1^2}{n_1}+\dfrac{\sigma_2^2}{n_2}}}=\frac{(39,780-40,650)-0}{\sqrt{\dfrac{(3,000)^2}{25}+\dfrac{(3,000)^2}{25}}}$$
$$=-1.03$$

따라서 검정통계량의 값이 기각역에 들어가지 않으므로 $\mu_1=\mu_2$라는 귀무가설을 유의수준 5%에서 기각할 수 없다.

(2) σ_1^2과 σ_2^2을 모르지만 $\sigma_1^2=\sigma_2^2$인 경우

이 경우는 통합표본분산(pooled sample variance)을 이용한 분포에 의해서 검정한다. 즉, μ_1, μ_2가 각각 실제 모집단평균을 나타낼 때, 다음과 같은 스튜던트 t로 표준화된 변량은 자유도가 (n_1+n_2-2)인 t분포를 한다.

$$t=\frac{(\bar{X}_1-\bar{X}_2)-(\mu_1-\mu_2)}{s_p\sqrt{\dfrac{1}{n_1}+\dfrac{1}{n_2}}}=\frac{(\bar{X}_1-\bar{X}_2)-d_0}{s_p\sqrt{\dfrac{1}{n_1}+\dfrac{1}{n_2}}}$$

여기서, d_0는 귀무가설에서 설정한 $\mu_1-\mu_2$의 값이며, s_p는 통합표본표준편차로 $s_p=\sqrt{\dfrac{(n_1-1)s_1^2+(n_2-1)s_2^2}{(n_1-1)+(n_2-1)}}$ 이다.

이 경우의 의사결정규칙은 다음과 같다.

의사결정규칙

가설 1 $H_0: \mu_1-\mu_2=d_0$

$H_1: \mu_1-\mu_2 \neq d_0$　　만일 $t<-t_{\alpha/2}(n_1+n_2-2)$이거나 $t>-t_{\alpha/2}(n_1+n_2-2)$이면 H_0를 기각

가설 2 $H_0: \mu_1-\mu_2=d_0$

$H_1: \mu_1-\mu_2<d_0$　　만일 $t<-t_{\alpha}(n_1+n_2-2)$이면 H_0를 기각

가설 3 $H_0: \mu_1-\mu_2=d_0$

$H_1: \mu_1-\mu_2>d_0$　　만일 $t>-t_{\alpha}(n_1+n_2-2)$이면 H_0를 기각

예제 5 어느 자동차 배터리 제조업자는 자기 회사에서 만드는 배터리가 경쟁회사의 배터리보다 적어도 100시간 더 수명이 길다고 주장하고 있다. 이러한 주장을 검정하기 위하여 경쟁기업의 배터리와 성능이 우수하다고 하는 배터리의 표본을 추출하여 기계시험을 하였다. 경쟁기업의 배터리 15개를 시험한 결과 평균 수명시간은 2,050시간이고 표준편차는 80시간이었다. 한편 우수하다고 하는 배터리 15개를 시험한 결과 평균 수명시간은 2,100시간이고 표준편차는 100시간이었다. α=0.05로 하여 이 제조업자의 주장을 검정하여라. 단, 배터리의 수명시간은 정규분포를 하고 있다고 가정한다.

μ_1을 우수하다고 하는 배터리의 평균 수명시간이라고 하고 μ_2를 경쟁기업 배터리의 평균 ㅋ수명시간이라 하자. 그러면 가설은 다음과 같다.

$$H_0: \mu_1-\mu_2=100$$
$$H_1: \mu_1-\mu_2>100$$

그리고 표본자료는 다음과 같다.

$$n_1=15, \quad n_2=15$$
$$\bar{x}_1=2{,}100, \quad \bar{x}_2=2{,}050$$
$$s_1=100, \quad s_2=80$$

$\sigma_1^2=\sigma_2^2$ 이라고 가정하면 다음과 같이 통합표본표준편차로 모집단표준편차를 추정할 수 있다.

$$s_p=\sqrt{\frac{(n_1-1)s_1^2+(n_2-1)s_2^2}{(n_1-1)+(n_2-1)}}=\sqrt{\frac{(14)(100)^2+(14)(80)^2}{14+14}}=90.55$$

문제에서 $\mu_1-\mu_2=d_0=100$으로 가정하였으므로 검정통계량은 다음과 같다.

$$t=\frac{(\bar{x}_1-\bar{x}_2)-(\mu_1-\mu_2)}{s_p\sqrt{\frac{1}{n_1}+\frac{1}{n_2}}}=\frac{(2,100-2,050)-100}{90.55\sqrt{\frac{1}{15}+\frac{1}{15}}}=-1.512$$

여기서 $\alpha=0.05$이므로 $t_{0.05}(28)=1.701$이다. 그런데 $t=-1.512<1.701$이므로 검정통계량 값은 채택역에 들어간다. 따라서 유의수준 5%에서 귀무가설을 기각할 수 없으며, 자사의 배터리 평균수명이 경쟁사의 그것보다 적어도 100시간이 길다는 주장은 설득력이 없다고 볼 수 있다.

(3) σ_1^2과 σ_2^2을 모르며 $\sigma_1^2\neq\sigma_2^2$인 경우

이 경우는 $(\bar{X}_1-\bar{X}_2)$의 추정된 표준편차 $s_p\sqrt{\frac{s_1^2}{n_1}+\frac{s_2^2}{n_2}}$을 이용한 t분포에 의해 근사적으로 검정하며, 이 경우의 자유도는 신뢰구간 설정에서 언급한 식,

$$\bar{\nu}\approx\frac{(s_1^2/n_1+s_2^2/n_2)^2}{(s_1^2/n_1)^2/(n_1-1)+(s_2^2/n_2)^2/(n_2-1)}$$

을 이용하여 결정한다. 즉, μ_1, μ_2가 각각 실제 모집단 평균을 나타낼 때, 다음과 같이 스튜던트 t로 표준화된 변량은 자유도가 $\bar{\nu}$인 t분포로 근사한다.

$$t=\frac{(\bar{X}_1-\bar{X}_2)-(\mu_1-\mu_2)}{\sqrt{\frac{s_1^2}{n_1}+\frac{s_2^2}{n_2}}}=\frac{(\bar{X}_1-\bar{X}_2)-d_0}{\sqrt{\frac{s_1^2}{n_1}+\frac{s_2^2}{n_2}}}$$

여기서, d_0는 귀무가설에서 설정한 $\mu_1-\mu_2$의 값이며, $s_1{}^2$과 $s_2{}^2$은 각각 두 표본분산을 나타낸다.

이 경우의 의사결정규칙은 다음과 같다.

의사결정규칙

가설 1 $H_0 : \mu_1-\mu_2=d_0$

$H_1 : \mu_1-\mu_2 \neq d_0$ 만일 $t<-t_{\alpha/2}(\bar{v})$이거나 $t>-t_{\alpha/2}\bar{v})$이면 H_0를 기각

가설 2 $H_0 : \mu_1-\mu_2=d_0$

$H_1 : \mu_1-\mu_2<d_0$ 만일 $t<-t_\alpha(\bar{v})$이면 H_0를 기각

가설 3 $H_0 : \mu_1-\mu_2=d_0$

$H_1 : \mu_1-\mu_2>d_0$ 만일 $t>-t_\alpha(\bar{v})$이면 H_0를 기각

여기서 $\bar{v} \approx \dfrac{(s_1^2/n_1+s_2^2/n_2)^2}{(s_1^2/n_1)^2/(n_1-1)+(s_2^2/n_2)^2/(n_2-1)}$이다.

예제 6 〈예제 5〉의 자료를 이용하여 두 모집단분산이 다르다는 가정하에 동일한 유의수준 5%에서 가설검정을 하라.

an answer

μ_1을 우수하다고 하는 배터리의 평균 수명시간이라고 하고 μ_2를 경쟁기업 배터리의 평균 수명시간이라 하면, <예제 5>에 대한 가설은 다음과 같이 되었다.

$$H_0 : \mu_1-\mu_2=100$$
$$H_1 : \mu_1-\mu_2>100$$

그리고 표본자료는 다음과 같다.

$$n_1=15, \qquad n_2=15$$
$$\bar{x}_1=2,100, \qquad \bar{x}_2=2,050$$
$$s_1=100, \qquad \bar{X}_2=80$$

이 경우 $\sigma_1^2 \neq \sigma_2^2$이므로 $(\overline{X}_1 - \overline{X}_2)$의 표준편차는 다음과 같이 추정된다.

$$\hat{\sigma}_{(\overline{X}_1-\overline{X}_2)} = \sqrt{\frac{s_1^2}{n_1}+\frac{s_2^2}{n_2}} = \sqrt{\frac{100^2}{15}+\frac{80^2}{15}} = 33.07$$

귀무가설에서 $\mu_1 - \mu_2 = d_0 = 100$으로 가정했으므로 검정통계량은 다음과 같다.

$$t = \frac{(\bar{x}_1 - \bar{x}_2) - (\mu_1 - \mu_2)}{\sqrt{\frac{s_1^2}{n_1}+\frac{s_2^2}{n_2}}} = \frac{(2,100-2,050)-100}{33.07} = -1.512$$

그런데 이 경우 자유도는 다음과 같다.

$$\nu = \frac{(100^2/15+80^2/15)^2}{(100^2/15)^2/14+(80^2/15)^2/14} \approx 27$$

임계값 $t_{0.05}(27) = 1.703$이므로 검정통계량 t의 값 -1.512는 임계값 1.703보다 작아 유의수준 5%에서 귀무가설을 기각할 수 없으며, 자사의 배터리 평균수명이 경쟁사의 그것보다 적어도 100시간 길다는 주장은 유의수준 5%에서 설득력이 없다는 결론을 내리게 된다.

02 두 모집단비율에 대한 통계적 추측

두 모집단비율 p_1, p_2에 대한 통계적 추측에서는 표본비율이 모집단비율의 가장 좋은 점추정량이므로 표본비율 $\hat{p}_1$, $\hat{p}_2$을 사용한다. 일반적으로 두 모집단비율의 차이 $p_1 - p_2$에 대한 신뢰구간 및 가설검정은 중심극한정리를 이용한 대표본이론(large sample theory)에 의한 정규분포 근사를 사용한다. 만일 표본의 크기가 작다면 이 방법을 사용할 수 없는데 이 경우는 이 책의 범위를 벗어나므로 여기서는 생략하고자 한다. 또한 표본의 크기가 작으면 단일 모집단비율에 대한 통계적 추측에서도 언급한 바와 같이 표본오차가 매우 크게 발생하므로 실무에서 우리에게 유용한 정보를 제공해 주지 못한다.

2.1 두 모집단비율 차이에 대한 신뢰구간 추정

두 모집단에서 추출한 표본들이 서로 독립이라면 $\hat{p}_1-\hat{p}_2$의 분산은 다음과 같다.

$$Var(\hat{p}_1-\hat{p}_2)=Var(\hat{p}_1)+Var(\hat{p}_2)=\frac{p_1(1-p_1)}{n_1}+\frac{p_2(1-p_2)}{n_2}$$

하지만 위에서 소개된 분산은 모르는 모수 p_1, p_2에 의존하므로 이에 대한 추정값 $\hat{p}_1$, $\hat{p}_2$을 이용하여 분산을 추정한다. 표본의 크기가 클때는 검정통계량은 Z 통계량이 되며, 중심극한정리에 의해서 다음의 Z 통계량은 표준정규분포에 근사한다.

$$Z=\frac{(\hat{p}_1-\hat{p}_2)-(p_1-p_2)}{\sqrt{\frac{\hat{p}_1(1-\hat{p}_1)}{n_1}+\frac{\hat{p}_2(1-\hat{p}_2)}{n_2}}}$$

따라서 (p_1-p_2)의 $100(1-\alpha)\%$ 신뢰구간은 다음과 같이 주어진다.

$$(\hat{p}_1-\hat{p}_2)\pm z_{\alpha/2}\sqrt{\frac{\hat{p}_1(1-\hat{p}_1)}{n_1}+\frac{\hat{p}_2(1-\hat{p}_2)}{n_2}}$$

예제 7 어느 대학병원에서는 악성감기에 대한 예방주사가 면역을 생기게 하는지를 조사하였다. 학교에서 예방주사를 맞은 학생 중에서 200명을 표본으로 추출한 결과 40명이 감기에 걸려 있었고, 예방주사를 맞지 않은 학생 100명을 표본으로 추출한 결과 35명이 감기에 걸려 있었다고 한다. 예방주사를 맞은 학생 중에서 감기가 걸린 학생의 비율(p_1)과 예방주사를 맞지 않은 학생 중에서 감기가 걸린 학생의 비율(p_2)의 차이에 대한 90% 신뢰구간을 구하라.

an answer p_1-p_2에 대한 90% 신뢰구간은 $z_{\alpha/2}=z_{0.05}=1.645$이므로 다음과 같다.

$$
\begin{aligned}
&(\hat{p}_1-\hat{p}_2)\pm z_{\alpha/2}\sqrt{\frac{\hat{p}_1(1-\hat{p}_1)}{n_1}+\frac{\hat{p}_2(1-\hat{p}_2)}{n_2}}\\
&=\left[\frac{40}{200}-\frac{35}{100}\right]\pm 1.645\sqrt{\frac{(0.2)(0.8)}{200}+\frac{(0.35)(0.65)}{100}}\\
&=0.15\pm 0.09
\end{aligned}
$$

즉, p_1과 p_2의 차이에 대한 90% 신뢰구간은 -0.24와 -0.06 사이라고 말할 수 있다. 신뢰구간에 0이 포함되어 있지 않으므로 이 경우, 양측검정을 위한 가설을 설정한다면, 예방주사가 면역의 효과가 있다는 결론을 유의수준 10%에서 내릴 수 있다(예제 8 참조).

2.2 두 모집단비율 차이에 대한 가설검정

p_1-p_2에 대한 가설검정에서는 일반적으로 두 모집단비율간에 차이가 있느냐, 또는 두 모집단비율 중 어느 쪽이 큰가 하는 것을 검정하므로 일반적으로 귀무가설의 형태는 다음과 같다.

$$H_0: p_1-p_2=0 \text{ 또는 } H_0: p_1=p_2$$

따라서 만일 귀무가설 $H_0: p_1=p_2$가 사실이라면 $\hat{p}_1-\hat{p}_2$의 표준편차 $\sigma_{(\hat{p}_1-\hat{p}_2)}$는 $p_1=p_2=\text{p}$이므로 다음과 같이 나타낼 수 있다.

$$\sigma_{(\hat{p}_1-\hat{p}_2)}=\sqrt{\frac{p(1-p)}{n_1}+\frac{p(1-p)}{n_2}}=\sqrt{p(1-p)\left(\frac{1}{n_1}+\frac{1}{n_2}\right)}$$

여기서 통합된 모집단비율 p의 추정값 $\hat{p}$을 구하기 위해서 두 표본비율 $\hat{p}_1$, $\hat{p}_2$을 이용하여 통합된 모집단비율 p를 추정하면 다음과 같다.

$$\hat{p}=\frac{n_1\hat{p}_1+n_2\hat{p}_2}{n_1+n_2}$$

여기서 $\sigma(p_1-p_2)$는 모집단비율 p에 의존하므로 이에 대한 추정값 $\hat{p}$을 대입하여 $\hat{\sigma}(p_1-p_2)$을 계산하여 이용하면 검정통계량, Z는 다음과 같이 되며 이는 근사적으로 표준정규분포를 한다.

$$Z=\frac{(\hat{p}_1-\hat{p}_2)-(p_1-p_2)}{\hat{\sigma}_{(p_1-p_2)}}=\frac{(\hat{p}_1-\hat{p}_2)-0}{\sqrt{\hat{p}(1-\hat{p})\left(\frac{1}{n_1}+\frac{1}{n_2}\right)}}$$

따라서 p_1-p_2에 대한 가설검정의 의사결정규칙은 다음과 같다.

의사결정규칙

가설 1 $H_0: p_1-p_2=0$ 또는 $p_1=p_2$

$H_1: p_1-p_2\neq 0$ 또는 $p_1\neq p_2$ 만일 $Z<-z_{\alpha/2}$이거나 $Z>z_{\alpha/2}$이면, H_0를 기각

가설 2 $H_0: p_1-p_2=0$ 또는 $p_1=p_2$

$H_1: p_1-p_2<0$ 또는 $p_1<p_2$ 만일 $Z<-z_{\alpha}$이면, H_0를 기각

가설 3 $H_0: p_1-p_2=0$ 또는 $p_1=p_2$

$H_1: p_1-p_2>0$ 또는 $p_1>p_2$ 만일 $Z>z_{\alpha}$이면, H_0를 기각

예제 8 〈예제 7〉에서 예방주사를 맞은 학생이 감기에 걸릴 확률(p_1)과 예방주사를 맞지 않은 학생이 감기에 걸릴 확률(p_2)이 차이가 없다는 가설을 유의수준 $\alpha=0.05$로 검정하라.

an answer

예제에 대한 귀무가설과 대립가설은 다음과 같다.

$$H_0: p_1=p_2$$
$$H_1: p_1\neq p_2$$

검정통계량은 다음과 같다.

그림 10-4 〈예제 8〉의 기각역과 채택역

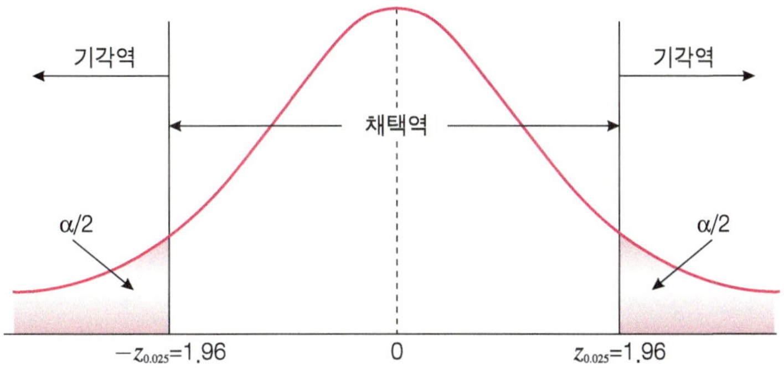

$$Z=\frac{(\hat{p}_1-\hat{p}_2)-0}{\sqrt{\hat{p}(1-\hat{p})\left(\frac{1}{n_1}+\frac{1}{n_2}\right)}}$$

검정통계량 Z에 대한 값을 계산하면 다음과 같다.

$$\hat{p}=\frac{n_1\hat{p}_1+n_2\hat{p}_2}{n_1+n_2}=\frac{200(.2)+100(.35)}{200+100}=.25,$$

$$Z=\frac{0.20-0.35}{\sqrt{(0.25)(0.75)\left(\frac{1}{200}+\frac{1}{100}\right)}}=-2.83$$

$Z=-2.83<-1.96(=-z_{0.025})$이므로 검정통계량 값은 기각역에 속하게 된다. 따라서 유의수준 5%에서 귀무가설을 기각한다. 즉, 예방주사를 맞은 학생과 맞지 않은 학생은 감기에 걸릴 확률이 유의수준 5%에서 다르게 나타나며, 또한 표본의 결과로부터 예방주사를 맞은 학생이 감기에 걸릴 확률이 작다는 사실을 확인할 수 있다.

예제 9 총학생회장에 당선된 김군은 남학생과 여학생으로부터 얻은 득표율에 차이가 있는지를 조사하기 위해서 남학생 144명의 표본 중에서 김군에게 표를 던진 비율을 알아보니 0.66이었고 여학생 100명의 표본 중에서는 그 비율이 0.52였다. 김군에게 표를 던진 남학생의 비율(p_1)이 여학생의 비율(p_2)보다 큰 지를 유의수준 $\alpha=0.05$로 검정하라.

an answer

남학생으로부터의 득표율을 p_1, 여학생으로부터의 득표율을 p_2라 하면, 가설은 다음과 같다.

$$H_0 : p_1 = p_2$$
$$H_1 : p_1 > p_2$$

그리고 검정통계량은 다음과 같다.

$$Z = \frac{(\hat{p}_1 - \hat{p}_2) - 0}{\sqrt{\hat{p}(1-\hat{p})\left(\frac{1}{n_1} + \frac{1}{n_2}\right)}}$$

따라서 다음과 같은 계산을 할 수 있다.

$$\hat{p} = \frac{n_1\hat{p}_1 + n_2\hat{p}_2}{n_1 + n_2} = \frac{(144)(0.66) + (100)(0.52)}{144 + 100} = 0.603$$

$$Z = \frac{0.66 - 0.52}{\sqrt{(0.603)(1-0.603)\left(\frac{1}{144} + \frac{1}{100}\right)}} = 2.20$$

$Z = 2.20 > 1.645 (= z_{0.05})$은 기각역에 속하므로 유의수준 5%에서 귀무가설을 기각하고 대립가설을 긍정한다. 즉, 유의수준 5%에서 남학생으로부터의 득표율이 여학생으로부터의 득표율보다 높다고 말할 수 있다.

03 쌍대 t검정

앞에서 두 모집단 평균의 차이를 검정할 때 우리는 두 모집단이 독립이라는 가정이 필요했다. 즉, 앞에서 소개한 <예제 5>에서 처럼 한 회사의 배터리 수명시간이 다른 회사의 배터리 수명시간에 아무런 영향을 미치지 않는다는 가정이 필요하다는 것이다. 그러나 실제 문제에서 가끔 이러한 가정이 들어맞지 않는 경우가 있다.

예를 들어서, 다이어트에 따른 몸무게의 변화를 조사하기 위해 10명에게 특수한 다이어트 프로그램을 제공하여 2주 후에 몸무게의 감소가 있었는지를 검정하고자 한다고 하자(표 10-1 참조). 이 경우 그냥 평균의 차이를 알기 위해 앞에서 배운 과정과 같은 t검정을 하는 것은 옳은 방법이 아니다. 왜냐하면 사람은 개인마다 다른 특성을 가지고 있기 때문에 다이어트 전 몸무게와 다이어트 후의 몸무게가 독립된 관측값이라는 가정을 하기 힘들기 때문이다.

이를 좀더 구체적으로 표현하여 표본으로 추출된 어떤 개인의 다이어트 전 몸무게를 X_1, 다이어트 후 몸무게를 X_2라 하면 X_1과 X_2는 독립적이지 않으며, 이 경우 $D=X_1-X_2$, 즉, 같은 사람에 대한 몸무게 차이를 기초로 가설검정이 이루어져야 한다. 다시 말하면 같은 사람에 대한 다이어트 전후의 몸무게 차이를 구하여 그 값을 기초로 검정을 하면 다이어트 이외에 개인별 특성에 따른 요인의 영향을 제거할 수 있으며 보다 순수하게 다이어트에 따른 영향을 측정할 수 있는 것이다. 이와 같이 한 쌍으로 관측된 표본의 차이를 이용하여 검정하는 방법을 쌍대 t검정(matched pairs t-test)이라고 한다.

종속적인 두 표본에 대한 검정에서도 가설의 형태는 전과 다를 것이 없지만(즉, H_0 : $\mu_1-\mu_2=d_0$) 검정통계량은 달라진다. 여기서 우리는 X_1, X_2 두 개의 확률변수 대신에 $D=X_1X_1-X_2$으로 정의한 한 개의 확률변수 D를 고려하여 가설검정을 한다. 귀무가설이 사실이라면(즉, 다이어트 전후의 몸무게 평균이 차이가 없다면) D의 모집단평균 $\mu_D=\mu_1-\mu_2=0$이 될 것이다. 따라서 n개의 표본관측값 $D_i(i=1,2,\cdots,n)$를 구하면 그 평균은 $\bar{D}=\sum_{i=1}^{n} D_i/n$ 이고, 표준편차는 $S_D=\sqrt{\sum_{i=1}^{n}(D_i-\bar{D})^2/(n-1)}$ 이다. 두 평균의 쌍대비교(paired comparison)를 위해 사용되는 통계량은 $\bar{D}$로서 $\bar{D}$는 평균이 $\mu_{\bar{D}}$이고 표준편차가 $S_{\bar{D}}=S_D\sqrt{n}$이다. 이 경우 검정통계량은 다음과 같이 표현된다.

$$t=\frac{\bar{D}-\mu_D}{S_D}$$

그리고 검정통계량 t는 자유도 $n-1$의 t분포를 한다.

따라서 귀무가설이 사실이라면 $\mu_D=0$이므로 검정통계량은 다음과 같이 된다.

$$t=\frac{\bar{D}}{S_D}=\frac{\bar{D}}{S_D/\sqrt{n}}$$

앞에서 소개한 예에서 다이어트 전 몸무게의 평균을 μ_1, 다이어트 후 몸무게의 평균을 μ_2라고 놓으면, 우리가 검정하고자 하는 가설은 다음과 같다.

$$H_0 : \mu_1-\mu_2=0$$
$$H_1 : \mu_1-\mu_2>0$$

귀무가설은 다이어트 전 평균몸무게와 다이어트 후 평균몸무게의 차이가 없다는 것이고 대립가설은 다이어트 효과가 있는, 즉, 다이어트 후 평균몸무게가 다이어트 전보다 적다는 것이다.

<표 10-1>의 자료를 기초로 표본평균과 표본분산을 계산하면 다음과 같다.

$$\bar{D}=\frac{40}{10}=4(kg),\ s_D^2=\frac{1}{n-1}\sum_{i=1}^{n}(D_i-\bar{D})^2=60/9$$

따라서 표본평균에 대한 표준오차는 다음과 같다.

$$S_{\bar{D}}=\frac{S_D}{\sqrt{n}}=\frac{\sqrt{60/9}}{\sqrt{10}}=0.82(kg)$$

이와 같은 사실을 이용하여 검정통계량값을 계산하면 $t=\bar{D}/s_{\bar{D}}=4/0.82=$ 4.88이다.

그런데 임계값은 $t_{0.05}(9)=1.833$으로 검정통계량값 4.88보다 작으므로 검정통계량은 기각역에 속하게 되어(우측검정이므로 기각역은 임계값의 오른쪽이다) 유의수준 5%에서 귀무가

표 10-1 다이어트 전후의 몸무게 (단위 : kg)

사 람	다이어트전 몸무게 X_1	다이어트후 몸무게 X_2	몸무게 차이 $D=X_1-X_2$
1	81	78	3
2	72	72	0
3	90	85	5
4	87	84	3
5	110	101	9
6	102	101	1
7	66	60	6
8	73	68	5
9	83	80	3
10	84	79	5
합 계	848	808	40

설을 기각한다. 즉, 이 경우 유의수준 5%로 다이어트는 몸무게를 감소시키는 효과가 있다라고 말할 수 있는 것이다.

우리는 또한 종속적인 두 모집단 평균의 실제 차이(μ_D)에 대한 $(1-\alpha)$ 신뢰구간을 다음과 같이 구할 수 있다.

$$\bar{D} \pm t_{\alpha/2}(n-1)S_{\bar{D}}$$

본 예제에서 다이어트 전과 후의 실제 몸무게 차이에 대한 95% 신뢰구간을 구해보면, $t_{0.025}(9)=2.262$이므로 다음과 같이 될 것이다.

$$\mu_1-\mu_2=\mu_D=4\pm 2.262(0.82) \text{ 또는 } (2.145,\ 5.855)$$

따라서 위의 계산된 95% 신뢰구간을 살펴보면 95% 신뢰구간이 0을 포함하지 않고, 신뢰구간의 상한값과 하한값 모두 양(+)의 값을 가지므로 유의수준 5%에서 다이어트 프로그램의 효과가 있다고 짐작할 수 있다.

04 두 모집단분산에 대한 통계적 추측

우리는 앞에서 χ^2분포를 이용하여 모집단분산(또는 모집단표준편차)에 대한 가설(예를 들어, $H_0 : \sigma^2=9$)을 검정한 바 있다. 여기에서는 F분포를 이용하여 두 모집단분산이 같은지의 여부(예, $H_0 : \sigma_1^2=\sigma_2^2$)를 검정하는 절차를 설명하고자 한다. 이를 위해 우선 두 모집단분산의 비율에 대한 신뢰구간을 추정하는 방법에 대하여 설명한 후, 두 모집단분산의 비율에 대한 가설검정을 소개하기로 한다.

4.1 두 모집단분산의 비율에 대한 신뢰구간 추정

일반적으로 두 모집단분산을 비교함에 있어서는 그 차이 $\sigma_1^2-\sigma_2^2$보다는 그 비율 σ_1^2/σ_2^2

을 기초로 신뢰구간이 만들어지며 가설검정이 이루어진다. 우리는 앞에서 $(n-1)S^2/\sigma^2$이 자유도 $(n-1)$의 χ^2분포를 따른다고 배운 바 있다. 만일 ν_1을 첫번째 표본으로부터 얻은 통계량 $(n_1-1)S_1^2/\sigma_1^2$이라 하고 ν_2를 두번째 표본으로부터 얻은 통계량 $(n_2-1)S_2^2/\sigma_2^2$라 하면, F분포의 정의로부터

$$F=\frac{V_1^2/(n_1-1)}{V_2^2/(n_2-1)}=\frac{\frac{(n_1-1)S_1^2}{\sigma_1^2}/(n_1-1)}{\frac{(n_2-1)S_2^2}{\sigma_2^2}/(n_2-1)}=\frac{S_1^2/\sigma_1^2}{S_2^2/\sigma_2^2}$$

은 분자자유도 n_1-1, 분모자유도 n_2-1의 F분포를 한다. 여기서 S_1^2과 S_2^2은 두 모집단에 대한 표본분산[20]을 나타낸다. 따라서 위의 식은 다음과 같이 정리될 수 있다.

$F=\dfrac{S_1^2/\sigma_1^2}{S_2^2/\sigma_2^2}$은 모집단이 정규분포를 할 때 분자자유도 n_1-1, 분모자 유도 n_2-1의 F분포를 한다.

확률변수 $F=\dfrac{S_1^2/\sigma_1^2}{S_2^2/\sigma_2^2}$은 F분포를 따르므로 $\dfrac{\sigma_1^2}{\sigma_2^2}$의 신뢰구간은 신뢰수준이$(1-\alpha)$일 때 다음과 같은 과정을 통해 얻을 수 있다.

$$P\left(F_{1-\alpha/2}(n_1-1,\ n_2-1)<\frac{S_1^2/\sigma_1^2}{S_2^2/\sigma_2^2}<F_{1-\alpha/2}(n_1-1,\ n_2-1)\right)=1-\alpha$$

즉, 확률변수 $\dfrac{S_1^2/\sigma_1^2}{S_2^2/\sigma_2^2}$가 구간 $(F_{1-\alpha/2}(n_1-1,\ n_2-1),\ F_{\alpha/2}(n_1-1,\ n_2-1))$에 속할 확률이 $(1-\alpha)$이므로 이 식을 σ_1^2/σ_2^2에 대해서 정리하면 구하는 신뢰수준$(1-\alpha)$에 대한 σ_1^2/σ_2^2의 신뢰구간은 다음과 같다.

20) 모집단 1에 대한 표본의 크기를 n_1으로 하고 모집단 2에 대한 표본의 크기를 n_2라고 할 때, $S_1^2=\frac{1}{n_1-1}\sum_{i=1}^{n}(X_{1i}-\bar{X}_1)^2$이고 $S_2^2=\frac{1}{n_2-1}\sum_{i=1}^{n}(X_{2i}-\bar{X}_2)^2$이다.

$$P\left(\frac{S_1^2}{S_2^2}\cdot\frac{1}{F_{1-\alpha/2}(n_1-1,\ n_2-1)}\le\frac{\sigma_1^2}{\sigma_2^2}\le\frac{S_1^2}{S_2^2}\cdot\frac{1}{F_{1-\alpha/2}(n_1-1,\ n_2-1)}\right)=1-\alpha$$

으로부터 σ_1^2/σ_2^2에 대한 신뢰구간은

$$\left(\frac{S_1^2}{S_2^2}\cdot\frac{1}{F_{1-\alpha/2}(n_1-1,\ n_2-1)},\ \frac{S_1^2}{S_2^2}\cdot\frac{1}{F_{1-\alpha/2}(n_1-1,\ n_2-1)}\right)$$

예제 10 과자를 봉지에 넣어 포장하는 두 가지 방법이 있다. 그런데 두번째 방법이 첫번째 방법보다 조금 신속하므로 두번째 방법에 의해 채워진 과자의 무게 분산이 첫번째 방법에 의한 무게의 분산보다 크지 않으면 두번째 방법을 채택하고자 한다. 첫번째 방법에 의해 생산된 과자 31봉지와 두번째 방법에 의해 생산된 과자 21봉지를 무작위 추출하여 조사한 결과, 첫번째 방법에 의한 무게의 표본표준편차는 0.50온스이고 두번째 방법에 의한 무게의 표본표준편차는 0.62온스로 관측되었다. 두 모집단분산의 비율 σ_1^2/σ_2^2의 90% 신뢰구간을 구하여라.

an answer

표본자료는 다음과 같다.

$n_1=31$ $\quad n_2=21$

$s_1=0.50$ $\quad s_2=0.62$

자유도는 n_1-1=30과 n_2-1=20이고 부록의 <표 7>로부터 $F_{0.05}(30,20)=2.04$이고 $F_{0.95}(30,20)=\dfrac{1}{F_{0.05}(20,30)}=\dfrac{1}{1.93}=0.518$이므로 σ_1^2/σ_2^2에 대한 90% 신뢰구간은 다음과 같다.

$$\left(\frac{(0.50)^2}{(0.62)^2}\cdot\frac{1}{2.04}\cdot\frac{(0.50)^2}{(0.62)^2}\cdot\frac{1}{0.518}\right)=(0.319,\ 1.256)$$

또한 이 신뢰구간은 1(즉, $\sigma_1^2/\sigma_2^2=1$)을 포함하고 있으므로 만일 가설의 형태가 양측검정이라면 유의수준 10%에서 σ_1^2과 σ_2^2이 같다는 가설을 기각할 수 없을 것이다.

2.2 두 모집단분산의 비율에 대한 가설검정

만일 귀무가설 $H_0 : \sigma_1^2 = \sigma_2^2$ (또는 $\sigma_1^2/\sigma_2^2 = 1$)이 사실이라면 F분포를 하는 통계량 $\dfrac{S_1^2/\sigma_1^2}{S_2^2/\sigma_2^2}$은 $\dfrac{S_1^2}{S_2^2}$으로 간단히 되어, σ_1^2/σ_2^2에 대한 가설검정의 검정통계량으로 사용될 수 있다. 따라서 σ_1^2/σ_2^2에 대한 가설검정은 검정통계량 $F=S_1^2/S_2^2$을 이용하여 전개되며 의사결정규칙은 다음과 같다.

의사결정규칙

가설 1 H_0: $\dfrac{\sigma_1^2}{\sigma_2^2}$ 또는 $\sigma_1^2 = \sigma_2^2$

H_1: $\dfrac{\sigma_1^2}{\sigma_2^2}$ 또는 $\sigma_1^2 \neq \sigma_2^2$

만일 $F < F_{1-\alpha/2}(n_1-1,\ n_2-1)$이거나,
$F > F_{\alpha/2}(n_1-1,\ n_2-1)$이면 H_0를 기각

가설 2 H_0: $\dfrac{\sigma_1^2}{\sigma_2^2}$ 또는 $\sigma_1^2 = \sigma_2^2$

H_1: $\dfrac{\sigma_1^2}{\sigma_2^2}$ 또는 $\sigma_1^2 < \sigma_2^2$

만일 $F < F_{1-\alpha/2}(n_1-1,\ n_2-1)$이면, H_0를 기각

가설 3 H_0: $\dfrac{\sigma_1^2}{\sigma_2^2}$ 또는 $\sigma_1^2 = \sigma_2^2$

H_1: $\dfrac{\sigma_1^2}{\sigma_2^2}$ 또는 $\sigma_1^2 > \sigma_2^2$

만일 $F > F_{\alpha}(n_1-1,\ n_2-1)$이면, H_0를 기각

예제 11 〈예제 2〉에서 소개된 문제를 σ_1^2/σ_2^2의 가설검정에 적용해 보자. 우리는 〈예제 2〉에서 어느 대학의 야구선수의 지능지수(IQ)와 일반학생의 지능지수의 차이를 조사하기 위하여 야구선수 11명과 일반학생 21명을 무작위추출하여 야구선수의 평균 지능지수(μ_1)가 일반학생의 평균 지능지수(μ_2)와 같은지를 검정해 보고자 하였고, 그 예제에서 우리는 $\sigma_1^2 = \sigma_2^2$라고 가정하였다. 같은 표본결과를 이용하여 이러한 가정이 합당한지를 유의수준 $\alpha=0.10$에서 검정해 보자. 표본결과는 $\bar{x}_1=117$, $s_1=4$, $\bar{x}_2=120$, $s_2=5$이었다.

an answer

야구선수의 지능지수 분산을 σ_1^2, 일반학생의 지능지수 분산을 σ_2^2이라 하면, 가설은 다음과 같다.

$$H_0: \frac{\sigma_1^2}{\sigma_2^2} = 1 \qquad H_1: \frac{\sigma_1^2}{\sigma_2^2} \neq 1$$

자유도는 $n_1-1=10$, $n_2-1=20$이고 $\alpha/2=0.05$이므로 이 가설검정의 임계값은 $F_{0.05}(10,20)=2.35$와 $F_{0.95}(10,20)=1/F_{0.05}(20,10)=1/(2.77)=0.36$이다.
이에 대한 검정통계량값을 계산하여 보면 다음과 같다.

$$F = \frac{S_1^2}{S_2^2} = \frac{(4)^2}{(5)^2} = \frac{16}{25} = 0.64$$

여기서 검정통계량값은 기각역에 속하지 않게 되므로 유의수준 10%에서 귀무가설 $H_0 : \sigma_1^2/\sigma_2^2=1$을 기각할 수 없다. 따라서 두 모집단분산은 유의수준 10%에서 유의한 차이를 보인다고 말할 수 없다.

그림 10-5 〈예제 11〉의 임계값

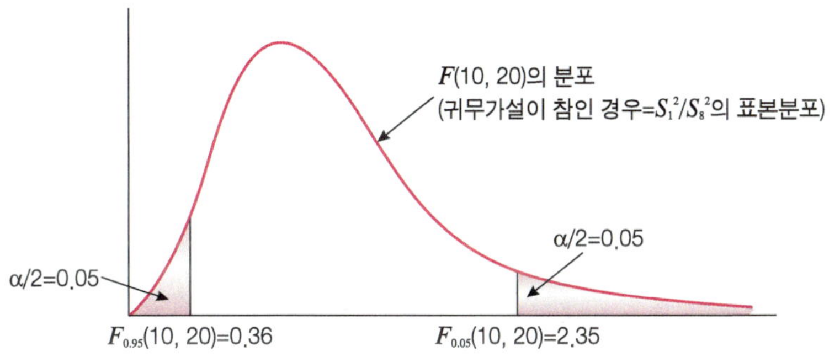

연습문제

1. A상표 전구 200개의 평균 수명시간은 1,500시간이고, 표준편차는 150시간이다. B상표 전구 250개의 표본은 평균 수명시간이 1,300시간이고 표준편차가 100시간으로 나타나고 있다.
   ① A와 B상표의 모집단의 평균 수명시간의 차이에 대한 95% 신뢰구간을 구하여라.
   ② A상표전구의 평균수명이 B상표보다 길다는 가설을 유의수준 $\alpha=0.05$로 검정하라.

2. 강남전자에서는 작업자의 조립시간을 단축하기 위하여 작업자 훈련을 실시하였는데 효과가 있었는지를 알아보고자 한다. 무작위로 선발한 작업자 10명에 대해서 훈련 전후의 조립시간을 조사한 결과 다음과 같이 나타났다.

작업자	훈련 전	훈련 후
1	7	8
2	8	8
3	10	7
4	11	6
5	18	10
6	16	9
7	12	9
8	12	8
9	6	7
10	12	10

   ① 훈련이 조립시간을 단축하는 효과가 있는지 $\alpha=0.05$로 하여 결정하라.
   ② 훈련 전후의 조립시간의 실제차이에 대한 95% 신뢰구간을 구하라.

3. 강남화학은 새로 개발한 샴푸의 색을 초록색으로 할 것인지 분홍색으로 할 것인지를 결정하기 위하여 두 가지 색의 제품에 대한 시험판매를 실시하였다. 시험판매는 강남의 한 슈퍼를 선택하여 10주 동안 실시하였다. 시험판매의 결과(판매개수)가 다음 표와 같이 주어질 때, 샴푸의 색에 따라 판매가능성의 차이가 있었는지를 결정하라. 유의수준 α=0.01로 하라.

주	초록색	분홍색
1	84	92
2	49	53
3	33	31
4	69	76
5	93	92
6	87	92
7	53	57
8	34	44
9	69	78
10	79	85
합 계	650	700

4. 어느 대학 남학생 50명의 평균키는 169.2cm이고 표준편차는 5.2cm이다. 반면에 여학생 50명의 평균키는 158.7cm이고 표준편차는 5.7cm이다. 이 대학 남학생의 키가 여학생의 키보다 10cm이상 크다는 가설을 α=0.05로 검정하라.

5. 어느 두 도시 A와 B에 거주하는 가구의 월평균 소득이 얼마나 차이가 있는지를 알아보기 위하여 A도시에서 15가구를 무작위추출하고, B도시에서 17가구를 무작위추출하여 조사한 결과 A도시 15가구의 평균소득은 120만원, 표준편차는 20만원이고, B도시 17가구의 평균소득은 115만원, 표준편차는 18만원이었다. 두 도시의 월평균소득의 모집단표준편차는 같다고 가정하고 다음 물음에 답하여라.
   ① 두 도시 전체 가구의 월평균소득 차이에 대한 90% 신뢰구간을 작성하라.
   ② 유의수준 $\alpha=0.05$로 A도시 전체 가구의 평균소득이 B도시 전체 가구의 평균소득보다 높다는 가설을 검정하라.

6. 아침에 TV를 방영하는 문제를 놓고 여론조사를 한 결과 여자 100명 중 60명이 찬성하고 남자 150명 중 50명이 찬성하였다고 한다.
   ① 남자와 여자의 찬성비율의 차이에 대한 95% 신뢰구간을 작성하라.
   ② 남자의 찬성비율이 여자의 찬성비율보다 작다는 가설을 유의수준 $\alpha=0.05$로 검정하라.

7. 한 식료품 제조업자가 서로 다른 두 가지 통조림기계 중 어느 것을 채택하는 것이 좋은지 생각하고 있다. 기계 A의 판매원은 자기 기계가 만드는 깡통의 무게 분산이 기계 B가 만드는 깡통의 무게 분산보다 작다고 주장하고 있다. 판매원의 주장을 검토하기 위해서 식료품 제조업자는 기계 A와 B에서 만들어진 깡통들의 집단에서 표본의 크기가 각각 $n_1=21$, $n_2=16$인 두 가지 표본을 무작위추출하였다. 표본을 조사한 결과 각 표본의 무게분산은 $s_1^2=10g^2$이고 $s_2^2=19g^2$이었다. 깡통들의 중량은 정규분포를 하고 있는 것으로 알려졌다.
   ① 5%의 유의수준에서 기계 A에서 만들어진 깡통의 무게분산이 기계 B에서 만들어진 깡통의 분산보다 작은지를 검정하라.
   ② 기계 A와 기계 B에서 만들어진 깡통의 무게분산의 비율에 대한 90% 신뢰구간을 작성하라.

8. 정규모집단에서 표본의 크기가 $n_1=10$, $n_2=21$인 두 가지의 표본을 무작위추출하였는데 각각의 분산이 $s_1^2=25$이고 $s_2^2=10$인 것을 알았다.
   ① 5%의 유의수준에서 σ_1^2이 σ_2^2보다 큰지를 결정하라.
   ② 두 모집단분산의 비율에 대한 98% 신뢰구간을 작성하라.

9. 두 모집단의 평균차이에 대한 가설검정에 있어서 한 표본이 다른 표본에 영향을 미치지 않도록 독립적으로 표본을 추출하여도 되는 실험은?
   ① 쓰레기종량제 실시 전과 실시 후의 쓰레기량의 감소여부
   ② 군대에 다녀오기 전과 후의 평균성적 차이
   ③ 국회의원 후보자의 선거공약발표 전과 후의 인기도
   ④ 흡연자와 비흡연자의 암기능력 차이

10. 새로 개발된 바퀴벌레약 A와 기존에 사용중인 바퀴벌레약 B의 효과를 비교하기 위해 두 개의 동일한 크기의 밀폐된 공간에 바퀴벌레 100마리씩을 각각 넣은 후 한 곳에는 바퀴벌레약 A를 뿌리고 다른 곳에는 B를 뿌린 다음 한시간 후에 죽은 바퀴벌레의 수를 조사하여 다음과 같은 결과를 얻었다.

바퀴벌레약 / 항 목	바퀴벌레약 A	바퀴벌레약 B
총 바퀴벌레 수	100	100
죽은 바퀴벌레 수	60	40

① 바퀴벌레약 A와 B의 효과차이에 대한 95% 신뢰구간을 구하라.

② ①의 결과를 보고 바퀴벌레약 A와 B의 효과에 차이가 있는지의 여부를 유의수준 5%로 판단할 수 있는가? 이유를 기술하고 판단하라.

③ 새로 개발된 바퀴벌레약 A의 효과가 B의 효과보다 좋다고 할 수 있는지 유의수준 5%로 검정하라.

11. 다음 자료는 6개의 작업장에서 각각 산업재해방지교육을 받기 전과 받은 후에 측정한 연간 산업재해발생건수이다.

교육전후 \ 작업장	1	2	3	4	5	6
교육실시전	38	64	42	70	58	30
교육실시후	40	58	43	65	52	29

산업재해방지교육의 실시로 재해발생건수가 줄어들었다고 주장할 수 있는지를 유의수준 5%로 검정하시오(단, 재해발생건수는 정규분포를 따른다고 가정한다).

12. 전구를 생산하는 두 개의 생산라인(A와 B)이 있다. 그런데 생산라인 B에서 생산된 전구는 생산라인 A에서 생산된 전구보다 수명의 편차가 크다는 말이 판매부서에서 나돌고 있다. 품질관리부서에서는 이 사실을 확인하기 위해 각 생산라인에서 생산된 전구 25개씩을 임의로 추출하여 수명을 측정하여 다음과 같은 평균과 표준편차를 계산하였다.

라인 A	라인 B
$\overline{x}_1=1{,}476$ $s_1^2=37{,}000$	$\overline{x}_2=1{,}520$ $s_2^2=65{,}000$

위 자료를 이용하여 라인 B에서 생산된 전구의 수명편차가 더 크다고 말할 수 있는지 유의수준 10%로 검정하라(단, 두 모집단은 정규분포를 따른다고 가정한다).

13. 한국대학교 경영학과는 순수하게 면접만으로 대학원 신입생들을 선발한다. 이번 대학원 전형에서 한국대학교 학부졸업생은 70명이 지원하여 28명이 합격하였고, 타대학 학부졸업생들은 150명이 지원하여 45명이 합 격하였다. 이 전형결과를 보고 한국대학교 경영학과는 본교 출신을 타대학 출신보다 선호한다고 말할 수 있는지 유의수준 10%로 검정하라.

14. 모 여론조사기관에서는 최근 도시주민 600명과 농어촌 주민 400명을 대상으로 환경에 대한 의견조사를 실시한 결과 도시주민의 80%와 농어촌 주민의 65%가 대기오염이 매우 심각한 상태라고 응답하였다.

① 도시주민과 농어촌 주민 중에서 대기오염이 심각하다고 생각하는 비율의 차이에 대한 95% 신뢰구간을 구하라.

② ①의 결과를 보고 대기오염이 심각하다고 생각하는 비율이 도시주민과 농어촌 주민간에 차이가 있는지의 여부를 5% 유의수준으로 판단할 수 있는가? 이유를 기술하고 판단하라.

15. 백두대학교 경영대학에서는 학생들의 도서대출 변화에 관심을 갖고 작년과 올해 학생 1인당 대출한 도서의 수를 조사해 보기로 하였다. 작년 6월까지 도서를 대출해간 경영대학 학생들 중에서 100명을 임의로 추출하여 조사한 결과 1인당 대출건수는 평균이 8권, 표준편차는 3권이었고, 올해 6월까지 도서를 대출해간 경영대학 학생들 중 임의로 추출된 100명에 대한 조사결과는 평균이 9.5권, 표준편차는 4권이었다(여기서 학생 1인당 대출한 도서의 수는 정규분포를 따른다고 가정한다).

① 올해와 작년 학생 1인당 대출권수의 차이에 대한 95% 신뢰구간을 구하라.

② ①의 신뢰구간에 근거하여 올해와 작년 1인당 대출건수에 차이가 있는지를 5% 유의수준으로 판단하라(가설검정방법을 이용하지 말 것).

③ 도서관 담당직원은 작년과 올해 조사된 1인당 평균 대출건수만을 비교하여, 올해의 대출건수가 작년보다 많아졌다고 주장하고 있다. 이러한 주장을 통계적으로 검정하기 위한 가설을 설정하라. 그리고 이에 대한 주장이 통계적으로 입증되기 위해서 유의수준은 얼마 이상이 되어야 하는가?

16. 어느 대학 경영학과 교수들의 봉급이 4,000원의 표준편차를 갖고 있는데 10명의 영문학과 교수들을 표본으로 추출하여 표준편차를 계산하였더니 2,800원이었다고 한다. 경영학과 교수들과 영문학과 교수들의 봉급은 정규분포를 따른다고 가정하고 영문학과 교수들의 봉급에 대한 분산과 경영학과 교수들의 봉급에 대한 분산 사이에 뚜렷한 차이가 있는지를 유의수준 10%로 검정하라.

17. 대한타이어㈜는 3년간의 연구개발끝에 새로운 래디알 타이어를 개발하였다. 새로이 개발된 타이어의 성능이 우수한지를 시험하기 위해 기존 타이어 12개와 새로운 타이어 12개를 시험하여 얻은 수명거리(단위 : km)는 다음 표와 같다.

	기존 타이어 수명거리	신형 타이어 수명거리
1	56492	47853
2	63513	61805
3	46662	58224
4	61859	64958
5	49355	53063
6	63987	78530
7	44744	46325
8	59424	74136
9	51938	58086
10	63975	64851
11	47885	51848
12	59985	65792

① 기존 타이어의 평균수명거리를 μ_1, 새로이 개발된 타이어의 평균수명거리를 μ_2라고 표기하자. ⓐ 새로이 개발된 타이어의 평균수명거리와 기존 타이어 평균수명거리가 차이가 있는지의 여부, ⓑ 새로이 개발된 타이어의 평균수명거리가 기존 타이어의 평균수명거리보다 더 긴지를 5% 유의수준으로 각각 검정하고자 한다. 각 경우(ⓐ와 ⓑ)에 대한 가설을 설정하라.

② 다음 출력결과는 기존 타이어의 수명거리와 새로이 개발된 타이어의 수명거리의 모분산이 같은지의 여부를 판단하기 위해 엑셀을 이용하여 유의수준 5%로 단측검정한 결과이다. 즉, 기존 타이어 수명거리의 모분산을 σ_1^2, 새로이 개발된 타이어 수명거리의 모분산을 σ_2^2로 하였을 때 다음의 가설을 검정한 결과이다.

$$H_0: \sigma_1^2/\sigma_2^2 = 1$$
$$H_1: \sigma_1^2/\sigma_2^2 < 1$$

F-검정 : 분산에 대한 두 집단

	기존 타이어 수명거리	신형 타이어 수명거리
평 균	55818	60455.625
분 산	53276638.5	98323916.37
관측수	12	12
자유도	11	11
F비	0.541848214	
$P(F<=f)$ 단측 검정	0.16208404	
F기각치 : 단측 검정	0.354869911	

출력결과(엑셀 output)에 근거하여 위 가설을 검정하라(근거를 반드시 제시하라).

③ 다음의 출력결과는 새로이 개발된 타이어의 수명거리와 기존 타이어 수명거리의 모평균 차이에 대한 t검정을 두 모분산이 같다는 가정(등분산 가정)하에 유의수준 5%로 수행한 결과이다.

t-검정: 등분산 가정 두 집단

	기존 타이어 수명거리	신형 타이어 수명거리
평균	55818	60455.625
분산	53276638.5	98323916.37
관측수	12	12
공동(Pooled) 분산	75800277.43	
가설 평균차	0	
자유도	?	
t 통계량	−1.304775689	
$P(T<=t)$ 단측 검정	0.102726723	
t 기각치 단측 검정	1.717144187	
$P(T<=t)$ 양측 검정	0.205453446	
t 기각치 양측 검정	2.073875294	

출력결과(엑셀 output)를 보고 다음 물음에 답하라.

ⓐ 자유도는 얼마인가?

ⓑ 새로이 개발된 타이어의 평균수명거리와 기존 타이어의 평균수명거리가 차이가 있는지의 여부를 판단하라 (근거를 제시하라).

ⓒ 새로이 개발된 타이어의 평균수명거리가 기존 타이어의 평균수명거리보다 긴지의 여부를 판단하라 (근거를 제시하라).

18. 한국건강협회는 다이어트가 몸무게 감소에 효과가 있는지를 조사하기 위해 피실험자 10명을 대상으로 다이어트전의 몸무게와 한달간 다이어트를 실시한 후의 몸무게를 측정하여 다음 표와 같은 자료를 수집하였다.

피실험자	다이어트전 몸무게	다이어트후 몸무게
1	81	82
2	72	72
3	90	85
4	87	84
5	110	108
6	102	103
7	66	62
8	73	70
9	83	80
10	84	79

이 경우 각 피실험자에 대한 다이어트전 몸무게와 다이어트후 몸무게는 상호독립이 아니므로 쌍대 t검정을 가설검정기법으로 도입하였다. 다이어트 전 몸무게의 모평균을 μ_1, 다이어트 후 몸무게의 모평균을 μ_2로 표기하도록 하자.

① 다이어트가 몸무게 감소에 효과가 있는지를 검정하기 위한 가설을 세우라.

다음의 출력결과(엑셀 output)는 유의수준 5%로 수행한 쌍대 t검정 분석결과이다.

t-검정 : 쌍체 비교

	다이어트전 몸무게	다이어트후 몸무게
평균	84.8	82.5
분산	181.9555556	198.2777778
관측수	10	10
피어슨 상관 계수	0.987438944	
가설 평균차	0	
자유도	?	
t 통계량	3.213650387	
$P(T<=t)$ 단측 검정	0.005298355	
t 기각치 단측 검정	1.833113856	
$P(T<=t)$ 양측 검정	0.010596711	
t 기각치 양측 검정	2.262158887	

② 자유도는 얼마인가?

③ 위 출력결과에 근거하여 다이어트가 몸무게 감소에 효과가 있는지의 여부를 판단하라.

④ 유의수준이 몇 %이하일 때 다이어트가 몸무게 감소에 효과가 있다는 가설을 기각하게 되는가?

제11장

카이제곱 검정

우리는 제6장에서 χ^2분포에 대해 배운 바 있다. χ^2분포는 자유도(ν)를 유일한 모수로 하는 연속형 확률분포의 하나로서 다음과 같이 세 가지 측면에서 유용하게 활용되고 있다. 첫째, 정규분포를 따르는 어떤 모집단분산에 대한 가설검정(즉, $H_0 : \sigma^2 = \sigma_0^2$)에 활용되고, 둘째는 어떤 확률변수가 특정분포를 따른다는 적합도 검정에 활용되며, 셋째 두 변수간의 통계적 독립성을 검정하는 데 활용된다. 모집단분산의 크기에 대한 가설검정은 이미 제8장에서 설명했으므로, 여기서는 χ^2분포를 이용한 적합도 검정과 독립성 검정을 다루고자 한다.

01 적합도 검정

적합도 검정(goodness of fit test)이란 어떤 확률변수가 가정한 분포를 따르는지의 여부를 표본자료를 이용하여 검정하는 것을 말하는데, 이 방법은 1899년 피어슨(Karl Pearson)에 의하여 소개되었다.

적합도 검정에서의 가설의 형태는 일반적으로 다음과 같다.

H_0 : 확률변수 X가 특정한 분포를 따른다.
H_1 : 확률변수 X가 특정한 분포를 따르지 않는다.

J개의 범주가 주어져 있고 각 범주에 대하여 표본자료로부터 관측된 확률변수의 빈도수가 $O_j(j=1, 2, 3, \cdots, J)$라 가정하자. 그리고 J개의 범주에 대한 기대빈도수 $E_j(j=1, 2, 3, \cdots, J)$는 귀무가설에서 가정하는 특정한 분포로부터 계산될 수 있다고 가정하자. 이 경우 적합도 검정에 사용되는 자료는 다음 표와 같이 정리, 요약될 수 있을 것이다.

범 주	1	2	3	…	J
관측 빈도수 기대 빈도수	O_1 E_1	O_2 E_2	O_3 E_3	… …	O_J E_J

적합도 검정은 관측빈도수와 기대빈도수의 차이에 기초를 두고 있는데 검정통계량은 다음과 같다.

$$\chi^2 = \sum_{j=1}^{J} \frac{(O_j - E_j)^2}{E_j}$$

이와 같은 검정통계량을 피어슨 χ^2 통계량(Pearson χ^2-statistic)라고 부르며, 이 χ^2값은 관측빈도수와 기대빈도수 사이의 일치 여부를 알아보는 척도이다. 이 식에서 알 수 있는 것은 관측빈도수와 기대빈도수 사이의 절대적 차이가 중요한 것이 아니라 기대빈도수에 대한 상대적 차이가 중요하다는 것이다. 즉, $(O_j - E_j)^2 = 100$이라해도 $E_j = 10$이면 큰 차이지만, $E_j = 200$이면 큰 차이가 아닌 것이다.

만일 모든 E_j에 대해서 $E_j \geq 5$인 조건을 만족하면 피어슨 χ^2값은 귀무가설이 참이라는 가정하에서 근사적으로 자유도 $J-1$[21)]인 χ^2분포를 따르는 것으로 알려져 있다. 하지만 피어슨 χ^2은 귀무가설하에서 근사적으로 χ^2분포를 하므로 가설검정도 대략적인 것임을 염두에 두어야 한다. 적합도 검정에서 피어슨 χ^2를 사용할 경우 귀무가설은 χ^2의 값이 클 때에 기각됨을 알 수 있다. 여기서 χ^2의 값이 크다는 것은 각 범주의 관측빈도수와 기대빈도수의 불일치 정도가 큼을 나타낸다.

예를 들어, J개의 모든 범주에 대해 $E_j = O_j$인 경우에는 χ^2값은 0이 되며 이것은 관측빈도수와 기대빈도수가 완전히 일치하고 있다는 것을 의미한다. 또한 계산된 χ^2값이 매우 작아 χ^2분포의 왼쪽에 있을 경우에도 귀무가설이 기각될 수 없음을 나타내는 것이다. 그러므로 적합도 검정은 항상 우측에 기각역을 갖고 있는 단측검정이다. 따라서 의사결정규칙은 「피어슨 χ^2값이 임계값을 초과하면 귀무가설을 기각하고 초과하지 않으면 귀무가설을 기각하지 못한다」가 될 것이다.

다음의 예제를 통해 χ^2분포를 이용한 적합도 검정방법을 구체적으로 살펴보자.

---

21) 여기서 자유도가 $J-1$인 것은 기대빈도수의 합이 관측빈도수의 합과 같아야 하므로 관측빈도수가 자유스럽게 정해질 수 있는 범주의 수는 $J-1$이기 때문이다. 그러나 자유도가 항상 $J-1$이 되는 것은 아니다. 예를 들어 관측자료가 정규분포를 하는지를 검정할 때는 기대빈도수와 관측빈도수의 합이 같을 뿐만 아니라 평균과 분산이 표본으로부터 추정되었으므로 자유도 ν는 $J-3$이 된다.

예제 1 어떤 주사위가 공정하다는 가설(즉, 6개의 주사위 눈이 나타날 확률은 같다는 가설)을 검정한다고 하자. p_j를 j번째 면이 나타날 확률이라면 가설은 다음과 같이 설정된다.

$$H_0 : p_j=\frac{1}{6}, \qquad j=1, 2, \cdots, 6.$$

H_1 : 최소한 한 개의 j에서 $p_j \neq \frac{1}{6}$

주사위를 48번 던졌더니 1의 주사위 눈부터 6의 주사위 눈까지 각각 4, 7, 8, 13, 11, 5번 관측되었다고 가정하자. 만일 주사위가 공정하다면 각 주사위 눈이 8번씩 나올 것이라고 기대할 수 있을 것이다. 적합도 검정에 사용할 자료를 표로 정리하면 다음과 같다.

범주(주사위눈)	1	2	3	4	5	6	합계
관측빈도수(O_j)	4	7	8	13	11	5	48
기대빈도수(E_j)	8	8	8	8	8	8	48

피어슨 $$\chi^2=\sum_{j=1}^{6}\frac{(O_j-E_j)^2}{E_j}$$

$$=\frac{(4-8)^2}{8}+\frac{(7-8)^2}{8}+\frac{(8-8)^2}{8}+\frac{(13-8)^2}{8}+\frac{(11-8)^2}{8}+\frac{(5-8)^2}{8}$$

$$=7.5$$

자유도는 J-1=5이므로 $\alpha=0.01$이라고 놓으면 임계값은 $\chi^2_{0.01}(5)=15.09$이다. 검정통계량 값인 피어슨 χ^2값이 7.5이므로 임계값을 넘지 못하고 귀무가설 H_0를 기각하지 못한다. 즉, 주사위는 공정하다는 가설을 유의수준 0.01에서 기각하지 못하는 것이다.

앞에서 지적했듯이 모든 범주의 기대빈도수가 5이상이 되는(즉, 모든 $E_j \geq 5$) 조건을 만족시키면 검정통계량 값은 귀무가설이 참이라는 가정하에서 χ^2분포에 매우 가까워진다. 그런데 만일 이러한 조건이 만족되지 않는 경우에는 요구조건을 만족시킬 수 있도록 범주들을 결합시켜야 한다. 범주들을 결합하는데 일정한 방식이 있는 것은 아니지만 일반적으로는 인접해 있는 범주들을 결합한다. 범주들을 결합할 때 자유도는 수정된 범주의 수에 기초를 두고 정해져야 한다.

예제 2 서강기계(주)의 사장은 이 회사가 사용하는 특정한 유형의 볼트를 A, B, C, D 4개의 공급업체에 2 : 2 : 1 : 1의 비율로 나누어 주문하도록 구매부서에 지시하였다. 사장은 자신이 지시한 대로 주문이 시행되고 있는지 알아보기 위하여 지난 여섯달 동안의 주문건수 중에서 24개의 주문을 무작위로 선택하여 조사해 본 결과 A, B, C, D의 공급업체들이 각각 13, 4, 4, 3번의 주문을 받은 것으로 밝혀졌다. 구매부서가 사장의 지시를 따르고 있는지의 여부를 유의수준 $\alpha=0.10$으로 하여 검정하여라.

an answer

예제에 대한 귀무가설과 대립가설은 다음과 같이 설정된다.

H_0 : 구매가 2 : 2 : 1 : 1의 비율로 분포되고 있다.
H_1 : 구매가 2 : 2 : 1 : 1의 비율로 분포되고 있지 않다.

귀무가설하에서 A공급업체는 총주문건수의 $2/(2+2+1+1)=2/6=1/3$을 받도록 기대되고 있다. 따라서 24개의 표본주문건수 중에서 A가 8개의 주문을 받았을 것이라고 기대할 수 있다. 마찬가지로 B, C, D의 공급업체들은 각기 총주문건수의 1/3, 1/6, 1/6을 받도록 기대되고 있다. 이와 같은 사실로부터 적합도 검정에 사용될 자료를 정리하면 다음과 같다.

범 주(공급업체)	A	B	C	D	합 계
관측빈도수(O_j)	13	4	4	3	24
기대빈도수(E_j)	8	8	4	4	24

우리는 위의 자료로부터 범주 C와 D의 기대빈도수가 5보다 작다는 것을 알 수 있다. 따라서 이 범주들을 결합하면 자료는 다음과 같이 조정된다.

범 주(공급업체)	A	B	C와 D	합 계
관측빈도수(O_j)	13	4	7	24
기대빈도수(E_j)	8	8	8	24

C와 D를 단일 공급업체(범주)로 고려하면 $E_j \geq 5$라는 조건이 충족되고 가설은 다음과 같이 설정된다.

H_0 : 구매는 2 : 2 : 2의 비율로 분포되고 있다.
H_1 : 구매는 2 : 2 : 2의 비율로 분포되고 있지 않다.

이에 대한 피어슨 검정통계량값을 계산하면 다음과 같다.

$$\text{피어슨 } \chi^2=\sum_{j=1}^{J}\frac{(O_j-E_j)^2}{E_j}=\frac{(13-8)^2}{8}+\frac{(4-8)^2}{8}+\frac{(7-8)^2}{8}=5.25$$

임계값 $\chi^2_{0.10}(2)=4.61$이므로 H_0은 기각된다. 즉, 표본에 따르면 유의수준 $\alpha=0.1$에서 구매부서는 사장의 지시를 따르고 있지 않다고 결론내릴 수 있는 것이다.

이제 χ^2분포를 이용하여 수집된 자료가 정규분포를 따른다고 할 수 있는지를 검정하는 절차를 살펴보도록 하자.

예제 3 전자부품을 생산하는 회사의 품질관리 부장은 부품의 수명이 정규분포를 한다고 주장하고 있다. 500개의 표본을 추출하여 조사해 본 수명의 도수분포는 아래의 표와 같이 나타났다. 그리고 500개 표본의 평균과 표준편차는 각각 $\overline{X}=100$, $s=20$이었다. 이 회사의 품질관리 부장의 주장이 타당한 것인지를 유의수준 1%에서 검정하라.

500개 부품수명의 도수분포

수명(단위 : 100시간)	부품수
40 이상 ~ 60 미만 60 이상 ~ 80 미만 80 이상 ~ 100 미만 100 이상 ~ 120 미만 120 이상 ~ 140 미만	25 50 225 125 75
합 계	500

an answer

가설은 다음과 같이 설정된다.

H_0 : 부품의 수명은 정규분포를 따른다.
H_1 : 부품의 수명은 정규분포를 따르지 않는다.

관측된 부품수는 표에 나와 있으므로 기대부품수를 구해야 한다.
예를 들어, 귀무가설이 참이라면 첫번째 범주, 즉, 40이상 60미만의 기대부품수를 구하기 위해서는 평균이 100이고, 표준편차가 20인 정규분포에서 40이상 60이하가 될 확률을 구해야 한다(그림 11-1 참조).
여기서 구하는 확률은 그림에서 빗금친 부분으로서 다음과 같이 계산된다.

$$P(40 \leq X \leq 60)=P(-3 \leq Z \leq -2)=0.0215$$

따라서 첫번째 범주의 기대부품수는 (500)(0.215)=10.75이다.
피어슨 χ^2값을 구하는 과정은 <표 11-1>에 주어져 있다. 정규분포의 꼬리를 나타내기 위해 상하 양쪽에 2개의 범주가 추가되었고 첫째 범주의 기대부품수는 5보다 작아 둘째 범주와 합쳐졌음을 유의하여야 할 것이다. 이 경우 자유도는 (범주의 수−1)−(추정된 모수의 수)이므로 자유도는 6−1−2=3이다. 그리고 유의수준 $\alpha=0.01$로 하면 임계값은 $\chi^2_{0.01}(3)=11.34$이다. 따라서 이 경우 $\chi^2=62.62>11.34$이므로 H_0는 기각된다. 즉, 수집된 500개의 부품수명은 유의수준 $\alpha=0.01$에서 정규분포를 따른다고 볼 수 없는 것이다.

그림 11-1 부품의 수명을 나타내는 표본에 대한 정규분포

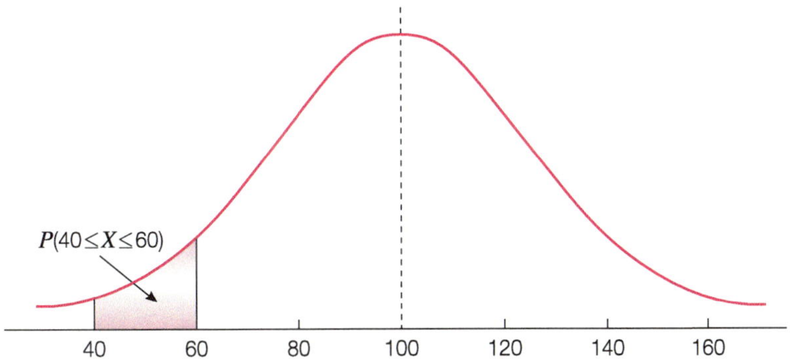

표 11-1 정규분포에 대한 적합도 검정의 계산

수명(시간)	O_j	기대확률	E_j	$(O_j - E_j)$	$\frac{(O_j - E_j)^2}{E_j}$
40 미만 40 이상 60 미만	25	$P(X \le 40) = 0.0013$ $P(40 \le X \le 60) = 0.0215$	0.65 10.75	13.60	16.225
60 이상 80 미만	50	$P(60 \le X \le 80) = 0.1359$	67.95	−17.95	4.742
80 이상 100 미만	225	$P(80 \le X \le 100) = 0.3413$	170.65	54.35	17.310
100 이상 120 미만	125	$P(100 \le X \le 120) = 0.3413$	170.65	−45.65	12.212
120 이상 140 미만	75	$P(120 \le X \le 140) = 0.1359$	67.95	7.05	0.731
140 이상	0	$P(X \ge 140) = 0.0228$	11.40	−11.40	11.400
합 계	500	1.0000	500.00		$\chi^2 = 62.62$

이상에서 우리는 χ^2분포를 이용하여 적합도 검정을 하는 방법에 대해 공부했는데, 주어진 자료의 적합도를 검정하기 위하여 χ^2분포를 사용하는 것은 다음과 같은 심각한 단점을 갖고 있음을 알아야 한다. 그것은 검정을 하기 전에 자료를 도수분포의 형태로 만들어야 하며 이를 이용한 χ^2통계량의 값은 도수분포를 어떻게 작성하느냐에 따라(즉, 범주의 수에 따라) 달라지므로 일관성있는 검정결과를 얻는데 어려움이 따른다는 것이다. 이러한 χ^2검정의 단점을 보완하기 위해 자료를 범주로 나눌 필요도 없고 표본의 크기가 작아도 사용할 수 있는 Kolmogorov-Smirnov 검정법이 있는데 이는 비모수통계학의 영역으로 이 책의 범위에서 벗어나므로 논의하지 않기로 한다.

02 독립성 검정

여기서는 χ^2분포를 이용하여 두 변수에 대한 통계적 독립성을 검정하는 절차를 설명하고자 한다. 독립성 검정은 앞에서 소개한 적합도 검정의 원리를 확장시킨 것이다. 예를 들어, 기업규모에 따른 경영자의 리더십 차이를 알아본다든지 어떤 새로운 관리제도를 도입한 기업과 이를 도입하지 않은 기업과의 경쟁력 차이를 알아보는 것은 독립성 검정이다.

또 다른 예로서 어떠한 선택과목이 대학 1학년생과 2학년생들을 대상으로 개설되었는데 성적은 합격(pass)과 불합격(fail)으로 주어진다고 가정하자. 담당교수는 성적과 학년 사이에 어떠한 관계가 있는지에 관심을 갖고 있다. 여기서 두 변수 사이에 아무런 관계가 없다는 귀무가설(H_0), 즉, '분류된 두 변수가 통계적으로 독립이다'라는 가설을 검정하는 독립성 검정방법을 사용할 수 있다. 이 경우 대립가설(H_1)은 두 변수 사이에 관계가 있다는 가설이 될 것이다.

이제 이러한 독립성 검정에 필요한 자료가 확보되었다고 가정하자. 필요한 정보는 다음 표에 정리되어 있는데, 이와 같은 표를 분할표(contingency table)라고 한다. 아래의 표에는 두 가지 범주 즉, 행변수(성적)와 열변수(학년)가 나타나 있으므로 2×2 분할표라고 말한다.

성적 \ 학년	1학년	2학년	합계
합 격	150	250	400
불합격	50	50	100
합 계	200	300	500

이 표를 보면 4개의 칸이 존재하는데, 이 과목을 듣는 학생은 이러한 4칸 중의 한 칸에 속해야만 한다. 그리고 이러한 4개의 칸에 나타난 숫자는 관측된 빈도수를 의미한다. 여기서 O_{ij}를 i번째 행과 j번째 열에 해당되는 칸의 관측된 빈도수로 표기하기로 한다. 예를 들어 O_{12}는 과목에 합격한 학생 중에서 2학년에 속하는 빈도수를 의미하며 250이 되는 것이다. 이제 각 칸에 대한 기대빈도수(expected frequency) E_{ij}와 자유도를 결정해야 할 것이다. 만일 귀무가설이 사실이라면 분류된 두 변수는 통계적으로 독립적이라는 의미일 것이다.

그런데 독립사건의 정의는 $P(A\cap B)=P(A)\cdot P(B)$이므로 귀무가설이 사실이라면 P(합격∩1학년)$=P$(합격)$\cdot P$(1학년)이 되고, P(합격)과 P(1학년) 같은 주변확률의 추정값은 표로부터 구할 수 있다. 즉, P(합격)$=\frac{400}{500}$으로 추정되고, P(1학년)$=\frac{200}{500}$으로 추정된다. 따라서 기대빈도수 E_{11}은 다음과 같이 계산될 수 있다.

$$P(\text{합격}\cap 1\text{학년})=P(\text{합격})\cdot P(1\text{학년})$$

$$\frac{E_{11}}{500}=\frac{400}{500}\cdot\frac{200}{500}$$

$$E_{11}=200\cdot\frac{400}{500}=160$$

다시 말하면, 만일 귀무가설이 사실이라면(즉, 학년과 성적이 통계적으로 독립이라면) 200명의 학생으로 구성된 1학년 집단에서 합격자의 기대합격률은 전체 합격률과 같아야 할 것이다. 즉, P(합격|1학년)$=P$(합격)이므로 그 집단의 합격자 수를 예측하는데 학년을 아는 것이 전혀 도움이 되지 못하여야 한다는 의미이다. 그러므로 200명의 1학년 집단에서 전체의 합격률, $\frac{400}{500}=\frac{4}{5}$를 곱하면 1학년의 기대되는 합격수 160명이 계산되며, 이 인원수가 E_{11}이 되는 것이다. 이와 유사하게 E_{22}도 다음과 같이 계산할 수 있다.

$$E_{22}=300 \cdot \frac{100}{500}=60$$

2×2의 분할표에서 4칸의 기대빈도수 중 어느 하나를 결정하게 되면 나머지 3개의 기대빈도수는 자동적으로 결정된다. 왜냐하면 기대빈도수의 행과 열의 합계는 앞의 표에 나타나 있는 합계와 일치해야 하기 때문이다. 따라서 $E_{11}=160$이라고 결정을 하게 되면, 총합격자 수가 400명이기 때문에 E_{12}는 반드시 240이 되어야 한다. 일반적으로, r을 행변수의 범주수라고 하고, c를 열변수의 범주수라고 하면, $r \times c$분할표에 대한 자유도는 $(r-1)(c-1)$이 된다.

위 예제에서 주어진 관측빈도수를 이용하여 기대빈도수와 자유도를 구하고 이를 피어슨 χ^2 검정통계량에 적용하면 다음과 같이 계산될 수 있다.

$$\begin{aligned}\chi^2 &= \sum_{i=1}^{2}\sum_{j=1}^{2}\frac{(O_{ij}-E_{ij})^2}{E_{ij}} \\ &= \frac{(150-160)^2}{160}+\frac{(250-240)^2}{240}+\frac{(50-40)^2}{40}+\frac{(50-60)^2}{60} \\ &= 0.625+0.417+2.50+1.67 \\ &= 5.212\end{aligned}$$

따라서 유의수준 0.05에서 독립성 검정을 할 경우, 임계값은 $\chi^2_{0.05}(1)=3.84$이므로 검정통계량 값은 임계값을 초과하게 된다. 따라서 유의수준 5%에서 귀무가설은 기각되는 것이다. 귀무가설을 기각한다는 것은 학년과 성적 사이에는 어떠한 관계가 있다는 의미이다. 이러한 독립성 검정결과는 분할표를 자세히 살펴보면 알 수 있는데, 분할표에서 1학년 학생의 합격률이 2학년 학생의 합격률보다 낮은 것을 확인할 수 있다.

일반적으로 $r \times c$ 분류표에 있어서 E_{ij}는 다음과 같이 계산될 수 있다.

$$E_{ij}=\left(\sum_{i=1}^{r} O_{ij}\right)\left(\frac{\sum_{j=1}^{c} O_{ij}}{n}\right)$$

여기서 n은 수집된 표본의 크기이다.

그리고 검정통계량 피어슨 χ^2값은 다음과 같이 계산된다.

$$\chi^2=\sum_{j=1}^{c}\sum_{i=1}^{r}\frac{(O_{ij}-E_{ij})^2}{E_{ij}}$$

χ^2분포를 이용한 독립성 검정은 적합도 검정에서와 마찬가지로 모든 E_{ij}가 최소한 5이상이 되어야 하며, 만일 이 조건을 만족하지 못하는 경우에는 사용하지 않는 것이 좋다.

독립성 검정은 r과 c가 2보다 큰 경우에도 적용될 수 있으며 다음의 예를 통해 이 경우를 살펴보도록 하자.

예제 4 2012년말에 실시된 대통령 선거에서 사람들의 교육수준과 투표참여도 사이에 어떠한 관계가 있는지를 살펴보고자 유권자 150명을 무작위로 추출하여 조사한 자료가 다음 표에 정리되어 있다.

교육수준	투표참여 여부		합 계
	예	아니오	
고졸미만	10 (14)	20 (16)	30
고 졸	30 (33)	40 (37)	70
대 졸	30 (23)	20 (27)	50
합 계	70	80	150

유의수준 1%에서 교육수준과 투표참여도 사이에 관계가 있는지를 검정하라..

an answer

예제에 대한 귀무가설과 대립가설은 다음과 같이 설정된다.

H_0 : 교육수준과 투표참여 사이에는 아무런 관계가 없다.

H_1 : 교육수준과 투표참여 사이에는 관계가 있다.

분할표의 괄호 안에 주어진 수치는 각 칸의 기대빈도수 E_{ij}이다. 예를 들어 E_{31}은 다음과 같이 계산된다.

$$E_{31}=\left(\sum_{i=1}^{3}O_{ij}\right)\cdot\sum_{j=1}^{2}\frac{O_{3j}}{n}=70\cdot\frac{50}{150}$$

$$=23\frac{1}{3}\approx 23.3$$

이러한 결과를 이용하여 검정통계량 값을 계산하면 다음과 같다.

$$\begin{aligned}\chi^2 &= \sum_{j=1}^{2}\sum_{i=1}^{3}\frac{(O_{ij}-E_{ij})^2}{E_{ij}} \\ &= \frac{(10-14)^2}{14}+\frac{(20-16)^2}{16}+\frac{(30-33)^2}{33} \\ &\quad+\frac{(40-37)^2}{37}+\frac{(30-23)^2}{23}+\frac{(20-27)^2}{27} \\ &= 6.60\end{aligned}$$

그리고 자유도는 다음과 같다.

$$(r-1)(c-1)=(3-1)(2-1)=(2)(1)=2$$

따라서 임계값은 $\chi^2{}_{0.01}(2)=9.21$이 되며, 계산된 값이 임계값보다 작으므로 H_0은 유의수준 0.01에서 기각하지 못한다. 즉, 유의수준 0.01로 교육수준과 투표참여 여부는 관계가 없다고 말할 수 있다.

한편 χ^2분포를 이용한 독립성 검정은 두 모집단비율의 차이에 대한 가설검정(H_0 : $p_1=p_2$)의 일반적인 형태로 이를 확장시켜 놓은 것이라고 말할 수 있다. 다음의 예제를 통하여 이를 설명해 보기로 하자.

제10장의 <예제 8>을 고려하여 보자. 이 경우 예방주사가 감기에 효과가 있는지를 검정하고자 한다면 두 모집단비율의 차이에 대한 가설검정은 다음과 같이 전개될 것이다.

예방주사를 맞은 학생 중 감기에 걸린 비율을 p_1, 예방주사를 맞지 않은 학생 중 감기에 걸린 학생의 비율을 p_2라 하면 귀무가설과 대립가설은 다음과 같이 된다.

$$H_0 : p_1=p_2$$
$$H_1 : p_1 \neq p_2$$

여기서, $\hat{p}=\dfrac{200(.2)+100(.35)}{200+100}=.25$이므로 검정통계량은 다음과 같이 계산된다.

$$Z=\frac{0.2-0.35}{\sqrt{(.25)(.75)\left(\frac{1}{200}+\frac{1}{100}\right)}}=\frac{-0.15}{0.053}=02.83$$

따라서 $-z_{0.025}=-1.96>-2.83$이므로 H_0을 기각하게 된다. 즉, 유의수준 $\alpha=0.05$에서 예방주사가 감기에 효과가 있다고 통계적 결정을 내릴 수 있는 것이다.

이 문제를 χ^2분포를 이용한 독립성 검정방법으로 풀어 보도록 하자. 여기에서 사용된 자료를 2×2 분할표로 정리하면 다음과 같다.

	예방주사 맞은 사람	예방주사 맞지 않은 사람	합 계
감기 걸린 사람	40(50)	35(25)	75
감기 안 걸린 사람	160(150)	65(75)	225
합 계	200	100	300

여기서 각 칸의 괄호안의 숫자는 기대빈도수를 나타낸다(기대빈도수에 대한 계산은 각자 확인해 보기 바란다).

여기서, 검정통계량 값은 다음과 같이 계산된다.

$$\chi^2=\frac{(40-50)^2}{50}+\frac{(35-25)^2}{25}+\frac{(160-150)^2}{150}+\frac{(65-75)^2}{75}=8$$

따라서 검정통계량 값$=8>\chi^2_{0.05}(1)=3.84$이므로 귀무가설은 기각한다.

그런데 여기서 검정통계량 값 8과 임계값 $\chi^2_{0.05}(1)=3.84$는 앞에서 우리가 두 모집단비율의 차이에 대한 가설검정을 위해 구한 검정통계량의 값 $Z=-2.83$과 임계값 $-z_{0.025}=-1.96$을 각각 제곱한 것임을 확인할 수 있다. 즉, $(-2.83)^2=8$이고 $(-1.96)^2=3.84$이다. 따라서 χ^2독립성 검정과 두 모집단비율의 차이에 대한 가설검정은 똑같은 것임을 알 수 있다. 다만 독립성 검정은 3개 이상의 모집단비율이 같은 지를 검정하는 데도 사용될 수 있으므로 독립성 검정은 두 모집단비율의 차이에 대한 가설검정을 확장시킨 일반적인 형태의 가설검정이라고 말할 수 있다.

연습문제

1. 어떤 도시의 한 광고회사 관리자는 그 도시에 살고 있는 사람들의 40%가 조간신문만 보고, 30%는 석간신문만을 보며, 20%는 조간과 석간을 같이 보고, 10%만이 조간신문도, 석간신문도 보지 않는다고 믿고 있다. 그 도시에 거주하고 있는 사람들 중 50명을 무작위로 추출한 표본에서는 12명이 조간신문만을 구독하고 있었고, 18명은 석간신문만을 구독하고 있었으며, 12명은 조간과 석간을 다 보고 있었고, 나머지 사람들은 조간도, 석간도 보지 않고 있었다. 유의수준 0.10에서 이 관리자의 주장을 검정하라.

2. 한국 프로야구협회에서는 야구경기의 관중을 위해서 새로운 경품제도를 도입하고자 한다. 모든 관중들은 입장할 때 번호 하나를 받아 가는데 관중들의 번호는 0에서 9까지 1자리 숫자이다. 그 경기에서의 양팀이 기록한 점수를 더한 숫자의 마지막 자리수가 관중의 번호와 일치하면, 관중은 경품을 타게 되어 있다. 예를 들면 그 경기의 점수가 3대 2, 4대 1, 9대 6, 8대 7 등이 되면 5가 경품을 타는 수가 되는 것이다. 과거 300번의 프로야구게임에 대해 점수 합계의 마지막 자리수는 다음과 같다.

마지막 자리수	경기횟수
0	15
1	27
2	23
3	49
4	31
5	41
6	27
7	38
8	23
9	26

이 자료를 사용하여 모든 번호가 경품을 탈 확률이 동일하다는 가설을 검정하라.
단 α=0.01로 한다.

3. 어느 대학의 글로벌 경영학과는 관리, 금융, 시스템의 세 가지 계열로 나누어져 있다. 학과장은 이 학생들 중 1/2은 관리계열, 1/4은 금융계열, 1/4은 시스템계열에 속하고 있다고 말했다. 이 학교의 교무처장은 학생들 중 28명을 무작위로 추출하여 조사해 본 결과 그 중 9

명은 관리계열, 9명은 금융계열, 10명은 시스템계열에 속하고 있음을 알아 내었다. 이러한 자료는 학과장의 의견을 지지해 주는 것인가? (0.05의 유의수준에서 결정하라)

4. 어느 대학에 재학 중인 학생들의 표본에서 다음과 같은 자료를 얻었다.

전 공	성 별	
	남 성	여 성
경 영	20	10
공 학	15	5
문 학	30	20
이 학	30	20

이 자료를 이용하여 전공이 성별과 관계가 있는지의 여부를 결정하라. 유의수준은 α=0.01로 하라.

5. 서강 주식회사는 모든 종업원에게 적용되는 부가급부인 의료보험혜택을 변화시키려 하고 있다. 변화에 관련된 종업원들의 의견에 대한 최근의 표본은 다음과 같이 요약된다.

종업원 분류	의 견		
	우호적	비우호적	중 립
경영층	19	5	6
영업직	10	5	5
사무직	15	4	9
생산직	16	16	20

종업원의 의견은 직무분류와 관련이 있는가? 유의수준 10%에서 검정하라.

6. 어느 전자제조업체는 자사에서 생산한 다양한 제품들의 품질에 관한 소비자의 인식을 연구한 시장조사를 통하여 다음과 같은 자료를 얻었다.

제 품	의 견		
	우 수	보 통	열 등
라디오	30	40	5
스테레오	10	20	5
TV	30	20	10
기타 가전제품	10	40	10

이 자료를 이용하여 제품과 소비자의 평가는 아무런 관계가 없다는 가설을 검정하라. 유의수준은 α=0.05로 하라.

7. 어느 회사에서 지난 96일간 결근한 종업원 수에 대한 자료를 조사해 본 결과 다음과 같이 나타났다.

결근수	빈도수
0명	59
1명	27
2명	9
3명	1
4 이상	0

결근수의 평균 $\bar{x}=\sum_{i=1}^{5}x_i f_i/\sum_{i=1}^{5}f_i=\frac{48}{96}=0.5$로부터 결근자의 평균 수 λ가 0.5인 포아송분포를 따른다는 가설을 유의수준 α=0.05로 하여 검정하라.

(힌트 : 결근수가 0일 확률, 즉, $P(X=0)$는 $\frac{e^{-0.5}(0.5^0)}{0!}=0.6065$이므로 96일간의 결근수가 0일 기대빈도수는 96×0.6065=58.2(일)이 될 것이다. E_j와 O_j의 합이 같을 뿐만 아니라 평균도 표본으로부터 추정되었으므로 2개의 자유도를 상실한 점을 주의하라.)

8. 한국고용촉진협회에서는 대학생 180명을 대상으로 지명도 및 규모가 비슷한 세 전자회사(A, B, C)중 입사하기를 가장 원하는 회사가 어느 곳인지z 조사한 결과 다음과 같은 자료를 얻었다.

회 사	*A*	*B*	*C*
선택빈도	45	72	63

위 자료를 근거로 대학생들의 회사 선호도에 차이가 있는지를 유의수준 5%로 검정하라.

9. 2014년에 실시된 자치단체장 선거에 사람들의 교육수준과 투표참여도 사이에 어떠한 관계가 있는지를 살펴보고자 유권자 150명을 무작위로 추출하여 분류한 자료가 다음 표에 나타나 있다.

교육수준	투표참여여부		
	예	아니오	총계
고졸미만	10	20	30
고 졸	30	40	70
대 졸	30	20	50
총 계	70	80	150

교육수준과 투표참여도 사이에 통계적 관계가 있는지를 유의수준 5%로 검정하라.

제4부

통계분석모형

제4부의 내용

통계분석모형은 예측이나 실험요인의 효과에 대한 크기를 파악할 목적으로 자료를 수집하였을 경우, 모형을 어떻게 설정하고 이 모형에 근거하여 자료를 어떻게 분석하는 지에 대한 방법을 제공한다. 기본적인 통계분석모형으로는 분산분석모형과 회귀분석모형이 있다. 제4부는 제12장 분산분석, 제13장 단순회귀분석, 제14장 다중회귀분석 등 3개의 장으로 구성되며, 각 장의 개요는 다음과 같다.

제12장에서 다루는 분산분석(ANOVA : Analysis of Variance)은 여러 모집단으로부터 얻은 표본의 평균 차이가 통계적으로 의미 있는 차이인지를 F분포를 이용하여 검정하는 방법이다. 분산분석의 원리는 각 모집단 안에서 움직이는 자료의 분산(within variance)과 각 모집단을 대표하는 표본평균 사이의 분산(between variance)을 비교하여 표본평균 사이의 분산이 각 모집단 안에서 움직이는 자료의 분산보다 충분히 클 경우 모집단별로 평균의 차이가 존재한다고 판단하는 것이다. 이때 두 분산의 비율은 모집단별로 평균의 차이가 없다면 대략 1에 가까운 F분포를 따르게 된다. 본 장에서는 모집단별로 평균의 차이를 유발할 것으로 생각되는 변수(실험요인)가 한 개일 경우의 일원배치 분산분석과 이러한 변수가 두 개인 경우의 이원배치 분산분석에 대하여 공부한다. 특별히 이원배치 분산분석에서는 일원배치 분산분석에서는 볼 수 없었던 상호작용의 개념이 소개된다.

제13장에서 다루는 단순회귀분석(simple regression analysis)은 자료가 (X, Y)와 같이 쌍으로 형성되었을 경우, X를 이용하여 Y를 예측하거나, X의 변화에 Y의 값이 얼마만큼 민감하게 반응하는지를 분석하는 방법이다. 여기서 X는 독립변수, Y는 종속변수라 부르며, 종속변수를 설명하는 독립변수가 하나일 경우의 회귀분석을 단순회귀분석이라고 한다. 일반적으로 단순회귀분석에서는 두 변수간의 인과관계를 $Y=a+bX$와 같은 선형의 형태로 추정하며, 이러한 형태를 독립변수 X를 이용한 종속변호 Y의 단순선형 회귀분석(simple linear regression of Y on X)이라고 한다.

제14장에서 다루는 다중회귀분석(multipel regression analysis)은 단순회귀분석의 개념을 확장시킨 것으로 종속변소 Y를 설명하는 독립변수가 두 개 이상인 경우의 회귀분석이다. 일반적으로 독립변수가 X_1, X_2, $\cdots$, X_m 등 m개일 경우의 다중회귀분석모형은 $Y=a+b_1X_1+b_2X_2+\cdots+b_mX_m$의 형태로 추정된다. 다중회귀분석에서는 단순회귀분석에서는 볼 수 없었던 다중공선성, 부분검정 등의 개념이 추가적으로 소개된다.

제12장 분산분석

제6장에서 소개한 F분포는 두 가지 측면에서 중요하게 응용이 되는데, 첫번째는 두 모집단분산이 동일한지를 검정(즉, H_0 : $\sigma_1^2=\sigma_2^2$) 하는데 사용된다. 이에 대한 검정은 앞에서 우리가 t분포를 사용하여 두 모집단평균에 대한 검정(즉, H_0 : $\mu_1=\mu_2$)을 할 경우 두 모집단의 분산이 같다는 가정을 한 바 있었는데 이 가정의 타당성을 조사하기 위하여 F분포를 사용하는 것이다. 두 번째로 F분포는 분산분석(Analysis of Variance : ANOVA)에서 사용된다. 분산분석은 세 개 이상의 모집단평균을 비교하는데 사용되는 아주 유용한 기법으로 여러 분야에서 응용이 되고 있다.

우리는 앞에서 표준정규분포 또는 t분포를 사용하여 두 모집단평균을 비교했는데, 만일 표본이 세 개 이상일 때의 평균에 대한 검정은 F분포에 기초를 둔 분산분석을 사용한다. 분산분석이 평균을 비교함에도 불구하고 "분산"이라는 용어가 사용된 것은 표본분산을 이용하여 평균의 차이를 비교하기 때문이다.

분산분석은 전통적으로 농업연구에서 개발되었는데, 예를 들어 사용된 비료의 유형에 따라 수확량이 어떻게 달라지는가를 조사하는 것이다. 하지만 요즈음 분산분석은 마케팅조사, 인력관리, 약품연구, 각종 산업연구 등에 활발히 적용되고 있다. 분산분석이 적용되는 예로는 포장에 따라 매출액이 차이가 나는지를 보고 가장 효과적인 포장을 결정한다든지 열처리방법이 품질에 어떤 차이를 내는지를 조사한다든지 여러 가지 다른 치료가 환자의 회복에 어떤 차이를 내는지를 조사하는 것 등을 들 수 있다.

분산분석을 구체적으로 설명하기 전에 분산분석에 사용되는 용어를 익힐 필요가 있다. 분산분석의 용어를 익히기 위해 다음과 같은 예를 들어보자.

한 연구자는 수면시간에 따라 인간의 판단능력에 차이가 나는지를 실험하기 위해 한 그룹의 사람들은 잠을 재우지 않고, 또 한 그룹의 사람들은 4시간의 수면을 취하게 하고, 세번째 그룹의 사람들은 8시간의 수면을 취하게 한 뒤 판단능력을 시험해 보았다. 이 경우 만일 수면시간에 따라 사람들의 판단능력이 차이를 보이지 않는다면 수면시간은 인간의 판단능력에 영향을 미친다고 볼 수 없으며, 만일 수면시간에 따라 사람들의 판단능력이 차이를 보인다면 수면시간은 인간의 판단능력에 영향을 미치는 요인이 될 것이다.

이렇게 수면시간이 과연 인간의 판단능력에 영향을 미치는지를 조사하는 과정을 실험(experiment)이라고 하며, 실험을 행하는 사람을 실험자, 실험이 행해지는 대상을 실험단위(experimental unit)라고 한다. 그런데 위의 예에서는 실험이 행해지는 대상이 사람이므로 이 경우에는 실험단위를 피실험자라고도 한다. 그리고 실험자가 관심을 갖고 있는 실험의 결과와 관련된 변수를 종속변수(dependent variable) 또는 반응변수(response variable)라고 한다. 위의 예에서는 인간의 판단능력이 종속변수 또는 반응변수가 된다. 실험요인(experimental factor)이란 실험자가 통제하는 변수로 종속변수(또는 반응변수)에 영향을 미칠 것으로 판단되는 변수이다. 위의 예에서 실험요인은 수면시간으로 이 변수는 실험 중 실험자가 통제하는 변수이다. 실험요인이 한 가지 일때의 분산분석을 일원배치 분산분석(one-way ANOVA)이라고 하며, 실험요인이 두 가지 일때의 분산분석은 이원배치 분산분석(two-way ANOVA)이라고 한다. 처리(treatment)는 실험요인의 여러 수준(factor level)을 말하는 것으로 위의 예에서 실험요인의 수준은 수면시간을 나타내는 0, 4, 8시간의 세 가지 값을 갖는다.

따라서 분산분석은 각 처리에 따라 종속변수 값에 대한 평균의 차이가 있는지의 여부를 검정하는 것이며, 검정결과에 따라 실험요인이 종속변수에 영향을 미치는지의 여부를 판단하게 된다. 일반적으로 분산분석에서의 가설은 c개의 모평균을 비교하고자 하는 경우 다음과 같은 일반적인 형태를 취한다.

$$H_0 : \mu_1 = \mu_2 = \cdots = \mu_c$$
$$H_1 : \text{최소한 한 개의 } \mu_i \neq j,\ i \neq j$$

여기서 c는 처리의 수를 나타내며, $\mu_i(i=1, 2, \dots, c)$는 처리 i를 적용했을 때의 종속변수의 모집단평균을 나타낸다. 따라서 만일 분산분석을 통해 H_0를 기각할 수 없다면 이는 처리에 따라 종속변수 값의 평균이 차이를 보이지 않는 것이므로 실험요인이 종속변수에 영향을 미친다고 말할 수 없는 것이다. 즉, 위의 예에서 수면시간에 따라 인간의 판단능력이 차이를 보이지 않는다면 수면시간은 인간의 판단능력에 영향을 미치는 요인으로 볼 수 없는 것이다.

본 장에서는 우선 실험요인이 하나일 경우의 분산분석인 일원배치 분산분석에 대해 설명하여 분산분석의 기본개념을 익힌 다음 실험요인이 둘일 경우의 분산분석인 이원배치 분산분석에 대해 설명한다.

01 일원배치 분산분석

1.1 완전무작위 실험설계

일원배치 분산분석은 표본자료를 이용하여 한 개의 실험요인에 대한 여러 가지 다른 처리(treatments)가 가져오는 효과에 대한 차이를 검정하는 것이다. 여기서 처리라는 말은 비료종류, 포장종류, 열처리방법과 같이 실험자가 실험에서 통제할 수 있는 요인의 수준을 말한다.

일원배치 분산분석을 실시하기 전에 실험에 대한 설계를 구성해야 하는데 만일, 실험자들이 그들의 전문적 지식을 이용하여 실험단위를 처리에 할당한다면 결과는 예기치 못했던 원인에 의하여 오류가 발생할 수 있다. 다음에 소개되는 교수법에 따른 학생들의 성적차이를 예로하면, 어느 특정한 교수법에 우수한 학생을 할당하고 교수법에 대한 평균점수의 차이를 비교한다면 그 차이는 교수법에 따른 학습효과라고 볼 수 없는 것이다. 따라서 교수법의 차이를 분석하고자 할 경우 매우 세심한 실험설계가 필요하다. 일반적으로 전체 실험단위를 무작위추출방법에 의해 처리의 수만큼 나누고 그에 따라 모든 실험단위를 각 처리에 배정하는 실험설계를 완전무작위 실험설계(Completely Randomized Design : CRD)라고 한다. 완전무작위 실험설계에서는 실험결과가 비록 우연에 의존하지만 우연에 의한 법칙으로 설명되는 예측가능한 방법으로 분석이 이루어질 수 있다.

예제 1 어느 교수가 교수법에 따른 학습효과의 차이를 발견하기 위해 15명의 학생을 무작위로 뽑아 5명씩 3개의 그룹으로 나누어 한 학기 동안 각각 다른 교수법을 적용하였다고 하자. 세 가지 교수법은 다음과 같다.

- **방법 1** 강의만 한다.
- **방법 2** 강의에 사례연구를 추가한다.
- **방법 3** 강의에 실태조사를 추가한다.

100점 만점의 학기말 시험에서 〈표 12-1〉의 결과가 나왔다고 하자.

표 12-1 세 가지 교수법에 대한 학기말 시험성적

반복수(학생)	교수법		
	방법 1	방법 2	방법 3
1	77	80	83
2	79	82	91
3	87	86	94
4	85	85	88
5	78	80	85
합 계	406	413	441
평 균	81.2	82.6	88.2
	총평균$=\dfrac{406+413+441}{5(3)}=84$		

(1) 분산분석을 위한 표기법

여기서 앞으로의 설명을 용이하게 하기 위하여 다음과 같은 기호를 도입해 보기로 한다. <표 12-1>에는 행이 5개 있고 열이 3개 있어 모두 15개의 자료가 주어져 있다. 일반적으로 행의 수를 r, 열의 수를 c라 하면 $r \times c$개의 자료가 있다. X_{ij}를 방법 j에 의한 i번째 학생의 점수라고 하자. 예를 들어서 X_{12}는 방법 2에 의한 첫번째 학생의 점수가 된다. 즉, X_{12}의 값은 80이 된다.

그러면, 각 교수법에 의한 점수의 합계는 $\sum_{i=1}^{5} X_{i1}$, $\sum_{i=1}^{5} X_{i2}$, $\sum_{i=1}^{5} X_{i3}$로 표시될 수 있으며 각 방법의 평균점수(표본평균)를 $\bar{X}_1$, $\bar{X}_2$, $\bar{X}_3$로 표시하면 이는 다음과 같이 계산된다.

$$\bar{X}=\sum_{i=1}^{5} X_{i1}/5,\ \ \bar{X}_2=\sum_{i=1}^{5} X_{i2}/5,\ \ \bar{X}_3=\sum_{i=1}^{5} X_{i3}/5$$

또한 총평균을 $\bar{X}$로 표시하면 다음과 같다.[1)]

1) 여기서 각 처리(여기서는 교수법)의 반복수가 다른 경우의 총 평균은 모든 자료를 더한 후 자료의 수로 나누어 계산한다.

표 12-2 일원배치 분산분석의 일반도표

반복수(학생)	교수방법		
	방법 1	방법 2	방법 3
1	X_{11}	X_{12}	X_{13}
2	X_{21}	X_{22}	X_{23}
3	X_{31}	X_{32}	X_{33}
4	X_{41}	X_{42}	X_{43}
5	X_{51}	X_{52}	X_{53}
합 계	$\sum_{i=1}^{5} X_{i1}$	$\sum_{i=1}^{5} X_{i2}$	$\sum_{i=1}^{5} X_{i3}$
평 균	$\bar{X}_1$	$\bar{X}_2$	$\bar{X}_3$
	$\bar{X}=\sum_{i=1}^{5}\sum_{j=1}^{3} X_{ij}/15=\frac{\bar{X}_1+\bar{X}_2+\bar{X}_3}{3}$		

$$\bar{X}=\sum_{i=1}^{r}\sum_{j=1}^{c} X_{ij}/(r\times c)=\sum_{i=1}^{5}\bar{X}_i/3$$ [2)]

이를 요약하면 다음 <표 12-2>와 같다.

(2) 처리와 실험단위

여기서 처리는 세 가지 교수법을 말하고 처리의 대상이 되는 학생은 실험단위가 된다. 각 교수법은 실험단위인 학생에게 무작위로 적용되었고 모든 교수법에 대하여 실험을 실시하였기 때문에 이러한 실험계획은 완전무작위 실험설계이다. 즉, 완전무작위 실험설계는 실험자가 통제하는 실험요인 이외에 종속변수에 영향을 미칠 수 있는 다른 요인의 효과를 배제하기 위한 목적으로 학생을 교수법에 무작위로 할당하는 실험설계를 말한다.

---

2) 여기서 각 처리(여기서는 교수법)의 반복수가 다른 경우의 총 평균은 모든 자료를 더한 후 자료의 수를 나누어 계산한다.

(3) 분산분석의 가정

분산분석에서 처리의 수준수가 c개 있을 경우, c개의 모집단은 서로 독립적인 정규분포를 따르며, c개의 모집단분산은 동일하다는 가정이 필요하다.

(4) 분산분석의 통계적 모형

일원배치 분산분석은 다음과 같은 통계적 모형으로 표시된다.

$$X_{ij}=\mu_j+\varepsilon_{ij}=\mu+\tau_j+\varepsilon_{ij}$$

그림 12-1 일원배치 분산분석 모형($X_{ij}=\mu+\tau_j+\varepsilon_{ij}$)

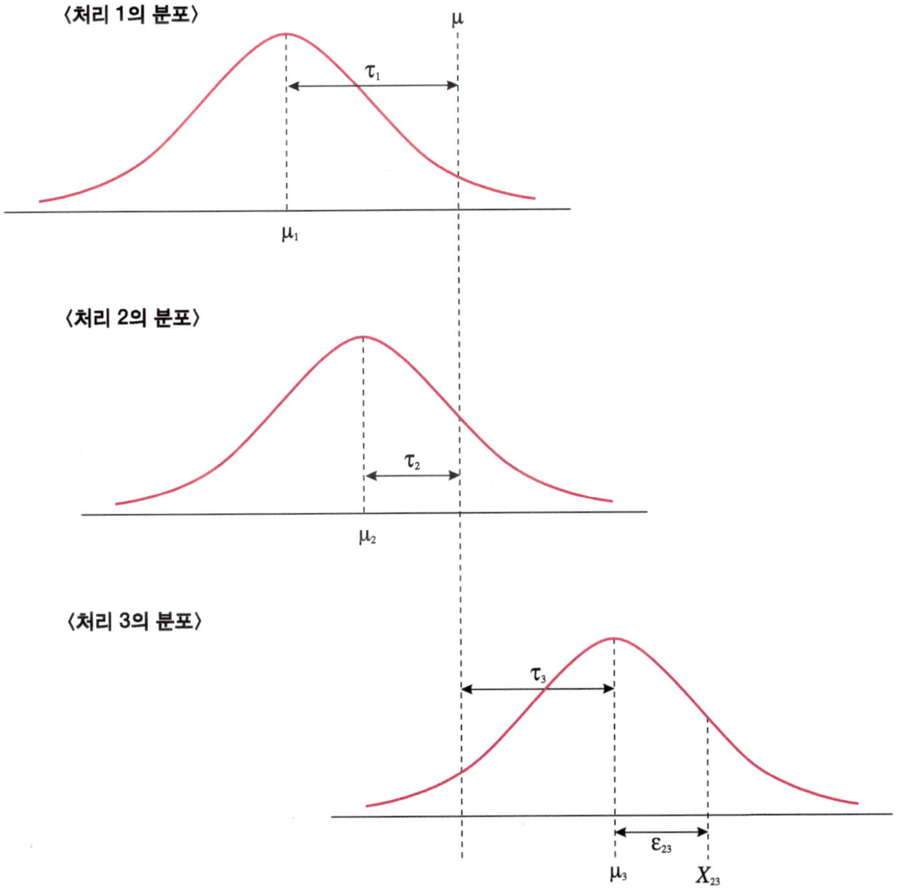

여기서, X_{ij} : 처리 j가 적용되는 i번째 실험단위의 관측값
μ : 모든 관측값에 공통인 상수
τ_j : 처리 j의 효과
μ_j : 처리 j에 대한 모집단평균
ε_{ij} : 처리 j에 대한 i번째 관측값의 무작위오차

따라서 X_{ij}는 다음 세 가지 요소로 구성된다.

① 공통의 상수, μ
② 처리효과(treatment effect), τ_j
③ 무작위 오차(random error), ε_{ij}

여기서 ε_{ij}는 평균이 0이고 표준편차가 σ인 정규분포를 따른다고 가정한다. 따라서 처리 j가 적용되는 그룹의 특정 관측값 X_{ij}는 평균이 $\mu+\tau_j$이고 표준편차가 σ인 정규분포를 하는 모집단으로부터 추출된 표본이다. 처리의 수준수가 3일 경우(즉, $c=3$), X_{ij}의 구성요소를 그래프를 이용하여 설명하면 [그림 12-1]과 같다.

(5) 실험에 대한 측정오차

오차항(ε_{ij})은 같은 처리그룹내에서도 관측값의 차이가 존재하기 때문에 필요하다. 예를 들어서 교수법 3(강의에 실태조사를 추가하는 것)에 의해 강의를 받은 학생이 모두 같은 성적을 받을 것이라고 기대할 수는 없다는 것이다. 즉, 교수법 3내에서도 학생들의 성적은 교수법 이외의 다른 요인들 때문에 차이가 날 것이다. 이러한 차이는 연구자가 통제하는 교수법 이외에 성적에 영향을 줄 수 있는 다른 여러 요인, 예를 들어서 학생의 평소 성적, 학생의 노력정도 등에 기인하는 것이다. 실험요인으로 선정한 교수법 이외의 다른 요인에 의한 차이를 우리는 우연하게 발생하는 오차라 하고 그 크기를 ε_{ij}로 나타낸다.

(6) 분산분석 모형의 가설 설정

여기서 우리가 검정하고자 하는 것은 세 가지 교수법의 효과에 차이가 있느냐 없느냐 하는 것이다. 세 가지 방법에 의한 학기말 시험의 평균점수는 $\overline{X}_1=81.2$, $\overline{X}_2=82.6$, $\overline{X}_3=88.2$로 나왔는데 이 세 평균점수의 차이는 우연한 차이인가 또는 우연한 차이로 보기에는 너무 큰 의미가 있는 차이인가 하는 것이다. 세 교수법의 모집단평균을 μ_1, μ_2, μ_3

로 나타내면 귀무가설과 대립가설은 다음과 같이 표현된다.

H_0 : $\mu_1=\mu_2=\mu_3$
H_1 : μ_1, μ_2, μ_3 모두가 같지는 않다.

따라서 우리는 표본평균 $\overline{X}_1$, $\overline{X}_2$, $\overline{X}_3$의 차이가 같은 모집단평균을 가진 모집단으로부터 발생하는 표본오차에 의한 것인지 아니면 교수법에 따른 효과에 의한 차이인지를 결정하여야 한다. 만일 귀무가설이 참이라면 세 모집단의 그룹내 분산과 교수법에 따라 나타나는 평균점수의 차이, 즉 그룹간의 분산은 크게 다르지 않을 것이다.

(7) 분산분석의 원리

먼저 위의 가설을 검정하는 분산분석의 절차를 토의하기 전에 분산분석의 원리에 대하여 알아보자. 만일 세 모집단평균(μ_1, μ_2, μ_3)이 같다는 귀무가설이 사실이라면 표본평균들은 모두 같은 모집단으로부터 구한 것이므로 그 차이는 표본추출에 따른 우연한 차이로 고려될 수 있을 것이다. 즉, 표본평균($\overline{X}_1$, $\overline{X}_2$, $\overline{X}_3$)간의 차이와 세 개의 각 그룹내의 관측값의 차이는 모두 표본추출과정에서 발생하는 우연한 오차(표본오차)가 된다는 것이다.

분산분석에서는 첫번째 유형의 차이를 처리간 차이라 부르고 두번째 유형의 차이를 처리내 차이로 부른다. 표본평균 간의 차이(처리간 차이)는 총평균 X로부터 떨어진 표본평균 $\overline{X}_1$, $\overline{X}_2$, $\overline{X}_3$의 차이를 말하고, 처리내 관측값의 차이는 각 처리내 개별 관측값이 그 관측값이 속해있는 처리의 표본평균으로부터 떨어진 차이를 말한다. 예를 들어서 처리 1(교수법 1)내의 관측값의 차이는 $\overline{X}_1$로부터 X_{11}, $X_{21}, \cdots$, X_{51}이 떨어진 차이를 말한다.

만일 귀무가설이 사실이라면 처리간 차이와 처리내 차이는 둘 다 우연한 표본오차를 나타내므로 크게 다르지 않을 것이다. 즉, $\overline{X}_1$, $\overline{X}_2$, $\overline{X}_3$간의 차이는 우연한 표본오차를 나타내는 처리내 차이와 크게 다르지 않다는 것이다. 그러나 귀무가설이 거짓이고 각 처리의 모집단평균이 실제로 다르다면, 처리간 차이는 우연한 차이보다 크게 나타날 것이고 그 값은 우연한 차이를 나타내는 처리내 차이보다 훨씬 클 것이다.

이와같은 결과는 처리간 차이는 우연한 표본오차뿐만 아니라 처리간의 고유한 차이인 처리효과에 의해서도 발생될 것이라는 사실에 기인한다. 여기서 처리내 차이는 항상 우연한 표본오차를 나타내는 것이다. 따라서 처리간 차이가 처리내 차이보다 훨씬 크다면 귀무가설을 기각하고 실험요인이 종속변수에 영향을 미친다고 말할 수 있는 것이다.

(8) 제곱합(SS)과 제곱평균(MS)

여기서 차이라고 하는 것은 제곱합(Sum of Squares : *SS*)으로 표시될 수 있는데, 이것은 관측값과 평균의 차이를 제곱하여 더해 준다는 의미로서 변동(variation)이라고도 한다. 예를 들어서 어떤 관측값 Xi의 제곱합은 $\sum_{i=1}^{r}(X_i-\bar{X})^2$으로 나타낸다. 한편 제곱합을 자유도로 나누어 준 값은 제곱평균(Mean Square : *MS*) 또는 분산이라고 부른다. 따라서 $\sum_{i=1}^{r}(X_i-\bar{X})^2/(n-1)$[3]은 제곱평균이다.

그러면 여기서 처리간 차이를 나타내는 처리간 제곱합과 처리간 제곱평균, 그리고 처리내 차이를 나타내는 처리내 제곱합과 처리내 제곱평균을 구해보자.

(9) 처리간 제곱합(SSB)

처리간 제곱합(Sum of Squares Between Treatments : *SSB*)은 각 처리평균 간의 차이를 측정하는 것으로 다음과 같이 계산된다.

$$\text{처리간의 제곱합(SSB)} = \sum_{i=1}^{r} r\,(\bar{X}_i-\bar{X})^2$$

여기서, c : 열의 수(처리의 수)

r : 행의 수(처리내의 표본의 크기)

$\bar{X}_j$: j열(처리)의 평균

$\bar{X}$: 총평균

표 12-3 처리간 제곱합(SSB)의 계산

$$(\bar{X}_1-\bar{X})^2=(81.2-84)^2=7.84$$
$$(\bar{X}_2-\bar{X})^2=(82.6-84)^2=1.96$$
$$(\bar{X}_3-\bar{X})^2=(88.2-84)^2=17.64$$

$$\sum_{i=1}^{r} r\,(\bar{X}_i-\bar{X})^2=5(7.84)+5(1.96)+5(17.64)=137.2$$

3) 자유도는 총 n개의 자료 중에서 한 개의 X를 사용하였으므로 $n-1$이 된다.

<표 12-3>에 나타난 바와 같이 처리간 제곱합은 137.2이다.

(10) 처리내 제곱합(SSE)

처리내 제곱합(Sum of Squares due to Error : *SSE* 또는 Sum of Squares Within Treatment : *SSW*)은 개별 관측값이 각 처리평균으로부터 떨어진 차이를 측정하는 것으로 다음과 같이 계산된다.

$$처리내\ 제곱합(SSE) = \sum_{i=1}^{c}\sum_{i=1}^{r}(X_{ij} - \bar{X}_j)^2$$

여기서, c : 열의 수
r : 행의 수
$\bar{X}_{ij}$: i행(반복수) j열(처리)의 관측값
$\bar{X}_j$: j열(처리)의 평균

<표 12-4>에 나타난 바와 같이 처리내 제곱합은 190.8이다.

(11) 총제곱합(SST)

총제곱합(Sum of Squares Total : *SST*)은 개별관측값이 총평균으로부터 떨어진 차이를 측정하는 것으로 다음과 같이 계산된다.

표 12-4 처리내 제곱합(SSE)의 계산

i	$(X_{i1}-\bar{X}_1)^2$	$(X_{i2}-\bar{X}_2)^2$	$(X_{i3}-\bar{X}_3)^2$
1	$(77-81.2)^2=17.64$	$(80-82.6)^2=6.76$	$(83-88.2)^2=27.04$
2	$(79-81.2)^2=4.84$	$(82-82.6)^2=0.36$	$(91-88.2)^2=7.84$
3	$(87-81.2)^2=33.64$	$(86-82.6)^2=11.56$	$(94-88.2)^2=33.64$
4	$(85-81.2)^2=14.44$	$(85-82.6)^2=5.76$	$(88-88.2)^2=0.04$
5	$(78-81.2)^2=10.24$	$(80-82.6)^2=6.76$	$(85-88.2)^2=10.24$
합 계	80.80	31.20	78.80
	$\sum_{i=1}^{c}\sum_{i=1}^{r}(X_{ij}-\bar{X}_j)^2=80.80+31.20+78.80=190.8$		

$$\text{총제곱합 } (SST) = \sum_{i=1}^{c}\sum_{i=1}^{r}(X_{ij} - \bar{X}_j)^2$$

관측값의 수가 모두 15이고, 총평균이 $84(=\sum_{i=1}^{c}\sum_{i=1}^{r}X_{ij}/15)$이므로 총제곱합은 다음과 같이 계산된다.

$$\text{총제곱합(SST)} = (77-84)^2 + (79-84)^2 + \cdots + (85-84)^2 = 328$$

여기서 총제곱합은 처리간 제곱합과 처리내 제곱합을 더한 것임을 확인할 수 있다(즉, 처리간 제곱합+처리내 제곱합=137.2+190.8=328).

일반적으로 제곱합들 간에는 다음의 관계가 성립한다.[4)]

총제곱합(SST)=처리간 제곱합(SSB)+처리내 제곱합(SSE)[5)]

가설의 검정에서는 처리간 제곱합과 처리내 제곱합만을 알면 되지만 총제곱합을 구함으로써 계산과정을 확인할 수 있을 것이다.

이제 우리는 처리간 제곱합과 처리내 제곱합을 비교함으로써 둘 사이에 큰 차이가 없다면 교수법에 따른 차이가 없다고 말하려고 하고(즉 귀무가설, H_0 : $\mu_1=\mu_2=\mu_3$을 기각하지 못함), 큰 차이가 난다면 교수법에 따른 차이가 있다고 말하려고 한다(즉 귀무가설을 기각). 그런데 처리간 제곱합과 처리내 제곱합은 직접 비교할 수 있는 수치가 아니다. 왜냐하면

---

4) 이것은 다음과 같이 증명할 수 있다.

$X_{ij}-\bar{X}=(X_{ij}-\bar{X}_j)+(\bar{X}_{ij}-\bar{X})$

양쪽을 제곱하면

$(X_{ij}-\bar{X})^2=(X_{ij}-\bar{X}_j)^2+2(X_{ij}-\bar{X}_j)(\bar{X}_j-\bar{X})+(\bar{X}_j-\bar{X})^2$

양쪽에 $\sum$을 취하면

$\sum_{i=1}^{c}\sum_{i=1}^{r}(X_{ij}-\bar{X})^2=\sum_{i=1}^{c}\sum_{i=1}^{r}(X_{ij}-\bar{X}_j)^2+\sum_{i=1}^{c}\sum_{i=1}^{r}2(X_{ij}-\bar{X}_j)(\bar{X}_j-\bar{X})+\sum_{i=1}^{c}\sum_{i=1}^{r}(\bar{X}_{ij}-\bar{X})^2$

그런데 $\sum_{i=1}^{r}(X_{ij}-\bar{X}_j)=0$이므로

$\sum_{i=1}^{c}\sum_{i=1}^{r}(X_{ij}-\bar{X})^2=\sum_{i=1}^{c}\sum_{i=1}^{r}(X_{ij}-\bar{X}_j)^2+\sum_{i=1}^{r}r(\bar{X}_j-\bar{X})^2$

5) 총제곱합(SST)은 총변동, 처리간 제곱합(SSB)은 처리에 의한 변동 그리고 처리내 제곱합(SSE 또는 SSW)은 외생요인에 의한 오차변동이라고도 하며, SST를 SSB와 SSE로 구분하는 것을 변동의 분해라고 한다.

처리간 제곱합을 계산하는 데는 처리의 수가 3개이므로 표본의 수가 3개였고 처리내 제곱합을 계산하는 데는 표본의 수가 15개였기 때문이다. 따라서 처리내 제곱합의 값이 자연히 크게 나올 것이므로 공평하게 비교하기 위해서 각 제곱합에 대응하는 자유도로 나눈 값인 제곱평균으로 비교할 필요가 있을 것이다.

(12) 자유도와 제곱평균

처리간 제곱합과 관련된 자유도는 $c-1$이다. 열의 수가 c이며, c개의 처리평균 중에서 총평균($\bar{X}$)을 알고 있으므로 c개의 처리평균 중에서 $c-1$개의 값만 알면 나머지 하나는 자동적으로 정해진다. 따라서 자유도는 $c-1$이다. 본 예제에서는 자유도가 $c-1=3-1=2$이다.

처리내 제곱합과 관련된 자유도는 $c(r-1)$이다. 행의 수가 r이므로 각 그룹내에서는 r개의 개별관측값이 있는데 그룹평균을 알고 있으므로 각 그룹에서는 $(r-1)$개의 관측값만 알면 나머지 하나는 자동적으로 정해진다. 그런데 이러한 처리가 c개의 그룹이 있으므로 자유도는 $c(r-1)$이다. 본 예제에서 자유도는 $c(r-1)=3(5-1)=12$이다.

총제곱합과 관련된 자유도는 $rc-1$이다. 개별관측값의 수가 rc개이고 총평균($\bar{X}$)을 알고 있으므로 $rc-1$개의 값만 알면 나머지 하나는 자동적으로 정해진다. 즉, 임의의 값을 취할 수 있는 관측값의 수는 $(rc-1)$개 이므로 자유도는 $(rc-1)$인 것이다. 본 예제에서 자유도는 $rc-1=(5)(3)-1=14$이다.

처리간 제곱합과 처리내 제곱합의 합이 총제곱합과 같은 것과 마찬가지로 처리간 제곱합과 처리내 제곱합의 대응하는 자유도의 합도 총제곱합의 자유도와 같다. 즉,

$$rc-1=(c-1)+c(r-1)$$

따라서 다음과 같이 제곱평균(Mean Square)을 계산할 수 있다.

처리간 제곱평균(Mean Square Between Treatments : MSB)

$$MSB=\frac{137.2}{3-1}=68.6,$$

처리내 제곱평균(Mean Square due to Error : MSE)

$$MSE = \frac{190.8}{3(5-1)} = 15.9$$

이 경우 처리간 제곱평균이 처리내 제곱평균보다 4배 이상 큰 값을 갖는 것을 확인할 수 있다. 모집단평균이 같다는 귀무가설 아래에서는 그 크기가 거의 같아야 하므로 이 경우에는 교수법에 따른 평균점수의 차이가 있는 것으로 보는 것이 타당할 것이다. 그러나 이러한 타당성에 대한 객관적인 근거를 제시하기 위해서는 처리간 제곱평균이 처리내 제곱평균보다 얼마나 커야 하는지를 설명할 필요가 있다. 즉, 여기서 우리는 귀무가설이 사실이라고 가정했을 때 이렇게 큰 차이가 날 가능성이 얼마나 있는지를 조사하여 귀무가설을 기각하든지 또는 기각하지 않을 것인지를 결정해야 할 것이다.

(13) 분산분석표

분산분석의 결과를 효과적으로 설명하기 위하여 일반적으로 <표 12-5>와 같은 분산분석표(ANOVA Table)를 사용한다. <표 12-5>는 <예제 1>의 분산분석 결과를 요약하는 표준양식이다. 여기서 F값은 처리간 제곱평균을 처리내 제곱평균으로 나눈 값으로 68.6/15.9 = 4.31로부터 얻은 값이다. 잔차(residual)는 처리내 평균값과 처리내 관측값과의 차이로서 표본결과로부터 관측된 오차의 개념이다. 처리내 변동원인을 오차라고 괄호 속에 표시하고 있는데 이것은 처리내 차이가 우연한 차이를 뜻하는 표본오차에 따르는 것을 나타내고자 하는 것이다.

<표 12-6>은 분산분석표의 일반적 형태를 나타내고 있다. 이에 대한 기호를 요약해 보면 다음과 같다.

표 12-5 분산분석표

변동원인	제곱합	자유도	제곱평균	F값
처 리	137.2	2	68.6	4.31
잔차(오차)	190.8	12	15.9	
합 계	328	14		

표 12-6 분산분석도표의 일반적 형태

변동원인	제곱합	자유도	제곱평균	F값
처 리	SSB	$c-1$	MSB	MSB/MSE
잔차(오차)	SSE	$c(r-1)$	MSE	
합 계	SST	$n-1$		

SSB=처리간 제곱합 　　MSB=처리간 제곱평균
SSE=처리내 제곱합 　　MSE=처리내 제곱평균
SST=총제곱합

(14) F 통계량

분산분석을 위한 검정통계량으로 MSB/MSE로 계산되는 F값을 사용하는데, 이 값은 귀무가설이 참일 경우(즉, 교수법에 따른 평균성적에 차이가 없을 경우) F분포를 한다.[6] F분포는 이미 설명한 바와 같이 분자자유도와 분모자유도를 가지고 있는데 여기서 분자자유도는 MSB와 관련된 $c-1$이고 분모자유도는 MSE와 관련된 $c(r-1)$이다.

만일 귀무가설이 참이라면 F값은 1에 가까워질 것이다. 만일 F값이 1보다 매우 크다면 이는 처리에 따라 차이가 있는 것이므로 각 처리의 모집단평균이 다르다고 판단할 수 있고 귀무가설을 기각하게 되는 것이다. 따라서 F값이 과연 얼마나 클 경우에 귀무가설을 기각할 것인가를 결정해야 한다.

본 예제의 경우를 살펴보면, 분자자유도가 2이고 분모자유도가 12인 F분포에서 F값이 3.89보다 클 확률이 0.05이므로 만일 표본으로부터 계산된 F값이 3.89보다 크다면 귀무가설이 사실일 가능성은 희박하다고 볼 수 있으므로 귀무가설을 유의수준 5%에서 기각하게 될 것이다.

[그림 12-2]를 살펴보면 계산된 F값이 임계값 3.89보다 큰 4.31로 기각역에 속하게 되

---

6) SSB/σ^2은 $\chi^2(c-1)$분포를 하고, SSE/σ^2은 $\chi^2(c(r-1))$분포를 하므로, SSB와 SSE가 독립이라고 가정하면, F분포의 정의로부터(제6장 참조) MSB/MSE는 $F(c\text{-}1, c(r\text{-}1))$분포를 따르게 될 것이다.

그림 12-2 분산분석의 F검정(일원배치 분산분석)

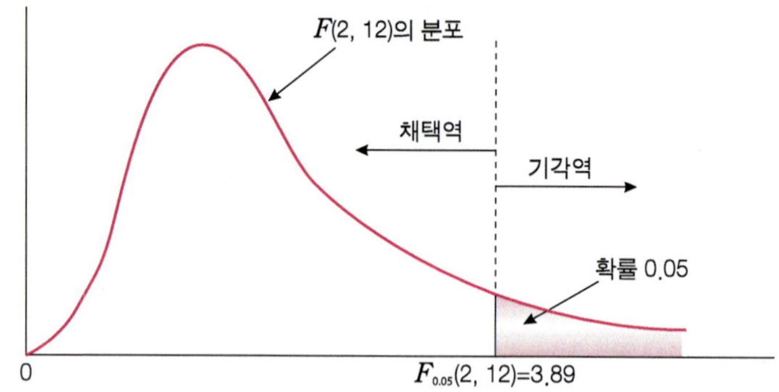

므로 유의수준 5%에서 귀무가설을 기각한다. 즉, <예제 1>에서는 유의수준 5%에서 교수법에 따라 평균성적에 차이가 있다는 것으로 결론이 나는 것이다.

1.2 표본의 크기가 다른 경우

교수법의 예제에서는 각 처리에 대한 표본의 크기가 모두 같았다. 즉, 각 교수법에 따라 할당된 학생의 수는 같았다. 그러나 어떤 실험에서는 각 처리내의 표본의 크기가 다를 수도 있다. 표본의 크기가 다른 경우의 분산분석은 앞의 공식을 조금 조정하면 그대로 적용할 수 있다.

예를 들어, <표 12-7>에 정리된 자료에 대한 분산분석을 살펴보자.

전체평균이 1,012/12=84.3이므로

$$SSB=3(81-84.3)^2+5(82.6-84.3)^2+4(89-84.3)^2=135.47$$
$$SSE=(77-81)^2+(79-81)^2+\cdots+(88-89)^2=153.2$$
$$SST=(77-84.3)^2+(79-84.3)^2+\cdots+(88-84.3)^2=288.67$$

따라서 이 예제에 대한 분산분석표는 <표 12-8>과 같다.

귀무가설이 참일 경우 F값은 $F(2,9)$의 분포를 따르므로 $\alpha=0.05$일때 임계값은 $F_{0.05}$

표 12-7 교수법에 따른 성적 : 표본의 크기가 다른 경우

학 생	교수법		
	방법 1	방법 2	방법 3
1	77	80	83
2	79	82	91
3	87	86	94
4	–	85	88
5	–	80	–
평 균	81	82.6	89

표 12-8 분산분석표

변동원인	제곱합	자유도	제곱평균	F값
처 리	135.47	2	67.735	3.98
잔차(오차)	153.2	9	17.02	
합 계	288.67	11		

(2,9)=4.26이다. 따라서 계산된 $F=3.98$이 임계값보다 작으므로, 이 경우 교수법에 따라 평균성적에 차이가 없다는 귀무가설은 유의수준 0.05에서 기각하지 못하는 것이다.

여기서 한 가지 지적하고 넘어가야 할 사실은 안전한 결론을 내리기에는 표본의 크기가 작다는 것이다. 이 경우 각 교수법에는 단지 5개 이하의 관측값밖에 없었다. 따라서 귀무가설이 실제로 참이지만 잘못 기각하는 제1종 오류의 위험은 0.05로 통제할 수 있지만 귀무가설이 실제로 거짓인 경우 이를 잘못하여 기각하지 못하는 제2종 오류의 위험은 상당히 증가한다. 따라서 이 경우에는 보다 큰 크기의 표본이 요구된다.[7]

7) 우리가 만일 5%의 유의수준으로 귀무가설을 기각하였다면 제2종 오류는 고려할 필요가 없다. 따라서 〈예제 1〉의 경우는 귀무가설을 기각하는 통계적 결정을 내렸으므로 제2종 오류는 절대 발생하지 않을 것이다. 하지만 〈표 12-7〉에서 제시한 자료의 경우는 귀무가설을 기각하지 못하였으므로 제2종 오류를 심각하게 고려해 보아야 할 것이다.

02 이원배치 분산분석

<예제 1>에서 설명한 분산분석 문제에서는 교수법이라는 한 가지 요인만을 고려하였다. 이 경우 한 가지 요인으로 설명된 차이가 충분히 크다면 교수법에 따라 시험점수에 차이가 있다는 결론을 정당화시킬 수 있을 것이다. 그러나 학생들의 시험점수는 교수법 이외의 다른 요인들, 예를 들어 학생들의 평균학점이라든가, 강의시간대, 또는 담당교수에 따라 차이가 나타날 수도 있을 것이다.

만일 이러한 다른 요인들에 의한 차이를 적절히 분리해 내지 못한다면 이러한 차이는 우연한 차이(처리내 차이)에 포함되어 처리내 차이가 커지기 때문에 실제로 교수법에 따라 시험점수에 차이가 있다 하더라도 처리간 차이가 처리내 차이와 비교해서 차이가 있다고 판단할 만큼 크지 않을 수 있을 것이다. 다시 말하면, 실제로 교수법에 따른 학생들의 평균점수의 차이가 존재하지만 다른 요인들이 작용하여 처리내 변동을 나타내는 오차항이 너무 커졌기 때문에 상대적으로 교수법에 의한 차이를 나타내는 처리간 변동이 작게 보이게 되며, 따라서 교수법에 대한 효과가 없는 것같이 보일 수 있다는 것이다. 이러한 사실은 제2종 오류를 증가시킨다는 의미와 같은 내용이다.

이원배치 분산분석은 우연한 오차로 간주되는 처리내 차이로부터 다른 실험요인에 의한 차이를 분리해 내어 처리내 변동을 작게 하고, 이를 통해 우연한 오차를 보다 정확히 규명하고자 하는 것이 목적이다.[8)]

이원배치 분산분석은 두 가지 기본적인 형태의 실험설계가 있다. 하나는 무작위블록설계(Randomized Block Design : *RBD*)이고 다른 하나는 완전무작위설계(Completely Randomized Design : *CRD*)이다.

---

8) 우리는 앞에서 총제곱합(SST)=처리간 제곱합(SSB)+처리내 제곱합(SSE)임을 알고 있다. 이 식에서 SST는 총변동을 나타내고 SSB는 총변동 중에서 교수법에 의해서 나타나는 변동, 즉, 처리에 의해서 설명될 수 있는 부분을 나타낸다. SSE는 총변동 중에서 교수법에 의해서 설명되고 난 나머지 변동으로서 교수법의 효과로는 설명될 수 없는 변동을 나타낸다. 이러한 변동을 잔차변동(residual variation)이라고도 하고 오차(error)라고 부르기도 한다. 이원배치 분산분석에서는 요인을 하나 더 추가하여 SSE를 추가된 요인에 의한 변동으로 다시 분해하여 총변동을 설명해 줌으로써 SSE의 값을 줄일 수 있다.

(1) 무작위블록설계

실험단위의 특성(예, 학생의 평균학점, IQ 등)에 따라 표본을 비슷한 성질을 갖는 몇 개의 그룹으로 나눈 것을 블록(block)이라 한다.

블록내의 실험단위는 동질적인 특성을 갖는다. 무작위블록설계는 각 블록내의 실험단위에 교수법을 무작위로 할당하는 것을 말한다.

만일 학생의 시험성적이 평균학점에 따라서 크게 달라진다고 판단되면 평균학점의 수준에 따라 학생을 몇 개의 그룹으로 묶어서 조사하는 것이 우연에 의한 오차를 줄일 수 있는 효과적인 방법이 될 것이다.

블록은 각 블록내의 관측값들을 동질적으로 만들어 우연에 의한 오차(처리내 변동)의 크기를 감소시키기 위해 사용되는 추가요인이다. 즉, 무작위블록설계는 처리간의 차이(교수법에 따른 차이)를 보다 명확하게 규명하기 위해 사용된다.

일원배치 분산분석에서는 총변동을 처리간의 변동과 처리내 변동으로 나누었지만, 무작위블록설계를 이용한 이원배치 분산분석에서는 블록요인을 추가하여 블록에 따라 나타나는 차이를 파악함으로써 처리내 변동으로 나타나는 오차변동이 그만큼 줄어들게 되고 교수법에 따른 차이가 우연에 의한 차이보다 상대적으로 커지게 되어 교수법에 따른 평균성적의 차이를 보다 뚜렷하게 규명할 수 있다.

(2) 완전무작위설계

완전무작위설계는 실험단위의 특성에 따라 블록을 정하여 할당하는 무작위블록설계와는 달리 실험단위인 학생에 대한 두 실험요인의 할당을 무작위로 결정하는 실험설계방법을 말한다. 예를 들어서 학생의 시험성적이 교수법뿐만 아니라 교수에 따라 어떻게 달라지는가를 조사하고자 한다면 학생을 무작위로 교수와 교수법에 해당하는 처리에 할당함으로써 완전무작위설계가 가능하다.

다시 말하면 완전무작위설계에서는 실험단위가 두 요인의 각 조합에 무작위로 할당되는 설계이다. 즉, 학생이 교수법과 교수의 한 조합에 무작위로 할당되는 것이다.

무작위블록설계에서도 교수법 이외에 블록이라는 다른 요인이 추가되지만 이 경우 블록요인은 단지 교수법에 대한 가설검정을 보다 정확하게 하기 위한 것이므로 블록효과에 대한 가설검정은 할 필요가 없다. 하지만 완전무작위설계에서는 두 가지 요인인 교수법과 교수에 대한 효과 모두에 대해서 관심이 있기 때문에 두 요인 모두에 대하여 가설검정을 실시한다.

2.1 무작위블록설계

<예제 1>의 15명 학생을 평균학점에 따라 다음과 같이 5개 그룹으로 나누었다고 하자.

블록 1: 평균학점 3.5 이상,
블록 2: 평균학점 3.0 이상 평균학점 3.5 미만,
블록 3: 평균학점 2.5 이상 평균학점 3.0 미만,
블록 4: 평균학점 2.0 이상 평균학점 2.5 미만,
블록 5: 평균학점 2.0 미만.

각 블록에는 학점이 비슷한 3명의 학생이 할당되어 있다. 교수법과 학점수준에 따라 시험성적을 정리한 자료는 <표 12-9>와 같다.

표 12-9 교수법과 학점수준에 따른 성적

학점수준(블록)	교수법			평 균
	방법 1	방법 2	방법 3	
1	87	94	86	$\bar{X}_{1.}=89$
2	85	88	85	$\bar{X}_{2.}=86$
3	79	91	82	$\bar{X}_{3.}=84$
4	78	85	80	$\bar{X}_{4.}=81$
5	77	83	80	$\bar{X}_{5.}=80$
평 균	$\bar{X}_{.1}=81.2$	$\bar{X}_{.2}=88.2$	$\bar{X}_{.3}=82.6$	$\bar{X}=84$

(1) 이원배치 분산분석 모형

일원배치 분산분석에서와 마찬가지로 이원배치 분산분석 모형에서도 각 관측값은 X_{ij}로 나타낸다. 여기서 i는 블록 i(즉, i 수준의 평균학점)을 말하고 j는 교수법 j가 적용되었음을 말한다. 무작위블록설계의 모형은 다음과 같다.

$$X_{ij}=\mu+\beta_i+\tau_j+\varepsilon_{ij}$$

여기서 β_i : 블록 i의 효과

τ_j : 교수법 j의 효과

ε_{ij} : 무작위 오차

일반적으로 c개의 처리가 있고 r개의 블록이 있다면, 각 처리는 각 블록 내에 한번씩 적용되기 때문에 $N=rc$개의 관측값이 있을 것이다.

c개의 처리가 있고 r개의 블록이 있을 경우 다음과 같이 기호를 정의하자.

$\bar{X}_{i\cdot}=\dfrac{1}{c}\sum_{j=1}^{c}X_{ij}$: 블록 i의 표본평균

$\bar{X}_{\cdot j}=\dfrac{1}{r}\sum_{i=1}^{r}X_{ij}$: 교수법 j의 표본평균

$N=r\cdot c$: 관측값의 총수

$\bar{X}=\dfrac{1}{N}\sum_{i=1}^{r}\sum_{j=1}^{c}X_{ij}$: 모든 관측값의 총평균

(2) 이원배치 분산분석의 가설 설정

무작위블록설계를 이용한 분산분석에서 우리가 검정하고자 하는 것은 일원배치 분산분석에서와 마찬가지로 세 가지 교수법에 따라 평균성적에 차이가 있느냐 없느냐 하는 것이다. 세 교수법을 적용했을때의 시험성적의 모집단평균을 각각 μ_1, μ_2, μ_3로 하면 귀무가설과 대립가설은 다음과 같이 설정된다.

H_0 : $\mu_1=\mu_2=\mu_3$

H_1 : μ_1, μ_2, μ_3가 모두 같지는 않다.

즉, 가설은 일원배치 분산분석에서와 같다. 여기서도 각 교수법(처리)의 표본평균 $\overline{X}_{\cdot 1}$, $\overline{X}_{\cdot 2}$, $\overline{X}_{\cdot 3}$의 차이가 우연한 표본오차에 의한 것인지 아니면 실제 차이가 있어 발생한 것인지를 결정하여야 한다. 이것을 위해서 처리간 제곱합(SSB)과 처리내 제곱합(SSE)을 구하

여야 하는데 무작위블록설계를 이용한 분산분석에서는 블록효과에 의한 차이를 나타내는 블록간 제곱합(Sum of Squares due to Blocking Factors : $SSBL$)을 추가적으로 분리시킴으로써 처리내 제곱합을 그만큼 작게 만들 수 있다.

(3) 변동의 분해

총제곱합(SST)은 다음과 같이 분해된다.

$$\text{SST}=\text{SSB(교수법)}+\text{SSBL(블록)}+\text{SSE(오차)}$$

$$\sum_{i=1}^{r}\sum_{j=1}^{c}(X_{ij}-\bar{X})^2=r\sum_{j=1}^{c}(\bar{X}_{\cdot j}-\bar{X})^2+c\sum_{i=1}^{r}(\bar{X}_{i\cdot}-\bar{X})^2+\sum_{i=1}^{r}\sum_{j=1}^{c}(X_{ij}-\bar{X}_{i\cdot}-\bar{X}_{\cdot j}+\bar{X})^2$$

여기서 처리간 제곱합인 SSB(교수법)의 자유도는 $c-1$이고, 블록간 제곱합인 $SSBL$(블록)의 자유도는 $r-1$이다. 또한 처리내 제곱합인 SSE(오차)의 자유도는 $(c-1)(r-1)$이고, 총제곱합인 SST의 자유도는 $rc-1$이다. 이상을 분산분석표로 나타내면 <표 12-10>과 같다.

본 예제의 자료를 이용하여 계산한 결과[9]를 분산분석표로 나타내면 <표 12-11>과

표 12-10 무작위블록설계의 분산 분석표

변동원인	제곱합	자유도	제곱평균	F값
교수법	SSB(교수법)	$c-1$	MSB	$\frac{MSB\text{(교수법)}}{MSE}$
블 록	$SSBL$(블록)	$r-1$	$MSBL$	
잔차(오차)	SSE	$(c-1)\cdot(r-1)$	MSE	
합 계	SST	$N-1$		

9) SST와 SSB의 값은 일원배치 분산분석에서 구한 값과 같으며, 무작위블록설계에 의한 SSE의 값은 일원배치 분산분석의 SSE 값에서 $SSBL$의 값을 뺀 것임을 알 수 있다.

표 12-11 학생시험성적의 무작위블록설계에 의한 ANOVA 도표

변동원인	제곱합	자유도	제곱평균	F값
교수법	137.2	2	137.2/2=68.6	68.6/3.6=19.06
블 록	162	4	162/4=40.5	
잔차(오차)	28.8	8	28.8/8=3.6	
합 계	328	14		

같다. 검정 통계량 F값은 귀무가설이 참일 경우 분자자유도가 2이고 분모 자유도가 8인 F분포를 한다. 유의수준 $\alpha=0.01$로 하여 귀무가설을 검정하면 임계값은 $F_{0.01}(2, 8)=8.65$이다. 따라서 채택역과 기각역은 [그림 12-3]과 같다.

이 경우 계산된 F값이 19.06>8.65이므로 귀무가설 H_0를 유의수준 0.01에서 기각한다. 즉, 교수법에 따라 학생들의 평균성적이 유의수준 1%에서 차이가 있다는 주장을 받아들이게 된다.

일원배치 분산분석에서는 유의수준 $\alpha=0.05$에서 귀무가설 H_0를 간신히 기각할 수 있었으며, 만일 유의수준을 1%로 했다면 $F_{0.01}(2, 12)=6.93>4.31$이므로 계산된 F값은 채택역에 속하기 때문에 귀무가설 H_0를 기각하지 못하였을 것이다. 이것은 우연에 의한 오차인 처리내 변동이 처리간 변동에 비해서 너무 크게 나타났기 때문에 낮은 유의수준에

그림 12-3 분산분석의 F검정: 무작위블록설계의 경우

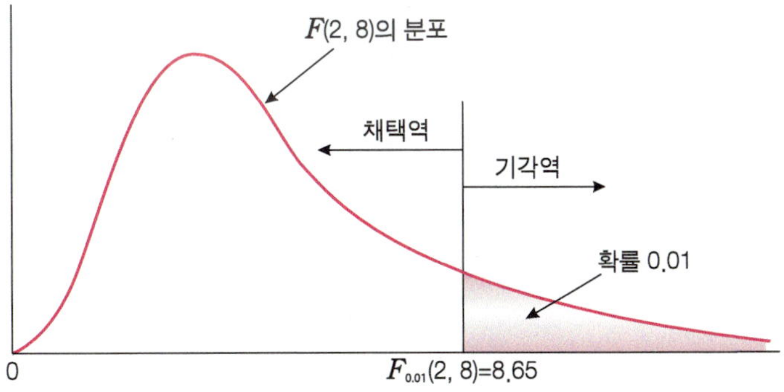

프로필분석(profile analysis)

프로필분석이란 이원배치 분산분석에서 무작위블록설계가 타당한 지의 여부를 검토할 수 있는 방법으로 특정 외생요인이 종속변수에 어느 정도의 영향을 미치는 지를 사전에 파악할 수 있도록 한다. 프로필분석에서는 각 블록의 프로필(profile)을 이차원 평면에 그래프로 나타내는데 블록간의 프로필이 대체로 평행하고 그 간격이 크다면 블록요인이 종속변수에 미치는 영향이 커 무작위블록설계가 실험설계법으로 타당하다고 볼 수 있다. 프로필분석을 구체적으로 설명하기 위해 〈표 12-9〉의 자료를 이용하여 프로필분석을 수행해보자. 여기서는 15명의 학생들을 평균학점에 따라 5개의 그룹(블록)으로 나누었는데, 각 블록에는 학점이 비슷한 3명의 학생들이 할당되어 있다. 즉, 블록 1에 속한 학생들이 평균학점이 가장 높고, 블록 5에 속한 학생들의 평균학점이 가장 낮은 것을 알 수 있다. 〈표 12-9〉의 자료를 이용하여 작성한 프로필그래프는 다음과 같다.

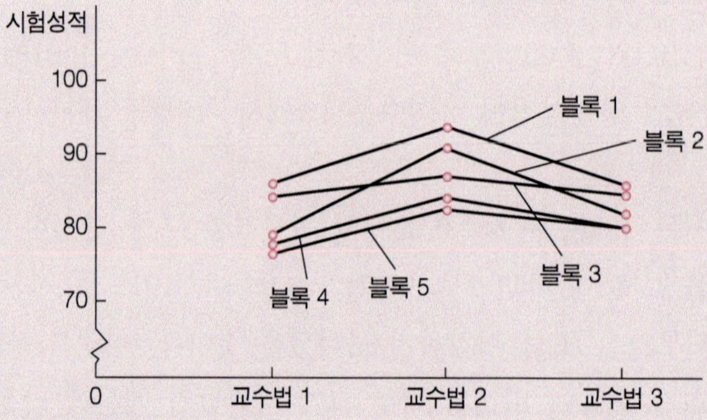

프로필그래프를 그릴 때에는 실험요인을 횡축에 표시하고, 종속변수는 종축에 표시한다. 그리고 블록별로 각 처리(이 문제에서는 교수법 1, 2, 3)를 적용했을 때의 종속변수 값을 점으로 표시하고 이를 선으로 연결하면 그것이 해당 블록의 프로필이 된다. 위의 프로필그래프를 보면 각 블록의 프로필이 대체로 평행하고(이 경우 블록 2와 블록 3의 프로필은 교차하는 특성을 보이지만 프로필의 형태는 대체로 흡사하다), 그 간격도 어느 정도 있으므로 블록요인이 종속변수에 어느 정도 영향을 미친다고 판단할 수 있으며, 이 경우 무작위블록설계를 이용하는 것은 적절하다고 볼 수 있다. 반면 프로필들의 형태가 크게 다르며 교차정도가 심할 경우에는 무작위블록설계는 그 타당성을 잃는다. 일반적으로 블록간의 프로필이 평행할수록, 그리고 그 간격이 크면 클수록 블록요인이 종속변수에 미치는 영향은 크다는 것을 의미하며, 이 경우 무작위블록설계는 적절한 실험설계법으로의 타당성을 갖게 된다.

서는 귀무가설을 기각할 수 없었던 것이다.

무작위블록설계에서는 우연에 의한 오차인 처리내 변동으로부터 블록에 의한 변동을 분리해 냄으로써 처리내 변동을 작게 만들기 때문에 일원배치분석보다 정확한 검정이 가능하다는 사실을 확인할 수 있다. 결국 무작위블록설계에서는 일원배치분산분석에서 보다 낮은 유의수준에서도 여유있게 귀무가설을 기각할 수 있었는데 이것은 학점 수준에 따른 차이를 파악함으로써 설명되지 않은 오차를 줄일 수 있었기 때문이다.

무작위블록설계를 이용한 분산분석에서는 블록효과에 대한 통계적 검정도 가능하다. 즉, F=MSBL/MSE 값을 검정통계량으로 하여 검정할 수 있다. 예를 들어서 본 예제에서는 F=MSBL/MSE의 값은 40.5/3.6= 11.25이고 $\alpha=0.01$에서 임계값은 $F_{0.01}(4, 8)=7.01$이므로 블록효과가 없다는 귀무가설은 기각된다. 즉, 학생의 학점수준에 따라 평균성적에 차이가 있다는 사실을 유의수준 1%에서 받아들인다는 것이다.

그러나 이러한 검정은 무작위블록설계에 의한 분산분석의 목적이 아니므로 관심의 대상이 되지 않고 있다. 즉, 우리는 이 실험에서 학생의 시험성적이 교수법에 따라 차이가 있는지를 밝히는데 관심이 있는 것이고 이것을 좀더 정확하게 검정하기 위해서 학생들의 평균학점 수준을 고려한 블록을 도입한 것이지 학생들의 평균학점 수준에 따라 시험성적이 차이가 나는지를 검정하는 것은 관심의 대상이 아니라는 것이다. 따라서 이 실험에서 우리는 학생들의 평균학점 수준에 따라 시험성적에 차이가 발생한다는 이미 알고 있는 사실을 통하여 우리로 하여금 학생들의 평균학점을 블록요인으로 선정하도록 하였고, 이것은 검정이 필요없는 우리가 이미 알고 있는 사실로 고려될 수 있다는 것이다.

2.2 완전무작위설계

완전무작위설계에 의한 이원배치 분산분석을 설명하기 위하여 다음과 같은 예를 고려하여 보자.

어느 회사의 마케팅 분석가는 자사 제품에 대한 선호도를 파악하기 위하여 소비자 15명을 대상으로 제품에 대한 선호도를 조사하였다. 여기서 조사한 선호 점수는 100점 만점으로 1점이 선호도가 가장 낮은 상태이며 100점은 선호도가 가장 높은 상태를 의미한다. 여기서 마케팅 분석가가 알고 싶은 효과는 ① 지역별로 제품 선호도에 차이가 있는지의 여부와 ② 연령에 따라 제품 선호도에 차이가 있는지의 여부이다. 제품 선호도에 대한 자료는 <표 12-12>에 나타나 있다. 이 경우 완전무작위설계는 실험단위(소비자)가

표 12-12 지역과 연령에 따른 선호점수

연령층	지역		
	서울	부산	광주
10대	87	94	86
20대	85	88	85
30대	79	91	82
40대	78	85	80
50대	77	83	80

지역과 연령의 특정 조합에 무작위로 할당되는 실험설계를 의미한다.

완전무작위설계 분산분석모형에서는 일반적으로 다음과 같은 두 가지 가설을 검정한다.

귀무가설 1 : 지역에 따라 평균 선호점수에 차이가 없다.

귀무가설 2 : 연령에 따라 평균 선호점수에 차이가 없다.

귀무가설 1에 대한 검정 통계량은 $F=MSB$(지역)$/MSE$이고 귀무가설 2에 대한 검정 통계량은 $F=MSB$(연령)$/MSE$이다. 여기서 MSB(지역)는 지역에 대한 제곱평균이고 MSB(연령)는 연령에 대한 제곱평균으로 정의한다. 완전무작위설계에 의한 분산분석표를 만들면 <표 12-13>과 같이 될 것이다.

두 가설검정에 대한 유의수준을 $\alpha=0.01$로 하면 [그림 12-4]에서 보는 바와 같이 지역에 대한 가설검정의 임계값은 $F_{0.01}(2,\ 8)=8.65$이고 검정통계량값 $F=19.06$이므로 지역에

표 12-13 소비자 선호점수의 완전무작위설계에 의한 분산분석표

변동원인	제곱합	자유도	제곱평균	F값
지 역	137.2	2	68.6	19.06
연 령	162	4	40.5	11.25
잔차(오차)	28.8	8	3.6	
합 계	328	14		

그림 12-4 분산분석의 *F*검정: 첫 번째 요인(지역)

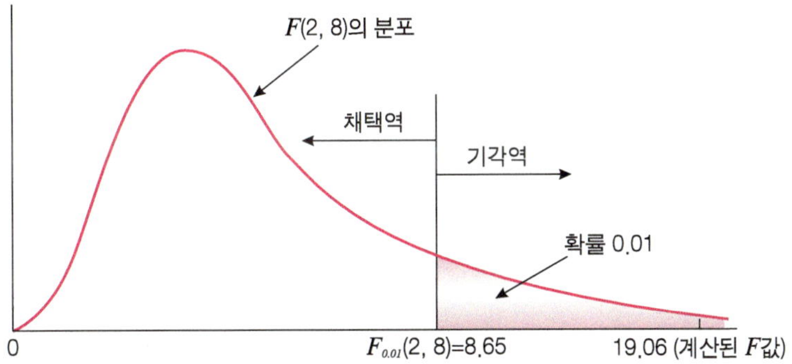

따라 평균 선호점수에 차이가 없다는 귀무가설은 기각된다. 또한 [그림 12-5]에서 보는 바와 같이 두 번째 요인인 연령에 대한 가설검정의 임계값은 $F_{0.01}(4,\ 8)=7.01$이고 이에 대한 검정통계량값은 $F=11.25$이므로 연령에 따라 평균 선호점수에 차이가 없다는 귀무가설도 유의수준 1%에서 기각된다.

여기서 완전무작위설계는 무작위블록설계와 개념적으로 차이가 있음을 인식하여야 할 것이다. 즉, 무작위블록설계에서는 하나의 실험요인이 종속변수에 영향을 미치는지의 여부를 판단하는 것이고, 완전무작위설계에서는 우리가 고려하는 두 개의 실험요인 각각이 종속변수에 영향을 미치는지의 여부를 판단한다.

그림 12-5 분산분석의 F검정: 두 번째 요인(연령)

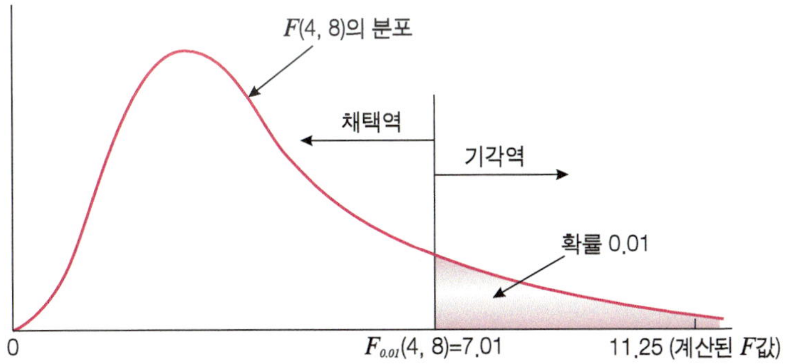

2.3 상호작용을 갖는 이원배치 분산분석

앞에서 설명한 이원배치 분산분석모형에서 우리는 실험요인의 효과가 가법적(additive)이라는 중요한 가정을 하고 있음을 알아야 한다. 즉, 요인 A의 효과는 요인 B의 수준에 관계없이 일정한 양만큼 증가하거나 감소한다는 것이다. 예를 들어, 한 교수의 특성이 교수법에 관계없이 일정한 양만큼 학생 점수를 증가시킬 것이라고 가정한다면 그 교수의 효과는 가법적인 것이다. 하지만 이와 같은 가정이 항상 성립하는 것은 아니다. 즉, 두 실험요인간에 상호작용(interaction)이 있을지도 모른다는 것이다.

만일 한 교수의 특성이 첫 번째 교수법에서는 별로 큰 효과를 내지 못하지만 두 번째 교수법에서는 큰 효과를 낸다면 교수의 강의효과는 교수법에 따라 달라지기 때문에 교수와 교수법사이에는 상호작용이 있는 것으로 고려하여야 하며, 이 경우 교수에 따른 학생의 평균점수는 교수법에 따라 다르게 나타날 것이다.

일반적으로 두 요인간의 상호작용을 조사하기 위해서는 교수와 교수법의 조합에 할당되는 반복수(관측값의 수)가 2이상이어야 하는 것이 중요한 조건이다. 이와 같이 두 요인의 조합에 할당되는 반복수가 2이상일 경우의 이원배치 분산분석을 반복있는 이원배치 분산분석이라 하고 반복수가 1인 경우에는 반복없는 이원배치 분산분석이라고 한다. 반복없는 이원배치 분산분석에서는 두 요인간의 상호작용효과를 검정할 수 없다.

표 12-14 교수방법과 교수에 따른 시험성적: 상호작용 모형

교 수	교수법		
	1	2	3
1	52 76	60 78	98 94
2	86 80	58 56	60 70
3	56 66	58 24	72 74
4	30 34	32 34	34 24

예제 2 4명의 교수가 앞의 예에서와 같은 세 가지 교수법으로 강의하는 경우를 고려해 보자. 이 경우 교수와 교수법 두 요인으로 이루어진 12개의 조합에 무작위로 2명씩 실험단위를 할당하여 시험성적을 조사하여 정리된 자료는 〈표 12-14〉와 같다. 이러한 자료를 기초로 교수효과, 교수법효과, 교수와 교수법의 상호작용효과가 있는지 유의수준 $\alpha = 0.05$로 검정해 보자.

각 모집단으로부터 표본을 2개씩 추출하였으므로 각 관측값은 X_{ijk}로 표현할 수 있다. 여기서 i는 i번째 교수를 나타내며($i=1, 2, 3, 4$), j는 j번째 교수법을 나타내고($j=1, 2, 3$), k는 개별 관측값의 번호를 나타낸다($k=1, 2$). 예를 들어서 X_{312}는 3번째 교수의 첫 번째 교수법에 대한 두 번째 관측값을 말한다. 이 경우 $X_{312}=66$이다.

일반적으로 요인 B는 r개($i=1, 2, \cdots$ r), 요인 A는 c개($j=1, 2, \cdots, c$), 반복수는 m개($k=1, 2, \cdots, m$) 있다고 가정하면 다음과 같은 기호를 정의할 수 있다.

$$\bar{X}_{ij\cdot} = \frac{1}{m}\sum_{k=1}^{m} X_{ijk} \text{ : } ij\text{에서의 표본평균}$$

$$\bar{X}_{i\cdots} = \frac{1}{cm}\sum_{j=1}^{c}\sum_{k=1}^{m} X_{ijk} \text{ : } i\text{행의 표본평균}$$

$$\bar{X}_{\cdot j\cdot} = \frac{1}{rm}\sum_{i=1}^{r}\sum_{k=1}^{m} X_{ijk} \text{ : } j\text{열의 표본평균}$$

$$\bar{X} = \frac{1}{rcm}\sum_{i=1}^{r}\sum_{j=1}^{c}\sum_{k=1}^{m} X_{ijk} \text{ : 모든 관측값의 평균}$$

$$N = r \cdot c \cdot \mu \text{ : 관측값의 총수}$$

상호작용을 갖는 이원배치 분산분석에 대한 통계적 모형은 다음과 같다.

$$X_{ij}k = \mu + \beta_i + \alpha_j + (\alpha\beta)_{ij} + \varepsilon_{ijk}$$

β_i : 요인 B의 효과
α_j : 요인 A의 효과
$(\alpha\beta)_{ij}$: 요인 A와 요인 B의 상호작용 효과
ε_{ijk} : 무작위 오차

상호작용을 갖는 이원배치 분산분석에서 검정하고자 하는 가설은 일반적으로 세 가지이다. 즉, 요인 A의

효과도 없고, 요인 B의 효과도 없고, 요인 A와 요인 B의 상호작용 효과[10)]도 없다는 가설이다.

가설 1 $H_0: \alpha_j = 0$

$H_1: \alpha_j$가 모두 0은 아니다

가설 2 $H_0: \beta_i = 0$

$H_1: \beta_i$가 모두 0은 아니다

가설 3 $H_0: (\alpha\beta)_{ij} = 0$

$H_1: (\alpha\beta)_{ij}$가 모두 0은 아니다

이상의 가설을 검정하기 위해서는 일원배치 분산분석의 경우와 마찬가지로 총변동을 요인 A에 의한 변동, 요인 B에 의한 변동, 요인 A와 B의 상호작용에 의한 변동 그리고 나머지 설명되지 않는 오차에 의한 변동으로 분해하여야 한다. 이것을 기호로 표시하면 총제곱합을 나타내는 SST를 요인 A의 제곱합인 $SSB(A)$, 요인 B의 제곱합인 $SSB(B)$, 요인 AB의 제곱합인 $SSB(AB)$ 및 오차에 의한 제곱합인 SSE로 나누는 것이다.
따라서 총변동(SST)은 다음과 같은 변동으로 분해할 수 있다.

$$SST = SSB(A) + SSB(B) + SSB(AB) + SSE$$

$$\sum_{i=1}^{r}\sum_{j=1}^{c}\sum_{k=1}^{m}(X_{ijk} - \bar{X})^2 = rm\sum_{j=1}^{c}(\bar{X}_{\cdot j\cdot} - \bar{X})^2 + cm\sum_{i=1}^{r}(\bar{X}_{i\cdot\cdot} - \bar{X})^2$$
$$+ m\sum_{i=1}^{r}\sum_{j=1}^{c}(\bar{X}_{ij\cdot} - \bar{X}_{i\cdot\cdot} - \bar{X}_{\cdot j\cdot} + \bar{X})^2$$
$$+ \sum_{i=1}^{r}\sum_{j=1}^{c}\sum_{k=1}^{m}(X_{ijk} - \bar{X}_{ij\cdot})^2$$

요인 A의 제곱합인 $SSB(A)$의 자유도는 $(c-1)$이고 요인 B의 제곱합인 $SSB(B)$의 자유도는 $(r-1)$이고, 상호작용을 나타내는 요인 AB의 제곱합인 $SSB(AB)$의 자유도는 $(c-1)(r-1)$이다. 그리고 오차에 대한 제곱합인 SSE의 자유도는 $rc(m-1)$이다. 따라서 총제곱합인 SST의 자유도는 이들 자유도의 총합인$(rcm-1)$이다. 이상을 분산분석표로 정리하면 <표 12-15>와 같다. 그리고 예를 든 문제를 이용하여 계산한 결과를 분산분석표로 나타내면 <표 12-16>과 같다.

10) 요인 A와 요인 B의 상호작용효과를 간단하게 AB효과라고 표시한다.

표 12-15 상호작용을 갖는 이원배치 분산분석표

변동원인	제곱합	자유도	제곱평균	F값
A	$SSB(A)$	$c-1$	$MSB(A)$	$\frac{MSB(A)}{MSE}$
B	$SSB(B)$	$r-1$	$MSB(B)$	$\frac{MSB(B)}{MSE}$
AB	$SSB(AB)$	$(c-1)(r-1)$	$MSB(AB)$	$\frac{MSB(AB)}{MSE}$
잔차(오차)	SSE	$rc(m-1)$	MSE	
합 계	SST	$rcm-1$		

표 12-16 학생 시험성적에 대한 분산분석표

변동원인	제곱합	자유도	제곱평균	F값
교수법	1,016.33	2	508.165	5.0
교 수	6,916.50	3	2,305.5	22.71
교수법×교수	1,941	6	323.5	3.19
잔차(오차)	1,218	12	101.5	
합 계	11,091.83	23		

상호작용을 갖는 이원배치 분산분석모형에서는 상호작용효과(interaction effect)에 대한 가설검정을 우선적으로 고려하여야 한다. 만일 상호작용효과가 존재한다면 세 번째 가설에 대한 귀무가설은 기각된다는 의미이며(즉, H_0 : $(\alpha\beta)_{ij}=0$을 기각), 이 경우 두 가지 요인인 교수법과 교수에 대한 가설검정은 의미가 없어진다. 왜냐하면 두 요인 각각의 효과는 상호작용효과에 의해 정의될 수 없기 때문이다.[11] 다시 말하면 상호작용효과가 존재

11) 교수법의 효과는 모든 교수들에게 적용되는 교수법에 따른 일정한 평균점수차이라고 말할 수 있다. 하지만 교수 개인별 특성에 따라 교수법의 효과가 다르게 나타난다면 교수법의 효과는 정의할 수 없게 된다.

한다면 교수법의 효과는 교수에 따라 일관성없이 나타나기 때문에 특정 교수에 대해서 개별적으로 교수법의 효과를 검정하는 것이 바람직하다.

하지만 교수법과 교수 각각의 효과에 대한 검정을 실시한다해도 그것이 잘못된 것은 아니다. 단지 상호작용에 의해서 각 요인의 효과가 제대로 나타나지 않음에 유의하여 검정의 결과를 해석하여야 한다. 만일 상호작용효과가 없다면, 두 요인 각각의 효과에 대한 가설 H_0 : $\alpha_j=0$과 H_0 : $\beta_i=0$은 앞에서 언급한 F검정법을 이용하여 실시할 수 있다.

본 예제에서의 가설을 유의수준 5%에서 검정하여 나온 결과를 요약하면 다음과 같다.

귀무가설 (H_0)	$(\alpha\beta)_{ij}=0$	$\alpha_j=0$	$\beta_i=0$
임계값	$F_{0.05}(6,12)=3.00$	$F_{0.05}(2,12)=3.89$	$F_{0.05}(3,12)=3.49$
검정통계량	3.19	5.00	22.71
통계적 결정	H_0를 기각	H_0를 기각	H_0를 기각

위 결과를 보면 상호작용효과에 대한 검정통계량 F값이 임계값보다 크므로 상호작용효과가 없다는 귀무가설을 유의수준 5%에서 기각하고 상호작용효과가 존재한다는 통계적 결정을 내리게 된다. 상호작용효과가 존재하므로 다른 두 요인에 대한 가설검정은 할 필요가 없지만 본 예에서는 단지 그 형태를 알아보기 위하여 검정을 실시하였으며, 이 경우 두 요인의 효과도 상당히 있음을 알 수 있다. 즉 이 경우는 상호작용의 존재가 다른 두 요인의 효과를 해석하는데 영향을 주지 않는 경우이다.

그러나 상호작용효과가 존재한다는 것은 모든 교수에 대해서 똑같이 적용되는 가장 좋은 교수법이 없다는 것을 나타낸다. <표 12-14>의 자료를 살펴보면 첫 번째 교수에 대해서는 세 번째 교수법이 가장 좋고, 두 번째 교수에 대해서는 첫 번째 교수법이 가장 좋았으며, 세 번째 교수에 대해서는 세 번째 교수법이 가장 좋고, 네 번째 교수에 대해서는 두 번째 교수법이 가장 좋은 일관성이 없는 결과가 나타났음을 확인할 수 있다.

이와 같이 상호작용이 존재하는 경우에는 특정요인의 효과가 있느냐 없느냐를 검정하는 것보다는 한 요인의 특정수준에 대하여 다른 요인의 효과를 고려하는 것이 바람직한 분석방법이다. 본 예의 경우에는 교수법이 성적에 주는 효과가 있느냐 없느냐를 조사하는 것보다는 특정 교수에 대해서 교수법의 효과가 어떻게 다른가를 분석하는 것이 바람직하다는 뜻이다.

연습문제

1. 경영학과의 어느 교수가 세 가지 형태의 시험문제(OX형, 단답형, 서술형)를 학생들에게 무작위로 나누어 시험을 실시하였는데, 다음과 같은 성적이 나왔다.

시 험		
OX형	단답형	서술형
75	72	64
90	78	78
70	94	70
80	82	90
85	78	96
60	–	60

유의수준 $\alpha = 0.05$로 세 가지 형태의 시험문제가 같은 정도의 난이도로 출제되었는지를 검정하라.

2. 강남백화점에서는 수영복을 기획상품으로 개발하였는데 디자인을 A, B, C 세 가지로 하였다. 다음 표는 디자인에 따른 1일 매출고를 나타내는데 디자인의 차이에 따라 매출고에 차이가 나는지를 유의수준 $\alpha = 0.05$로 검정하라.

디자인		
A	B	C
32	17	22
30	19	24
31	16	25
28	15	20
26	13	16
24	17	19

3. 금강산업(주)의 회장은 세 가지 산업분야의 9가지 투자대안을 평가하기 위하여 기획실장에게 각 투자의 기대수익과 위험수준을 구하도록 지시하였다. 각 투자의 기대수익 대 위험수준(기대수익/위험수준)의 비율이 다음 표와 같이 주어졌을 때 산업간 기대수익 대 위험수준의 평균 비율이 같다고 할 수 있는가? 유의수준을 0.05로 하여 검정하라.

산업 A	산업 B	산업 C
0.5	0.3	0.7
0.6	0.4	0.8
	0.6	1.1
		1.2

4. L화학(주)는 연성 세제의 신제품을 도입하고자 한다. 과거의 예로 보아 포장을 어떻게 하느냐에 따라 판매에 상당한 차이가 있을 것으로 생각되어 세 가지 다른 포장을 개발하여 시험 판매하였다. 또한 지역에 따라 판매에 차이가 있을 것으로 판단이 되어 지역을 블록요인으로 하여 자료를 수집하였다. 자료는 각 지역의 1일간의 판매량을 나타낸다.

지 역	포 장		
	A	B	C
강서구	64	67	72
강남구	79	78	89
강동구	61	76	79
강북구	53	61	65

유의수준 $\alpha = 0.05$로 포장에 따라 차이가 나는지를 검정하라.

5. 강남패션 주식회사는 생산·판매하고 있는 면 셔츠의 색상이 변질되는 문제로 고심을 하고 있다. 변질되는 것은 주로 어떤 염료를 쓰느냐에 따라 달라지지만 어떤 세제를 사용하느냐에 따라서도 달라진다. 어떤 염료를 쓰는 것이 좋은 가를 결정하기 위해서 세제를 블록요인으로 하여 네 가지 염료에 대한 변질되는 빨래횟수를 조사하였다.

세 제	염 료			
	1	2	3	4
1	16	9	25	20
2	44	38	54	53
3	40	32	43	45

유의수준 $\alpha = 0.05$로 염료에 따라 색상의 변질에 차이가 있는지를 검정하라.

6. 어느 제조회사에서는 특정 제품에 대하여 4대의 기계를 사용하여 생산하고 있다. 각 기계는 같은 기능을 수행하지만 고장 횟수 등 성능상 약간의 차이를 나타내고 있다. 자료를 수집함에 있어서 작업자를 블록요인[1)]으로 사용하였는데 다음 자료는 하루에 생산된 생산량을 나타낸다.

작업자	기 계			
	A	*B*	*C*	*D*
1	93	108	123	133
2	98	153	143	163
3	80	123	150	168
4	88	158	165	145
5	60	143	140	130

기계에 따라 생산량에 차이가 있는지를 유의수준 $\alpha = 0.01$로 검정하라.

7. S물산 주식회사는 업무용으로 많은 회사차를 소유하고 있다. 회사차는 네 가지 종류(C_1, C_2, C_3, C_4)가 있는데 회사내의 5개 부서로 나누어져 사용하고 있다. 최근 이 회사의 총무부장은 5개 부서에서 사용되고 있는 네 가지의 종류의 차에 대해서 연료 1l당 주행거리 (km)를 구하였는데 다음 표와 같이 나타났다.

부 서	차 종			
	C_1	C_2	C_3	C_4
기획실	14	15	10	13
기술부	11	13	12	11
판매부	12	12	11	12
경리부	11	16	10	15
생산부	11	12	12	13

① 네 가지 차종의 연료당 평균 주행거리가 같음을 검정하라.

② 5개 부서의 연료당 평균 주행거리가 같음을 검정하라.

② (단, 유의수준은 0.01로 하라)

1) 한 작업자가 모든 처리수준을 거치면서(여기서는 모든 기계) 반응변수를 관측하는 형태의 실험설계를 반복측정 실험설계(repeated measure design)라고 한다.

8. 기획재경부에서는 지난 10년간 5년 간격으로 우리 나라 재벌기업 세 개를 선정하여 연도별 부채비율(부채 대 자산의 비율)을 구하여 다음 표와 같이 나타내었다.

(단위 : %)

재벌기업	연 도		
	2000	2005	2010
A	50	40	45
B	48	39	45
C	52	44	48

① 부채비율이 재벌 기업간에 다른 것인지를 검정하라.

② 부채비율이 연도별로 다른 것인지를 검정하라.(단, 유의수준은 $\alpha=0.05$로 하라)

9. 2대의 기계로 전자부품을 생산하는 어느 제조업체에서는 3교대로 24시간 가동을 하는데 기계와 교대조에 따라 생산량이 다르게 나타나는 지를 알아보기 위하여 3일 간의 생산량을 조사하였더니 다음과 같은 결과가 나타났다.

기 계	교대조		
	1	2	3
1	12 11 12	9 10 9	7 9 8
2	11 10 10	7 8 6	14 12 14

유의수준을 5%로 기계효과, 교대조효과 및 상호작용효과가 있는지를 검정하라.

10. 농업시험소에서는 시중에서 판매되고 있는 세 가지 종류의 비료가 세 가지 수준의 지역적으로 다른 농지의 벼 수확량에 미치는 효과를 알아보고자 다음 자료를 수집하였다. 실험은 각 지역으로부터 같은 크기의 농지를 선택하여 각 농토의 수확량(kg)을 구하는 것이었다. 실험의 결과 다음 자료를 수집하였다.

농 지	비 료		
	1	2	3
1	6 8	3 5	7 4
2	5 6	7 6	6 8
3	9 10	7 8	6 5

유의수준을 1%로 하여 비료효과, 농지효과, 상호작용효과에 대해서 검정하라.

11. 감자를 재배하는데 사용되는 세 가지 비료의 효과를 비교하는 실험을 하고자 한다. 연구자는 감자의 산출량에는 비료의 종류뿐만 아니라 토지의 비옥도(블록요인)도 영향을 미친다고 생각하여 무작위 블록설계를 선택하였다. 즉, 감자 재배지역을 비옥도에 따라 세등분(비옥, 보통, 척박)하고 각 등급의 땅을 다시 세등분하여 각 부분에 세 가지 비료 A, B, C를 투여하였다. 이러한 실험의 결과 (감자의 산출량; kg)는 다음과 같다.

비료 \ 토지비옥도	A	B	C	평균
비 옥	63	68	52	61
보 통	56	62	44	54
척 박	46	50	36	44
평 균	55	60	44	53

① 다음의 무작위 블록실험설계에 대한 분산분석표를 완성하라.

〈무작위 블록실험설계 분산분석표〉

변동원인	제곱합	자유도	제곱평균	F값
블 록				
처 리	402	2		
잔차(오차)				
합 계	844	8		

② 비료에 따라 감자 산출량에 차이가 있는지를 다음 각각의 실험설계법에 따라 유의수준 10%로 검정하라(①의 분산분석표를 이용하라).

ⓐ 일원배치 무작위 실험설계법

ⓑ 일원배치 무작위 블록실험설계법

12. 일원배치 분산분석을 통해 실험요인이 종속변수에 영향을 미치는 지를 판단하고자 한다. 다음 네 가지 상황 각각에 대해 어떠한 결론(① 영향을 미침, ② 영향을 미치지 않음, ③ 보다 구체적 분석이 필요함)을 내릴 수 있겠는가?

상 황	처리간 제곱평균	처리내 제곱평균
1	작 다	작 다
2	작 다	크 다
3	크 다	작 다
4	크 다	크 다

13. 서울, 부산, 대구 세 도시에서 판매되는 배추가격이 서로 동일한지를 비교하기 위해 각 도시에서 네 곳의 야채소매상을 무작위로 추출하여 배추 한 포기당 판매가격을 조사한 결과가 다음과 같다.

서 울	부 산	대 구
590	580	540
630	610	590
650	640	550
610	630	580
$\bar{X}_1=620$	$\bar{X}_2=615$	$\bar{X}_3=565$

① 다음의 일원배치 분산분석표를 완성하라.

변동원인	제곱합	자유도	제곱평균	F값
처 리 잔차(오차)				
합 계	13200			

② 세 도시의 평균배추값이 동일한가(H_0 : $\mu_1=\mu_2=\mu_3$)를 유의수준 10%에서 검정하라.

14. 제품의 포장유형에 따라 제품의 판매량에 차이가 있는지를 알아보기 위해 세 가지 유형의 포장을 한 제품들을 4곳의 대형 수퍼마켓에 3주간 할당하여 판매량을 조사한 뒤 일일평균판매량을 다음과 같이 계산하였다. 그러나 실험자는 4곳의 수퍼마켓의 입지조건이 달라 수퍼마켓에 따라서도 판매량에 차이가 있을 것으로 판단하고, 수퍼마켓을 블록요인으로하여 분산분석을 하고자 한다. 다음 자료를 보고 질문에 답하시오.

블록 \ 처리	포장 1	포장 2	포장 3	블록평균
수퍼마켓 1	17	34	23	24.67
수퍼마켓 2	15	26	21	20.67
수퍼마켓 3	1	23	8	10.67
수퍼마켓 4	6	22	16	14.67
처리 평균	9.75	26.25	17	17.67

SST(총변동)=940.67

SSB(처리에 의한 변동)=547.17

$SSBL$(블록요인에 의한 변동)=348

① 무작위 블록실험설계를 가정하고 제품의 포장유형에 따라 제품 판매량에 차이가 있는지를 유의수준 5%로 검정하라.

② 일원배치 완전무작위 실험설계를 가정하여 동일한 유의수준에서 분산분석을 수행하라.

15. 서강 화장품(주)는 새로 개발한 남성용 향수의 판매를 촉진시키기 위해 세 가지 판촉방법(가격할인, 샘플증정, 기념품증정) 중 하나를 선택하고자 한다. 서강 화장품(주)의 마케팅 부서에서는 어떠한 판촉방법이 가장 효과적인지를 파악하기 위해 네 가지 유형의 점포에 시험적으로 이 제품을 소개하여 한달간의 매출액을 조사하였다. 조사결과는 다음 표와 같다.

남성용 향수의 월 매출액

(단위: 백만원)

블록 \ 처리	가격할인	샘플증정	기념품증정	평균($\bar{X}_{i\cdot}$)
백화점	20	17	14	$\bar{X}_{1\cdot}=17$
할인점	18	14	10	$\bar{X}_{2\cdot}=14$
전문점	15	11	7	$\bar{X}_{3\cdot}=11$
재래시장	11	8	5	$\bar{X}_{4\cdot}=8$
평균($\bar{X}_{\cdot j}$)	$\bar{X}_{\cdot 1}=16$	$\bar{X}_{\cdot 2}=12.5$	$\bar{X}_{\cdot 3}=9$	$\bar{X}=12.5$

① 일원배치 완전무작위 실험설계법에 의해 판촉방법에 따라 월평균 매출액에 차이가 있는지를 검정하기 위한 분산분석표는 다음과 같다. 빈 칸을 채우고 5% 유의수준으로 분산분석을 수행하라.

변동원인	제곱합	자유도	제곱평균	F값
처 리	98	②	④	⑥
잔차(오차)	①	③	⑤	
합 계	235	11		

② 점포 유형이 블록요인으로 타당한지 프로필분석을 수행하라.

③ 점포유형을 블록요인으로하여 무작위 블록 실험설계법에 의해 판촉방법에 따라 월 매출액에 차이가 있는지를 ①번과 동일한 유의수준(5%)으로 검정하라(힌트: $SSBL$(블록요인에 의한 변동)=135).

16. 재산세를 정확히 청구하기 위해서는 관할 구역에 있는 모든 주택들의 시장가격을 주기적으로 정확히 검토할 필요가 있다. 주택에 대한 시장가격의 결정은 이상적으로는 완전한 객관성이 요구되지만 현실적으로는 평가하는 사람에 따라 조금씩 시장가격의 산정결과는 다를 수 있다. 아래의 자료는 어느 주택가에 위치한 5개의 주택을 표본으로 하여 4명의 평가관이 각 주택의 시장가격을 평가한 결과이다. 이 문제에서는 과연 평가관에 따라 주택 시장가격의 평균이 다르다고 할 만한 증거가 있는지를 판단하고자 한다. 이를 위해 다음의 분석을 유의수준 5%로 각각 수행하라.

주택시세 평가액

(단위:만원)

주택 \ 평가관	평가관 1	평가관 2	평가관 3	평가관 4
주택 1	101,900	101,944	100,967	100,175
주택 2	72,744	76,893	73,206	74,820
주택 3	132,217	136,232	131,935	132,889
주택 4	211,213	213,941	212,735	213,796
주택 5	50,232	52,783	47,909	54,428

① 일원배치 분산분석을 수행하라.

② 무작위 블록 실험설계를 이용하여 이원배치 분산분석을 수행하라.

③ ①과 ②중 어떠한 분석이 타당한 가를 밝히고 그 이유를 기술하라.

17. 기룡산업㈜의 최고경영자는 세 가지 산업분야의 12가지 투자대안을 평가하기 위하여 기획실장에게 각 투자안의 기대수익과 위험수준을 구하도록 지시하였다. 각 투자안의 기대수익 대비 위험수준의 비율(기대수익/위험수준)은 다음과 같다.

산업 A	산업 B	산업 C
0.4	0.3	0.5
0.6	0.4	0.8
0.7	0.6	1.1
	0.7	1.2
		1.2

산업별로 위험수준 대비 기대이익의 평균비율이 차이가 있는지를 판단하기 위해 5% 유의수준으로 분산분석을 수행하였고 이에 대한 결과(엑셀 output)는 다음과 같다.

분산 분석:일원 배치법

요약표

인자의 수준	관측수	합	평균	분산
산업 A	3	1.7	0.566667	0.023333
산업 B	4	2	0.5	0.033333
산업 C	5	4.8	0.96	0.093

분산 분석

변동의 요인	제곱합	자유도	제곱 평균	F 비	P-값	F 기각치
처리	0.5505	?	0.27525	4.776189	0.038574	4.256492
잔차	0.518667	?	0.05763			
계	1.069167	11				

① 분산분석표에서 처리와 잔차에 대한 자유도는 각각 무엇인가?

② 위 분산분석표를 보고 산업에 따라 기대수익 대비 위험수준의 평균비율이 다른지의 여부를 5% 유의수준으로 판단하라. 근거를 제시하라.)

③ 유의수준이 1%일 경우 ②의 결과는 달라지는가?(근거를 제시하라.)

제13장 단순회귀분석

어떠한 의사결정을 내리기 위해서는 예측을 필요로 하는 경우가 있다. 예를 들면 예산을 편성하기 위해서는 수익을 예측해야 하고, 발전소를 얼마나 많이 지어야 하는가를 알기 위해서는 전력수요를 예측해야 한다. 만일 예측하고자 하는 변수(위에서 예로 든 수익이나 전력수요)와 예측에 도움이 될 수 있는, 즉, 예측하고자 하는 변수의 변화를 설명해 줄 수 있는 다른 어떤 변수 사이의 관계를 모형화할 수 있다면 예측은 가능할 것이다.

이 장에서는 두 변수 사이의 관계를 파악하고 평가하는 통계적 기법을 소개하고자 한다. 두 개 이상의 변수 사이에 존재하는 통계적 관계를 분석하는 기법에는 회귀분석(regression analysis)과 상관분석(correlation analysis)이 있다.

회귀분석이란 두 가지 변수 사이에 존재하는 함수관계를 나타내는 회귀방정식(regression equation)을 유도하여 한 변수의 값이 주어지면, 다른 변수의 값을 예측할 수 있도록 하는 통계적 분석기법이다. 예측하고자 하는 변수를 종속변수(dependent variable) 또는 반응변수(response variable)라 하고, 종속변수의 변화를 설명해 주는 변수를 독립변수(independent variable) 또는 설명변수(explanatory variable)라고 한다. 예를 들어서 전력수요와 국민총생산(GNP) 사이에 어떠한 함수관계가 존재하여 국민총생산값을 이용하여 전력수요를 예측하고자 한다면 국민총생산은 독립변수 또는 설명변수가 되며 이 두 변수 사이의 관계를 나타내는 회귀방정식을 이용하여 종속변수 또는 반응변수인 전력수요를 예측할 수 있을 것이다.

이와 같이 회귀분석은 회귀방정식을 이용하여 두 변수 사이의 함수관계를 파악하고 이를 통해 종속변수의 값을 예측하는 목적 이외에도 수집한 자료로부터 얻은 종속변수와 독립변수의 관계를 측정하는 것을 포함하고 있다. 즉, 회귀방정식을 이용하여 예측할 경우 발생할지도 모르는 오차를 측정함으로써 회귀방정식으로 추정한 두 변수 사이의 관계가 어느 정도인지를 분석할 수 있다.

회귀분석은 독립변수의 수에 따라 두 가지로 나누어진다. 종속변수의 변화를 설명해 주는 독립변수가 하나일 경우를 단순회귀분석(simple regression analysis)이라 하고 독립변수가 두 가지 이상일 경우는 다중회귀분석(multiple regression analysis)이라고 한다. 본 장에서는 단순회귀분석에 대해 다루게 되며, 다중회귀분석은 제14장에서 다루도록 한다.

상관분석은 회귀분석에서 파생된 것으로 두 변수 사이의 관계에 대한 정도를 측정하는 것이 주요 목적이라 할 수 있다. 즉, 두 변수가 얼마나 밀접하게 관련되어 있는가 하는 정도를 분석한다.

01 인과관계

두 변수는 여러 가지 이유로 서로 영향을 주고 받으면서 변화할 수 있는데 회귀분석은 인과관계(cause and effect relationship)가 있는 변수 사이의 관계를 분석하는 것이다. 인과관계는 한 변수의 변화가 다른 변수의 변화에 영향을 미치는 경우 존재하는 관계이다.

예를 들어서 보석판매량과 음반판매량 사이에는 어떠한 통계적 관계가 있을지 모르지만 이것은 인과관계라고 볼 수는 없다. 왜냐하면 이 두 변수는 다같이 예를 들면, 국민소득에 따라서 변화하기 때문에 나타나는 현상이라 볼 수 있기 때문이다. 다시 말하여 보석판매량과 국민소득은 인과관계가 있고, 음반판매량과 국민소득도 인과관계가 있을 수 있지만, 보석판매량과 음반판매량은 어떤 통계적 관계는 있을지 몰라도 인과관계가 있다고 볼 수는 없는 것이다. 다시 말하면 두 변수 사이에 단지 통계적 관계가 있다고 해서 인과관계가 존재하는 것은 아니다. 또한 우연하게 두 변수가 서로 관련이 있는 것처럼 나타날 수도 있다. 예를 들어서 우리 나라의 국민총생산이 미국의 석유수입량과 어떠한 관계가 있다 할지라도 그 관계는 분석할 가치가 없는 것이다.

따라서 회귀분석을 하기 전에 먼저 고려해야 할 것은 변수 사이에 논리적인 인과관계가 존재하는가를 파악하는 일이다. 두 변수 사이에 논리적인 관계가 존재한다고 판단이 되면 다음 단계는 자료를 그래프로 나타내어 두 변수 사이에 의미있는 관계가 있는지 그리고 관계가 있다면 어떤 형태의 방정식을 사용할 것인지를 결정해야 한다. 이와 같이 자료를 이차원 평면상에 (x, y)좌표로 나타낸 그래프를 산점도(scatter diagram)라고 한다.

02 회귀방정식

예를 들어, 과거 우리 나라의 국민총생산(GNP)과 원유도입량과의 관계를 알아보기 위하여 <표 13-1>과 같이 자료를 수집하였다. 만일 국민총생산과 원유도입량 사이에 어떠한 인과관계가 존재한다면 우리는 그 관계를 이용하여 국민총생산의 변화에 따른 원유

표 13-1 우리 나라의 GNP와 원유도입량

GNP(10억원)	원유도입량($MB^{(*)}$)
6,347.70	211.2
6,908.74	237.1
7,305.01	205.2
8,377.08	303.5
9,009.39	283.5
9,644.24	332.0
11,016.39	297.7
12,175.23	386.1
13,877.09	511.0
14,759.09	625.4

(*) million barrel을 나타냄.

그림 13-1 GNP와 원유도입량의 산점도

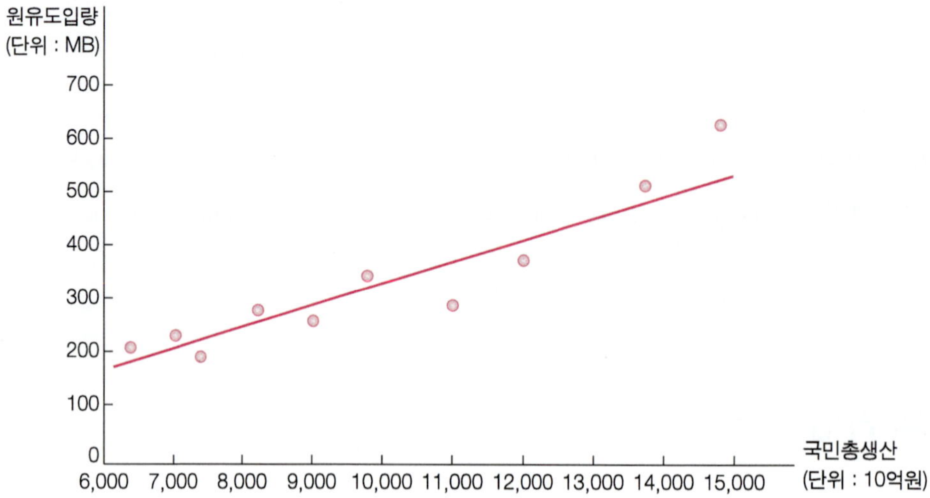

도입량의 변화를 추측할 수 있을 것이다.

(1) 산점도

이 자료에서 국민총생산을 독립변수, 원유도입량을 종속변수로 하여 산점도를 그리면 [그림 13-1]과 같다. 산점도의 각 점은 국민총생산과 원유도입량의 조합을 나타내고 있다. [그림 13-1]에서 보는 바와 같이 10개의 점은 대략적으로 직선의 관계에 있음을 알 수 있으며 모든 점들은 직선으로부터 그렇게 멀리 떨어져 있지 않으므로 두 변수가 어느 정도 밀접한 선형의 관계를 가지고 있음을 확인할 수 있다. 또한 국민총생산이 증가하면 원유도입량도 증가하는 추세를 보이므로 두 변수는 양의 관계에 있음을 알 수 있다.

(2) 단순회귀모형

두 변수 사이의 관계를 나타내는 단순회귀모형은 다음과 같다.

$$Y_i=\alpha+\beta x_i+\varepsilon_i$$

여기서, Y_i : i번째 관측값에 대한 종속변수의 값(원유도입량)

x_i : i번째 관측값에 대한 독립변수의 값(국민총생산)

α, β : 모집단회귀방정식의 회귀계수

ε_i : i번째 관측값에 대한 오차항을 나타내는 확률변수

(ε_i는 평균 0, 분산 σ^2의 정규분포를 가정한다.)

위 회귀모형에서 ε_i는 확률변수이므로 Y_i도 확률변수이다. 따라서 확률변수 Y_i의 기대값과 분산은 각각 $E(Y_i)=\alpha+\beta x_i$이고 $Var(Y_i)=\sigma^2$이다. 즉, 확률변수 Y_i[13)]는 $\alpha+\beta x_i$를 중심으로 분산이 σ^2인 정규분포를 한다.

여기서 $E(Y_i)=\alpha+\beta x_i$를 모집단 회귀방정식(population regression equation 또는 true regression equation)이라 하며, 이 방정식은 두 변수 사이에 존재하는 선형의 함수관계를 나타낸다. 그러나 α와 β는 모집단 회귀방정식에서 사용하는 회귀계수(regression coefficient)로서 우리가 알 수 없는 값이다. 따라서 우리는 이 값을 우리가 수집한 자료, 즉, 표본으로부터 추정하여야 한다.

13) 종속변수를 나타내는 확률변수는 Y_i로 표시하고, 표본을 통하여 얻은 관측값은 y_i라고 표시한다. 자료를 수집한 후에 얻은 관측값은 더 이상 확률변수가 될 수 없다. 따라서 실제 관측값과 확률변수를 구분하기 위하여 이와 같은 표기법을 사용하기로 한다.

α와 β에 대한 추정값을 a와 b라 하면 다음 관계가 성립한다.

$$\hat{y}_i = a + bx_i$$

단, $\hat{y}_i$: $E(Y_i)$의 추정값
a : α의 추정값
b : β의 추정값

이러한 방정식을 추정된 회귀방정식(estimated regression equation)이라 하며, [그림 13-1]에 나타난 직선의 식이다.

일반적으로 우리는 모집단 회귀방정식의 회귀계수인 α와 β를 알 수 없으므로 Y_i의 평균값 $E(Y_i)$도 알 수 없다. 하지만 표본자료를 이용하여 α와 β의 추정값 a와 b를 구한다면, 독립변수의 값 x_i가 주어지는 경우, 식 $\hat{y}_i = a + bx_i$을 이용하여 $E(Y_i)$에 대한 추정값 $\hat{y}_i$의 계산이 가능할 것이다.

(3) 추정된 회귀방정식

회귀방정식을 추정하기 위해서는 y축의 절편 a와 기울기 b를 구하여야 하며, 이때 사용하는 방법이 최소자승법(least squares method)이다. 최소자승법은 종속변수의 실제 관측값 Y_i와 추정된 회귀방정식을 이용하여 추정된 예측값 $\hat{y}_i$의 차이를 제곱하여 모든 관측값에 대해서 더한 값 $\sum_{i=1}^{n}(y_i - \hat{y}_i)^2$을 최소화시키는 a와 b를 구하는 방법이다. 여기서 $\hat{y}_i = a + bx_i$이므로 $\sum_{i=1}^{n}(y_i - \hat{y}_i)^2 = \sum_{i=1}^{n}(y_i - a - bx_i)^2$이 최소가 되도록 a와 b를 구하면 된다.

$\sum_{i=1}^{n}(y_i - a - bx_i)^2$값을 최소화시키는 a와 b는 다음과 같다.[14)]

---

14) $L = \sum_{i=1}^{n}(y_i - \hat{y}_i)^2 = \sum_{i=1}^{n}(y_i - a - bx_i)^2$을 최소화하기 위해서는 L을 a와 b 각각에 대하여 편미분하여 0으로 놓고 풀면 된다.

$$\frac{\partial L}{\partial a} = \sum_{i=1}^{n}(-2)(y_i - a - bx_i) = 0 \quad \cdots\cdots (1)$$

$$\frac{\partial L}{\partial a} = \sum_{i=1}^{n}(-2x_i)(y_i - a - bx_i) = 0 \quad \cdots\cdots (2)$$

식(1)로 부터 $\sum_{i=1}^{n} y_i - na - b\sum_{i=1}^{n} x_1^2 = 0 \quad \cdots\cdots (3)$

식(2)로 부터 $\sum_{i=1}^{n} x_i y_i - a\sum_{i=1}^{n} x_i - b\sum_{i=1}^{n} x_i^2 = 0 \quad \cdots\cdots (4)$

$$b=\frac{n\sum_{i=1}^{n}x_iy_i-\sum_{i=1}^{n}x_i\sum_{i=1}^{n}y_i}{n\sum_{i=1}^{n}x_1^2-\left(\sum_{i=1}^{n}x_i\right)^2}$$

$$a=\bar{y}-b\bar{x}$$

여기서 $\bar{y}=\frac{\sum_{i=1}^{n}y_i}{n}$, $\bar{x}=\frac{\sum_{i=1}^{n}x_i}{n}$ 이다.

위의 공식을 이용하여 계산된 국민총생산과 원유도입량과의 관계를 나타내는 추정된 회귀방정식은 다음과 같다.

$$\hat{y}_i=-91.26+0.043x_i$$

추정된 회귀방정식은 독립변수의 값이 주어졌을때 종속변수의 값을 추정하기 위하여 사용된다. 만일 국민총생산이 13조 9,213억원으로 예측되었을때 추정된 회귀방정식으로부터 원유도입량은 얼마나 될 것인지를 추정하여 보자.

추정된 회귀방정식의 x_i에 13,921.3을 대입하면 원유도입량의 추정값은

$$\begin{aligned}\hat{y}_i&=-91.26+0.043(13,921.3)\\&=-91.26+598.62\\&=507.36\end{aligned}$$

즉, 원유도입량에 대한 추정값(또는 예측값)은 507.36(MB)이다.

여기서 한 가지 주의해야 할 사항은 추정된 회귀방정식을 이용하여 계산된 $\hat{y}$값의 해석

식(3)과 식(4)를 a, b에 대한 연립방정식으로 풀면 다음과 같은 결과를 얻을 수 있다.

$$b=\frac{n\sum_{i=1}^{n}x_iy_i-\sum_{i=1}^{n}x_i\sum_{i=1}^{n}y_i}{n\sum_{i=1}^{n}x_1^2-\left(\sum_{i=1}^{n}x_i\right)^2}$$

$$a=\bar{y}-b\bar{x}$$

이다. 우리는 보통 $\hat{y}$의 값을 종속변수의 추정값이라고 하는데, 엄밀하게 $\hat{y}$의 값은 $E(Y)$의 추정값이다. 따라서 위의 예에서 계산된 $\hat{y}$=507.36은 국민총생산이 13조 9,213억원일 때 원유도입량이 507.36(MB)가 될 것이라는 의미가 아니라 국민총생산이 13조 9,213억원일때 원유도입량의 기대값이 507.36(MB)로 추정된다는 의미이다. 따라서 우리는 편의상 $\hat{y}$의 값을 종속변수의 추정값이라고 표현하지만 엄밀하게는 종속변수의 기대값의 추정값이 옳은 표현이다.

또 한 가지 회귀분석시 유의해야 할 사항은 우리가 추정한 회귀방정식 $\hat{y}=a+bx_i$의 추정된 회귀계수 a와 b는 수집한 표본자료에 근거하여 계산된 수치라는 것이다. 따라서 자료를 추가하거나 삭제하게 되면 a와 b의 값도 달라지게 될 것이다. 그러므로 추정된 회귀방정식을 이용하여 종속변수의 값을 추정할 때 현재 수집한 자료의 범위를 벗어난 값을 독립변수의 값으로 사용하는 경우 주의가 필요하다는 것이다. 예를 들어, 국민총생산이 5조원이거나 16조원일 때 추정된 회귀방정식을 이용하여 계산된 원유도입량의 기대값의 추정값, $\hat{y}$의 값은 그 값에 대한 타당성과 더불어 세심한 주의를 거쳐서 설명되어야 할 것이다.

03 표준오차에 대한 추정

앞 절에서 설명한 바와 같이 추정된 회귀방정식으로부터 종속변수의 추정값을 구하면 그 추정값이 얼마나 정확한 것인지 하는 의문이 생기게 될 것이다. 예측에 대한 정확도를 결정하는 가장 중요한 요소는 변수들이 서로 얼마나 밀접하게 관련되어 있느냐 하는 것이다. [그림 13-2(가)]와 같이 산점도의 점들이 회귀직선 주위에 조밀하게 놓여져 있으면 회귀방정식을 통한 예측은 정확도가 높을 것이라고 말할 수 있다. 하지만 [그림 13-2(나)]와 같이 산점도의 점들이 회귀직선 주위에 넓게 확산되어 있으면 회귀방정식을 통한 예측의 정확도는 그리 높지 않을 것이라고 생각할 수 있다.

그러므로 회귀직선 주위에 점들이 퍼져있는 정도를 측정할 수 있다면 예측에 대한 정확도를 판단할 수 있을 것이다. 이와 같이 추정된 회귀직선을 중심으로 관측값들이 퍼져있는 정도를 나타내는 수치를 추정된 표준오차(standard error of estimate)라 하며 Se로

그림 13-2 GNP와 원유도입량의 산점도

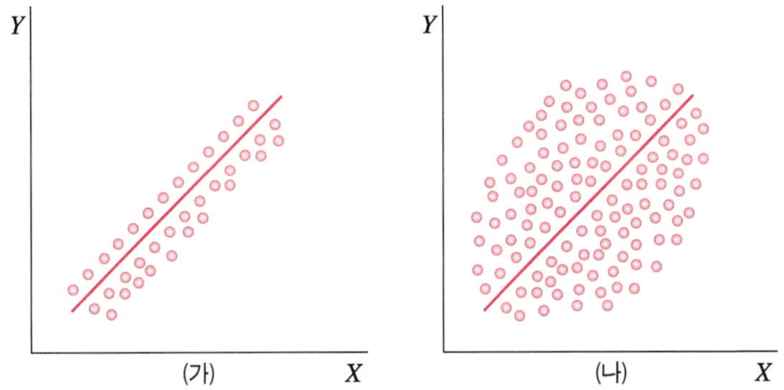

표시한다. 추정된 표준오차 Se를 계산하는 방법은 자료의 표준편차를 계산하는 방법과 비슷하다. 차이점은 표준편차는 평균으로부터의 차이를 측정하는 것이고 추정된 표준오차는 회귀직선(또는 종속변수의 예측값)으로부터의 차이를 계산하는 것이다. 추정된 표준오차 Se는 다음과 같은 식을 통하여 얻어진다.[15)]

$$Se=\sqrt{\frac{\sum_{i=1}^{n}(y_i-\hat{y}_i)^2}{n-2}}$$

추정된 표준오차 Se를 계산하기 위해서는 모든 x_i의 값을 추정된 회귀방정식에 대입하여 $\hat{y}_i$를 계산한 후, $\hat{y}_i$과 실제 관측값 Y_i와의 차이를 계산해야 한다. 추정된 표준오차를 계산하는 과정은 <표 13-2>와 같으며, 추정된 표준오차의 계산결과는 다음과 같다.

$$Se=\sqrt{\frac{\sum_{i=1}^{n}(y_i-\hat{y}_i)^2}{n-2}}=\sqrt{\frac{19,560.75}{8}}=\sqrt{2,455.09}=49.45$$

15) 분모의 $n-2$는 n개의 표본자료를 이용하여 α와 β의 추정값인 a,b를 계산하였기 때문에 2개의 자유도를 상실한 결과이다.

표 13-2 추정된 표준오차의 계산

관측값 번호	GNP(x_i)	원유도입량(y_i)	$\hat{y}_i$	$y_i-\hat{y}_i$	$(y_i-\hat{y}_i)^2$
1	6,347.70	211.2	183.62	27.58	760.58
2	6,908.74	237.1	207.92	29.18	851.66
3	7,305.01	205.2	225.08	−19.88	395.10
4	8,377.08	303.5	271.50	32.00	1,023.85
5	9,009.39	283.5	298.88	−15.38	236.67
6	9,644.24	332.0	326.38	5.62	31.63
7	11,016.39	297.7	385.80	−88.10	7,760.89
8	12,175.23	386.1	435.98	−49.88	2,487.89
9	13,877.09	511.0	509.68	1.32	1.75
10	14,759.09	625.4	547.87	77.53	6,010.73
합 계	99,419.96	3,392.70(*)	3,392.70(*)	0.0	19,560.75

(*) $\sum_{i=1}^{n} y_i$ 와 $\sum_{i=1}^{n} \hat{y}_i$은 항상 같다. 즉 $\sum_{i=1}^{n}(y_i-\hat{y}_i)=0$이다.

앞 절에서 언급한 Y_i의 분산 $Var(Y_i)=\sigma^2$을 상기하여 볼 때, 위의 식으로 계산된 추정된 표준오차 Se는 Y_i에 대한 표준편차 σ의 추정값으로도 이용된다. 여기서 σ는 Y_i가 $E(Y_i)$주위에 분포되어 있는 정도를 나타내지만 우리는 $E(Y_i)$의 값을 알지 못하므로 σ의 값도 알 수 없다. 그런데 Se는 Y_i가 $\hat{y}_i$주위에 분포되어 있는 정도를 나타내므로 Se를 σ의 추정값으로 사용할 수 있다.[16)]

04 상관분석

상관분석(correlation analysis)은 두 변수간의 선형관계의 정도를 측정하는 방법으로 일반적으로 결정계수(coefficient of determination)와 상관계수(correlation coefficient)를 사용하여 이를 측정한다.

16) $E(Se^2)=\sigma^2$으로 Se^2은 σ^2의 불편추정량이다.

그림 13-3 변동의 분해

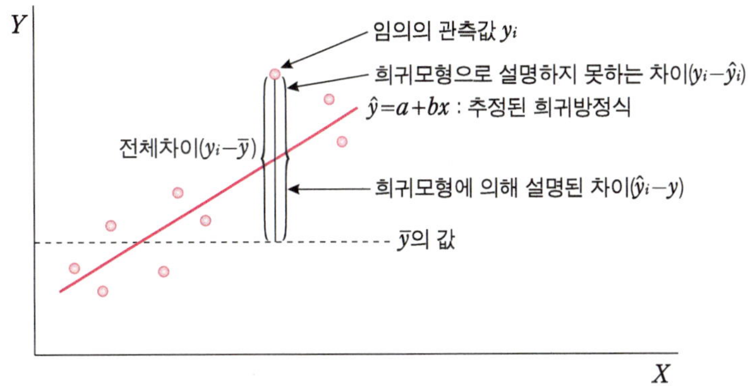

4.1 결정계수

결정계수(coefficient of determination)는 r^2로 표시하며 종속변수 y의 변동 중에서 독립변수 x에 의해서 설명된 부분의 비율을 나타낸다. [그림 13-3]에서 보는 바와 같이 종속변수 y를 추정하기 위해서 회귀직선의 도움없이(즉, 독립변수 x를 사용하지 않고) 그 평균 y를 그대로 사용한다면 그 차이는 $(y_i-\bar{y})$가 될 것이다.

그러나 종속변수 y를 추정하기 위하여 독립변수 x를 이용한 회귀직선을 사용하였다면 관측값 y에 대한 오차는 앞에서 얻은 $(y_i-\bar{y})$보다 어느 정도 줄어들 수 있을 것이다. 즉, 회귀직선을 사용하여 y를 추정한다면 그 차이는 $(y_i-\hat{y}_i)$가 되어 회귀직선의 도움없이 추정하였을 경우의 차이 $(y_i-\bar{y})$ 보다 $(\hat{y}_i-\bar{y})$만큼 오차가 작아지게 된다. 여기서 $(\hat{y}_i-\bar{y})$는 회귀직선을 사용하였기 때문에 줄어든 오차로서 전체차이 $(y_i-\bar{y})$ 중 회귀직선에 의해 설명된 부분이라고 볼 수 있다. 또한 회귀직선은 종속변수 y와 독립변수 x의 관계를 나타내므로 $(\hat{y}_i-\bar{y})$는 독립변수 x에 의해서 설명된 부분이기도 하다. 물론 회귀직선은 종속변수 값 y_i를 완벽하게 설명하지는 못하고 있다. 따라서 $(y_i-\bar{y})$를 전체차이라고 한다면 $(\hat{y}_i-\bar{y})$는 회귀방정식 또는 독립변수 x에 의해서 설명된 차이이고 $(y_i-\hat{y}_i)$은 회귀방정식으로 설명되지 못하는 차이이다. 즉, 다음과 같은 관계가 성립한다.

$$(y_i-\bar{y}) \;=\; (\hat{y}_i-\bar{y}) \;+\; (y_i-\hat{y}_i)$$

이러한 차이를 제곱합(변동)으로 나타내면 다음과 같은 관계를 얻을 수 있다.

총변동=(회귀모형에 의해 설명된 변동)+(회귀모형에 의해 설명되지 않은 변동)

$$SST \qquad SSR \qquad + \qquad SSE$$

$$\sum_{i=1}^{n}(y_i-\bar{y})^2 = \sum_{i=1}^{n}(\hat{y}_i-\bar{y})^2 + \sum_{i=1}^{n}(y_i-\hat{y}_i)^2$$

즉, 총변동(Sum of Squares Total : SST)은 회귀방정식에 의해 설명된 변동(Sum of Squares Regression : SSR)과 회귀방정식에 의해 설명되지 않은 변동(Sum of Squares Error : SSE)으로 분해됨을 알 수 있다.

여기서 결정계수 r^2는 종속변수 y의 총변동 중에서 회귀방정식, 즉, 독립변수 x에 의해서 설명된 변동이 차지하는 비율로 정의된다. 따라서 결정계수 r^2는 다음과 같이 얻을 수 있다.

$$r^2 = \frac{\text{회귀방정식에 의해 설명된 변동}}{\text{총변동}} = \frac{SSR}{SST} = \frac{\sum_{i=1}^{n}(\hat{y}_i-\bar{y})^2}{\sum_{i=1}^{n}(y_i-\bar{y})^2}$$

앞의 예제의 경우 회귀방정식에 의해 설명되지 않은 변동 SSE[17]는 $\sum_{i=1}^{n}(y_i-\hat{y}_i)^2 = 19{,}560.75$이므로 총변동 $\sum_{i=1}^{n}(y_i-\bar{y})^2$을 계산하면 164,540.72이다. $SSR=SST-SSE$의 관계식으로부터 결정계수는 다음과 같이 계산된다.

$$r^2 = 1-\frac{SSE}{SST} = 1-\frac{19{,}560.75}{164{,}540.72} = 0.881$$

결정계수가 0.881이라는 것은 무엇을 의미하는가? 이 경우에는 원유도입량 변동의 88.1%는 국민총생산으로 설명할 수 있다는 의미이며 나머지 11.9%는 국민총생산으로 설명할 수 없다는 것을 의미한다. 물론 결정계수 r^2는 1보다 클 수 없다. 국민총생산으로

17) 앞에서 설명한 추정된 표준오차 Se는 SSE를 이용하면 다음과 같이 표현할 수 있다.

$$Se = \sqrt{\frac{SSE}{n-2}}$$

설명할 수 없는 나머지 부분인 11.9%는 아마도 다른 변수, 예를 들면 전력수요, 원유가격 등에 의해서 설명될 수 있을 것이다. 이와 같이 한 개의 독립변수로 종속변수(여기서는 원유도입량)를 다 설명할 수 없기 때문에 새로운 독립변수를 추가하여 두 개 이상의 독립변수로 종속변수를 설명하고자 하는 회귀분석을 다중회귀분석(multiple regression analysis)이라고 하며, 이에 대해서는 제14장에서 다루도록 한다.

4.2 표본상관계수

표본상관계수(sample correlation coefficient)는 두 변수간의 선형관계의 방향과 그 관계의 정도를 측정하는 수치로 r로 표시하며, 결정계수 r^2의 제곱근과 그 절대값이 일치한다. 본 예제에서의 표본상관계수는 다음과 같이 계산된다.

$$r=\sqrt{0.881}=0.939$$ [18)]

표본상관계수는 두 변수간의 상관관계를 −1과 +1 사이의 값으로 나타내며 그 관계의 방향뿐만 아니라 관계의 정도도 나타낸다. $r=0$은 상관관계가 전혀없는 경우이며 $r=+1.0$ 또는 $r=-1.0$은 완전한 상관관계(perfect correlation)의 경우이다. 즉, $r=+1.0$ 또는 $r=-1.0$이라는 것은 두 변수의 관계가 완전한 선형의 식으로 표현될 수 있다는 의미이다.

상관계수의 부호는 회귀방정식의 기울기인 b와 부호가 같으며 양(+)이면 두 변수가 같은 방향으로 변화한다는 의미이며 양의 상관관계(positive correlation)가 있다고 표현한다. 만일 상관계수의 부호가 음(−)이면 한 변수의 값이 증가할 경우 다른 한 변수의 값은 감소한다는 의미이며 음의 상관관계(negative correlation)가 있다고 표현한다.

[그림 13-4]를 살펴보면 (가)는 모든 점이 회귀직선 위에 놓여있는 완전한 양의 상관관계(perfect positive correlation)를 나타내는 그래프이며 $r=+1.0$인 경우이다. 이 경우는 모든 점들이 회귀직선 위에 존재하기 때문에 추정된 표준오차 Se는 0이 된다. (나)는 완전한 음의 상관관계(perfect negative correlation)를 나타내는 그래프이다. (다)와 (라)는 모두 양의 상관관계를 나타내지만 (다)의 상관계수가 (라)의 상관계수보다 크며, 추정된

18) 추정된 회귀직선의 기울기가 양(+)이므로 표본상관계수는 양(+)의 값을 갖는다.

그림 13-4 상관계수에 따른 산점도

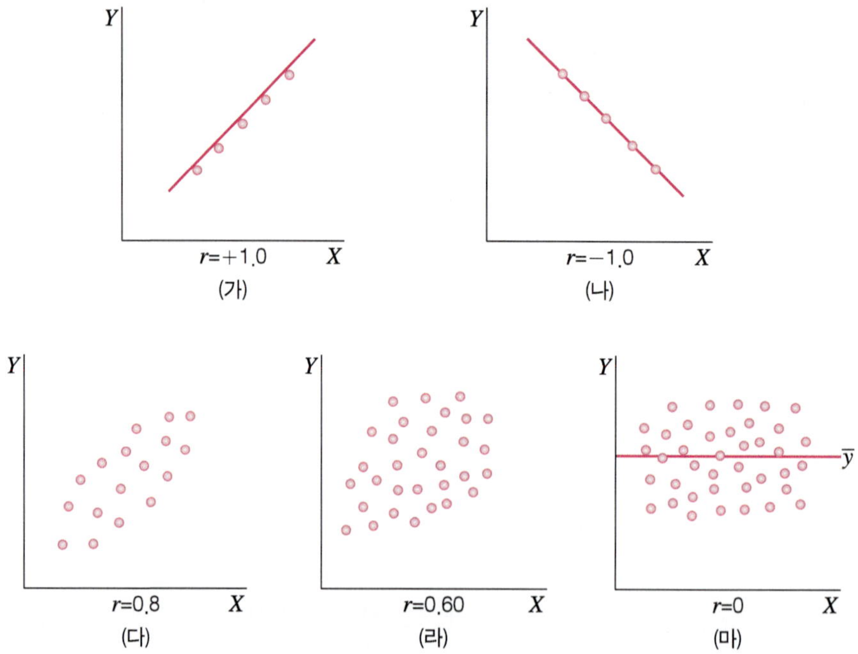

표준오차 Se는 (라)가 (다)보다 크다. (마)의 그래프는 상관관계가 전혀없는 경우로서 추정된 회귀직선은 기울기의 값이 0(즉, b=0)인 $\bar{y}$에서 그은 수평선으로 나타난다.

05 회귀방정식의 유의성 검정

앞에서 우리는 표본자료를 이용하여 두 변수간의 함수관계를 선형의 식으로 표현하고, 이를 통해 종속변수의 값을 예측하는 과정에 대하여 학습하였다. 즉, 국민총생산을 독립변수로 하고 원유도입량을 종속변수로 하여 추정된 회귀방정식은 $\hat{y}=-91.26+0.043x$이었고, 이 경우 회귀계수 b가 0.043이므로 국민총생산이 증가할수록 원유도입량이 증가한다는 결론을 내릴지도 모른다.

그러나 단지 표본자료를 이용하여 추정된 회귀계수 b가 0보다 크다고 해서 위의 결론(즉, 국민총생산이 증가할수록 원유도입량이 증가한다는 결론)을 일반화시킬 수는 없다. 왜냐하면 b는 회귀계수 β의 추정값으로서 우리가 더 많은 자료를 표본으로 이용하거나 또는 표본의 크기를 줄이면 β는 다른 값을 가질 수 있기 때문이다. 따라서 우리는 통계량 b를 근거로 모수 β가 과연 0이 아닌지의 여부를 검정할 필요가 있으며, 가설검정 결과에 근거하여 일정한 유의수준하에서 독립변수와 종속변수간에 의미있는 선형의 관계가 존재하는지를 확인할 필요가 있다.

추정된 회귀방정식이 통계적으로 의미가 있는 것인지를 검정하기 위한 가설은 다음과 같이 설정된다.

$$H_0 : \beta=0$$
$$H_1 : \beta\neq 0$$

여기서 우리는 일정한 유의수준하에서 귀무가설 H_0를 기각할 만한(대립가설 H_1을 받아들일 만한) 충분한 증거가 없으면 독립변수와 종속변수간에는 선형의 관계가 없다는 통계적 결정을 내리고 추정된 회귀방정식을 이용하여 종속변수의 값을 예측하는 것은 의미가 없어진다는 결론을 내리고자 한다.

회귀계수에 대한 검정은 t분포를 이용해서도 할 수 있으나, 여기서는 제12장에서 설명한 분산분석을 이용하여 검정하는 방법을 소개한다. t분포를 이용하여 검정하는 방법은 다음 절에서 소개한다.

제12장의 분산분석에서 언급한 바와 같이 제곱합(Sum of Squares : SS)은 항상 대응하는 자유도가 있으며 제곱합을 해당 자유도로 나누어주면 제곱평균(Mean Square : MS)이 된다. 총 제곱합을 나타내는 SST는 종속변수 값의 표본평균 $\bar{y}$를 사용하여 제곱합을 계산하였으므로 1개의 자유도를 상실하게 되어 자유도는 $n-1$이다. 오차제곱합을 나타내는 SSE는 $\hat{y}_i$을 추정하기 위하여 a와 b를 사용하였으므로 2개의 자유도를 상실한 것이 되어 자유도는 $n-2$가 된다. 그리고 회귀방정식으로 설명된 변동을 나타내는 회귀제곱합 SSR의 자유도는 SST의 자유도에서 SSE 자유도를 뺀 것과 같다.

$$(n-1)-(n-2)=1$$

즉, SSR의 자유도는 1이다.[19)]

따라서 회귀제곱평균(Mean Square Regression : MSR)과 오차제곱평균(Mean Square Error : MSE)은 다음과 같다.

$$MSR = SSR/1$$
$$MSE = SSE/(n-2)$$

만일 귀무가설 $H_0 : \beta=0$이 참이라면 MSR/MSE의 값은 분자자유도 1, 분모자유도 $n-2$를 갖는 F분포를 한다. 그리고 이 경우 MSR/MSE는 1에 가까운 값을 가지게 될 것이며, 만일 이 값이 1보다 충분히 큰 값을 가지게 되면 우리는 귀무가설 $H_0 : \beta=0$을 기각하고 대립가설 $H_1 : \beta\neq0$이라는 사실을 받아들이게 된다.

만일 귀무가설이 기각된다면 이는 독립변수가 종속변수에 의미있는 영향을 미친다는 것이며, 반대로 귀무가설을 기각하지 못한다면 이는 독립변수가 종속변수에 의미있는 영향을 미치지 못한다는 것으로 추정된 회귀방정식으로 종속변수의 값을 예측하는 것은 의미를 잃게 된다.

이와 같은 과정을 통하여 분산분석을 이용한 귀무가설 $H_0 : \beta=0$에 대한 검정을 할 수 있는 것이다. 분산분석을 이용한 회귀방정식의 유의성 검정은 <표 13-3>과 같이 분산분석표로 나타낼 수 있다.

국민총생산과 원유도입량 문제의 자료를 이용하여 유의수준 $\alpha=0.05$에서 $H_0 : \beta=0$이

표 13-3 단순회귀모형의 분산분석표

변동원인	제곱합	자유도	제곱평균	F값
회 귀 잔 차(오차)	SSR SSE	1 $n-2$	$MSR=SSR/1$ $MSE=SSE/(n\text{-}2)$	MSR/MSE
합 계	SST	$n-1$		

19) 회귀분석에서 SSR의 자유도는 모형에 포함된 독립변수의 수와 일치한다. 예를 들어, 독립변수가 2개인 다중회귀모형에서 SSR의 자유도는 2이다.

라는 가설을 검정하는 과정은 다음과 같다.

$$SST=\sum_{i=1}^{n}(y_i-\bar{y})^2=164,540.72$$

$$SSE=\sum_{i=1}^{n}(y_i-\hat{y})^2=19,560.75$$

$$SSR=164,540.72-19,560.75=144,979.97$$

따라서 <표 13-4>와 같은 분산분석표를 작성할 수 있다.

이 경우 임계값은 $F_{0.05}(1,8)=5.32$이다. 여기서 계산된 검정통계량 값인 F값이 59.29으로 임계값보다 크므로 유의수준 5%에서 귀무가설을 기각하고 회귀직선의 기울기가 0이 아니라는 대립가설을 받아들이게 된다. 회귀직선의 기울기 β가 0이 아니라는 통계적 결정은 국민총생산이 원유도입량에 의미있는 영향을 미친다는 것이며, 이 경우 추정된 회귀방정식을 이용하여 국민총생산과 원유도입량과의 관계를 선형함수로 적절히 표현할 수 있음을 나타낸다.

표 13-4 단순회귀모형의 분산분석표: 원유도입량의 예

변동원인	제곱합	자유도	제곱평균	F값
회 귀	144,979.97	1	144,979.97	59.29
잔 차(오차)	19,560.75	8	2,445.09	
합 계	164,540.72	9		

06 회귀식의 통계적 추측(*)

6.1 회귀계수의 유의성 검정

회귀계수 α와 β의 추정값으로 사용한 a와 b는 확률변수이다. 다시 말해서 a와 b는 어떠한 표본을 근거로 계산했느냐에 따라서 그 값이 달라지기 때문에 이에 따른 표본분포를 갖는다는 것이다. 우리는 앞에서 국민총생산과 원유도입량의 표본자료를 이용하여 두 변수간의 관계를 나타내는 회귀방정식의 a와 b를 계산했는데 만일 우리가 국민총생산과 원유도입량에 대한 보다 최근의 자료를 가지고 a와 b를 계산하였다면 그 값은 아마도 다르게 나올 것이다.

따라서 추정된 회귀계수 a와 b는 표본에 따라 그 값이 달라지는 확률변수이다. 그러면 확률변수 a와 b의 평균은 얼마이고 분산은 얼마나 될 것인가? 만일 우리가 a와 b에 대한 평균과 분산을 알고, 그 표본분포를 알 수 있다면, a와 b의 값을 구한 뒤 이 값이 0과 다른 의미있는 값인지 아닌지를 검정할 수 있을 것이다.

만일 표본으로부터 계산된 b의 값이 0과 의미있는 차이가 없다면 회귀분석에 사용된 두 변수 X(독립변수)와 Y(종속변수)는 의미있는 관계가 존재하지 않으므로 X를 가지고 Y를 예측하는 것은 타당하다고 볼 수 없는 것이다. a와 b의 평균과 분산은 다음과 같다.[20]

$$E(a)=\alpha \qquad Var(a)=\left(\frac{1}{n}+\frac{\bar{x}^2}{\sum_{i=1}^{n}(x_1-\bar{x})^2}\right)\sigma^2$$

(*) 본 절의 내용은 통계학 입문과정에서는 생략해도 무방하다.

20) 확률변수 a와 b의 평균과 분산은 다음과 같이 유도될 수 있다. $\alpha=\bar{Y}-b\bar{x}$이므로

$$\begin{aligned} E[a]&=E\bar{Y}-E[b\bar{x}] \\ &=E\left[\frac{\sum_{i=1}^{n}(\alpha+\beta x_i+\varepsilon_i)}{n}\right]-\bar{x}E(b) \\ &=\alpha+\beta\bar{x}-\beta\bar{x}(\because E(b)=\beta) \\ &=\alpha \end{aligned}$$

$$E(b)=\beta \qquad Var(b)=\frac{\sigma^2}{\sum_{i=1}^{n}(x_1-\bar{x})^2}$$

여기서 σ^2은 모르는 값이므로 이에 대한 추정값 Se^2을 대입하여 a와 b를 추정하면 다음과 같다.

$$Var(a)=Var(\bar{Y}-b\bar{x})$$

$$=Var(\bar{Y})+\bar{x}^2\ Var(b)-2\bar{x}Cov(\bar{y},b)$$

$$=\frac{\sigma^2}{n}+\bar{x}^2\cdot\frac{\sigma^2}{\sum_{i=1}^{n}(x_i-\bar{x})^2}\left(\because Var(b)=\frac{\sigma^2}{\sum_{i=1}^{n}(x_i-\bar{x})^2},Cov(\bar{Y},b)=0\right)$$

$$=\sigma^2\left(\frac{1}{n}+\frac{\bar{x}^2}{\sum_{i=1}^{n}(x_i-\bar{x})^2}\right)$$

$$E(b)=E\left[\frac{\sum_{i=1}^{n}Y_i(x_i-\bar{x})^2}{(\sum_{i=1}^{n}x_i-\bar{x})^2}\right]$$

$$=E\left[\frac{\sum_{i=1}^{n}Y_i(\alpha+\beta x_i+\varepsilon_i)^2(x_i-\bar{x})}{(\sum_{i=1}^{n}x_i-\bar{x})^2}\right]$$

$$=E\left[\frac{\alpha\sum_{i=1}^{n}(x_i-\bar{x})+\sum_{i=1}^{n}\beta(x_i-\bar{x})+\sum_{i=1}^{n}\varepsilon(x_i-\bar{x})}{(\sum_{i=1}^{n}x_i-\bar{x})^2}\right]$$

$$=\beta(\because\sum_{i=1}^{n}(x_i-\bar{x})=0,\sum_{i=1}^{n}x_i(x_i-\bar{x})=\sum_{i=1}^{n}(x_i-\bar{x})^2,E(\varepsilon_i)=0)$$

$$Var(b)=Var\left(\frac{\sum_{i=1}^{n}Y_i(x_i-\bar{x})}{\sum_{i=1}^{n}(x_i-\bar{x})^2}\right)$$

$$=\frac{1}{\left[\sum_{i=1}^{n}(x_i-\bar{x})^2\right]^2}\ \sum_{i=1}^{n}(x_i-\bar{x})^2\ Var(Y_i)$$

$$=\frac{\sigma^2}{\sum_{i=1}^{n}(x_i-\bar{x})^2}\ (\because Var(Y_i)=\sigma^2)$$

$$\widehat{Var}(a)=\left(\frac{1}{n}+\frac{\bar{x}^2}{\sum_{i=1}^{n}(x_i-\bar{x})}\right)Se^2$$

$$\widehat{Var}(b)=\frac{Se^2}{\sum_{i=1}^{n}(x_i-\bar{x})^2}$$

본 예제(국민총생산과 원유도입량간의 회귀분석)의 자료를 이용하여 a와 b의 분산 추정값을 구하여 보면 다음과 같다.

$$\widehat{Var}(a)=3,128.9$$
$$\widehat{Var}(b)=0.000031655$$

이제 a와 b의 평균과 분산을 알았으므로 표본자료로부터 a와 b의 값을 구한 뒤 이 값이 0과 다른 의미있는 값인지에 대한 검정을 할 수 있다. 일반적으로 a값이 0과 다른지의 여부는 관심의 대상이 아니기 때문에 여기서는 b에 대한 검정만을 다루고자 한다.

b는 평균이 β이고 분산이 $\sigma^2/\sum_{i=1}^{n}(x_i-\bar{x})^2$이므로

$$Z=\frac{b-\beta}{\sigma/\sqrt{\sum_{i=1}^{n}(x_i-\bar{x})^2}}$$

는 평균이 0이고 분산이 1인 표준정규분포를 한다.

하지만 σ는 모르는 값이므로 이에 대한 추정값 Se을 대입하면

$$t=\frac{b-\beta}{Se/\sqrt{\sum_{i=1}^{n}(x_i-\bar{x})^2}}$$

이며, 이 통계량은 자유도 $(n-2)$의 t분포를 한다.

이제 우리가 관심을 갖고 있는 b에 대한 가설검정은 다음과 같다.

$$H_0 : \beta=0$$
$$H_1 : \beta\neq 0$$

만일 귀무가설을 기각하지 못한다면 우리는 $H_0 : \beta=0$을 사실로 받아들이게 된다. 따라서 회귀모형 $Y_i=\alpha+\beta x_i+\varepsilon_i$은 $Y_i=\alpha+\varepsilon_i$으로 바뀌게 되어 x_i와 Y_i사이에 선형관계가 존재하지 않는다는 결론을 내리게 된다. 즉, 귀무가설을 기각하지 못한다면, 독립변수 x_i는 종속변수 Y_i를 예측하는데 아무런 도움이 되지 않는다는 의미이다.

여기서 귀무가설이 참일 경우, 위의 가설검정을 위한 검정통계량 t는

$$t=\frac{b}{Se/\sqrt{\sum_{i=1}^{n}(x_i-\bar{x})^2}}$$

이며, 이 검정통계량은 자유도 $(n-2)$의 t분포를 한다.

또한 β에 대한 신뢰수준 $(1-\alpha)$의 신뢰구간은 다음과 같이 설정된다.

$$b\pm t_{\alpha/2}(n-2)=\frac{Se}{\sqrt{\sum_{i=1}^{n}(x_i-\bar{x})^2}}$$

이제 앞의 예제에서 추정한 회귀방정식의 기울기에 대한 가설검정$(H_0 : \beta=0)$을 수행해 보자. 앞의 계산에서 $b=0.043$, $Se=49.45$이며 $\sum_{i=1}^{n}(x_i-\bar{x})^2=77,311,691.5$이므로 검정통계량 t값은 다음과 같다.

$$t=\frac{b}{Se\sqrt{\sum_{i=1}^{n}(x_i-\bar{x})^2}}=\frac{0.043}{49.45/\sqrt{77,311,691.5}}=7.646$$

유의수준을 5%로 하면 임계값은 자유도가 8이므로 $t_{0.025}(8)=2.306$이다. 그런데 계산된 검정통계량 t의 값이 임계값보다 크므로 유의수준 5%에서 귀무가설 $H_0 : \beta=0$은 기각된다.

이러한 t검정을 앞의 5절에서 설명한 분산분석을 이용한 F검정과 비교해 보면 F검정통계량의 값은 t검정통계량 값의 제곱임을 확인할 수 있다. 즉, 우리는 $H_0 : \beta=0$이라는 가설을 t검정법에 의해서 검정하여도 같은 결과를 얻는다는 것이다. 앞에서 소개한 F검정을 위해 계산한 F값은 59.2로 $(7.696)^2=59.23$의 관계를 확인할 수 있다. 일반적으로 자유도 $n-2$의 t분포를 하는 확률변수를 제곱하면 분자자유도 1, 분모자유도 $n-2$를 갖는 F분포를 한다.

한편 β에 대한 95% 신뢰구간은 다음과 같다.

$$b \pm t_{\alpha/2}(n-2) = \frac{Se}{\sqrt{\sum_{i=1}^{n}(x_i-\bar{x})^2}} = 0.043 \pm 2.306 \frac{49.45}{\sqrt{77,311,691.5}}$$

$$= 0.043 \pm 0.013$$

즉, β에 대한 95% 신뢰구간은 (0.030, 0.056)이 된다.

6.2 종속변수의 기대값에 대한 추정

회귀모형에서 만일 독립변수의 어떤 값 x_k가 주어졌을 경우 이에 대응하는 Y_k값은 $E(Y_k)$를 중심으로 하고 σ를 표준편차로 하는 정규분포를 따를 것이다. 그런데 회귀모형에서 우리는 $E(Y_k)=\alpha+\beta x_k$를 가정하였으며, $E(Y_k)$는 두 회귀계수 α와 β를 알아야만 구할 수 있다. 그러나 α와 β는 알 수 없는 모수이므로 표본자료로부터 α와 β의 추정값 a와 b를 구한 후 이를 이용하여 추정된 회귀방정식을 구하였다. 그리고 $E(Y_k)$의 추정값 $\hat{y}_k$는 추정된 회귀방정식 $\hat{y}_k=a+bx_k$을 통하여 계산하였다. 다시 말하면 $E(Y_k)$는 $\hat{y}_k$의 추정량인 것이다. 그러면 여기서 $E(Y_k)$에 대한 표본분포와 신뢰구간을 구하여 보자.

$\hat{y}_k=a+bx_k$이고 a와 b는 확률변수이므로 $\hat{y}_k$ 또한 확률변수임을 알 수 있다.

여기서 $\hat{y}_k$의 평균은 $E(\hat{y}_k)=E(a+bx_k)=\alpha+\beta x_k$이고 분산은 다음과 같이 유도된다.[21)]

$$Var(\hat{y}_k)=\left(\frac{1}{n}+\frac{(x_k-\bar{x})^2}{\sum_{i=1}^{n}(x_i-\bar{x})^2}\right)\sigma^2$$

따라서

$$Z=\frac{\hat{y}_k-E(Y_k)}{\sigma\sqrt{\frac{1}{n}+\frac{(x_k-\bar{x})^2}{\sum_{i=1}^{n}(x_i-\bar{x})^2}}}$$

는 평균이 0이고 분산이 1인 표준정규분포를 한다.

여기서 σ는 모르는 값이므로 이에 대한 추정값 Se를 대입하면

$$t=\frac{\hat{y}_k-E(Y_k)}{Se\sqrt{\frac{1}{n}+\frac{(x_k-\bar{x})^2}{\sum_{i=1}^{n}(x_i-\bar{x})^2}}}$$

는 자유도 $(n-2)$의 t분포를 한다.

따라서, $E(Y_k)$에 대한 신뢰수준 $(1-\alpha)$의 신뢰구간은 다음과 같다.

---

21) $Var(\hat{y}_k)=Var(a+bx_k)$

$$=Var((\bar{y})+b(x_k-\bar{x})) \quad (\because a=\bar{y}-b\bar{x})$$

$$=Var(\bar{y})+(x_k-\bar{x})^2 \quad Var(b)$$

$$=\sigma^2\left(\frac{1}{n}+\frac{(x_k-\bar{x})^2}{\sum_{i=1}^{n}(x_k-\bar{x})^2}\right)$$

$$\hat{y}_k \pm t_{\alpha/2}(n-2)Se\sqrt{\frac{1}{n}+\frac{(x_k-\bar{x})^2}{\sum_{i=1}^{n}(x_k-\bar{x})^2}}$$

즉, $E(Y_k)$의 신뢰구간은 $\hat{y}_k$를 중심으로 다음과 같은 특징을 가지고 있음을 알 수 있다.

① 신뢰구간의 폭은 표준오차의 추정값 Se에 비례한다. 즉, Se가 큰 경우 $\hat{y}_k$로 $E(Y_k)$을 추정하는 것은 정확하지 못하다.

② 표본의 크기(n)가 크면 클수록 $E(Y_k)$에 대한 추정값 $\hat{y}_k$는 정확해 진다.

③ $E(Y_k)$에 대한 추정값 $\hat{y}_k$의 정확도는 $(x_k-\bar{x})^2$과 관련되어 있다. 만일 $x_k=\bar{x}$이라면 신뢰구간의 폭이 가장 좁으므로 정확도가 높아진다고 말할 수 있으며, x_k가 자료의 중심인 $\bar{x}$로부터 멀어질수록 정확도는 떨어진다.

이제 <표 13-7>의 자료를 보고 국민총생산이 13조 9,213억원일 경우 원유도입량의 평균값에 대한 신뢰구간을 신뢰수준 95%로 구하여 보면 다음과 같다.

$$\hat{y}_k \pm t_{0.025}(n-2)Se\sqrt{\frac{1}{n}+\frac{(x_k-\bar{x})^2}{\sum_{i=1}^{n}(x_k-\bar{x})^2}}$$
$$=507.36\pm2.306(49.45)\sqrt{0.30482}=507.36\pm62.96$$

따라서 국민총생산이 13조 9,213억원일 경우 원유도입량의 평균값에 대한 95% 신뢰구간은 (444.4, 570.32)이다.

6.3 종속변수 값에 대한 추정

앞에서 우리는 $E(Y_k)$의 신뢰구간, 즉, 평균 원유도입량의 신뢰구간을 구하였는데, 여기서는 평균이 아닌 실제 원유도입량 Y_k의 신뢰구간이 어떻게 될 것인지를 알아보자. 이를 위해 우선 독립변수의 어떤 값 x_k에 대해서 종속변수 Y_k의 값은 어떠한 구조를 가지며, 또 Y_k의 표본분포는 어떠한 형태인지를 알아보자.

아래의 모형은 우리가 앞에서 배운 단순회귀모형이다.

$$Y_k = \alpha + \beta x_k + \varepsilon_k = E(Y_k) + \varepsilon_k$$

여기서 만일 우리가 α와 β의 값을 알고 있다면, Y_k는 $E(Y_k)$를 중심으로 ε_k의 오차를 가지고 분포되어 있다고 말할 수 있다. 그리고 ε_k는 평균이 0이고 분산이 σ^2인 정규분포를 하므로 Y_k도 $E(Y_k)$를 중심으로 분산이 σ^2인 정규분포를 하게 될 것이다. 그런데 우리는 α와 β의 값을 모르기 때문에 $E(Y_k)$를 $\hat{y}_k = a + bx_k$로 추정하였다. 따라서 우리는 Y_k가 $\hat{y}_k$를 중심으로 어떻게 분포되어 있는지를 알아 볼 필요가 있다.

이미 앞에서 $E(Y_k)$에 대한 추정량 $\hat{y}_k$는 $E(Y_k)$를 평균으로 하고 분산은 $\sigma^2\left(\frac{1}{n} + \frac{(x_k - \bar{x})^2}{\sum_{i=1}^{n}(x_k - \bar{x})^2}\right)$을 갖는다는 사실을 배웠다. 또한 Y_k는 $E(Y_k)$를 중심으로 분산은 σ^2을 갖는다는 사실을 알고 있다. 따라서 $\hat{y}_k$가 Y_k로부터 떨어져 있는 정도를 나타내는 분산은 Y_k가 $E(Y_k)$를 중심으로 퍼져있는 분산 σ^2에 $\hat{y}_k$가 $E(Y_k)$중심으로 퍼져있는 분산을 더한 값이 된다. 이와 같은 과정을 수식으로 표현하면 다음과 같다.

$$\begin{aligned} Var(\hat{y}_k - Y_k) &= Var(\hat{y}_k) + Var(Y_k) \\ &= \left(\frac{1}{n} + \frac{(x_k - \bar{x})^2}{\sum_{i=1}^{n}(x_k - \bar{x})^2}\right)\sigma^2 + \sigma^2 \end{aligned}$$

즉, Y_k에 대한 추정량으로서의 $\hat{y}_k$의 분산은 다음과 같다.

$$Var(\hat{y}_k) = \left(1 + \frac{1}{n} + \frac{(x_k - \bar{x})^2}{\sum_{i=1}^{n}(x_k - \bar{x})^2}\right)\sigma^2$$

따라서

$$Z=\frac{\hat{y}_k-Y_k}{\sigma\sqrt{1+\frac{1}{n}+\frac{(x_k-\bar{x})^2}{\sum_{i=1}^{n}(x_k-\bar{x})^2}}}$$

는 평균이 0이고 분산이 1인 표준정규분포를 한다.

여기서 σ는 모르는 값이므로 이에 대한 추정값 Se를 대입하면

$$t=\frac{\hat{y}_k-Y_k}{Se\sqrt{1+\frac{1}{n}+\frac{(x_k-\bar{x})^2}{\sum_{i=1}^{n}(x_k-\bar{x})^2}}}$$

이며, 이 통계량은 자유도 $(n-2)$의 t분포를 한다.

따라서 Y_k에 대한 신뢰수준 $(1-\alpha)$의 신뢰구간은 다음과 같이 계산된다.

$$\hat{y}_k \pm t_{0.025}(n-2)Se\sqrt{1+\frac{1}{n}+\frac{(x_k-\bar{x})^2}{\sum_{i=1}^{n}(x_k-\bar{x})^2}}$$

<표 13-2>의 자료에 대한 국민총생산이 13조 9,213억원일 경우 원유도입량에 대한 95% 신뢰구간을 구해보면 다음과 같다. x_k가 13조 9,213억원일 경우 $\hat{y}_k$의 값은 507.36이다. 따라서 $\hat{y}_k$를 중심으로 하는 95% 신뢰구간은 다음과 같다.

$$\begin{aligned}&\hat{y}_k \pm t_{0.025}(n-2)Se\sqrt{1+\frac{1}{n}+\frac{(x_k-\bar{x})^2}{\sum_{i=1}^{n}(x_k-\bar{x})^2}}\\&=507.36\pm 2.306(49.45)\sqrt{1.30482}\\&=507.36\pm 130.26\end{aligned}$$

따라서 Y_k에 대한 즉, 국민총생산이 13조 9,213억원일 때의 원유도입량에 대한 95% 신뢰구간은 (377.10, 637.62)이다.

만일 n이 크다면 $\sqrt{1+\frac{1}{n}+\frac{(x_k-\bar{x})^2}{\sum_{i=1}^{n}(x_k-\bar{x})^2}}$ 은 1에 가까워지기 때문에 신뢰구간 구간은 다음과 같이 간단하게 표현할 수 있다.

$$\hat{y} \pm t_{\alpha/2}(n-2)Se$$
$$=507.36 \pm 2.306(49.45)$$
$$=507.36 \pm 114.03$$

따라서 표본이 클 경우 Y_k에 대한 근사적인 95% 신뢰구간은 (393.33, 621.39)이다.

연습문제

1. 어느 대학교에서는 수능고사 성적을 이용하여 대학에서의 성적을 어느 정도 예측할 수 있는지 알아보기 위하여 대학교 학생들의 수능고사 성적과 1학기 및 2학기 성적을 학생별로 기록한 것이다. 학생은 10명을 무작위로 추출하였다.

학 생	수능고사 성적	1학기 성적	2학기 성적
1	368	3.73	3.29
2	342	3.50	3.50
3	341	3.81	3.55
4	346	3.34	2.84
5	350	3.28	2.31
6	344	3.02	2.44
7	358	3.57	3.44
8	351	3.02	3.63
9	353	3.39	3.84
10	345	3.78	3.41

① 수능고사 성적을 독립변수, 1학기 성적을 종속변수로 하여 산점도를 작성하라. 또한 수능고사 성적과 2학기 성적으로 산점도를 작성하라.

② 최소자승법에 의해서 수능고사 성적과 1학기 성적 사이 및 수능고사 성적과 2학기 성적 사이의 회귀방정식을 추정하라.

③ ②의 두 가지 경우에 대해서 추정된 표준오차를 계산하고 어느 쪽이 추정된 표준오차가 더 큰지 비교하라.

④ ②의 두 가지 경우에 대해서 결정계수(coefficient of determination)와 상관계수를 각각 계산하고 1학기 성적과 2학기 성적 중 어느 쪽이 수능고사 성적과 더 밀접한 관계가 있는지 조사하라.

⑤ 수능고사 성적이 350점인 학생의 1학기 성적을 신뢰도 95%로 하여 구간추정하라.

⑥ 수능고사 성적과 1학기 성적 사이의 회귀방정식에서 기울기 $\beta=0$인지를 유의수준 $\alpha=0.05$에서 F분포 및 t분포를 사용하여 검정하라.

2. 단순회귀분석에서 결정계수(coefficient of determination)를 구해 보았더니 0.81이 나왔다. 다음 기술들 중 바르지 않은 것을 찾아 바르게 고쳐라.

① 종속변수 총변동의 81%를 회귀식이 설명해 주고 있다.

② 독립변수와 종속변수의 선형관계의 강도가 0.81이다.

③ 종속변수 총변동의 19%는 독립변수 이외의 오차에 기인한다.

④ 독립변수와 종속변수는 양(+)의 선형관계에 있다.

3. 흡연기간(단위 : 년)과 폐의 손상정도 사이의 관계를 분석하기 위해 흡연자 7명을 대상으로 조사한 결과가 다음과 같다.

흡연기간 (X)	10	15	13	33	25	8	28
폐의 손상정도 (Y)	25	31	26	50	41	20	35

위 자료에서 X가 Y를 설명하는 변수라고 할때,

① 산점도(scatter diagram)를 그리고, 최소자승법을 이용하여 회귀방정식을 추정하라.

② 결정계수(r^2)을 구하고 이는 무엇을 의미하는지 기술하라. 또한 결정계수로부터 상관계수(r)을 구하고 이는 무엇을 의미하는지 기술하라.

4. 아래 자료에서 X가 Y를 설명하는 변수라고 할 때

X	2	3	5	7	9	10	13
Y	4	6	8	9	13	14	16

① 최소자승법을 이용하여 회귀직선을 추정하라.

② 결정계수(r^2)를 구하고 이는 무엇을 의미하는지 기술하라.

5. X가 Y를 설명하는 변수라고 하자. 표본의 크기가 20일 때 단순회귀분석을 한 결과, 종속변수의 예측값과 표본평균과의 차이의 제곱합은 85.4 그리고 잔차(실제값과 예측값과의 차이)의 제곱합은 20.4로 계산되었다.

① 결정계수(coefficient of determination)를 구하고 이것이 의미하는 바를 기술하라.

② 분산분석을 통하여 X가 Y에 영향을 미치는 요인인가(즉, $H_0 : \beta=0$, $H_1 : \beta \neq 0$)를 유의수준 10%로 검정하라.

6. 세계경제연구소에서는 의사 1인당 인구수와 그 나라 국민의 평균 수명간의 인과관계를 조사하기 위해 임의로 30개 국가를 선정하여 자료를 수집하고 산점도를 작성한 결과 두 변수간에 선형관계가 존재한다고 보고 회귀분석을 수행하였다. 여기서 의사 1인당 인구수는 독립변수, 그리고 국민의 평균수명은 종속변수의 역할을 한다. 자료수집을 통해 다음과 같은 사실을 알았다.

> 추정된 회귀방정식 : $\hat{y}=65.431-0.001x$
> SST(총변동)=2,000
> SSR(회귀모형에 의해 설명된 변동)=1,400

① $x=1,000$일때의 $\hat{y}$의 값을 구하고 의미를 해석하라.

② 추정된 표준오차 Se를 구하고, 의미에 대하여 기술하라.

③ 결정계수(r^2)을 구하고, 의미에 대하여 기술하라.

④ $H_0 : \beta=0$이라는 가설의 채택여부를 분산분석을 이용하여 유의수준 5%에서 결정하라.

7. 한국유통(주)는 "Along the Way"라는 편의점 체인을 운영하고 있는데, 점포의 규모에 따라 월평균 매출액이 어떠한 영향을 받는지를 알아보고자 한다. 이를 위해 한국유통(주)은 자사에서 운영하고 있는 20개 점포를 대상으로 점포의 규모(단위: 평)와 월 매출액(단위: 백만 원)을 조사하였다. 수집된 자료를 가지고 산점도를 작성한 결과 점포의 규모와 월 매출액은 선형의 함수 관계로 설명될 수 있다고 판단하고 회귀분석을 수행하였다. 여기서 점포의 규모는 독립변수, 그리고 월 매출액은 종속변수의 역할을 한다. 다음 정보를 이용하여 질문에 답하라.

> 추정된 회귀방정식 : $\hat{y}=2+1.53x$
> SST(총변동)=412
> SSE(회귀모형에 의해 설명되지 않는 변동)=52

① 점포의 규모가 30(평)일 경우 추정된 회귀방정식에 의해 구해진 종속변수의 값($\hat{y}$)은 무엇을 의미하는가?

② 결정계수(r^2)와 상관계수(r)를 각각 구하고, 결정계수란 무엇을 나타내는지 기술하라.

③ 위 추정된 회귀방정식이 의미가 있는가를 즉, $H_0 : \beta=0$이라는 가설의 채택여부를 분산분석을 이용하여 유의수준 5%로 결정하라.

8. H은행의 최고경영층은 중간관리자 교육에 상당한 투자를 하고 있다. H은행 경영층은 중간관리자들의 교육기간 성적이 그들의 업무성과를 예측하는데 도움이 되는지를 확인하기 위해 과거 5개월간 모 대학에 위탁한 교육을 수료한 12명의 중간관리자들을 대상으로 그들의 교육기간 성적과 교육 후 그들의 업무성과를 조사하여 다음 표와 같이 요약하였다.

중간관리자	교육성적(25점 만점)	업무 성과(100점 만점)
1	6	10
2	14	30
3	12	30
4	13	40
5	18	60
6	12	20
7	10	20
8	20	50
9	21	70
10	14	40
11	17	70
12	24	90

그리고 교육성적을 독립변수로 하고 업무성과를 종속변수로 하여 수행한 회귀분석 결과의 일부분은 다음과 같다(분석시 신뢰수준은 95%였음). 회귀분석 결과(엑셀 output)를 보고 다음 질문에 답하라.

요약 출력

회귀분석 통계량	
다중 상관계수	?
결정계수	0.866
조정된 결정계수	0.853
표준 오차	9.316
관측수	12

분산분석

	자유도	제곱합	제곱평균	F 비	유의한 F
회 귀	1	5623.869	5623.869	64.806	1.12E−05
잔 차	10	867.798	86.780		
계	11	6491.667			

	계 수	표준오차	t통계량	P−값
Y 절편	−22.846	8.748	−2.612	0.026
교육성적	24.443	0.552	8.050	0.000

① 출력결과를 보고 추정된 회귀식을 구하라.

② 출력결과에서 결정계수는 0.866으로 나타났다. 그 의미를 기술하라.

③ 교육성적과 업무성과 간의 상관계수를 출력결과에 근거하여 구하고, 그 의미를 기술하라.

④ 출력된 분산분석 결과를 근거로 추정된 회귀식이 의미가 있는지, 즉, 모회귀식의 기울기 β가 0이 아닌 지를 판단하라.

제14장 다중회귀분석

앞 장에서 우리는 하나의 독립변수만을 고려하는 단순회귀분석을 다루었다. 본 장에서는 두 개 이상의 독립변수를 고려하는 다중회귀분석을 다루고자 한다. 일반적으로 단순회귀분석만으로는 예측에 대한 정확성이 결여될 수 있다. 예를 들어, 어느 제품의 총 매출액은 그 제품의 가격과 관련되어 있다고 생각할 수 있다. 하지만 이러한 인과관계는 제품의 가격 이외에도 광고지출액, 경쟁자의 수, 경제적 환경 등에도 영향을 받는다고 생각할 수 있다.

이러한 경우 가격만을 고려하여 매출액을 예측하는 단순회귀분석은 다른 독립변수를 함께 고려하는 다중회귀분석에 비해 예측의 정확성이 떨어질 것이다. 즉, 몇가지 관련변수를 함께 고려함으로써 우리는 종속변수를 보다 잘 설명하고 예측할 수 있는 것이다.

01 다중회귀모형

다중회귀모형의 일반적인 형태는 다음과 같다.

$$Y_i = \alpha + \beta_1 x_{1i} + \beta_2 x_{2i} + \cdots\cdots + \beta_k x_{ki} + \varepsilon_i$$

여기서, Y_i : i번째 관측값에 대한 종속변수의 값

x_{1i} : i번째 관측값에 대한 첫번째 독립변수의 값

⋮

x_{ki} : i번째 관측값에 대한 k번째 독립변수의 값

α, β_1, ⋯, β_k : 모집단 회귀방정식의 회귀계수

ε_i : i번째 관측값에 대한 오차항을 나타내는 확률변수

다중회귀모형은 단순회귀모형에 단순히 독립변수만을 추가하여 확장된 형태의 모형으로 모형의 가정, 가설검정 등에 있어서 개념적인 차이는 없다. 즉, ε_i는 평균이 0, 분산이 σ^2인 정규분포를 따르는 확률변수이고 따라서 Y_i도 확률변수이다. 그리고 α와 $\beta_i(i=1, 2, \ldots, k)$는 모집단 회귀방정식의 절편항과 회귀계수로서 우리가 모르는 값이므로 이를 표본

으로부터 추정해야 한다. 이때의 추정값을 각각 a와 $b_i(i=1, 2, \ldots, k)$라 하면 다음과 같은 추정된 회귀방정식을 이용하여 $E(Y_i)$의 추정값, $\hat{y}_i$를 계산할 수 있다.

$$\hat{y}_i = a + b_1 x_{1i} + b_2 x_{2i} + \cdots + b_k x_{ki}$$

절편항과 회귀계수의 추정값 a와 $b_i(i=1, 2, \ldots, k)$를 구하는 방법도 단순회귀분석에서와 마찬가지로 관측된 종속변수의 값과 추정된 회귀방정식의 값의 차이를 제곱하여 더한 값, 즉, $\sum_{i=1}^{n}(y_i - \hat{y}_i)^2$를 최소화시키는 최소자승법(least squares method)에 기초를 두고 있는데, 단지 그 계산이 단순회귀분석의 과정보다 복잡할뿐, 개념적으로는 차이가 없다. 특히, 독립변수가 2개를 초과하면 그 계산은 컴퓨터의 도움없이는 현실적으로 불가능하다. 여기서는 독립변수가 두 개인 다중회귀모형을 이용하여 다중회귀분석의 개념을 소개하고자 한다.

어느 회사의 영업활동비용을 그 회사의 매출액과 영업사원의 수를 이용하여 예측하는 문제를 생각해 보자. 표본으로 추출한 10개의 회사에 대한 자료가 <표 14-1>과 같이 주어졌다.

이 문제의 다중회귀모형은 다음과 같다.

표 14-1 10개 회사에 대한 영업활동비용, 매출액 및 영업사원의 수

회 사	영업활동비용(천만원)	매출액(억원)	영업사원의 수
1	22	8	6
2	23	10	7
3	18	7	5
4	9	2	2
5	14	4	3
6	20	6	4
7	21	7	4
8	18	6	3
9	16	4	3
10	19	6	3

$$Y_i = \alpha + \beta_1 x_{1i} + \beta_2 x_{2i} + \varepsilon_i$$

여기서, Y_i : i번째 회사의 영업활동비용
x_{1i} : i번째 회사의 매출액
x_{2i} : i번째 회사의 영업사원의 수
ε_i : 오차항

이 모형에 대한 추정된 회귀방정식은 다음과 같다.

$$\hat{y}_i = a + b_1 x_{1i} + b_2 x_{2i}$$

여기서, $\hat{y}_i$: i번째 회사의 영업활동비용에 대한 추정값
a, b_1, b_2 : α, β_1, β_2의 추정값

독립변수가 하나일 경우는 추정된 회귀방정식을 직선으로 2차원 평면에 표현할 수 있었다. 그러나 독립변수가 두 개인 다중회귀모형에 대한 추정된 회귀방정식은 [그림 14-1]과 같이 3차원 공간에 평면으로 나타난다.

α, β_1 및 β_2의 추정값 a, b_1 및 b_2는 단순회귀분석의 경우와 비슷하게 $\sum_{i=1}^{n}(y_i - \hat{y}_i)^2$를 최소화하는 최소자승법을 이용하여 구해진다.[22)]

<표 14-1>의 자료를 이용한 추정된 회귀방정식은 다음과 같다.

$$\hat{y}_i = 7.918 + 2.363x_{1i} - 1.024x_{2i}$$

---

22) 즉, $\sum_{i=1}^{n}(y_i - \hat{y}_i)^2$를 최소화하는 a, b_1, b_2를 찾는 방법이 최소자승법으로 이에 대한 계산과정은 다음과 같이 표현된다.

$L = \sum_{i=1}^{n}(y_i - \hat{y}_i)^2$이라고 놓으면, $L = \sum_{i=1}^{n}[y_i - (a + b_1 x_{1i} + b_2 x_{2i})]^2$로 표현된다. 따라서 함수 L을 최소화시키는 a, b_1, b_2의 값은 단순회귀분석에서와 같이 세 개의 편미분 방정식을 만족시키는 값이 된다.

$$\frac{\partial L}{\partial a} = -2\sum_{i=1}^{n}(y_i - a - b_1 x_{1i} - b_2 x_{2i}) = 0$$

$$\frac{\partial L}{\partial b_1} = -2\sum_{i=1}^{n}(y_i - a - b_1 x_{1i} - b_2 x_{2i})x_{1i} = 0$$

$$\frac{\partial L}{\partial b_2} = -2\sum_{i=1}^{n}(y_i - a - b_1 x_{1i} - b_2 x_{2i})x_{2i} = 0$$

그림 14-1 독립변수가 두 개인 추정된 회귀방정식(평면)

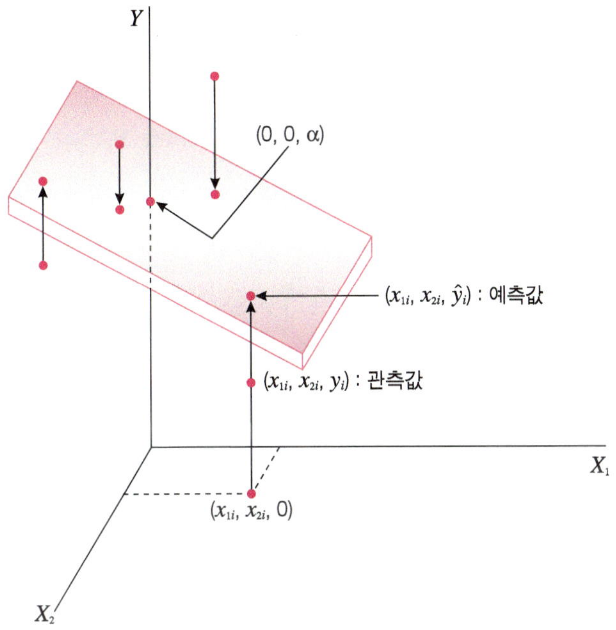

위의 회귀방정식으로부터 매출액(X_1)이 1억원 증가할 때 다른 독립변수(여기서는 영업사원의 수, X_2)의 변화가 없다면 영업활동비용은 평균적으로 2천 3백 6십 3만원 정도 증가할 것이라는 사실을 알 수 있다. 즉, 어느 회사의 매출액이 다른 회사보다 1억원 많고 영업사원의 수가 같다면, 영업활동비용이 평균적으로 2천 3백 6십 3만원 정도 더 지출할 것이라는 의미이다. 또한 영업사원의 수에 대한 추정된 회귀계수는 −1.024로 계산되었는데 이 계수는 다음과 같은 의미를 갖는다. 한 회사의 영업사원의 수가 다른 회사보다 한 사람 더 많고 매출액이 같다면(X_1은 변하지 않고 X_2가 한 단위 증가함), 영업사원의 수가 많은 회사는 적은 회사보다 영업활동비용이 평균적으로 1천 2십 4만원 정도 더 적게 지출될 것이라는 의미이다.

02 다중공선성

앞 절에서 우리는 영업사원의 수가 증가함에 따라 영업활동비용이 감소하는 이상한 결과를 보게 되었다. 이와 같은 현상은 두 개의 독립변수 매출액(X_1)과 영업사원의 수(X_2)간에 상관관계가 높기 때문에 나타나는 결과이다. 다시 말하면 독립변수가 하나인 단순회귀모형에서 양의 회귀계수를 갖는 독립변수라 할지라도 이 변수와 상관관계가 높은 다른 독립변수가 모형에 추가되어 독립변수가 두 개인 다중회귀분석을 수행하게되면 회귀계수가 음으로 바뀔 수 있다는 것이다.

예를 들어, 앞의 예제에서 소개한 자료를 분석하면 영업활동비용과 영업사원의 수는 양의 상관관계를 가지고 있기 때문에 영업사원의 수를 독립변수로 하는 단순회귀모형에서는 회귀계수가 양이 될 것이다(표 14-2 참조). 하지만 매출액이 추가된 다중회귀모형에서는 매출액과 영업사원 수의 상관계수가 0.912로 매우 높기 때문에 영업사원 수에 대한 회귀계수는 음으로 바뀌게 하는 것이다. 이러한 현상은 독립변수간의 다중공선성(multicollinearity)이 존재하기 때문에 발생하는 것이다. 여기서 다중공선성이란 독립변수간의 상호 의존 정도를 나타내는 개념이다.

따라서 독립변수간의 높은 다중공선성이 존재할 경우 독립변수간의 높은 상관관계로 인하여 다중회귀모형의 결과가 왜곡되는 현상이 나타날 수 있다. 이러한 경우 회귀계수의 정확도는 떨어지며 종속변수에 대한 독립변수의 영향력이 실제보다 과소 평가되어 중요한 독립변수들이 의미가 없는 것처럼 나타날 수 있다.

따라서 다중공선성은 다중회귀모형에서 우선적으로 고려해야 하는 중요한 문제이다.

표 14-2 영업활동비용(Y), 매출액(X_1), 영업사원의 수(X_2) 사이의 상관계수

	Y	X_1	X_2
Y	1.00	0.933	0.785
X_1	0.933	1.00	0.912
X_2	0.785	0.912	1.00

이 문제를 해결하는 간단한 방법 중의 하나는 상관관계가 높은 변수들 중 하나만 남기고 나머지 관련된 변수를 제거하는 것으로 다음 절에서 구체적으로 설명하기로 한다.

03 다중회귀분석의 유의성 검정

앞에서는 최소자승법에 의하여 다중회귀방정식을 추정하고 다중공선성에 대한 문제점을 논의하였다. 여기서는 두 가지 형태의 가설검정을 소개하고자 한다. 첫번째는, 모든 회귀계수가 0이라는 가설($H_0 : \beta_i=0,\ i=1, 2, \ldots, k$)의 검정이며, 두번째는 특정한 회귀계수가 0이라는 가설($H_0 : \beta_i=0$)의 검정이다. 첫번째 검정을 전반검정(overall test)이라하며, 두번째 검정을 부분검정(partial test 또는 marginal test)이라고 부른다.

3.1 전반검정

전반검정은 종속변수와 k개의 독립변수와의 관계를 검정하는 것이다. 귀무가설과 대립가설의 형태는 다음과 같다.

H_0 : $\beta_1=\beta_2=\cdots=\beta_k=0$
H_1 : 최소한 한 개의 β_i는 0이 아니다($i=1, 2, \ldots, \mathrm{k}$)

만일 귀무가설을 기각하지 못하면 k개의 독립변수에 기초를 둔 다중회귀모형은 유용한 것이 되지 못한다. 이 경우에는 새로운 독립변수를 찾아 다른 회귀모형을 정립하든지 아니면 비선형 관계의 가능성을 조사해 볼 필요가 있다.

이러한 형태의 가설검정은 단순회귀분석의 가설검정과 유사한 것으로, 다양한 형태의 제곱합(변동), 제곱합 평균(분산), 그리고 MSR/MSE의 비율(F값)을 구하여야 한다. 먼저 자료로부터 계산하여야 할 제곱합은 다음과 같다.

$$SST=\sum_{i=1}^{n}(y_i-\bar{y})^2 \quad : \text{총변동}$$
$$SSR=\sum_{i=1}^{n}(\hat{y}_i-\bar{y})^2 \quad : \text{회귀모형에 의해 설명된 변동}$$
$$SSE=\sum_{i=1}^{n}(y_i-\hat{y}_i)^2 \quad : \text{회귀모형에 의해 설명되지 않은 변동}$$

제곱합을 구하는 방법은 단순회귀분석의 경우와 같으며, 단지 다른 점은 y_i의 예측값 $\hat{y}_i$가 다음과 같은 식으로 추정된다는 것 뿐이다.

$$\hat{y}_i=a+b_1x_{1i}+b_2x_{2i}+\cdots+b_kx_{ki}$$

위의 제곱합과 관련된 자유도는 SST가 $n-1$이고, SSR의 자유도는 k(독립변수의 수)이다. 따라서 SSE는 $(n-1)-(k)=n-k-1$이다. 여기서 제곱합의 평균은 다음과 같이 계산된다.

$$MSR=SSR/k$$
$$MSE=SSE/(n-k-1)$$

검정 통계량, F값은 $F=MSR/MSE$이다. 만일 귀무가설이 참인 경우, F값은 분자자유도 k, 분모자유도 $n-k-1$을 갖는 F분포를 따른다. 따라서 유의수준 α에서의 통계적 가설검정은 검정통계량 F값이 임계값 $F_\alpha(k,\ n-k-1)$보다 크면 귀무가설을 기각하는 의사결정규칙이 적용된다. <표 14-3>은 추정된 다중회귀모형의 적합도 검정을 위한 분산분

표 14-3 다중회귀분석의 분산분석표

변동원인	제곱합	자유도	제곱평균	F값
회 귀	SSR	k	$MSR=SSR/k$	MSR/MSE
잔 차(오차)	SSE	$n-k-1$	$MSE=SSE/(n-k-1)$	
합 계	SST	$n-1$		

석표이다.

앞의 예에 대한 제곱합은 다음과 같이 계산된다.

$$SST=156$$
$$SSR=139.57$$
$$SSE=SST-SSR=16.43$$

그리고 제곱합의 평균을 계산하면 다음과 같다.

$$MSR=SSR/k=139.57/2=69.785$$
$$MSE=SSE/(n-k-1)=16.43/7=2.347$$

영업활동비용 문제에 대한 분산분석표의 계산결과는 <표 14-4>에 정리되어 있다. 분자자유도가 2이고 분모자유도가 7인 F분포에서 $\alpha=0.05$이면 임계값 $F_{0.05}(2,7)=4.74$이고, $\alpha=0.01$이면 $F_{0.01}(2,7)=9.55$이다. 계산된 F값은 29.73이므로 유의수준 $\alpha=0.05$와 $\alpha=0.01$ 모두에서 귀무가설이 기각된다(그림 14-2 참조). 따라서 모든 회귀계수가 0이라는 귀무가설은 기각되므로 매출액과 영업사원의 수를 독립변수로 하고 영업활동비용을 종속변수로 하는 다중회귀모형은 의미있는 모형이라고 말할 수 있다.

표 14-4 영업활동비용 문제에 대한 분산분석표

변동원인	제곱합	자유도	제곱평균	F값
회 귀	139.57	2	69.785	29.73
잔 차(오차)	16.43	7	2.347	
합 계	156	9		

그림 14-2 영업활동비용 문제에 대한 임계값

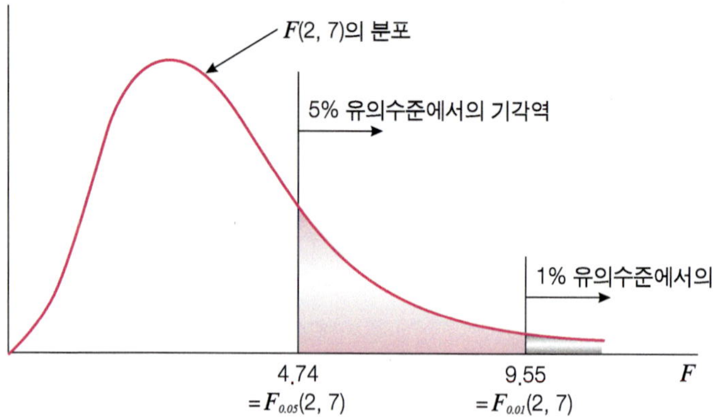

3.2 부분검정

우리가 만일 전반검정에서 모든 $\beta_i(i=1, 2, \ldots, k)$가 0이라는 귀무가설을 기각하게 되면 k개의 $\beta_i(i=1, 2, \ldots, k)$중에 하나 또는 그 이상이 0과 통계적으로 의미있는 차이가 있다는 결론을 내릴 수 있다. 그러나 전반검정을 통해서는 어느 회귀계수가 0과 의미있는 차이가 있는지를 알 수 없다. 따라서 우리는 독립변수 각각의 회귀계수에 대한 유의성을 검정하여 중요하지 않은 변수를 제거함으로써 다중공선성 문제를 해결하고 회귀모형을 단순하게 만들 수 있을 것이다.

부분검정은 전반검정의 귀무가설이 기각되는 경우, 즉, k개의 $\beta_i(i=1, 2, \ldots, k)$ 중 하나 또는 그 이상이 0과 통계적으로 의미있는 차이가 있는 경우에만 적용된다. 부분검정을 위해서는 t분포와 F분포가 다같이 사용될 수 있고 같은 결과를 제공하지만 여기서는 보다 일반적인 F분포에 의한 검정만을 소개하고자 한다.

부분검정의 원리는 모든 독립변수를 포함하는 완전모형(full model)을 유의성을 검정하고자 하는 변수를 제외한 부분모형(partial model)과 비교하여 오차제곱합(SSE)이 얼마나 줄어드는가를 조사하는 것이다. 여기서 알아두어야 할 사실은 완전모형의 오차제곱합보다 부분모형의 오차제곱합이 항상 크다는 사실이다.

예를 들어, 앞의 예제에서 영업사원의 수(X_2)에 대한 부분검정을 하고자 한다면, 우선 매출액 (X_1)만을 독립변수로 하는 단순회귀모형에 대한 오차제곱합 $SSE(X_1)$를 계산한

후, 매출액(X_1)과 영업사원의 수(X_2) 모두를 독립변수로 포함한 다중회귀모형의 오차제곱합 $SSE(X_1, X_2)$를 계산한다. 여기서 $SSE(X_1)$는 $SSE(X_1, X_2)$보다 항상 큰 값을 갖게 된다. 그리고 부분검정에서는 두 오차제곱합의 크기 차이를 비교한다. X_2가 추가되어 감소되는 SSE값은 X_1만이 있는 회귀모형에 X_2가 추가로 포함될 때 종속변수 (Y)의 변동을 설명해 주는 부분으로, $SSR(X_2|X_1)$로 표현한다.

즉, 다음과 같은 관계식이 성립한다.

$$SSR(X_2|X_1)=SSE(X_1)-SSE(X_1, X_2)$$

따라서, 귀무가설 H_0 : $\beta_2=0$을 검정하기 위한 검정통계량 F는 다음과 같이 표시된다.

$$F=\frac{SSR(X_2|X_1)/1}{SSE(X_1, X_2)/(n-3)}=\frac{MSR(X_2|X_1)}{MSE(X_1, X_2)}$$

두 개의 독립변수를 갖는 회귀모형의 $SSE(X_1, X_2)$에 대한 자유도는 $(n-3)$이고, 한 개의 독립변수를 갖는 회귀모형의 $SSE(X_1)$에 대한 자유도는 $(n-2)$이므로 분자의 자유도는 두 자유도 값의 차이인 1이 된다. 그리고 귀무가설이 사실이라면 검정통계량 F는 분자자유도 1, 분모자유도 $(n-3)$인 F분포를 따른다.

앞의 예제에 대하여 $SSE(X_1)$과 $SSE(X_1, X_2)$를 계산하면 다음과 같다.

$SSE(X_1)=20.35$[23]

$$SSE(X_1, X_2)=16.43$$

$n=10$이므로 검정통계량의 값은

$$\begin{aligned} F&=\frac{[SSE(X_1)-SSE(X_1, X_2)/1}{SSE(X_1, X_2)/(10-3)} \\ &=\frac{20.35-16.43}{16.43/7} \\ &=1.67 \end{aligned}$$

23) X_1만을 포함하는 회귀모형에 대한 오차제곱합 $SSE(X_1)$은 추정된 단순회귀방정식, $\hat{y}_i=7.698+1.717x_i$을 근거로 계산되었다.

유의수준을 0.05로 하면 임계값은 $F_{0.05}(1,7)=5.59$이 된다. 이 값은 표본으로부터 계산된 F값인 1.67보다 크므로 귀무가설 $H_0 : \beta_2=0$을 기각하지 못한다. 따라서, 매출액이 독립변수로 고려된 경우, 영업사원 수의 영업활동비용에 대한 추가적인 영향력은 통계적으로 유의하지 않다. 따라서 영업사원의 수(X_2)를 독립변수에서 제외시키면, 다중공선성 문제를 해결할 수 있으며 회귀모형도 단순하게 만들 수 있다.

그러나 이러한 부분검정의 결과를 가지고 영업사원의 수가 영업활동비용을 결정하는데 아무런 영향을 미치지 못하는 변수라고 해석해서는 안 된다. 앞서 수행한 부분검정 결과는 영업사원의 수가 설명하는 영업활동비용의 변동부분을 이미 매출액이 설명하고 있다고 해석해야 한다.

여기서 부분검정을 실시할 경우 고려해야 하는 중요한 개념을 한 가지 설명해 보기로 하자. 예를 들어, 세 개의 독립변수 X_1, X_2, X_3가 있는 모형에서 X_2와 X_3가 높은 상관관계를 가지고 있다고 가정하자. 이러한 경우 X_1과 X_2가 있는 회귀모형에서 X_3를 추가한다면 오차제곱합(SSE)은 줄어들 것이다. 하지만 이 경우 Y(종속변수)에 대한 예측능력이 향상되었다고 말할 수 있을까? 대답은 X_2와 X_3의 상관관계가 높기 때문에 그렇지 않다는 것이다. 마찬가지로 X_1과 X_3가 있는 모형에 X_2를 추가하는 경우도 오차제곱합(SSE)을 의미있게 줄여주지는 못하기 때문에 예측능력이 향상되었다고 말할 수 없는 것이다.

이와 같은 사실로부터 부분검정을 위한 두 개의 귀무가설 $H_0 : \beta_2=0$과 $H_0 : \beta_3=0$은 X_1, X_2, X_3가 있는 회귀모형을 기초로 검정하였을 경우에는 모두 기각하지 못할 것이다. 이 경우 우리는 X_2와 X_3 중 하나만 제거해야하며 모두 제거해서는 안 된다. 즉, 다중회귀분석에서 변수의 제거는 한번에 하나씩 해야한다. 부분검정에 대한 통계적 결정이 유의하지 않다고 해서 유의적이지 않은 모든 변수를 한꺼번에 제거해서는 안되는 것이다.

04 다중결정계수

단순회귀분석에서 소개한 결정계수와 비슷한 방법으로서 다중회귀분석에서도 유사한 통계량인 다중결정계수(coefficient of multiple determination)가 존재하며 이는 다음과 같이 정의된다.

$$r^2 = \frac{SSR}{SST} = 1 - \frac{SSE}{SST}$$

여기서 r^2은 종속변수 Y의 총변동 중에서 다중회귀방정식에 의해 설명되는 변동에 대한 비율을 의미한다. 그리고 다중상관계수 r은 다음과 같이 정의한다.

$$r = \sqrt{r^2}$$

단순회귀분석에서는 추정된 회귀계수 b의 값이 양인가 음인가에 따라 상관계수 r이 양이기도 하고 음이기도 하였는데 다중회귀분석에서는 회귀계수가 두 개 이상이며, 이 중 어떤 것은 양일 수도 있고 어떤 것은 음일 수도 있으므로(즉, b_1은 양이고 b_2는 음이 될 수 있다) 다중상관계수 r은 항상 양의 값을 갖는 것으로 정의한다.

연습문제

1. 어느 분석가는 다중회귀모형에서 새로운 독립변수를 추가하면 다중결정계수가 증가하고 종속변수를 설명하는 변수가 많아지기 때문에 가능한 많은 독립변수를 다중회귀모형에 포함시켜야 한다고 주장하고 있다. 이 주장에 대하여 논하라.

2. 어느 제조회사에서는 새로운 판매전략으로 성과에 따른 보상제도인 보너스를 실시하여 그 효과를 알아 보고자 한다. 25개 지역에 대한 매출액과 광고비 그리고 보너스 금액에 대한 다중회귀방정식을 추정한 결과 다음과 같았다.

$$\hat{y}_i = -509.8 + 2.01x_{1i} + 1.92x_{2i}$$

여기서, $\hat{y}_i$: 25개 지역의 매출액에 대한 추정값
x_{1i} : 25개 지역의 광고비
x_{2i} : 25개 지역의 보너스 금액

① 아래의 분산분석표에 빈칸을 채워라.

변동원인	제곱합	자유도	제곱평균	F값
회 귀	ⓐ	ⓑ	ⓔ	ⓕ
잔 차(오차)	ⓒ	ⓓ	8027	
합 계	1367571	24		

② F검정을 실시하고 결과를 해석하라. (유의수준 α=0.05)

3. 서강직물(주)은 대리점의 매출액을 예측하는 회귀모형을 개발하여 대리점 관리 및 새로운 대리점의 입지를 선정하는데 이용하고자 한다. 영업담당 상무는 전문가들과의 논의를 거쳐 대리점 매출액이 다음과 같은 두 가지 변수 ① 반경 10km 이내의 경쟁기업의 대리점의 수, ② 해당지역의 인구 수에 의해서 매출액을 예측할 수 있다고 의견을 모았다. 무작위로 추출된 10개 대리점을 통해서 수집된 자료는 다음과 같다.

대리점	매출액 Y (단위: 천만원)	경쟁기업의 수 X_1	인구 X_2 (단위: 십만명)
1	6	4	34
2	15	3	92
3	12	2	75
4	9	3	36
5	17	1	78
6	5	5	8
7	11	4	23
8	16	2	69
9	9	3	10
10	10	3	25
합 계	110	30	450

① 추정된 회귀방정식을 구하라.

② 회귀계수가 모두 0이라는 전반검정을 실시하라.(유의수준 α=0.05)

③ 부분검정 $H_0 : \beta_2=0$을 검정하라.(유의수준 β=0.1)

④ 다중결정계수를 구하고 그 의미를 기술하라.

⑤ 앞의 결과를 이용하여 경쟁기업의 수와 인구가 매출액에 미치는 영향을 분석하라.

4. 어느 회사에서는 고객의 만족도(Y)와 고객의 나이(X_1), 업무의 관련정도(X_2) 사이의 관계를 파악하기 위하여 20명의 고객을 선택하여 조사하였다.

고객번호	1	2	3	4	5	6	7	8	9	10
고객의 나이	50	36	40	41	28	49	42	45	52	29
업무의 관련정도	51	46	48	44	43	54	50	48	62	50
고객의 만족도	48	57	66	70	89	36	46	46	26	77

고객번호	11	12	13	14	15	16	17	18	19	20
고객의 나이	29	43	38	34	53	36	33	29	33	55
업무의 관련정도	48	53	55	51	54	49	56	46	49	51
고객의 만족도	89	67	47	51	57	66	79	88	60	49

① 분산분석표를 작성하라.

② 추정된 회귀방정식으로부터 고객의 나이와 업무의 관련정도 사이에의 효과를 설명하라.

③ 부분검정을 이용하여 각 변수들의 유의성을 α=0.10에서 검정하라.

④ 다중결정계수 r^2를 계산하고 그 의미를 설명하라.

⑤ 앞의 결과를 이용하여 고객의 나이와 업무의 관련정도에 따른 만족도에 대한 회귀분석 결과를 해석하라.

⑥ 고객의 만족도를 분석하기 위하여 어떠한 변수가 추가되어야 하는지에 대하여 논하라.

부 록

1. 이항분포표
2. 포아송분포표
3. 표준정규분포표
4. 지수분포표
5. t분포표
6. χ^2분포표
7. F분포표

표 1 이항분포표

$$P(X=x)=\binom{n}{x}p^x(1-p)^{n-x}$$

		p									
n	*x*	.05	.10	.15	.20	.25	.30	.35	.40	.45	.50
1	0	.9500	.9000	.8500	.8000	7500	.7000	.6500	.6000	.5500	.5000
	1	.0500	.1000	.1500	.2000	.2500	.3000	.3500	.4000	.4500	.5000
2	0	.9025	.8100	.7225	.6400	.5625	.4900	.4225	.3600	.3025	.2500
	1	.0950	.1800	.2550	.3200	.3750	.4200	.4550	.4800	.4950	.5000
	2	.0025	.0100	.0225	.0400	.0625	.0900	.1225	.1600	.2025	.2500
3	0	.8574	.7290	.6141	.5120	.4219	.3430	.2746	.2160	.1664	.1250
	1	.1354	.2430	.3251	.3840	.4219	.4410	.4436	.4320	.4084	.3750
	2	.0071	.0270	.0574	.0960	.1406	.1890	.2389	.2880	.3341	.3750
	3	.0001	.0010	.0034	.0080	.0156	.0270	.0429	.0640	.0911	.1250
4	0	.8145	.6561	.5220	.4096	.3164	.2401	.1785	.1296	.0915	.0625
	1	.1715	.2916	.3685	.4096	.4219	.4116	.3845	.3456	.2995	.2500
	2	.0135	.0486	.0975	.1536	.2109	.2646	.3105	.3456	.3675	.3750
	3	.0005	.0036	.0115	.0256	.0469	.0756	.1115	.1536	.2005	.2500
	4	.0000	.0001	.0005	.0016	.0039	.0081	.0150	.0256	.0410	.0625
5	0	.7738	.5905	.4437	.3277	.2373	.1681	.1160	.0778	.0503	.0312
	1	.2036	.3280	.3915	.4096	.3955	.3602	.3124	.2592	.2059	.1562
	2	.0214	.0729	.1382	.2048	.2637	.3087	.3364	.3456	.3369	.3125
	3	.0011	.0081	.0244	.0512	.0879	.1323	.1811	.2304	.2757	.3125
	4	.0000	.0004	.0022	.0064	.0146	.0284	.0488	.0768	.1128	.1562
	5	.0000	.0000	.0001	.0003	.0010	.0024	.0053	.0102	.0185	.0312
6	0	.7351	.5314	.3771	.2621	.1780	.1176	.0754	.0467	.0277	.0156
	1	.2321	.3543	.3993	.3932	.3560	.3025	.2437	.1866	.1359	.0938
	2	.0305	.0984	.1762	.2458	.2966	.3241	.3280	.3110	.2780	.2344
	3	.0021	.0146	.0415	.0819	.1318	.1852	.2355	.2765	.3032	.3125
	4	.0001	.0012	.0055	.0154	.0330	.0595	.0951	.1382	.1861	.2344
	5	.0000	.0001	.0004	.0015	.0044	.0102	.0205	.0369	.0609	.0938
	6	.0000	.0000	.0000	.0001	.0002	.0007	.0018	.0041	.0083	.0156
7	0	.6983	.4783	.3206	.2097	.1335	.0824	.0490	.0280	.0152	.0078
	1	.2573	.3720	.3960	.3670	.3115	.2471	.1848	.1306	.0872	.0547
	2	.0406	.1240	.2097	.2753	.3115	.3177	.2985	.2613	.2140	.1641
	3	.0036	.0230	.0617	.1147	.1730	.2269	.2679	.2903	.2918	.2734
	4	.0002	.0026	.0109	.0287	.0577	.0972	.1442	.1935	.2388	.2734
	5	.0000	.0002	.0012	.0043	.0115	.0250	.0466	.0774	.1172	.1641
	6	.0000	.0000	.0001	.0004	.0013	.0036	.0084	.0172	.0320	.0547
	7	.0000	.0000	.0000	.0000	.0001	.0002	.0006	.0016	.0037	.0078

$$P(X=x)=\binom{n}{x}p^x(1-p)^{n-x}$$

n	x	.05	.10	.15	.20	.25	.30	.35	.40	.45	.50
						p					
8	0	.6634	.4305	.2725	.1678	.1001	.0576	.0319	.0168	.0084	.0039
	1	.2793	.3826	.3847	.3355	.2670	.1977	.1373	.0896	.0548	.0312
	2	.0515	.1488	.2376	.2936	.3115	.2965	.2587	.2090	.1569	.1094
	3	.0054	.0331	.0839	.1468	.2076	.2541	.2786	.2787	.2568	.2188
	4	.0004	.0046	.0185	.0459	.0865	.1361	.1875	.2322	.2627	.2734
	5	.0000	.0004	.0026	.0092	.0231	.0467	.0808	.1239	.1719	.2188
	6	.0000	.0000	.0002	.0011	.0038	.0100	.0217	.0413	.0703	.1094
	7	.0000	.0000	.0000	.0001	.0004	.0012	.0033	.0079	.0164	.0312
	8	.0000	.0000	.0000	.0000	.0000	.0001	.0002	.0007	.0017	.0039
9	0	.6302	.3874	.2316	.1342	.0751	.0404	.0207	.0101	.0046	.0020
	1	.2985	.3874	.3679	.3020	.2253	.1556	.1004	.0605	.0339	.0176
	2	.0629	.1722	.2597	.3020	.3003	.2668	.2162	.1612	.1110	.0703
	3	.0077	.0446	.1069	.1762	.2336	.2668	.2716	.2508	.2119	.1641
	4	.0006	.0074	.0283	.0661	.1168	.1715	.2194	.2508	.2600	.2461
	5	.0000	.0008	.0050	.0165	.0389	.0735	.1181	.1672	.2128	.2461
	6	.0000	.0001	.0006	.0028	.0087	.0210	.0424	.0743	.1160	.1641
	7	.0000	.0000	.0000	.0003	.0012	.0039	.0098	.0212	.0407	.0703
	8	.0000	.0000	.0000	.0000	.0001	,0004	.0013	.0035	.0083	.0176
	9	.0000	.0000	.0000	.0000	.0000	.0000	.0001	.0003	.0008	.0020
10	0	.5987	.3487	.1969	.1074	.0563	.0282	.0135	.0060	.0025	.0010
	1	.3151	.3874	.3474	.2684	.1877	.1211	.0725	.0403	.0207	.0098
	2	.0746	.1937	.2759	.3020	.2816	.2335	.1757	.1209	.0763	.0439
	3	.0105	.0574	.1298	.2013	.2503	.2668	.2522	.2150	.1665	.1172
	4	.0010	.0112	.0401	.0881	.1460	.2001	.2377	.2508	.2384	.2051
	5	.0001	.0015	.0085	.0264	.0584	.1029	.1536	.2007	.2340	.2461
	6	.0000	.0001	.0012	.0055	.0162	.0368	.0689	.1115	.1596	.2051
	7	.0000	.0000	.0001	.0008	.0031	.0090	.0212	.0425	.0746	.1172
	8	.0000	.0000	.0000	.0001	.0004	.0014	.0043	.0106	.0229	.0439
	9	.0000	.0000	.0000	.0000	.0000	.0001	.0005	.0016	.0042	.0098
	10	.0000	.0000	.0000	.0000	.0000	.0000	.0000	.0001	.0003	.0010
11	0	.5688	.3138	.1673	.0859	.0422	.0198	.0088	.0036	.0014	.0005
	1	.3293	.3835	.3248	.2362	.1549	.0932	.0518	.0266	.0125	.0054
	2	.0867	.2131	.2866	.2953	.2581	.1998	.1395	.0887	.0513	.0269
	3	.0137	.0710	.1517	.2215	.2581	.2568	.2254	.1774	.1259	.0806
	4	.0014	.0158	.0536	.1107	.1721	.2201	.2428	.2365	.2060	.1611
	5	.0001	.0025	.0132	.0388	.0803	.1321	.1830	.2207	.2360	.2256
	6	.0000	.0003	.0023	.0097	.0268	.0566	.0985	.1471	.1931	.2256
	7	.0000	.0000	.0003	.0017	.0064	.0173	.0379	.0701	.1128	.1611
	8	.0000	.0000	.0000	.0002	.0011	.0037	.0102	.0234	.0462	.0806
	9	.0000	.0000	.0000	.0000	.0001	.0005	.0018	.0052	.0126	.0269
	10	.0000	.0000	.0000	.0000	.0000	.0000	.0002	.0007	.0021	.0054
	11	.0000	.0000	.0000	.0000	.0000	.0000	.0000	.0000	.0002	.0005

$$P(X=x)=\binom{n}{x}p^x(1-p)^{n-x}$$

n	x	p .05	.10	.15	.20	.25	.30	.35	.40	.45	.50
12	0	.5404	.2824	.1422	.0687	.0317	.0138	.0057	.0022	.0008	.0002
	1	.3413	.3766	.3012	.2062	.1267	.0712	.0368	.0174	.0075	.0029
	2	.0988	.2301	.2924	.2835	.2323	.1678	.1088	.0639	.0339	.0161
	3	.0173	.0853	.1720	.2362	.2581	.2397	.1954	.1419	.0923	.0537
	4	.0021	.0213	.0683	.1329	.1936	.2311	.2367	.2128	.1700	.1208
	5	.0002	.0038	.0193	.0532	.1032	.1585	.2039	.2270	.2225	.1934
	6	.0000	.0005	.0040	.0155	.0401	.0792	.1281	.1766	.2124	.2256
	7	.0000	.0000	.0006	.0033	.0115	.0291	.0591	.1009	.1489	.1934
	8	.0000	.0000	.0001	.0005	.0024	.0078	.0199	.0420	.0762	.1208
	9	.0000	.0000	.0000	.0001	.0004	.0015	.0048	.0125	.0277	.0537
	10	.0000	.0000	.0000	.0000	.0000	.0002	.0008	.0025	.0068	.0161
	11	.0000	.0000	.0000	.0000	.0000	.0000	.0001	.0003	.0010	.0029
	12	.0000	.0000	.0000	.0000	.0000	.0000	.0000	.0000	.0001	.0002
13	0	.5133	.2542	.1209	.0550	.0238	.0097	.0037	.0013	.0004	.0001
	1	.3512	.3672	.2774	.1787	.1029	.0540	.0259	.0113	.0045	.0016
	2	.1109	.2448	.2937	.2680	.2059	.1388	.0836	.0453	.0220	.0095
	3	.0214	.0997	.1900	.2457	.2517	.2181	.1651	.1107	.0660	.0349
	4	.0028	.0277	.0838	.1535	.2097	.2337	.2222	.1845	.1350	.0873
	5	.0003	.0055	.0266	.0691	.1258	.1803	.2154	.2214	.1989	.1571
	6	.0000	.0008	.0063	.0230	.0559	.1030	.1546	.1968	.2169	.2095
	7	.0000	.0001	.0011	.0058	.0186	.0442	.0833	.1312	.1775	.2095
	8	.0000	.0000	.0001	.0011	.0047	.0142	.0336	.0656	.1089	.1571
	9	.0000	.0000	.0000	.0001	.0009	.0034	.0101	.0243	.0495	.0873
	10	.0000	.0000	.0000	.0000	.0001	.0006	.0022	.0065	.0162	.0349
	11	.0000	.0000	.0000	.0000	.0000	.0001	.0003	.0012	.0036	.0095
	12	.0000	.0000	.0000	.0000	.0000	.0000	.0000	.0001	.0005	.0016
	13	.0000	.0000	.0000	.0000	.0000	.0000	.0000	.0000	.0000	.0001
14	0	.4877	.2288	.1028	.0440	.0178	.0068	.0024	.0008	.0002	.0001
	1	.3593	.3559	.2539	.1539	.0832	.0407	.0181	.0073	.0027	.0009
	2	.1229	.2570	.2912	.2501	.1802	.1134	.0634	.0317	.0141	.0056
	3	.0259	.1142	.2056	.2501	.2402	.1943	.1366	.0845	.0462	.0222
	4	.0037	.0349	.0998	.1720	.2202	.2290	.2022	.1549	.1040	.0611
	5	.0004	.0078	.0352	.0860	.1468	.1963	.2178	.2066	.1701	.1222
	6	.0000	.0013	.0093	.0322	.0734	.1262	.1759	.2066	.2088	.1833
	7	.0000	.0002	.0019	.0092	.0280	.0618	.1082	.1574	.1952	.2095
	8	.0000	.0000	.0003	.0020	.0082	.0232	.0510	.0918	.1398	.1833
	9	.0000	.0000	.0000	.0003	.0018	.0066	.0183	.0408	.0762	.1222
	10	.0000	.0000	.0000	.0000	.0003	.0014	.0049	.0136	.0312	.0611
	11	.0000	.0000	.0000	.0000	.0000	.0002	.0010	.0033	.0093	.0222
	12	.0000	.0000	.0000	.0000	.0000	.0000	.0001	.0005	.0019	.0056
	13	.0000	.0000	.0000	.0000	.0000	.0000	.0000	.0001	.0002	.0009
	14	.0000	.0000	.0000	.0000	.0000	.0000	.0000	.0000	.0000	.0001

$$P(X=x)=\binom{n}{x}p^x(1-p)^{n-x}$$

n	x	.05	.10	.15	.20	p .25	.30	.35	.40	.45	.50
15	0	.4633	.2059	.0874	.0352	.0134	.0047	.0016	.0005	.0001	.0000
	1	.3658	.3432	.2312	.1319	.0668	.0305	.0126	.0047	.0016	.0005
	2	.1348	.2669	.2856	.2309	.1559	.0916	.0476	.0219	.0090	.0032
	3	.0307	.1285	.2184	.2501	.2252	.1700	.1110	.0634	.0318	.0139
	4	.0049	.0428	.1156	.1876	.2252	.2186	.1792	.1268	.0780	.0417
	5	.0006	.0105	.0449	.1032	.1651	.2061	.2123	.1859	.1404	.0916
	6	.0000	.0019	.0132	.0430	.0917	.1472	.1906	.2066	.1914	.1527
	7	.0000	.0003	.0030	.0138	.0393	.0811	.1319	.1771	.2013	.1964
	8	.0000	.0000	.0005	.0035	.0131	.0348	.0710	.1181	.1647	.1964
	9	.0000	.0000	.0001	.0007	.0034	.0116	.0298	.0612	.1048	.1527
	10	.0000	.0000	.0000	.0001	.0007	.0030	.0096	.0245	.0515	.0916
	11	.0000	.0000	.0000	.0000	.0001	.0006	.0024	.0074	.0191	.0417
	12	.0000	.0000	.0000	.0000	.0000	.0001	.0004	.0016	.0052	.0139
	13	.0000	.0000	.0000	.0000	.0000	.0000	.0001	.0003	.0010	.0032
	14	.0000	.0000	.0000	.0000	.0000	.0000	.0000	.0000	.0001	.0005
	15	.0000	.0000	.0000	.0000	.0000	.0000	.0000	.0000	.0000	.0000
16	0	.4401	.1853	.0743	.0281	.0100	.0033	.0010	.0003	.0001	.0000
	1	.3706	.3294	.2097	.1126	.0535	.0228	.0087	.0030	.0009	.0002
	2	.1463	.2745	.2775	.2111	.1336	.0732	.0353	.0150	.0056	.0018
	3	.0359	.1423	.2285	.2463	.2079	.1465	.0888	.0468	.0215	.0085
	4	.0061	.0514	.1311	.2001	.2252	.2040	.1553	.1014	.0572	.0278
	5	.0008	.0137	.0555	.1201	.1802	.2099	.2008	.1623	.1123	.0667
	6	.0001	.0028	.0180	.0550	.1101	.1649	.1982	.1983	.1684	.1222
	7	.0000	.0004	.0045	.0197	.0524	.1010	.1524	.1889	.1969	.1746
	8	.0000	.0001	.0009	.0055	.0197	.0487	.0923	.1417	.1812	.1964
	9	.0000	.0000	.0001	.0012	.0058	.0185	.0442	.0840	.1318	.1746
	10	.0000	.0000	.0000	.0002	.0014	.0056	.0167	.0392	.0755	.1222
	11	.0000	.0000	.0000	.0000	.0002	.0013	.0049	.0142	.0337	.0667
	12	.0000	.0000	.0000	.0000	.0000	.0002	.0011	.0040	.0115	.0278
	13	.0000	.0000	.0000	.0000	.0000	.0000	.0002	.0008	.0029	.0085
	14	.0000	.0000	.0000	.0000	.0000	.0000	.0000	.0001	.0005	.0018
	15	.0000	.0000	.0000	.0000	.0000	.0000	.0000	.0000	.0001	.0002
	16	.0000	.0000	.0000	.0000	.0000	.0000	.0000	.0000	.0000	.0000
17	0	.4181	.1668	.0631	.0225	.0075	.0023	.0007	.0002	.0000	.0000
	1	.3741	.3150	.1893	.0957	.0426	.0169	.0060	.0019	.0005	.0001
	2	.1575	.2800	.2673	.1914	.1136	.0581	.0260	.0102	.0035	.0010
	3	.0415	.1556	.2359	.2393	.1893	.1245	.0701	.0341	.0144	.0052
	4	.0076	.0605	.1457	.2093	.2209	.1868	.1320	.0796	.0411	.0182
	5	.0010	.0175	.0668	.1361	.1914	.2081	.1849	.1379	.0875	.0472
	6	.0001	.0039	.0236	.0680	.1276	.1784	.1991	.1839	.1432	.0944
	7	.0000	.0007	.0065	.0267	.0668	.1201	.1685	.1927	.1841	.1484

$$P(X=x)=\binom{n}{x}p^x(1-p)^{n-x}$$

n	x	.05	.10	.15	.20	p .25	.30	.35	.40	.45	.50
17	8	.0000	.0001	.0014	.0084	.0279	.0644	.1134	.1606	.1883	.1855
	9	.0000	.0000	.0003	.0021	.0093	.0276	.0611	.1070	.1540	.1855
	10	.0000	.0000	.0000	.0004	.0025	.0095	.0263	.0571	.1008	.1484
	11	.0000	.0000	.0000	.0001	.0005	.0026	.0090	.0242	.0525	.0944
	12	.0000	.0000	.0000	.0000	.0001	.0006	.0024	.0081	.0215	.0472
	13	.0000	.0000	.0000	.0000	.0000	.0001	.0005	.0021	.0068	.0182
	14	.0000	.0000	.0000	.0000	.0000	.0000	.0001	.0004	.0016	.0052
	15	.0000	.0000	.0000	.0000	.0000	.0000	.0000	.0001	.0003	.0010
	16	.0000	.0000	.0000	.0000	.0000	.0000	.0000	.0000	.0000	.0001
	17	.0000	.0000	.0000	.0000	.0000	.0000	.0000	.0000	.0000	.0000
18	0	.3972	.1501	.0536	.0180	.0056	.0016	.0004	.0001	.0000	.0000
	1	.3763	.3002	.1704	.0811	.0338	.0126	.0042	.0012	.0003	.0001
	2	.1683	.2835	.2556	.1723	.0958	.0458	.0190	.0069	.0022	.0006
	3	.0473	.1680	.2406	.2297	.1704	.1046	.0547	.0246	.0095	.0031
	4	.0093	.0700	.1592	.2153	.2130	.1681	.1104	.0614	.0291	.0117
	5	.0014	.0218	.0787	.1507	.1988	.2017	.1664	.1146	.0666	.0327
	6	.0002	.0052	.0301	.0816	.1436	.1873	.1941	.1655	.1181	.0708
	7	.0000	.0010	.0091	.0350	.0820	.1376	.1792	.1892	.1657	.1214
	8	.0000	.0002	.0022	.0120	.0376	.0811	.1327	.1734	.1864	.1669
	9	.0000	.0000	.0004	.0033	.0139	.0386	.0794	.1284	.1694	.1855
	10	.0000	.0000	.0001	.0008	.0042	.0149	.0385	.0771	.1248	.1669
	11	.0000	.0000	.0000	.0001	.0010	.0046	.0151	.0374	.0742	.1214
	12	.0000	.0000	.0000	.0000	.0002	.0012	.0047	.0145	.0354	.0708
	13	.0000	.0000	.0000	.0000	.0000	.0002	.0012	.0045	.0134	.0327
	14	.0000	.0000	.0000	.0000	.0000	.0000	.0002	.0011	.0039	.0117
	15	.0000	.0000	.0000	.0000	.0000	.0000	.0000	.0002	.0009	.0031
	16	.0000	.0000	.0000	.0000	.0000	.0000	.0000	.0000	.0001	.0006
	17	.0000	.0000	.0000	.0000	.0000	.0000	.0000	.0000	.0000	.0001
	18	.0000	.0000	.0000	.0000	.0000	.0000	.0000	.0000	.0000	.0000
19	0	.3774	.1351	.0456	.0144	.0042	.0011	.0003	.0001	.0000	.0000
	1	.3774	.2852	.1529	.0685	.0268	.0093	.0029	.0008	.0002	.0000
	2	.1787	.2852	.2428	.1540	.0803	.0358	.0138	.0046	.0013	.0003
	3	.0533	.1796	.2428	.2182	.1517	.0869	.0422	.0175	.0062	.0018
	4	.0112	.0798	.1714	.2182	.2023	.1491	.0909	.0467	.0203	.0074
	5	.0018	.0266	.0907	.1636	.2023	.1916	.1468	.0933	.0497	.0222
	6	.0002	.0069	.0374	.0955	.1574	.1916	.1844	.1451	.0949	.0518
	7	.0000	.0014	.0122	.0443	.0974	.1525	.1844	.1797	.1443	.0961
	8	.0000	.0002	.0032	.0166	.0487	.0981	.1489	.1797	.1771	.1442
	9	.0000	.0000	.0007	.0051	.0198	.0514	.0980	.1464	.1771	.1762
	10	.0000	.0000	.0001	.0013	.0066	.0220	.0528	.0976	.1449	.1762

$$P(X=x)=\binom{n}{x}p^x(1-p)^{n-x}$$

n	x	.05	.10	.15	.20	p .25	.30	.35	.40	.45	.50
19	11	.0000	.0000	.0000	.0003	.0018	.0077	.0233	.0532	.0970	.1442
	12	.0000	.0000	.0000	.0000	.0004	.0022	.0083	.0237	.0529	.0961
	13	.0000	.0000	.0000	.0000	.0001	.0005	.0024	.0085	.0233	.0518
	14	.0000	.0000	.0000	.0000	.0000	.0001	.0006	.0024	.0082	.0222
	15	.0000	.0000	.0000	.0000	.0000	.0000	.0001	.0005	.0022	.0074
	16	.0000	.0000	.0000	.0000	.0000	.0000	.0000	.0001	.0005	.0018
	17	.0000	.0000	.0000	.0000	.0000	.0000	.0000	.0000	.0001	.0003
	18	.0000	.0000	.0000	.0000	.0000	.0000	.0000	.0000	.0000	.0000
	19	.0000	.0000	.0000	.0000	.0000	.0000	.0000	.0000	.0000	.0000
20	0	.3585	.1216	.0388	.0115	.0032	.0008	.0002	.0000	.0000	.0000
	1	.3774	.2702	.1368	.0576	.0211	.0068	.0020	.0005	.0001	.0000
	2	.1887	.2852	.2293	.1369	.0669	.0278	.0100	.0031	.0008	.0002
	3	.0596	.1901	.2428	.2054	.1339	.0716	.0323	.0123	.0040	.0011
	4	.0133	.0898	.1821	.2182	.1897	.1304	.0738	.0350	.0139	.0046
	5	.0022	.0319	.1028	.1746	.2023	.1789	.1272	.0746	.0365	.0148
	6	.0003	.0089	.0454	.1091	.1686	.1916	.1712	.1244	.0746	.0370
	7	.0000	.0020	.0160	.0545	.1124	.1643	.1844	.1659	.1221	.0739
	8	.0000	.0004	.0046	.0222	.0609	.1144	.1614	.1797	.1623	.1201
	9	.0000	.0001	.0011	.0074	.0271	.0654	.1158	.1597	.1771	.1602
	10	.0000	.0000	.0002	.0020	.0099	.0308	.0686	.1171	.1593	.1762
	11	.0000	.0000	.0000	.0005	.0030	.0120	.0336	.0710	.1185	.1602
	12	.0000	.0000	.0000	.0001	.0008	.0039	.0136	.0355	.0727	.1201
	13	.0000	.0000	.0000	.0000	.0002	.0010	.0045	.0146	.0366	.0739
	14	.0000	.0000	.0000	.0000	.0000	.0002	.0012	.0049	.0150	.0370
	15	.0000	.0000	.0000	.0000	.0000	.0000	.0003	.0013	.0049	.0148
	16	.0000	.0000	.0000	.0000	.0000	.0000	.0000	.0003	.0013	.0046
	17	.0000	.0000	.0000	.0000	.0000	.0000	.0000	.0000	.0002	.0011
	18	.0000	.0000	.0000	.0000	.0000	.0000	.0000	.0000	.0000	.0002
	19	.0000	.0000	.0000	.0000	.0000	.0000	.0000	.0000	.0000	.0000
	20	.0000	.0000	.0000	.0000	.0000	.0000	.0000	.0000	.0000	.0000

표 2 포아송분포표

$$P(X=x)=\frac{e^{-\lambda}\lambda^{x}}{x!}$$

	λ									
x	0.005	0.01	0.02	0.03	0.04	0.05	0.06	0.07	0.08	0.09
0	.9950	.9900	.9802	.9704	0.9608	.9512	.9418	.9324	.9231	.9139
1	.0050	.0099	.0192	.0291	0.0384	.0476	.0565	.0653	.0738	.0823
2	.0000	.0000	.0002	.0004	0.0008	.0012	.0017	.0023	.0030	.0037
3	.0000	.0000	.0000	.0000	0.0000	.0000	.0000	.0001	.0001	.0001
x	0.1	0.2	0.3	0.4	0.5	0.6	0.7	0.8	0.9	1.0
0	.9048	.8187	.7408	.6703	.6065	.5488	.4966	.4493	.4066	.3679
1	.0905	.1637	.2222	.2681	.3033	.3293	.3476	.3595	.3659	.3679
2	.0045	.0164	.0333	.0536	.0758	.0988	.1217	.1438	.1647	.1839
3	.0002	.0011	.0033	.0072	.0126	.0198	.0284	.0383	.0494	.0613
4	.0000	.0001	.0002	.0007	.0016	.0030	.0050	.0077	.0111	.0153
5	.0000	.0000	.0000	.0001	.0002	.0004	.0007	.0012	.0020	.0031
6	.0000	.0000	.0000	.0000	.0000	.0000	.0001	.0002	.0003	.0005
7	.0000	.0000	.0000	.0000	.0000	.0000	.0000	.0000	.0000	.0001
x	1.1	1.2	1.3	1.4	1.5	1.6	1.7	1.8	1.9	2.0
0	.3329	.3012	.2725	.2466	.2231	.2019	.1827	.1653	.1496	.1353
1	.3662	.3614	.3543	.3452	.3347	.3230	.3106	.2975	.2842	.2707
2	.2014	.2169	.2303	.2417	.2510	.2584	.2640	.2678	.2700	.2707
3	.0738	.0867	.0998	.1128	.1255	.1378	.1496	.1607	.1710	.1804
4	.0203	.0260	.0324	.0395	.0471	.0551	.0636	.0723	.0812	.0902
5	.0045	.0062	.0084	.0111	.0141	.0176	.0216	.0260	.0309	.0361
6	.0008	.0012	.0018	.0026	.0035	.0047	.0061	.0078	.0098	.0120
7	.0001	.0002	.0003	.0005	.0008	.0011	.0015	.0020	.0027	.0034
8	.0000	.0000	.0001	.0001	.0001	.0002	.0003	.0005	.0006	.0009
9	.0000	.0000	.0000	.0000	.0000	.0000	.0001	.0001	.0001	.0002
x	2.1	2.2	2.3	2.4	2.5	2.6	2.7	2.8	2.9	3.0
0	.1225	.1108	.1003	.0907	.0821	.0743	.0672	.0608	.0550	.0498
1	.2572	.2438	.2306	.2177	.2052	.1931	.1815	.1703	.1596	.1494
2	.2700	.2681	.2652	.2613	.2565	.2510	.2450	.2384	.2314	.2240
3	.1890	.1966	.2033	.2090	.2138	.2176	.2205	.2225	.2237	.2240
4	.0992	.1082	.1169	.1254	.1336	.1414	.1488	.1557	.1622	.1680
5	.0417	.0476	.0538	.0602	.0668	.0735	.0804	.0872	.0940	.1008
6	.0146	.0174	.0206	.0241	.0278	.0319	.0362	.0407	.0455	.0504
7	.0044	.0055	.0068	.0083	.0099	.0118	.0139	.0163	.0188	.0216
8	.0011	.0015	.0019	.0025	.0031	.0038	.0047	.0057	.0068	.0081
9	.0003	.0004	.0005	.0007	.0009	.0011	.0014	.0018	.0022	.0027
10	.0001	.0001	.0001	.0002	.0002	.0003	.0004	.0005	.0006	.0008
11	.0000	.0000	.0000	.0000	.0000	.0001	.0001	.0001	.0002	.0002
12	.0000	.0000	.0000	.0000	.0000	.0000	.0000	.0000	.0000	.0001

$$P(X=x)=\frac{e^{-\lambda}\lambda^{x}}{x!}$$

	λ									
x	3.1	3.2	3.3	3.4	3.5	3.6	3.7	3.8	3.9	4.0
0	.0450	.0408	.0369	.0334	.0302	.0273	.0247	.0224	.0202	.0183
1	.1397	.1304	.1217	.1135	.1057	.0984	.0915	.0850	.0789	.0733
2	.2165	.2087	.2008	.1929	.1850	.1771	.1692	.1615	.1539	.1465
3	.2237	.2226	.2209	.2186	.2158	.2125	.2087	.2046	.2001	.1954
4	.1734	.1781	.1823	.1858	.1888	.1912	.1931	.1944	.1951	.1954
5	.1075	.1140	.1203	.1264	.1322	.1377	.1429	.1477	.1522	.1563
6	.0555	.0608	.0662	.0716	.0771	.0826	.0881	.0936	.0989	.1042
7	.0246	.0278	.0312	.0348	.0385	.0425	.0466	.0508	.0551	.0595
8	.0095	.0111	.0129	.0148	.0169	.0191	.0215	.0241	.0269	.0298
9	.0033	.0040	.0047	.0056	.0066	.0076	.0089	.0102	.0116	.0132
10	.0010	.0013	.0016	.0019	.0023	.0028	.0033	.0039	.0045	.0053
11	.0003	.0004	.0005	.0006	.0007	.0009	.0011	.0013	.0016	.0019
12	.0001	.0001	.0001	.0002	.0002	.0003	.0003	.0004	.0005	.0006
13	.0000	.0000	.0000	.0000	.0001	.0001	.0001	.0001	.0002	.0002
14	.0000	.0000	.0000	.0000	.0000	.0000	.0000	.0000	.0000	.0001
x	4.1	4.2	4.3	4.4	4.5	4.6	4.7	4.8	4.9	5.0
0	.0166	.0150	.0136	.0123	.0111	.0101	.0091	.0082	.0074	.0067
1	.0679	.0630	.0583	.0540	.0500	.0462	.0427	.0395	.0365	.0337
2	.1393	.1323	.1254	.1188	.1125	.1063	.1005	.0948	.0894	.0842
3	.1904	.1852	.1798	.1743	.1687	.1631	.1574	.1517	.1460	.1404
4	.1951	.1944	.1933	.1917	.1898	.1875	.1849	.1820	.1789	.1755
5	.1600	.1633	.1662	.1687	.1708	.1725	.1738	.1747	.1753	.1755
6	.1093	.1143	.1191	.1237	.1281	.1323	.1362	.1398	.1432	.1462
7	.0640	.0686	.0732	.0778	.0824	.0869	.0914	.0959	.1002	.1044
8	.0328	.0360	.0393	.0428	.0463	.0500	.0537	.0575	.0614	.0653
9	.0150	.0168	.0188	.0209	.0232	.0255	.0280	.0307	.0334	.0363
10	.0061	.0071	.0081	.0092	.0104	.0118	.0132	.0147	.0164	.0181
11	.0023	.0027	.0032	.0037	.0043	.0049	.0056	.0064	.0073	.0082
12	.0008	.0009	.0011	.0014	.0016	.0019	.0022	.0026	.0030	.0034
13	.0002	.0003	.0004	.0005	.0006	.0007	.0008	.0009	.0011	.0013
14	.0001	.0001	.0001	.0001	.0002	.0002	.0003	.0003	.0004	.0005
15	.0000	.0000	.0000	.0000	.0001	.0001	.0001	.0001	.0001	.0002

표 3 표준정규분포표

$$P(0\le X\le z)=\int_0^z \frac{1}{\sqrt{2\pi}}\, e^{-\frac{1}{2}x^2}\,dx$$

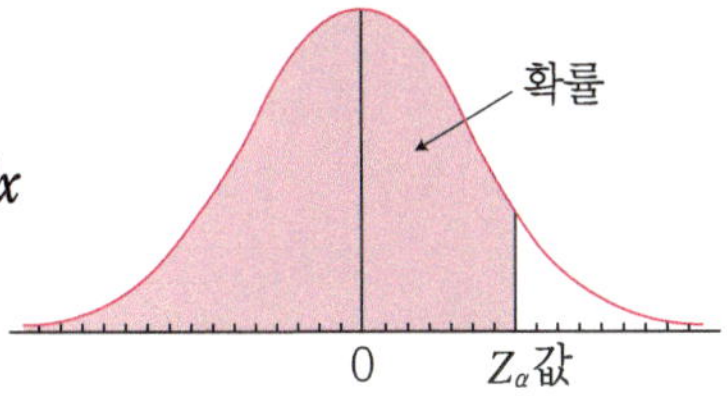

Z	0.00	0.01	0.02	0.03	0.04	0.05	0.06	0.07	0.08	0.09
0.0	0.0000	0.0040	0.0080	0.0120	0.0160	0.0199	0.0239	0.0279	0.0319	0.0359
0.1	0.0398	0.0438	0.0478	0.0517	0.0557	0.0596	0.0636	0.0675	0.0714	0.0753
0.2	0.0793	0.0832	0.0871	0.0910	0.0948	0.0987	0.1026	0.1064	0.1103	0.1141
0.3	0.1179	0.1217	0.1255	0.1293	0.1331	0.1368	0.1406	0.1443	0.1480	0.1517
0.4	0.1554	0.1591	0.1628	0.1664	0.1700	0.1736	0.1772	0.1808	0.1844	0.1879
0.5	0.1915	0.1950	0.1985	0.2019	0.2054	0.2088	0.2123	0.2157	0.2190	0.2224
0.6	0.2257	0.2291	0.2324	0.2357	0.2389	0.2422	0.2454	0.2486	0.2517	0.2549
0.7	0.2580	0.2611	0.2642	0.2673	0.2704	0.2734	0.2764	0.2794	0.2823	0.2852
0.8	0.2881	0.2910	0.2939	0.2967	0.2995	0.3023	0.3051	0.3078	0.3106	0.3133
0.9	0.3159	0.3186	0.3212	0.3238	0.3264	0.3289	0.3315	0.3340	0.3365	0.3389
1.0	0.3413	0.3438	0.3461	0.3485	0.3508	0.3531	0.3554	0.3577	0.3599	0.3621
1.1	0.3643	0.3665	0.3686	0.3708	0.3729	0.3749	0.3770	0.3790	0.3810	0.3830
1.2	0.3849	0.3869	0.3888	0.3907	0.3925	0.3944	0.3962	0.3980	0.3997	0.4015
1.3	0.4032	0.4049	0.4066	0.4082	0.4099	0.4115	0.4131	0.4147	0.4162	0.4177
1.4	0.4192	0.4207	0.4222	0.4236	0.4251	0.4265	0.4279	0.4292	0.4306	0.4319
1.5	0.4332	0.4345	0.4357	0.4370	0.4382	0.4394	0.4406	0.4418	0.4429	0.4441
1.6	0.4452	0.4463	0.4474	0.4484	0.4495	0.4505	0.4515	0.4525	0.4535	0.4545
1.7	0.4554	0.4564	0.4573	0.4582	0.4591	0.4599	0.4608	0.4616	0.4625	0.4633
1.8	0.4641	0.4649	0.4656	0.4664	0.4671	0.4678	0.4686	0.4693	0.4699	0.4706
1.9	0.4713	0.4719	0.4726	0.4732	0.4738	0.4744	0.4750	0.4756	0.4761	0.4767
2.0	0.4772	0.4778	0.4783	0.4788	0.4793	0.4798	0.4803	0.4808	0.4812	0.4817
2.1	0.4821	0.4826	0.4830	0.4834	0.4838	0.4842	0.4846	0.4850	0.4854	0.4857
2.2	0.4861	0.4864	0.4868	0.4871	0.4875	0.4878	0.4881	0.4884	0.4887	0.4890
2.3	0.4893	0.4896	0.4898	0.4901	0.4904	0.4906	0.4909	0.4911	0.4913	0.4916
2.4	0.4918	0.4920	0.4922	0.4925	0.4927	0.4929	0.4931	0.4932	0.4934	0.4936
2.5	0.4938	0.4940	0.4941	0.4943	0.4945	0.4946	0.4948	0.4949	0.4951	0.4952
2.6	0.4953	0.4955	0.4956	0.4957	0.4959	0.4960	0.4961	0.4962	0.4963	0.4974
2.7	0.4965	0.4966	0.4967	0.4968	0.4969	0.4970	0.4971	0.4972	0.4973	0.4974
2.8	0.4974	0.4975	0.4976	0.4977	0.4977	0.4978	0.4979	0.4979	0.4980	0.4981
2.9	0.4981	0.4982	0.4982	0.4983	0.4984	0.4984	0.4985	0.4985	0.4986	0.4986
3.0	0.4987	0.4987	0.4987	0.4988	0.4988	0.4989	0.4989	0.4989	0.4990	0.4990
3.1	0.4990	0.4991	0.4991	0.4991	0.4992	0.4992	0.4992	0.4992	0.4993	0.4993
3.2	0.4993	0.4993	0.4994	0.4994	0.4994	0.4994	0.4994	0.4995	0.4995	0.4995
3.3	0.4995	0.4995	0.4995	0.4996	0.4996	0.4996	0.4996	0.4996	0.4996	0.4997
3.4	0.4997	0.4997	0.4997	0.4997	0.4997	0.4997	0.4997	0.4997	0.4997	0.4998
3.5	0.4998									
4.0	0.49997									
4.5	0.499997									
5.0	0.4999997									

표 4 지수분포표

$$P(X \geq \lambda x) = e^{-\lambda x}$$

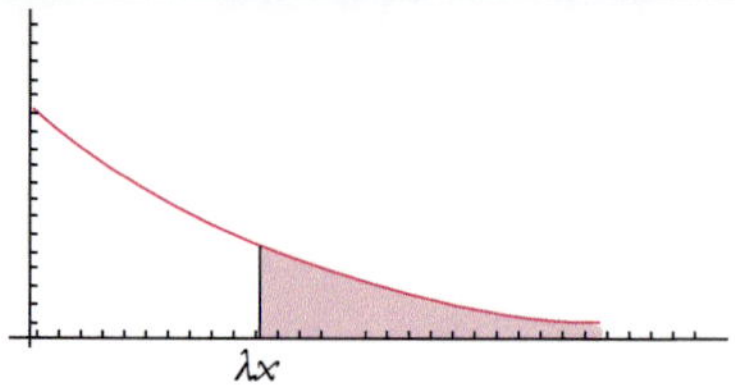

λ	$e^{-\lambda}$	λ	$e^{-\lambda}$	λ	$e^{-\lambda}$	λ	$e^{-\lambda}$
0.0	1.0000	3.0	0.0498	6.0	0.00248	9.0	0.00012
0.1	0.9048	3.1	0.0450	6.1	0.00224	9.1	0.00011
0.2	0.8187	3.2	0.0408	6.2	0.00203	9.2	0.00010
0.3	0.7408	3.3	0.0369	6.3	0.00184	9.3	0.00009
0.4	0.6703	3.4	0.0334	6.4	0.00166	9.4	0.00008
0.5	0.6065	3.5	0.0302	6.5	0.00150	9.5	0.00007
0.6	0.5488	3.6	0.0273	6.6	0.00136	9.6	0.00007
0.7	0.4966	3.7	0.0247	6.7	0.00123	9.7	0.00006
0.8	0.4493	3.8	0.0224	6.8	0.00111	9.8	0.00006
0.9	0.4066	3.9	0.0202	6.9	0.00101	9.9	0.00005
1.0	0.3679	4.0	0.0183	7.0	0.00091	10.0	0.00005
1.1	0.3329	4.1	0.0166	7.1	0.00083		
1.2	0.3012	4.2	0.0150	7.2	0.00075		
1.3	0.2725	4.3	0.0136	7.3	0.00068		
1.4	0.2466	4.4	0.0123	7.4	0.00061		
1.5	0.2231	4.5	0.0111	7.5	0.00055		
1.6	0.2019	4.6	0.0101	7.6	0.00050		
1.7	0.1827	4.7	0.0091	7.7	0.00045		
1.8	0.1653	4.8	0.0082	7.8	0.00041		
1.9	0.1496	4.9	0.0074	7.9	0.00037		
2.0	0.1353	5.0	0.0067	8.0	0.00034		
2.1	0.1225	5.1	0.0061	8.1	0.00030		
2.2	0.1108	5.2	0.0055	8.2	0.00027		
2.3	0.1003	5.3	0.0050	8.3	0.00025		
2.4	0.0907	5.4	0.0045	8.4	0.00022		
2.5	0.0821	5.5	0.0041	8.5	0.00020		
2.6	0.0743	5.6	0.0037	8.6	0.00018		
2.7	0.0672	5.7	0.0033	8.7	0.00017		
2.8	0.0608	5.8	0.0030	8.8	0.00015		
2.9	0.0550	5.9	0.0027	8.9	0.00014		

표 5 t분포표

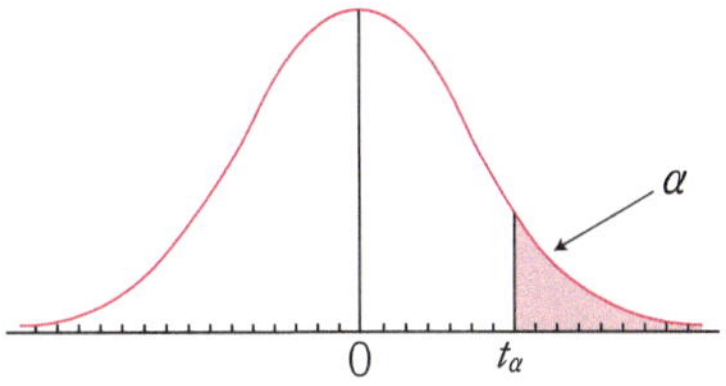

자유도	오른쪽 꼬리면적 α							
	.1	.05	.025	.01	.005	.0025	.001	.0005
1	3.078	6.314	12.706	31.821	63.657	127.32	318.31	636.62
2	1.886	2.920	4.303	6.965	9.925	14.089	22.327	31.598
3	1.638	2.353	3.182	4.541	5.841	7.453	10.214	12.924
4	1.533	2.132	2.776	3.747	4.604	5.598	7.173	8.610
5	1.476	2.015	2.571	3.365	4.032	4.773	5.893	6.869
6	1.440	1.943	2.447	3.143	3.707	4.317	5.208	5.959
7	1.415	1.895	2.365	2.998	3.499	4.029	4.785	5.408
8	1.397	1.860	2.306	2.896	3.355	3.833	4.501	5.041
9	1.383	1.833	2.262	2.821	3.250	3.690	4.297	4.781
10	1.372	1.812	2.228	2.764	3.169	3.581	4.144	4.587
11	1.363	1.796	2.201	2.718	3.106	3.497	4.025	4.437
12	1.356	1.782	2.179	2.681	3.055	3.428	3.930	4.318
13	1.350	1.771	2.160	2.650	3.012	3.372	3.852	4.221
14	1.345	1.761	2.145	2.624	2.977	3.326	3.787	4.140
15	1.341	1.753	2.131	2.602	2.947	3.286	3.733	4.073
16	1.337	1.746	2.120	2.583	2.921	3.252	3.686	4.015
17	1.333	1.740	2.110	2.567	2.898	3.222	3.646	3.965
18	1.330	1.734	2.101	2.552	2.878	3.197	3.610	3.922
19	1.328	1.729	2.093	2.539	2.861	3.174	3.579	3.883
20	1.325	1.725	2.086	2.528	2.845	3.153	3.552	3.850
21	1.323	1.721	2.080	2.518	2.831	3.135	3.527	3.819
22	1.321	1.717	2.074	2.508	2.819	3.119	3.505	3.792
23	1.319	1.714	2.069	2.500	2.807	3.104	3.485	3.767
24	1.318	1.711	2.064	2.492	2.797	3.091	3.467	3.745
25	1.316	1.708	2.060	2.485	2.787	3.078	3.450	3.725
26	1.315	1.706	2.056	2.479	2.779	3.067	3.435	3.707
27	1.314	1.703	2.052	2.473	2.771	3.057	3.421	3.690
28	1.313	1.701	2.048	2.467	2.763	3.047	3.408	3.674
29	1.311	1.699	2.045	2.462	2.756	3.038	3.396	3.659
30	1.310	1.697	2.042	2.457	2.750	3.030	3.385	3.646
40	1.303	1.684	2.021	2.423	2.704	2.971	3.307	3.551
60	1.296	1.671	2.000	2.390	2.660	2.915	3.232	3.460
120	1.289	1.658	1.980	2.358	2.617	2.860	3.160	3.373
∞	1.282	1.645	1.960	2.326	2.576	2.807	3.090	3.291

표 6 χ^2분포표

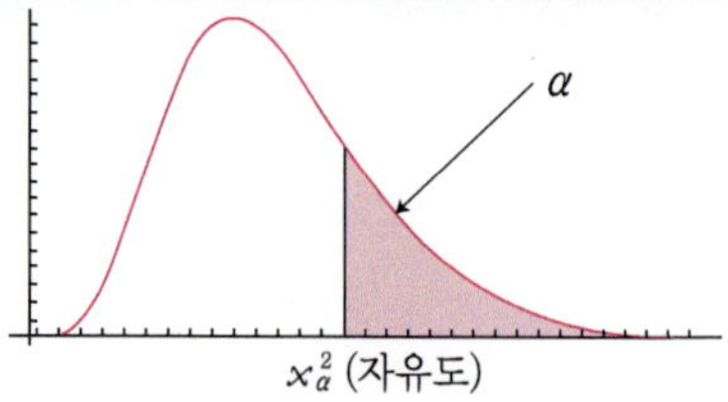

자유도	$\chi^2_{.995}$	$\chi^2_{.990}$	$\chi^2_{.975}$	$\chi^2_{.950}$	$\chi^2_{.900}$
1	0.0000393	0.0001571	0.0009821	0.0039321	0.0157908
2	0.0100251	0.0201007	0.0506356	0.102587	0.210720
3	0.0717212	0.114832	0.215795	0.351846	0.584375
4	0.206990	0.297110	0.484419	0.710721	1.063623
5	0.411740	0.554300	0.831211	1.145476	1.61031
6	0.675727	0.872085	1.237347	1.63539	2.20413
7	0.989265	1.239043	1.68987	2.16735	2.83311
8	1.344419	1.646482	2.17973	2.73264	3.48954
9	1.734926	2.087912	2.70039	3.32511	4.16816
10	2.15585	2.55821	3.24697	3.94030	4.86518
11	2.60321	3.05347	3.81575	4.57481	5.57779
12	3.07382	3.57056	4.40379	5.22603	6.30380
13	3.56503	4.10691	5.00874	5.89186	7.04150
14	4.07468	4.66043	5.62872	6.57063	7.78953
15	4.60094	5.22935	6.26214	7.26094	8.54675
16	5.14224	5.81221	6.90766	7.96164	9.31223
17	5.69724	6.40776	7.56418	8.67176	10.0852
18	6.26481	7.01491	8.23075	9.39046	10.8649
19	6.84398	7.63273	8.90655	10.1170	11.6509
20	7.43386	8.26040	9.59083	10.8508	12.4426
21	8.03366	8.89720	10.28293	11.5913	13.2396
22	8.64272	9.54249	10.9823	12.3380	14.0415
23	9.26042	10.19567	11.6885	13.0905	14.8479
24	9.88623	10.8564	12.4011	13.8484	15.6587
25	10.5197	11.5240	13.1197	14.6114	16.4734
26	11.1603	12.1981	13.8439	15.3791	17.2919
27	11.8076	12.8786	14.5733	16.1513	18.1138
28	12.4613	13.5648	15.3079	16.9279	18.9392
29	13.1211	14.2565	16.0471	17.7083	19.7677
30	13.7867	14.9535	16.7908	18.4926	20.5992
40	20.7065	22.1643	24.4331	26.5093	29.0505
50	27.9907	29.7067	32.3574	34.7642	37.6886
60	35.5346	37.4848	40.4817	43.1879	46.4589
70	43.2752	45.4418	48.7576	51.7393	55.3290
80	51.1720	53.5400	57.1532	60.3915	64.2778
90	59.1963	61.7541	65.6466	69.1260	73.2912
100	67.3276	70.0648	74.2219	77.9295	82.3581

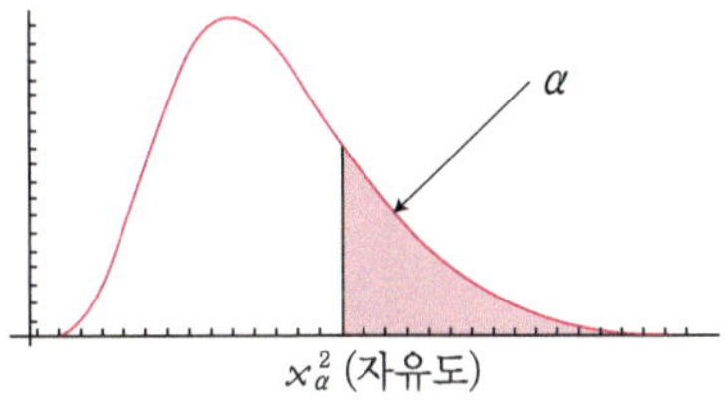

자유도	$\chi^2_{.100}$	$\chi^2_{.050}$	$\chi^2_{.025}$	$\chi^2_{.010}$	$\chi^2_{.005}$
1	2.70554	3.84146	5.02389	6.63490	7.87944
2	4.60517	5.99147	7.37776	9.21034	10.5966
3	6.25139	7.81473	9.34840	11.3449	12.8381
4	7.77944	9.48773	11.1433	13.2767	14.8602
5	9.23635	11.0705	12.8325	15.0863	16.7496
6	10.6446	12.5916	14.4494	16.8119	18.5476
7	12.0170	14.0671	16.0128	18.4753	20.2777
8	13.3616	15.5073	17.5346	20.0902	21.9550
9	14.6837	16.9190	19.0228	21.6660	23.5893
10	15.9871	18.3070	20.4831	23.2093	25.1882
11	17.2750	19.6751	21.9200	24.7250	26.7569
12	18.5494	21.0261	23.3367	26.2170	28.2995
13	19.8119	22.3621	24.7356	27.6883	29.8194
14	21.0642	23.6848	26.1190	29.1413	31.3193
15	22.3072	24.9958	27.4884	30.5779	32.8013
16	23.5418	26.2962	28.8454	31.9999	34.2672
17	24.7690	27.5871	30.1910	33.4087	35.7185
18	25.9894	28.8693	31.5264	34.8053	37.1564
19	27.2036	30.1435	32.8523	36.1908	38.5822
20	28.4120	31.4104	34.1696	37.5662	39.9968
21	29.6151	32.6705	35.4789	38.9321	41.4010
22	30.8133	33.9244	36.7807	40.2894	42.7956
23	32.0069	35.1725	38.0757	41.6384	44.1813
24	33.1963	36.4151	39.3641	42.9798	45.5585
25	34.3816	37.6525	40.6465	44.3141	46.9278
26	35.5631	38.8852	41.9232	45.6417	48.2899
27	36.7412	40.1133	43.1944	46.9630	49.6449
28	37.9159	41.3372	44.4607	48.2782	50.9933
29	39.0875	42.5569	45.7222	49.5879	52.3356
30	40.2560	43.7729	46.9792	50.8922	53.6720
40	51.8050	55.7585	59.3417	63.6907	66.7659
50	63.1671	67.5048	71.4202	76.1539	79.4900
60	74.3970	79.0819	83.2976	88.3794	91.9517
70	85.5271	90.5312	95.0231	100.425	104.215
80	96.5782	101.879	106.629	112.329	116.321
90	107.565	113.145	118.136	124.116	128.229
100	118.498	124.342	129.561	135.807	140.169

표 7 F분포표

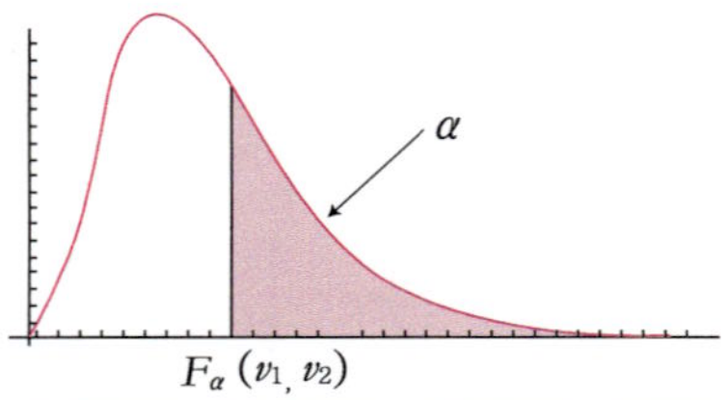

$\alpha=0.10$

ν_2 \ ν_1	1	2	3	4	5	6	7	8	9	10	12	15	20	24	30	40	60	120	∞
1	39.86	49.50	53.59	55.83	57.24	58.20	58.91	59.44	59.86	60.19	60.71	61.22	61.74	62.00	62.26	62.53	62.79	63.06	63.32
2	8.53	9.00	9.16	9.24	9.29	9.33	9.35	9.37	9.38	9.39	9.41	9.42	9.44	9.45	9.46	9.47	9.47	9.48	9.49
3	5.54	5.46	5.39	5.34	5.31	5.28	5.27	5.25	5.24	5.23	5.22	5.20	5.18	5.18	5.17	5.16	5.15	5.14	5.13
4	4.54	4.32	4.19	4.11	4.05	4.01	3.98	3.95	3.94	3.92	3.90	3.87	3.84	3.83	3.82	3.80	3.79	3.78	3.76
5	4.06	3.78	3.62	3.52	3.45	3.40	3.37	3.34	3.32	3.30	3.27	3.24	3.21	3.19	3.17	3.16	3.14	3.12	3.11
6	3.78	3.46	3.29	3.18	3.11	3.05	3.01	2.98	2.96	2.94	2.90	2.87	2.84	2.82	2.80	2.78	2.76	2.74	2.72
7	3.59	3.26	3.07	2.96	2.88	2.83	2.78	2.75	2.72	2.70	2.67	2.63	2.59	2.58	2.56	2.54	2.51	2.49	2.47
8	3.46	3.11	2.92	2.81	2.73	2.67	2.62	2.59	2.56	2.54	2.50	2.46	2.42	2.40	2.38	2.36	2.34	2.32	2.29
9	3.36	3.01	2.81	2.69	2.61	2.55	2.51	2.47	2.44	2.42	2.38	2.34	2.30	2.28	2.25	2.23	2.21	2.18	2.16
10	3.29	2.92	2.73	2.61	2.52	2.46	2.41	2.38	2.35	2.32	2.28	2.24	2.20	2.18	2.16	2.13	2.11	2.08	2.06
11	3.23	2.86	2.66	2.54	2.45	2.39	2.34	2.30	2.27	2.25	2.21	2.17	2.12	2.10	2.08	2.05	2.03	2.00	1.97
12	3.18	2.81	2.61	2.48	2.39	2.33	2.28	2.24	2.21	2.19	2.15	2.10	2.06	2.04	2.01	1.99	1.96	1.93	1.90
13	3.14	2.76	2.56	2.43	2.35	2.28	2.23	2.20	2.16	2.14	2.10	2.05	2.01	1.98	1.96	1.93	1.90	1.88	1.85
14	3.10	2.73	2.52	2.39	2.31	2.24	2.19	2.15	2.12	2.10	2.05	2.01	1.96	1.94	1.91	1.89	1.86	1.83	1.80
15	3.07	2.70	2.49	2.36	2.27	2.21	2.16	2.12	2.09	2.06	2.02	1.97	1.92	1.90	1.87	1.85	1.82	1.79	1.76
16	3.05	2.67	2.46	2.33	2.24	2.18	2.13	2.09	2.06	2.03	1.99	1.94	1.89	1.87	1.84	1.81	1.78	1.75	1.72
17	3.03	2.64	2.44	2.31	2.22	2.15	2.10	2.06	2.03	2.00	1.96	1.91	1.86	1.84	1.81	1.78	1.75	1.72	1.69
18	3.01	2.62	2.42	2.29	2.20	2.13	2.08	2.04	2.00	1.98	1.93	1.89	1.84	1.81	1.78	1.75	1.72	1.69	1.66
19	2.99	2.61	2.40	2.27	2.18	2.11	2.06	2.02	1.98	1.96	1.91	1.86	1.81	1.79	1.76	1.73	1.70	1.67	1.63
20	2.97	2.59	2.38	2.25	2.16	2.09	2.04	2.00	1.96	1.94	1.89	1.84	1.79	1.77	1.74	1.71	1.68	1.64	1.61
21	2.96	2.57	2.36	2.23	2.14	2.08	2.02	1.98	1.95	1.92	1.87	1.83	1.78	1.75	1.72	1.69	1.66	1.62	1.59
22	2.95	2.56	2.35	2.22	2.13	2.06	2.01	1.97	1.93	1.90	1.86	1.81	1.76	1.73	1.70	1.67	1.64	1.60	1.57
23	2.94	2.55	2.34	2.21	2.11	2.05	1.99	1.95	1.92	1.89	1.84	1.80	1.74	1.72	1.69	1.66	1.62	1.59	1.55
24	2.93	2.54	2.33	2.19	2.10	2.04	1.98	1.94	1.91	1.88	1.83	1.78	1.73	1.70	1.67	1.64	1.61	1.57	1.53
25	2.92	2.53	2.32	2.18	2.09	2.02	1.97	1.93	1.89	1.87	1.82	1.77	1.72	1.69	1.66	1.63	1.59	1.56	1.52
26	2.91	2.52	2.31	2.17	2.08	2.01	1.96	1.92	1.88	1.86	1.81	1.76	1.71	1.68	1.65	1.61	1.58	1.54	1.50
27	2.90	2.51	2.30	2.17	2.07	2.00	1.95	1.91	1.87	1.85	1.80	1.75	1.70	1.67	1.64	1.60	1.57	1.53	1.49
28	2.89	2.50	2.29	2.16	2.06	2.00	1.94	1.90	1.87	1.84	1.79	1.74	1.69	1.66	1.63	1.59	1.56	1.52	1.48
29	2.89	2.50	2.28	2.15	2.06	1.99	1.93	1.89	1.86	1.83	1.78	1.73	1.68	1.65	1.62	1.58	1.55	1.51	1.47
30	2.88	2.49	2.28	2.14	2.05	1.98	1.93	1.88	1.85	1.82	1.77	1.72	1.67	1.64	1.61	1.57	1.54	1.50	1.46
40	2.84	2.44	2.23	2.09	2.00	1.93	1.87	1.83	1.79	1.76	1.71	1.66	1.61	1.57	1.54	1.51	1.47	1.42	1.38
60	2.79	2.39	2.18	2.04	1.95	1.87	1.82	1.77	1.74	1.71	1.66	1.60	1.54	1.51	1.48	1.44	1.40	1.35	1.29
120	2.75	2.35	2.13	1.99	1.90	1.82	1.77	1.72	1.68	1.65	1.60	1.55	1.48	1.45	1.41	1.37	1.32	1.26	1.19
∞	2.71	2.30	2.08	1.95	1.85	1.77	1.72	1.67	1.63	1.60	1.55	1.49	1.42	1.38	1.34	1.30	1.24	1.17	1.00

$\alpha=0.05$

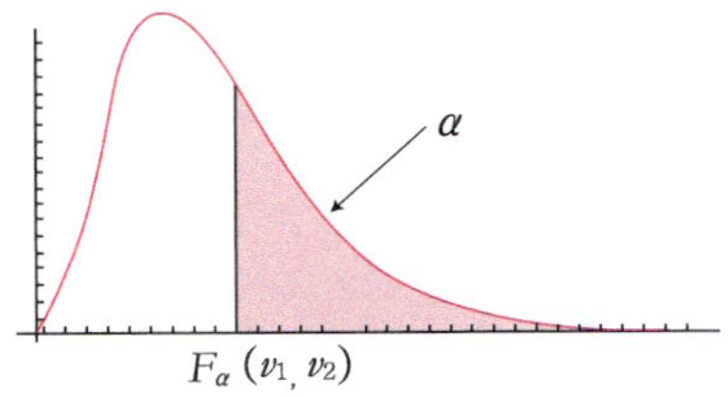

ν_2 \ ν_1	1	2	3	4	5	6	7	8	9	10	12	15	20	24	30	40	60	120	∞
1	161.45	199.50	215.71	224.58	230.16	233.99	236.77	238.88	240.54	241.88	243.90	245.95	248.02	249.05	250.10	251.14	252.20	253.25	254.31
2	18.51	19.00	19.16	19.25	19.30	19.33	19.35	19.37	19.38	19.40	19.41	19.43	19.45	19.45	19.46	19.47	19.48	19.49	19.50
3	10.13	9.55	9.28	9.12	9.01	8.94	8.89	8.85	8.81	8.79	8.74	8.70	8.66	8.64	8.62	8.59	8.57	8.55	8.53
4	7.71	6.94	6.59	6.39	6.26	6.16	6.09	6.04	6.00	5.96	5.91	5.86	5.80	5.77	5.75	5.72	5.69	5.66	5.63
5	6.61	5.79	5.41	5.19	5.05	4.95	4.88	4.82	4.77	4.74	4.68	4.62	4.56	4.53	4.50	4.46	4.43	4.40	4.37
6	5.99	5.14	4.76	4.53	4.39	4.28	4.21	4.15	4.10	4.06	4.00	3.94	3.87	3.84	3.81	3.77	3.74	3.70	3.67
7	5.59	4.74	4.35	4.12	3.97	3.87	3.79	3.73	3.68	3.64	3.57	3.51	3.44	3.41	3.38	3.34	3.30	3.27	3.23
8	5.32	4.46	4.07	3.84	3.69	3.58	3.50	3.44	3.39	3.35	3.28	3.22	3.15	3.12	3.08	3.04	3.01	2.97	2.93
9	5.12	4.26	3.86	3.63	3.48	3.37	3.29	3.23	3.18	3.14	3.07	3.01	2.94	2.90	2.86	2.83	2.79	2.75	2.71
10	4.96	4.10	3.71	3.48	3.33	3.22	3.14	3.07	3.02	2.98	2.91	2.85	2.77	2.74	2.70	2.66	2.62	2.58	2.54
11	4.84	3.98	3.59	3.36	3.20	3.09	3.01	2.95	2.90	2.85	2.79	2.72	2.65	2.61	2.57	2.53	2.49	2.45	2.40
12	4.75	3.89	3.49	3.26	3.11	3.00	2.91	2.85	2.80	2.75	2.69	2.62	2.54	2.51	2.47	2.43	2.38	2.34	2.30
13	4.67	3.81	3.41	3.18	3.03	2.92	2.83	2.77	2.71	2.67	2.60	2.53	2.46	2.42	2.38	2.34	2.30	2.25	2.21
14	4.60	3.74	3.34	3.11	2.96	2.85	2.76	2.70	2.65	2.60	2.53	2.46	2.39	2.35	2.31	2.27	2.22	2.18	2.13
15	4.54	3.68	3.29	3.06	2.90	2.79	2.71	2.64	2.59	2.54	2.48	2.40	2.33	2.29	2.25	2.20	2.16	2.11	2.07
16	4.49	3.63	3.24	3.01	2.85	2.74	2.66	2.59	2.54	2.49	2.42	2.35	2.28	2.24	2.19	2.15	2.11	2.06	2.01
17	4.45	3.59	3.20	2.96	2.81	2.70	2.61	2.55	2.49	2.45	2.38	2.31	2.23	2.19	2.15	2.10	2.06	2.01	1.96
18	4.41	3.55	3.16	2.93	2.77	2.66	2.58	2.51	2.46	2.41	2.34	2.27	2.19	2.15	2.11	2.06	2.02	1.97	1.92
19	4.38	3.52	3.13	2.90	2.74	2.63	2.54	2.48	2.42	2.38	2.31	2.23	2.16	2.11	2.07	2.03	1.98	1.93	1.88
20	4.35	3.49	3.10	2.87	2.71	2.60	2.51	2.45	2.39	2.35	2.28	2.20	2.12	2.08	2.04	1.99	1.95	1.90	1.84
21	4.32	3.47	3.07	2.84	2.68	2.57	2.49	2.42	2.37	2.32	2.25	2.18	2.10	2.05	2.01	1.96	1.92	1.87	1.81
22	4.30	3.44	3.05	2.82	2.66	2.55	2.46	2.40	2.34	2.30	2.23	2.15	2.07	2.03	1.98	1.94	1.89	1.84	1.78
23	4.28	3.42	3.03	2.80	2.64	2.53	2.44	2.37	2.32	2.27	2.20	2.13	2.05	2.01	1.96	1.91	1.86	1.81	1.76
24	4.26	3.40	3.01	2.78	2.62	2.51	2.42	2.36	2.30	2.25	2.18	2.11	2.03	1.98	1.94	1.89	1.84	1.79	1.73
25	4.24	3.39	2.99	2.76	2.60	2.49	2.40	2.34	2.28	2.24	2.16	2.09	2.01	1.96	1.92	1.87	1.82	1.77	1.71
26	4.23	3.37	2.98	2.74	2.59	2.47	2.39	2.32	2.27	2.22	2.15	2.07	1.99	1.95	1.90	1.85	1.80	1.75	1.69
27	4.21	3.35	2.96	2.73	2.57	2.46	2.37	2.31	2.25	2.20	2.13	2.06	1.97	1.93	1.88	1.84	1.79	1.73	1.67
28	4.20	3.34	2.95	2.71	2.56	2.45	2.36	2.29	2.24	2.19	2.12	2.04	1.96	1.91	1.87	1.82	1.77	1.71	1.65
29	4.18	3.33	2.93	2.70	2.55	2.43	2.35	2.28	2.22	2.18	2.10	2.03	1.94	1.90	1.85	1.81	1.75	1.70	1.64
30	4.17	3.32	2.92	2.69	2.53	2.42	2.33	2.27	2.21	2.16	2.09	2.01	1.93	1.89	1.84	1.79	1.74	1.68	1.62
40	4.08	3.23	2.84	2.61	2.45	2.34	2.25	2.18	2.12	2.08	2.00	1.92	1.84	1.79	1.74	1.69	1.64	1.58	1.51
60	4.00	3.15	2.76	2.53	2.37	2.25	2.17	2.10	2.04	1.99	1.92	1.84	1.75	1.70	1.65	1.59	1.53	1.47	1.39
120	3.92	3.07	2.68	2.45	2.29	2.18	2.09	2.02	1.96	1.91	1.83	1.75	1.66	1.61	1.55	1.50	1.43	1.35	1.25
∞	3.84	3.00	2.60	2.37	2.21	2.10	2.01	1.94	1.88	1.83	1.75	1.67	1.57	1.52	1.46	1.39	1.32	1.22	1.00

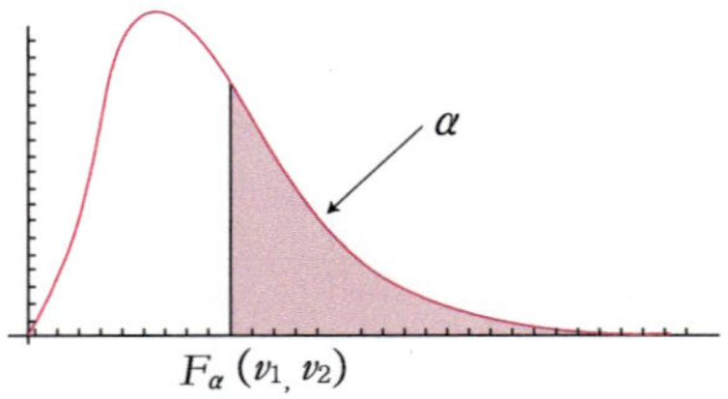

$\alpha = 0.01$

ν_2 \ ν_1	1	2	3	4	5	6	7	8	9	10	12	15	20	24	30	40	60	120	∞
1	4052.8	4999.3	5403.5	5624.2	5763.9	5858.9	5928.3	5980.9	6022.4	6055.9	6106.6	6156.9	6208.6	6234.2	6260.3	6286.4	6312.9	6339.5	6365.5
2	98.50	99.00	99.16	99.25	99.30	99.33	99.36	99.38	99.39	99.40	99.42	99.43	99.45	99.46	99.47	99.48	99.48	99.49	99.50
3	34.12	30.82	29.46	28.71	28.24	27.91	27.67	27.49	27.34	27.23	27.05	26.87	26.69	26.60	26.50	26.41	26.32	26.22	26.13
4	21.20	18.00	16.69	15.98	15.52	15.21	14.98	14.80	14.66	14.55	14.37	14.20	14.02	13.93	13.84	13.75	13.65	13.56	13.46
5	16.26	13.27	12.06	11.39	10.97	10.67	10.46	10.29	10.16	10.05	9.89	9.72	9.55	9.47	9.38	9.29	9.20	9.11	9.02
6	13.75	10.92	9.78	9.15	8.75	8.47	8.26	8.10	7.98	7.87	7.72	7.56	7.40	7.31	7.23	7.14	7.06	6.97	6.88
7	12.25	9.55	8.45	7.85	7.46	7.19	6.99	6.84	6.72	6.62	6.47	6.31	6.16	6.07	5.99	5.91	5.82	5.74	5.65
8	11.26	8.65	7.59	7.01	6.63	6.37	6.18	6.03	5.91	5.81	5.67	5.52	5.36	5.28	5.20	5.12	5.03	4.95	4.86
9	10.56	8.02	6.99	6.42	6.06	5.80	5.61	5.47	5.35	5.26	5.11	4.96	4.81	4.73	4.65	4.57	4.48	4.40	4.31
10	10.04	7.56	6.55	5.99	5.64	5.39	5.20	5.06	4.94	4.85	4.71	4.56	4.41	4.33	4.25	4.17	4.08	4.00	3.91
11	9.65	7.21	6.22	5.67	5.32	5.07	4.89	4.74	4.63	4.54	4.40	4.25	4.10	4.02	3.94	3.86	3.78	3.69	3.60
12	9.33	6.93	5.95	5.41	5.06	4.82	4.64	4.50	4.39	4.30	4.16	4.01	3.86	3.78	3.70	3.62	3.54	3.45	3.36
13	9.07	6.70	5.74	5.21	4.86	4.62	4.44	4.30	4.19	4.10	3.96	3.82	3.66	3.59	3.51	3.43	3.34	3.25	3.17
14	8.86	6.51	5.56	5.04	4.69	4.46	4.28	4.14	4.03	3.94	3.80	3.66	3.51	3.43	3.35	3.27	3.18	3.09	3.01
15	8.68	6.36	5.42	4.89	4.56	4.32	4.14	4.00	3.89	3.80	3.67	3.52	3.37	3.29	3.21	3.13	3.05	2.96	2.87
16	8.53	6.23	5.29	4.77	4.44	4.20	4.03	3.89	3.78	3.69	3.55	3.41	3.26	3.18	3.10	3.02	2.93	2.84	2.75
17	8.40	6.11	5.19	4.67	4.34	4.10	3.93	3.79	3.68	3.59	3.46	3.31	3.16	3.08	3.00	2.92	2.83	2.75	2.65
18	8.29	6.01	5.09	4.58	4.25	4.01	3.84	3.71	3.60	3.51	3.37	3.23	3.08	3.00	2.92	2.84	2.75	2.66	2.57
19	8.18	5.93	5.01	4.50	4.17	3.94	3.77	3.63	3.52	3.43	3.30	3.15	3.00	2.92	2.84	2.76	2.67	2.58	2.49
20	8.10	5.85	4.94	4.43	4.10	3.87	3.70	3.56	3.46	3.37	3.23	3.09	2.94	2.86	2.78	2.69	2.61	2.52	2.42
21	8.02	5.78	4.87	4.37	4.04	3.81	3.64	3.51	3.40	3.31	3.17	3.03	2.88	2.80	2.72	2.64	2.55	2.46	2.36
22	7.95	5.72	4.82	4.31	3.99	3.76	3.59	3.45	3.35	3.26	3.12	2.98	2.83	2.75	2.67	2.58	2.50	2.40	2.31
23	7.88	5.66	4.76	4.26	3.94	3.71	3.54	3.41	3.30	3.21	3.07	2.93	2.78	2.70	2.62	2.54	2.45	2.35	2.26
24	7.82	5.61	4.72	4.22	3.90	3.67	3.50	3.36	3.26	3.17	3.03	2.89	2.74	2.66	2.58	2.49	2.40	2.31	2.21
25	7.77	5.57	4.68	4.18	3.85	3.63	3.46	3.32	3.22	3.13	2.99	2.85	2.70	2.62	2.54	2.45	2.36	2.27	2.17
26	7.72	5.53	4.64	4.14	3.82	3.59	3.42	3.29	3.18	3.09	2.96	2.81	2.66	2.58	2.50	2.42	2.33	2.23	2.13
27	7.68	5.49	4.60	4.11	3.78	3.56	3.39	3.26	3.15	3.06	2.93	2.78	2.63	2.55	2.47	2.38	2.29	2.20	2.10
28	7.64	5.45	4.57	4.07	3.75	3.53	3.36	3.23	3.12	3.03	2.90	2.75	2.60	2.52	2.44	2.35	2.26	2.17	2.07
29	7.60	5.42	4.54	4.04	3.73	3.50	3.33	3.20	3.09	3.00	2.87	2.73	2.57	2.49	2.41	2.33	2.23	2.14	2.04
30	7.56	5.39	4.51	4.02	3.70	3.47	3.30	3.17	3.07	2.98	2.84	2.70	2.55	2.47	2.39	2.30	2.21	2.11	2.01
40	7.31	5.18	4.31	3.83	3.51	3.29	3.12	2.99	2.89	2.80	2.66	2.52	2.37	2.29	2.20	2.11	2.02	1.92	1.81
60	7.08	4.98	4.13	3.65	3.34	3.12	2.95	2.82	2.72	2.63	2.50	2.35	2.20	2.12	2.03	1.94	1.84	1.73	1.60
120	6.85	4.79	3.95	3.48	3.17	2.96	2.79	2.66	2.56	2.47	2.34	2.19	2.03	1.95	1.86	1.76	1.66	1.53	1.38
∞	6.64	4.61	3.78	3.32	3.02	2.80	2.64	2.51	2.41	2.32	2.19	2.04	1.88	1.79	1.70	1.59	1.48	1.33	1.05

국문색인

ㄱ

ㅇ

ㅈ

ㅍ

ㅎ

영문색인

D

E

F

G

N

O

P

T

U

V

W

Z

저자소개

■ 민 재 형

- 서강대학교 경상대학 2년 수료
- 미국 The University of Texas of the Permian Basin, 경제학사(B.A. with Honors)
- 미국 Indiana University at Bloomington, 경영학석사(MBA) 및 경영학박사(Ph.D.)
- 영국 University of Cambridge 객원교수(The British Chevening Scholar)
- 미국 Stanford University 객원교수
- 서강대학교 경영대학장 및 경영전문대학원장
- 현, 서강대학교 경영대학/경영전문대학원 교수

■ 이 군 희

- 서울대학교 계산통계학과 학사
- 미국 University of Missouri-Columbia 응용통계학 석사 및 박사
- 육군사관학교 수학과 교수부
- 서울대학교 경영학과 초빙교수
- University of Houston College of Business, Fulbright Scholar & Exchange Professor
- State University of New York (SUNY) at Stony Brook, Adjunct Professor
- 현, 서강대학교, 경영대학/경영전문대학원 교수

알기쉬운 통계학

2014년 7월 10일 1판 1쇄 인쇄
2015년 9월 15일 1판 2쇄 발행

저 자 민 재 형 · 이 군 희
발행인 류 재 식 · 박 용 범
발행처 도서출판 북 넷

서울시 용산구 효창동 5-3 대신빌딩 2층
등 록 2007. 11. 1 / 제203-90-00857
전 화 (02) 395-2341
팩 스 (02) 395-2303

정가 28,000원

ISBN 978-89-98581-17-6 (93320) e-mail : book2341@naver.com